简明天文学教程

（第四版）

余　明　陈大卫　编著

科学出版社
北京

内 容 简 介

天文学是以科学的方式，观测和研究宇宙中各个层次的结构形成与演化，乃至整个宇宙的起源与演化的学科。本书主要介绍天文学基础知识，包括天球、太阳系、银河系、河外星系、总星系、行星、恒星、星系以及宇宙学、天体起源与演化、地外文明等内容，反映了天文学的最新成就，使读者认识地球在宇宙中所处的环境，同时，有助于人们树立正确的宇宙观和人生观。

本书内容丰富新颖，条理清晰通顺，语言严密流畅，阐理简明精当，有较强的科学性、系统性、趣味性和可读性，并有大量图和表，同时配有供教学和自学使用的PPT、测试题及答案、每章思考与练习答案等。读者扫描书中二维码，可获取思考与练习答案和附录的详细内容。

本书可供全国高等师范院校地理系师生、非天文专业本专科师生，以及广大天文爱好者使用。

图书在版编目（CIP）数据

简明天文学教程/余明，陈大卫编著. —4 版. —北京：科学出版社，2021.5

ISBN 978-7-03-068750-0

Ⅰ.①简…　Ⅱ.①余…　②陈…　Ⅲ.①天文学-教材　Ⅳ.①P1

中国版本图书馆 CIP 数据核字(2021)第 086203 号

责任编辑：龙嫚嫚 / 责任校对：贾娜娜
责任印制：张　伟 / 封面设计：蓝正设计

科 学 出 版 社 出版
北京东黄城根北街 16 号
邮政编码：100717
http://www.sciencep.com

北京凌奇印刷有限责任公司 印刷
科学出版社发行　各地新华书店经销

*

2001 年 7 月第 一 版　开本：720×1000　B5
2007 年 2 月第 二 版　印张：28 1/4
2012 年 5 月第 三 版　字数：570 000
2021 年 5 月第 四 版　2023 年10月第二十三次印刷

定价：79.00 元

前　言

为了适应时代的需求、学科的发展，教材势必与时俱进，《简明天文学教程(第四版)》即将出版发行。新版删除了过时材料，更新补充了天文学研究的最新成果，同时对教材原有体系做了一些调整，尤其对恒星、星系和宇宙学部分重新组织。第四版教材修订图片更新及补充由陈大卫老师完成，文字部分及最后定稿由本人完成。课程电子资源系统更新完善由瑾苪工作室的成员完成。再一次感谢关注和支持本书及配套电子资源的师生以及广大天文爱好者。

余明

2021 年 3 月 31 日于福建福州

第 二 版 序

天文学是既古老又富有生命力的学科，公众尤其是青少年需要天文知识。由福建师范大学地理科学学院余明教授主编并经她修订的《简明天文学教程(第二版)》即将由科学出版社出版发行。这本教程的新版内容丰富新颖、通俗简明，配有大量图片和附表，有较强的科学性、系统性、趣味性和可读性；不仅有传统的纸质印刷版，还配套了供学生用的电子网络版和供教师授课参考的电子教案；既堪选为大学生天文素质教育的教材，亦可用作公众学习天文知识的读本。我愿诚恳地把这本教程推荐给大学非天文专业（尤其是师范院校物理和地理专业）的本科生以及广大的天文爱好者。

卢炬甫

2006 年 12 月于福建厦门

第一版序一

翻开人类文明史的第一页，天文学占有显著的地位。在中国殷商时代留下的甲骨文物里，就有丰富的天文纪录。几千年来天文学的研究范畴和概念都有了很大的发展，经过几次大飞跃，形成了现代天文学。随着 20 世纪 60 年代天体物理的四大发现（类星体、脉冲星、星际分子和宇宙背景辐射），天文学进入了最伟大的发现的鼎盛时期，其间不断揭示出一些完全崭新的、且越来越"奇特"的现象；随着突飞猛进的科学技术进展，天文学已实现了全电磁波段的观测，极大地扩展了人们的视野，由此获得了一系列惊人的发现，在人们面前展现出一幅崭新的宇宙概貌，引人入胜。

天文学是研究宇宙间天体及其系统的科学，也是探索物质世界基本规律的自然科学基础学科之一，它的主要贡献是对宇宙中各种天体的奥秘给出科学的答案，阐明人类在宇宙中的位置。它与我们生存的环境息息相关，例如，太阳活动和日地空间中发生的过程对地球环境、气象、水文及通信都有极大的影响，太阳活动预报已成为国民经济、国防及宇航中不可缺少的服务内容。

太阳、月亮、星星、银河等天体常常被文学家引入美丽的诗篇。天文学常被人们看成是一门神秘而富于幻想的科学。然而，当你步入这门科学的大门时，你就会发现，那些观测到的，看起来"神奇""玄妙"的不可思议的结果，都是建立在坚实的科学理论和实验基础之上的。

天文学的研究领域十分广阔，其分支学科划分也在逐渐演变。当代天文学，首先以研究对象和不同层次的天体来划分，即行星、太阳（太阳系天文）、恒星、星际物质（银河系天文）、河外星系和宇宙学。按发展过程和研究内容来分，则有天体测量学、天体力学和天体物理学。天文学有其自身的特点：第一，观测为基础，观测具有特殊的重要性。人们不能主动去实验，只有被动观测。第二，强调综合研究。它要求对天体进行全局、整体图景的综合研究。

地球是宇宙中的一颗行星，是人类生活的家园。人类越来越认识到珍惜资源、避免灾害、保护地球这个大环境的重要性。这类研究涉及全球气候变化、大气臭氧层保护、厄尔尼诺现象、地震、洪水等等，以及太阳系小天体碰撞地球和生物大规模灭绝的微小而实际存在的可能。这些方面天文学也有着自己的责任。"万物生长靠太阳"，全球气候的长期变化和太阳总光度变化有关，太阳暴直接影响地球并引起无线通信阻断，只有弄清楚太阳的影响，才能更好地理解人类活动对全球气候变化的影响。

　　有幸读到余明主编的《简明天文学教程》，该书内容全面、条理清晰、资料丰富、语言通俗，我深知他们一定付出了艰巨的劳动。正值新世纪之初，这本天文学将问世，实在是大众天文学的"及时雨"；以实际行动落实了"加强数学、物理、化学、天文等基础学科重点领域的前沿性、交叉性研究和积累"的号召。我愿诚恳地将本书推荐给非天文专业的莘莘学子和广大的爱好天文学的读者。

李宗伟

2001 年春于北京

第一版序二

天文学作为六大基础科学之一，从它产生的开始就为社会提供定位、时间和历法服务。空间科学和其他相关科学的发展，又使天文学日益成为众多科学的交汇点和现代前沿科学之一。天文学也是向社会公众传播科学知识和方法、与愚昧迷信作斗争的有力工具。

我国的古代天文学研究和应用曾经一直领先于世界，在世界文明发展史中写下过辉煌的篇章。21世纪将是人类走向太空的世纪，作为天文大国，我们必须下更大的力气培养天文人才。在这方面，负有普及天文教育职责的师范学生理应走在前面，加强天文学基础知识的学习和基本技能的训练。

本书内容丰富、条理清晰、语言精练，比较通俗地介绍了天文学的基础知识和现代进展，有较强的科学性、系统性、知识性和可读性。余明女士是我校地理科学学院青年骨干教师之一，她除了担任地学课程教学外，长期为福建天文教育和天文普及做了不少工作。她是中国天文学会会员、福建天文学会理事、全国高等师范院校"地球概论"教研会的现任理事长。由她主编的这本《简明天文学教程》既是很好的师范类天文教材，也是优秀的天文学基本读物。我愿诚恳地将此书推荐给广大的师范院校师生和天文爱好者。

曾民勇

2001年春于福建福州

第一版前言

天文学可以说是最古老的科学，同时也是最前沿的科学，它伴随着人类文明进程而产生和发展，它是人类认识宇宙的科学。我国古代，广大劳动人民主要靠观察天象来推测季节、时间和天气，所以无论男女老幼，都或多或少地掌握一些基本的天文知识，明末学者顾炎武曾说："三代以上，人人皆知天文"。这虽然说得有些夸张，但古人确是经常观天的，对日月星辰比较熟悉。我国的古代天文学研究和应用曾经一直领先于世界；现代，要知道节气和日期只要翻年历，所以现代人极少看天；又因为使用了阳历，对月亮的圆缺盈亏也关心得很少。在我国的现代基础教育中，天文学长期处于无足轻重的地位，在六大基础学科中惟独天文学在中学课程没有它的一席之地，虽然现在中学自然地理和小学自然常识中的一些章节介绍有关天文知识，但这远远不够，且由于中考和高考都不考天文，因此受到冷落，以至广大群众的天文知识非常淡薄，现代天文盲不是个别现象。这一状况与我国的天文大国地位很不相称，也与我国的现代化建设需要不相称，亟待予以改变。

21世纪将是人类走向太空的世纪——开发月球、登上其他行星、探索宇宙。为了适应世界航天事业飞速发展的时代要求，加强素质教育，普及天文知识教学应是一个重要内容。因为天文学涉及许多门学科，且文理交融，学习天文学可以促进学习者在知识和科学的领域里得到全方位的提高，也有利于培养正确的世界观。

加强天文学的普及教育，既是加强素质教育的重要内容，又是培养学生正确世界观的有效手段；可使学生具有科学精神，科学思想，科学思维，破除迷信，开拓视野，树立创新精神，勇于攀登科学高峰。因此，应在大学普遍开设天文选修课，不仅理科生要学习，文科生也要学习。为此，我们编写了这本《简明天文学教程》，作为地理专业的基础课教材和其他专业的选修课教材，也可作为广大青年和天文爱好者的科普读物。

本书由余明主编。编写分工如下：

第一章，绪论，余明、夏彦民；

第二章，天体及天球坐标，余明、谢献春；

第三章，时间与历法，廖伟迅、余明；

第四章，星空区划和四季星空，何劲耘、余明；

第五章，天文观测工具与手段，夏彦民、余明；

第六章，天体物理性质和距离的测定，夏彦民、余明、李玉增；

第七章，太阳系，余明、李津；

第八章，地月系，余明、李津；

第九章，地球及其运动，余明、廖伟迅；

第十章，恒星，余明、李玉增；

第十一章，星系，李津、余明；

第十二章，宇宙学，谢献春、李津；

第十三章，地外生命与地外文明，何劲耘、余明。

本书的编写得到福建师范大学地理科学学院领导的大力支持，并在东北师范大学李津、河北师范大学夏彦民、西南师范大学何劲耘、广州大学谢献春、韶关教育学院廖伟迅、临沂师范学院李玉增等共同努力下完成的。在编写过程中，我们力求写得内容全面一点，条理明晰一点，语言通俗一点，阐理清楚一点，尽量深入浅出，把复杂的问题简单化，使人看得懂，愿意看。不过，由于我们水平有限，虽愿望如此，但实际上不一定做得到，很可能在书中还存在不少错漏之处，竭望读者批评指正。

感谢北京师范大学天文系博士生导师李宗伟教授和福建天文学会名誉理事长、福建师范大学校长曾民勇教授为本书作序。中国国家天文台院士王绶琯先生对本书指导良多，北京师范大学天文系杨静副教授、张燕平副教授，福建天文学会王崇文副教授，他们在百忙中审看了部分书稿并提出许多指导性的宝贵意见。在本书的编写和出版过程中，我们还得到福建师范大学地理科学学院教授、博士生导师朱鹤健先生，福建师范大学地理科学学院院长、教授、博士生导师郑达贤先生，福建师范大学地理科学学院副院长袁书琪教授和陈健飞教授，以及福建师范大学学报编辑部副编审颜志森先生、华南师范大学地理系刘南威教授、南京北极天文仪器有限公司吴泽康先生、科学出版社编审吴三保先生的帮助，在此，一并致谢。

本书出版得到福建省 211 工程资源与环境重点学科项目的资助。

2001 年 3 月于福建福州

目　　录

第1章 绪 论

【本章简介】

  本章主要介绍了天文学的研究对象、方法和特点，讨论了天文学对于人类生存和社会进步所具有的重要意义，简述了天文学学科分类以及发展简况，介绍了世界以及中国天文学发展的简史。

【本章目标】

➤ 了解天文学的研究对象、方法和特点。
➤ 了解天文学与相关学科的关系。
➤ 了解天文学研究的科学分支及发展情况。
➤ 了解国内外天文学发展简史。

1.1 概 述

一、天文学的研究对象

  天文学是以科学的方式，观测和研究宇宙中各个层次的结构形成与演化，乃至整个宇宙的起源与演化的学科，是六大自然科学的基础学科之一。它的研究对象是**天体**，即研究天体的位置和运动，研究天体的化学组成、物理状态和过程，研究天体的结构和演化规律，研究如何利用关于天体的知识来造福人类。

  天文学和人类历史同样悠久。天文学的研究内容和许多概念，总是伴随着人类社会的文明和进步而不断发展的。因此，人们对天体的认识和理解，在不同历史时期是大不相同的。古代天文学无非是把日月星辰的视位置和视运动作为主要研究内容。现代则把天体作为宇宙间各种星体的总称，包括太阳、月亮、行星、卫星、彗星、流星体(群)、陨星、小行星、恒星、星云、星系、星团、星际物质、暗物质和暗能量等，所以天文学的研究对象也就是人类认识的宇宙。作为一颗行星的地球，本身也是一个天体，也是它的研究对象。但地球大气层以下的各个圈层则不属于天文学的研究范畴，而是地学的研究领域。

  20 世纪 50 年代人造地球卫星上天，使宇宙间又增添了人造天体。关于它们的运行轨道、运行状态也是天文学义不容辞的研究内容。

二、天文学的研究方法和特点

天文学以天体的观测作为基本的研究方法，所以，它与其他学科比较，天文学不是以室内实验为主，而是强调观测的科学。在望远镜发明以前，天文观测采用的是目视方法，直接观测天体在天空的视位置和视运动，另外也粗略地估计星星的亮度和颜色。17世纪以后相继有了光学望远镜、分光镜和光度计，不仅提高了天体位置观测的准确度，而且扩大了人们对宇宙的认识。到了20世纪，由于大口径望远镜的问世，使得人类探测宇宙的深度和广度与日俱增，不少模型、学说由观测得以证实，新天体、新发现大量涌现。20世纪30年代以后，人们越来越广泛地使用无线电方法研究天体和宇宙间的辐射，从而诞生了射电天文学。诸如类星体、脉冲星、星际有机分子、微波背景辐射等天文学新概念相继出现。20世纪50年代人造地球卫星发射成功，人类把观测范围由地面扩展到地外空间，天文学家可以自由地探测天体的各种辐射。现代，天文空间探测已经有了长足的发展，人类不仅把望远镜送上天，而且借助太空飞行器踏上月球，或把仪器送到其他行星上进行直接观测或实验。因此，尽管关于天文学是"被动观测的科学"的说法现在已经不很全面了，但大部分情况下我们还是不能主动去实验，只能被动地观测。所以观测在天文学研究中仍有其特殊的重要性。

天文观测还强调对天体进行全局、整体图景的综合研究。表现在观测上是全波段研究的方法，在整个电磁辐射多波谱上采用多种手段(如强度、偏振、谱等)的配合，甚至是异地同时的联合观测；在理论上强烈依赖模型和假设。由于观测结果的不确定性较大，概念的更新迅速，假说在新的观测基础上又不断被修正或推翻。所以天文学既是古老的学科，又是发展的学科。

天文学还需要把观测所获得的大量原始资料进行精"加工"。利用计算机进行理论分析，才能揭示出它们的本质，即利用数学、物理学以及其他学科的研究成果，通过理论分析、归纳、推理和综合等方法，得出有关天体的科学结论。反过来，它又促进了其他相关学科的发展。例如，宇宙间的超高温、超低温、超高压、超高速、超高磁场、超高密度、超高真空、强引力场、强辐射场等极端环境，只有借助近代物理学理论才能得到深入研究和科学解释，它是地球上所无法建造的特殊"实验室"。而正是这个宇宙"实验室"又推动了当代天体物理学的飞速发展，从而为物理学开辟了新的前沿。这也体现了观测数据积累、统计分析和样本研究的重要性。使天文学研究发生重大变化的另一个技术进步是快速互联网技术，这使得异地海量天文数据的交换和处理成为可能，使得观测数据具有巨大的科学产出的潜在意义。没有计算机，就没有现代天文学。

此外，天文学还具有大科学和大数据的特征，需要较大的投资强度，需要强有力的协调，需要观测设备和选址合适的天文台，需要全球范围的合作研究。

天文学研究方法还需要哲学观点的支持，因为哲学是关于世界观、宇宙观的科学，是自然科学知识和社会科学知识的概括和总结。天文学上一些重大变革常是世界观变革的先导，现代天文学的发展丰富了唯物辩证法的基本规律和范畴。

三、天文学研究的意义

天文学与任何其他科学一样，是为人类生产和生活服务的。不过，天文学的历史极为悠久。整个人类文明发展史证明，天文学对于人类生存和社会进步具有极其重要的意义。

1. 时间服务

准确的时间不单是人类日常生活不可缺少的，而且对许多生产和科研部门更为重要。最早的天文学就是农业和牧业民族为了确定较准确的季节而诞生和发展起来的，而现代的一些生产和科研工作更离不开精确的时间。例如，某些生产、科学研究、国防建设和宇航部门，对时间精度要求精确到千分之一秒，甚至百万分之一秒，否则就会失之毫厘，差之千里。而准确的时间是靠对天体的观测获得并验证的。

2. 在大地测量中的应用

对地球形状大小的认识是靠天文学知识获取的。确定地球上的位置离不开地理坐标，而测定地理经度和纬度，无论是经典方法还是现代技术，都属于天文学的工作内容。

3. 人造天体的发射及应用

目前，人类已向宇宙发射了数以千计的人造天体，其中包括人造行星卫星、星际探测器和太空实验站等。它们已经广泛应用于国民经济、文化教育、科学研究和国防军事。仅就人造地球卫星而言，有通信卫星、气象卫星、测地卫星、资源卫星、导航卫星等，根据不同需要又有地球同步卫星、太阳同步卫星等。所有人造天体都需要精确地设计和确定它们的轨道、轨道对赤道面的倾角、偏心率等。这些轨道要素需要进行实时跟踪，才能保持对这些人造天体的控制和联系。这一切都得借助天体力学知识。

4. 导航服务

天文导航是实用天文学的一个分支学科，它以天体为观测目标并参照它们来确定舰船、飞机和宇宙飞船的位置。早期的航海航空定位使用六分仪(测高、测方位)和航海钟，靠观测太阳、月亮、几颗大行星和明亮恒星，应用定位线图解方法来确定位置，其精度较低，且受地球上天气条件限制。随着电子技术的进步，已发展了多种无线电导航技术来克服这方面的缺陷。宇宙航行开始以后，为了确定飞船在空间的位置和航向，天文导航也有相当重要的作用。目前，全球卫星定位系统(简称 GPS)技术的应用，使卫星导航更精确。卫星导航不仅普遍用于航天、航空、航海，而且还广泛用于陆面交通管理、嵌入电子地图和地理信息系统(简称 GIS)的定位。

5. 探索宇宙奥秘，揭示自然界规律

茫茫宇宙，深邃奥秘。随着对宇宙认识的深入，人类从宇宙中不断获得地球上难以想象的新发现。例如，19 世纪初曾有位西方哲学家断言，恒星的化学组成是人类永远不可能知道的。但过了不久，由于分光学(光谱分析)的应用，很快知道了太阳的化学组成，其中的氦元素就是首先在太阳上发现的(1868 年)，25 年后人们才在地球上找到它。太阳何以会源源不断地发射如此巨大的能量，这也曾是科学家早就努力探索的课题。直到 20 世纪 30 年代有人提出氢聚变为氦的热核反应理论，才完满地解决了太阳产能机制问题。几十年后，人类在地球上成功地实验了这种聚变反应——氢弹爆炸。

20 世纪 60 年代后，天文学中的四大发现(类星体、脉冲星、微波背景辐射和星际有机分子)令人大开眼界：①类星体，现在天文学家对它已经了解，所谓类星体就是活动星系核(关于"活动星系核"将在第 11 章中介绍)。但人们发现当时只知道它是与恒星不同的、远离地球的特殊天体，在很长一段时间对它的本质是疑惑的。②脉冲星，是 20 世纪 30 年代曾预言的超高密态的中子星，其巨大引力可把电子牢牢束缚住，以致形成简并中子态，它的密度每立方厘米达数亿吨。③微波背景辐射，即弥漫全天的辐射，其相对应的温度约为绝对温度 3K。现在已有证据表明它是原始的宇宙大爆炸以后，冷却到现在的残留余温。④星际有机分子，人类早已知道恒星之间的空间充满着星际物质，但在宇宙间居然发现了氨、甲酸、乙醇等较为复杂的有机分子，这就意味着宇宙空间可能存在由分子合成生命的过程。生命在宇宙的其他地方只要条件具备，就可生成和发展。21 世纪是信息和航天时代，随着高科技的进步，地面和空间望远镜的发展，现代天文学突飞猛进。

通过对宇宙的探索，人类的认识能力是不断提高的。从地心说到日心说，从开普勒关于行星三大定律的发现到牛顿万有引力定律的建立，从哈勃发现星系红移规律到大爆炸宇宙理论的热门话题，一个接一个的宇宙奥秘被发现和揭穿。新发现的天体现象又成为了认识天体的新起点。新的观测事实如果与旧理论相矛盾，又促使人们去建立新的理论，探寻新的定律。天文学研究始终处于发现和探索未知世界的过程中。人类对未知世界的探索是推动天文学不断进步的动力。

6. 天文与地学的关系

地球作为一颗普通的行星，运行于宇宙空间亿万颗星体之间，地球的形成、演化及重大地质历史事件无不与其宇宙环境有关。事实表明，地球本身记录了在地质历史时期所经历的天文过程的丰富信息。例如，地球自转变慢，就是通过古代珊瑚化石的研究证实的。珊瑚也像树木年轮那样具有"年带"。珊瑚每天周期性地分泌碳酸钙，在身上形成一条条"日纹"。3.2 亿年前的珊瑚化石，每个年带含有 400 条日纹，表明那时地球一年自转 400 圈，说明那时地球自转比现在快得多，这与理论推算的结果也是吻合的。再例如，从地球上一些地质周期与天文周期的相关性研究，也说明天文与地学关系密切。

全球性冰期成因一直是科学家努力探讨的问题。据盖亚卫星的测量，太阳相对于银心的公转速度约为 220km/s，绕银心旋转一圈所需的时间约为 2.5 亿年。在最近 7 亿年间，曾出现过三次大冰期，即震旦纪大冰期、晚古生代大冰期和第四纪大冰期，它们的时间间隔也正好是 2.5 亿～3.5 亿年。目前大部分有关这方面的探讨文章均认为冰期成因与天文因素有关。其具体因果机制有三种观点：①有人认为，太阳系在银河系中运动，当太阳位于近银心点附近，万有引力常量 G 值减小，太阳光度变弱，导致地球上发生冰期。②还有人认为，银河系的物质密度分布不均，当太阳运行在银河系中物质密度较大的位置时，太阳光被遮蔽而导致冰期。③也有人认为地球运动三要素(轨道偏心率、黄赤交角、岁差)周期性改变是导致地球冰期的主要原因。通过对三个参量(即要素)变化的计算，可求知地质历史时期太阳对地球任何纬度的日照量，进而认为这三个参数的变化与地球上第四纪的亚冰期和间冰期有因果关系。

太阳绕银河系中心运转时，有在银河两侧往返运动的特征，其周期约为 0.8 亿年，即太阳系在银道面一侧的时间为 0.4 亿年。有趣的是在地质史上，从显生宙以来的构造运动，也表现出 0.4 亿年的周期。

地球上生物的发展和灭绝也可能与某些宇宙环境因素有关。最令人迷惑不解的地质历史事件莫过于中生代恐龙的灭绝了。目前已有较多的古生物学家和地质学家认为它与天文因素有关。导致恐龙灭绝的，除上述某些天文事件外，还可能有下列原因：①小行星或彗星撞击地球，骤然改变地表环境。②太阳活动加剧，耀斑大量爆发。当地球磁场改变(如磁极倒转)，使地球失去磁场屏障，太阳辐射粒子和宇宙线强烈袭击地球。③超新星爆发可释放宇宙间罕见的巨大能量。如果有靠近太阳系的超新星爆发，足以给地球造成灾难性的影响。

7. 探索地外生命和地外文明

人类在探索宇宙奥秘过程中,对地外生命和地外文明的寻找是最令人神往的。科学家为了探索寻找地外文明, 发射了旅行者一号, 向着太阳系外飞行, 上面携带了人类文明的信息, 还有地球的坐标。除了发射探测器寻找地外文明外, 人类还通过接收宇宙中的无线电信号,通过分析找出最有可能是地外文明发出的信号,从而进行破解。为探索地外生命和地外文明产生的条件以及各种可能性,人类在地面建立了大型射电望远镜, 制定搜索地外文明计划, 尽管目前没有令人满意的结果, 但人类始终在不断努力探索中。

四、天文学的科学分支

天文学是公认最古老的科学之一, 但是近年来由于太空探测计划及空间望远镜不断有所进展, 所以天文学也算是极为现代的一门科学。

按照传统的科学分类观念, 应该根据它所研究对象的差异来区分。但传统天文学的分支却比较特殊, 它基本上是按历史发展和研究方法进行分类的。当然, 最终也涉及它们的研究对象——天体。在天文学悠久的历史中, 随研究方法的改进及发展, 先后创立了天体测量学、天体力学和天体物理学。

1. 天体测量学

天体测量学是天文学中最先发展起来的一个分支, 它主要任务是研究和测定天体的位置和运动, 并建立基本参考坐标系和确定地面点的坐标。按照研究方法的不同, 又分为下列二级分支。

(1) 球面天文学　　为确定天体的位置及其变化, 首先要研究天体投影在天球上的坐标表示方式, 各坐标之间的相互关系及其修正, 如地球运动和大气折射所造成的位置误差, 这是球面天文学的研究任务。

(2) 方位天文学　　对天体在宇宙空间的位置和运动的测定, 则属于方位天文学的研究内容,它是天体测量学的基础。依据观测所用的技术方法和发展顺序, 又可分为①基本天体测量(精确测定天体的位置和自行, 编制各种星表); ②照相天体测量(运用照相技术测定天体的位置, 其优点是可直接测定较暗的天体的位置, 并在同一种底片上一次测定许多颗恒星); ③射电天体测量(地面接收天体的无线电波并测量射电天体位置); ④空间天体测量学(飞出地球大气层以外进行测量)。用上述方法把已经精确测定了位置的天体, 作为天球上各个区域的标记, 选定坐标轴的指向, 在天球上确立一个基本的参考坐标系, 用以研究天体在宇宙空间的位置和运动。

(3) 实用天文学　　以球面天文学为基础, 即以天体作为参考坐标, 研究并测定地面点的坐标。其中包括测定原理的研究、测量仪器的构造和使用、观测纲要的制定、测量结果的数据处理及其误差改正等问题。根据不同需要，实用天文学又可分为①时间计量；②极移测量；③天文大地测量；④天文导航等。

(4) 天文地球动力学 从研究地球各种运动状态和地壳运动而发展起来的一个次级分支。具体说，它是天体测量学与地学有关分支(如大地测量学、地球物理学、地质学和气象学等)之间的边缘学科。它的研究课题有地球自转、极移的规律、板块运动、固体潮、地球结构等。

天体测量学的历史可追溯到远古时期。为了指示方向、确定时间和季节，古人先后创造出日晷和圭表。经过漫长历史时期的进步，目前天体测量学在观测手段上，已从可见光发展到射电波段以及其他波段的观测；在观测方式上，已由测角扩展到测距；观测所在地已由固定天文台发展为流动站、全球性组网观测和空间观测；观测精度已接近 $0''.0001$ 级(测角)和厘米级(测距)；观测的对象也在向暗星、星系、射电源和红外源等方面扩展。现代天体测量学的内容越来越丰富，观测精度越来越高。目前正在探索建立更理想的参考坐标系，它必将进一步推动天体测量学，尤其是天文地球动力学的研究和发展。

2. 天体力学

天体力学是研究天体运动和天体形状的科学。它以万有引力定律为基础，研究天体在万有引力和其他力的综合作用下的运动规律、天体自转和其他引力因素综合作用所具有的形状。根据研究的对象、范围和方法，天体力学又可分为下列二级学科。

(1) 摄动理论 研究多个质点在万有引力相互作用下的运动规律，是天体力学的基本理论之一，即所谓"多体问题"。其中最简单的一种是"二体问题"，目前讨论最多、用途也最多的是"三体问题"。研究天体轨道在各种因素干扰下的规律，就叫做"摄动理论"。在太阳系内，有大行星摄动理论、小行星摄动理论、卫星摄动理论等。

(2) 天体力学定性理论 从多体问题的运动方程出发，探讨天体运动轨道性质的理论。

(3) 天体力学数值方法 即天体力学中运动方程的数值解法，其主要任务是研究和改进已有的各种计算方法。近年来，由于电子计算机技术的迅速发展，为数值方法开辟了广阔的前景，计算机可以直接快捷地计算出天体在任何时刻的具体位置，使以往大量天体力学的实际问题得以解决。天体力学数值方法属于定量研究方法。

(4) 历书天文学　　根据天体运动理论，从天体的观测数据确定天体轨道参数，编制各种天体位置表、天文年历以及推算各种天象。

(5) 天体的形状和自转理论　　自转运动同天体的形状有密切关系，而天体的形状对天体间的吸引力状况又有影响。因此，自牛顿开创这一理论以来，它主要研究各种天体在自转时的平衡状态、稳定性以及自转角速度和自转轴的变化规律。近年来，利用空间探测技术得到了地球、月球和几个大行星的形状及引力场方面的大量数据，为进一步建立这些天体形状和自转理论提供了丰富的资料。

(6) 天体动力学　　人造天体的出现，给天体力学增添了新的重要研究对象，在经典天体力学基础上，又建立了人造天体的运动理论。人造天体包括各种人造地球卫星、月球火箭和各种行星际探测器。它们在发射时都需设计和确定轨道，这已成为现代天体力学的主要研究内容之一。因此，天体动力学是天体力学和星际航行学之间的边缘学科。

　3. **天体物理学**

天体物理学是运用物理学的技术、方法和理论，研究天体形态、结构、化学组成、物理状态和演化规律的科学。它按照研究对象和研究方法的不同，又有下列分支学科。

(1) 太阳物理　　太阳是离地球最近的一颗恒星，人们可以观测它的表面细节。对太阳的研究，经历了从研究它的内部结构、能量来源、化学组成和静态表面结构，到使用多波段电磁辐射研究它的活动现象及其过程等阶段。地球与太阳关系密切，对地球的研究，必须考虑日对地的影响。

(2) 太阳系物理　　是研究太阳系内行星、卫星、彗星、流星等各种天体的物理状况的科学。近年来，对彗星的研究以及对行星际物质的分布、密度、温度和化学组成等方面的研究都取得了重要成果。由于行星际探测器的成功发射，人类关于太阳系其他行星的知识日新月异。

(3) 恒星物理学　　它的研究对象是恒星。银河系有近 2000 亿颗恒星，其物理状态千差万别，除普通恒星外，还有各式各样的特殊恒星。如亮度呈周期性或不规则变化的变星，亮度突然增强的新星和超新星，密度极大的白矮星和中子星等。它们为研究恒星的形成和演化规律提供了丰富的案例。另外，一些特殊天体上的极端物理条件，是天体物理学家最感兴趣而在地球上又无法建立的"实验室"。

(4) 星系天文学　　是研究星系的结构和演化规律的一个分支，包括对银河系、河外星系以及星系团的研究。

(5) 高能天体物理学　　主要研究发生在宇宙天体上的高能现象和过程。宇宙中的高能现象和高能过程多种多样，其研究对象有超新星、类星体、脉冲星、宇宙X射线、宇宙γ射线、星系核活动等。它是自 20 世纪 60 年代后逐渐发展并日益活跃起来的天体物理学中的一个新分支。

(6) 恒星天文学　　主要研究银河系内恒星的分布和运动，以及银河系的结构等。

(7) 天体演化学　　主要研究各种天体以及天体系统的起源和演化，即它们在什么时候，从什么形态的物质，以什么方式形成的；形成后它们又怎样演变(发展和衰亡)的。其研究内容有太阳系、恒星和星系的起源和演化等。

(8) 射电天文学　　通过观测天体的无线电波来研究天文现象的一门学科。它以无线电接收技术为观测手段，观测对象遍及所有天体，从太阳系天体到银河系，以及银河系以外的各种观测目标。

(9) 空间天文学　　是在高层大气和大气外层空间区域进行天文观测的一门学科。其优越性显而易见，主要是它突破地球大气层屏障，扩展了天文观测波段，取得观测来自外层空间整个电磁波谱的可能性。此外，还可直接获取观测天体的样品，如从月球采集月岩等，开创了直接探索和研究天体的新时代。空间天文学研究始于 20 世纪 40 年代，从发射探空气球和探空火箭，到现在的人造地球卫星、登月飞船、行星际探测器、空间实验室和太空望远镜，给空间天文学研究开辟了广阔的前景。

上述各天文学研究分支都不是绝对独立的，它们之间存在着密切的联系。例如，射电天文学研究太阳的无线电辐射，太阳物理也研究太阳的无线电辐射；恒星物理同天体演化及高能天体物理的研究内容也有许多交叉之处。因此，天文学各分支之间都有直接或间接的联系。

关于天文学科新分类见图 1.1。在图中，理性工具分类为：①天体测量学；②天体力学；③理论天体物理学。观测工具分类为：①光学天文实测手段；②射电天文实测手段；③空间天文实测手段；④粒子天文实测手段；⑤引力波天文实测手段。研究目标分类为：①地外文明；②太阳系及行星系统；③太阳；④恒星；⑤银河系；⑥河外天体；⑦宇宙大尺度结构；⑧宇宙学。

有关天文学主要大事记简介参看附录 21。

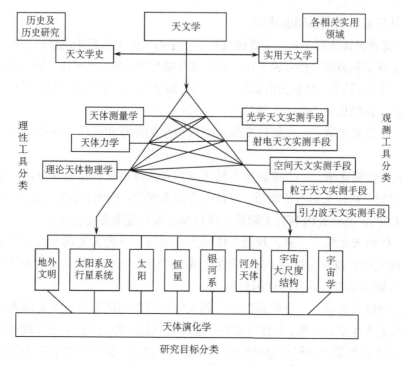

图 1.1　天文学科分类框架图

(天文学科分类图源自著名天文学家王绶琯院士)

1.2　天文学简史

一、古代天文学的起源和发展

人类文明史证明，科学技术的进步取决于人类社会存在的物质条件。最早产生和发展起来的科学部门，往往是与生产和生活实践关系最密切的那些知识领域。天文学正是与人类文明同时发端的一门古老科学。不难想象，人类在有文字记载之前，由于农牧业生产和实际生活的需要，就开始注意某些显著的天象了。如掌握季节变化、记录时间和确定方向，都离不开对日月星辰运行的观测。自有了文字之后，天文学便在人类文明的发祥地萌芽并诞生了。可见，天文学的产生不是历史上的某种偶然因素造成的。说天文学首先产生于某个民族，这是不确切的，也是没有意义的。

1. 古埃及

古埃及天文学起源很早。大约在公元前 60 世纪尼罗河流域的农业生产就得到发展，公元前 40 世纪初尼罗河流域就进入了金石并用的时代。尼罗河是古埃及文明的摇篮，每年一度的河水泛滥，给古埃及土地带来了水和肥沃的淤泥。古埃及人注意到，每当天空最亮的天狼星第一次于日出之前在东方地平线上出现(偕日出)，那就预示尼罗河即将泛滥了。于是，古埃及人在制定历法时，便以天狼星偕日出的日子作为一年的起点，人们叫它天狼星年。他们还认识到太阳在恒星间一年移动一周。大约在公元前 30 世纪就能确定一年的长度，先是定为一年 365 天，后又定为 365 天多一点。又规定每年 12 个月，每月 30 天，在年末再加 5 个附加日。到公元前 238 年，古埃及人正式颁布每 4 年再加上一个闰日的历法(但并未执行)，这实际上就是现行阳历的前身。

近代人发现，埃及金字塔的南北方向非常准确。有一座金字塔坐落在北纬 30°线上，塔的正北有一通向地宫的通道，其倾角也恰好是 30°，表明这个通道正好对着北极。还从棺盖上发现绘有著名星座的星图。这都说明古埃及人在当时已掌握了一定的天文知识。

2. 巴比伦和亚述

巴比伦和亚述是早期亚洲西部底格里斯河和幼发拉底河一带的两个帝国。历史上两河流域的民族有几次大的变动。大约在公元前 30 世纪初至公元前 20 世纪初，生活在这一带的苏美尔人和阿卡德人创立了楔形文字。到公元前 19 世纪后的巴比伦和亚述时代，两河流域文化进入兴盛时期。从考古发掘中得知，两河流域的人们很早就知道河水泛滥和季节变换都与天象有关。为了保证农业生产和预报河水泛滥的时间，需要制定精密的历法。为此，僧侣们经常在寺塔顶层用窥管观测天象。到公元前 1700 年前，巴比伦有了统一的历法。该历以月相循环周期为基础，以娥眉月第一次在日落后重现在西方时为一个月的起始。一年 12 个月，其中 6 个大月，每月 30 天；6 个小月，每月 29 天。再用闰月协调与季节的关系，到公元前 383 年规定 19 年 7 闰。这已经是非常接近科学实际的阴阳历了。

巴比伦人和亚述人还认识了 12 个月和“金木水火土”五星的运行规律。公元前 13 世纪把黄道附近的星区划分为 12 个星座。当时的 12 个星座与黄道十二宫是一致的，与现代通用的名称完全一样。巴比伦人和亚述人都把日月五星看作天神，一直到公元前 650 年，七个天神轮流值日的周期已经形成。现行的星期制度大概就是从那个时候开始的。

至于预报交食的沙罗周期是否巴比伦人的发明，目前尚有争议。近来有人考证，没有任何文献能证明迦勒底人曾使用过交食周期预报日月食。但他们已认识到了黄道和白道，月食一定发生在望，并且只有当月亮靠近黄白交点时才能发生食。

巴比伦人还把宇宙看成是由隆起的大地、天空和海洋三部分组成，大地屹立于海洋之中。这与中国古代的盖天说宇宙观是一致的。

3. 古印度

公元前 12 世纪古印度开始有了文字记载的历史。由于农业生产的需要, 古印度早就创立了自己的阴阳历。古印度位于北半球热带, 各地气候变化有差异, 因此各地历法不一。有的地区以 12 个恒星月为一年, 1 个恒星月为 27 天, 全年 324日; 有的地区以 13 个恒星月为一年, 全年 351 日; 有的地区以 12 个朔望月为一年, 一年 354 日; 有的地区以 360 日为一年; 有的以 366 日为一年。古印度人对季节的划分也不一样, 有的将一年划分为春、夏、雨、秋、冬、凉六季; 有的划分为冬、夏、雨三季。但古印度地处热带季风气候区, 无论将一年划分为六季还是三季, 都是符合当地情况的。

为了表示日月五星的运动情况, 古印度人曾把黄道天区划分为 27 个相等的部分, 称其为 27 个月站, 这与恒星月周期相符。印度人还把朔望月分为两部分, 自朔至望称白月, 自望至朔称黑月。人们还往往以满月时月亮所在的星座命名月份, 如角宿月、氐宿月等。

古印度人的宇宙观: 认为大地是平的, 天也是平的, 大地中央是神圣的须弥山, 日月星辰都围绕须弥山运转。

4. 古希腊

古希腊是欧洲文明的发源地, 它地处巴尔干半岛南部。特殊的地理位置, 使它很容易接受古代的东方文明。古希腊人继承了古埃及和巴比伦的文化遗产, 在天文学方面做出了重要贡献。从公元前 6 世纪泰勒斯到公元 2 世纪托勒密近 800年间, 古希腊天文学发展迅速。在这期间, 先后出现过四大学派。

(1) 爱奥尼亚学派(公元前 6～前 5 世纪)　　　该学派由居住在小亚细亚西端的泰勒斯创立。该学派的主要贡献是把巴比伦和古埃及的天文学知识介绍到古希腊。相传泰勒斯曾利用从巴比伦那里学到的天文知识, 成功地预报过一次日食, 使当时正在西亚交战的两个民族都感到惊恐, 从而制止了一场旷日持久的战争。据现代天文考证, 这次日食的时间应该是公元前 585 年 5 月 28 日。这个学派还认为宇宙是大自然的产物, 可见的天空是完整球形天空的一半, 圆盘状的大地倒扣在球体中心, 天空的星辰都随同天空围绕北极星旋转。

(2) 毕达哥拉斯学派(公元前 6～前 4 世纪)　　　该学派由定居在意大利南部的著名几何学家毕达哥拉斯创建。毕达哥拉斯断言, 大地为球形, 月食是由于球形大地的影子投射到月亮上形成的, 月食时阴影的边缘总是呈弧状, 因为圆是最完美的几何图形。日月五星的视运动是由于地球自身也在运动。另一名伟大的学者德谟克利特提出了著名的原子学说。他认为万物都由原子组成, 地球和其他天体都是由于原子涡动而形成的。他还推测出太阳比地球大，银河是由众多恒星聚集而成的。

(3) 柏拉图学派(公元前 427～前 347 年) 该学派是由雅典哲学家柏拉图创立的。他接受毕达哥拉斯学派关于圆是最完美图形的观点，并用这个观点解释宇宙。这个学派的著名天文学家欧多克斯(公元前 409～前 356 年)设想，地球是万物中心，日月众星附在各自的透明水晶球上绕地球运转；所有恒星都位于最外面一层的水晶球上；所有的水晶球都被恒星天体带动着运转。柏拉图的学生亚里士多德(公元前 384～前 322 年)是古希腊最伟大的思想家。在天文学方面他支持欧多克斯的同心圆理论，并认为在恒星之外，还有一层统帅所有天球运动的宗动天。他坚持认为大地是静止不动的，否则，一定会观测到恒星的视差位移。在以后的两千年间，这个理由一直是地球不动的重要证据。

(4) 亚历山大学派(公元前 332～前 146 年) 公元前 332～前 146 年期间又称希腊化时期。可以说此时的天文人才济济，成果累累。该学派的第一位天文学家阿利斯塔克(公元前 310～前 230 年)那时就独自主张太阳中心说。他认为太阳和恒星静止不动，而地球和五个行星则都以太阳为中心运转。由于地球每年绕日一周，同时又每天自转一周，所以才产生天体的周年变化和周日视运动。他还认为恒星与地球的距离，要比日地的距离远得多，地球公转的小圈子只能算作一个"点"，所以看不出恒星的周年视差位移。阿利斯塔克还用三角法测量过太阳、月球和地球之间的距离及它的大小。这些结果虽然不准确，但他开创了人类用科学方法研究天体距离和大小的先河。

地球的大小是人们很关心的问题。居住在亚历山大的埃拉特色尼(公元前 284～前 192 年)巧妙地利用基本位于同一子午线上的塞恩(今阿斯旺)和亚历山大在夏至日正午太阳高度的差别，以及两地间的距离，算出地球的大小，得知地球周长 39 600 千米，与现代测量值非常接近(测量方法说明见第 6 章)。

古希腊的另一位大天文学家喜帕恰斯(公元前 190～前 125 年)是古代方位天文学的奠基人。公元前 2 世纪，观测天文学在亚历山大盛行一时，喜帕恰斯通过自己的辛勤观测和对前人观测资料的分析，首先在日月运动方面取得许多新的成就。他算出一年较准确的长度，测得白道与黄道交角约为 5°，发现其交点每 19 年沿黄道移动一周，还发现了岁差。他对恒星的方位作了精密的测量，编制了包含有 1080 个恒星的星表，这对以后西方天文学的发展起了很大的作用。

天文学家托勒密(85～165 年)集古希腊天文学之大成，写出不朽的巨著《大综合论》(后来阿拉伯人译成为《天文学大成》)，概括了古希腊时期天文学的所有成就。托勒密的宇宙体系仍以地球为中心。他采用喜帕恰斯等人对亚里士多德的修正，放弃水晶球，只用等速圆周运动来说明行星的运行。为了解释行星的顺行和逆行等复杂情况，又提出本轮和均轮的概念。托勒密的著作和他的地心宇宙体系，在以后的一千多年内，被欧洲和西亚人一直奉为经典("地心宇宙体系"详见第 7 章)。

5. 中国古代天文学

天文学在中国有着悠久而辉煌的历史，详见后"中国天文学"介绍。

二、欧洲近代天文学的发展

从 476 年西罗马帝国衰亡到 15 世纪中叶文艺复兴之间约 1000 年的欧洲历史，习惯上称作"中世纪"，其思想文化上的主要特征是天主教会的势力强大，政教合一，科学只是教会的恭顺婢女，天文学没有多大进展。15 世纪以后，欧洲资本主义开始兴起，为了追逐利润需要向外扩张。在此期间海上交通迅速发展。航海事业对天文学提出更严格的要求，从而引起了天文学的大发展。从哥白尼到牛顿时期是近代天文学建立和发展时期，欧洲学者们把天文学从单纯描述天体的几何关系，推进到研究天体之间的相互作用的新阶段，从而导致许多新天文学分支的建立。

1. 哥白尼日心体系的建立

波兰天文学家哥白尼(1473~1543 年)经过近 40 年的潜心观测和研究，终于断定托勒密地心体系是错误的。他认为居于宇宙中心的不是地球而是太阳，包括地球在内的行星都围着太阳运转。地球不仅公转，而且还绕轴自转。哥白尼的不朽之作《天体运行论》解决了天文学中的基本问题，彻底改变了那个时代人们的宇宙观念。他的日心地动说开辟了经典天文学的道路，为近代天文学的发展奠定了基础。同时，也引起了罗马教廷的惶恐和仇恨，意大利学者布鲁诺因支持和宣传哥白尼的学说而被教廷活活烧死；伽利略由于用自己的新发现证明日心说的正确性，而受到终身监禁。

2. 伽利略和他的望远镜

17 世纪以前，人类都是凭肉眼直接观测来研究天体。意大利近代实验科学的奠基人伽利略(1564~1642 年)最先用自己制造的望远镜首先进行天文观测，发现了许多新奇现象。1609 年他首先观测月亮，发现了月球上的环形山、高原和洼地；后来又观测别的天体，如：发现了土星的光环、木星的四颗卫星(又称"伽利略卫星")、金星的盈亏和随日面自转的黑子，以及发现银河实际是无数恒星聚集的结果。因而后人把伽利略誉为天空哥伦布。

大致在同一时代，出生于德国的开普勒(1571~1630 年)继承了他的老师第谷的大量的观测资料，全力揭示行星运动的秘密。他打破前人误认为天体只按圆形轨道运动的错误观念，总结出行星运动的三大定律，即开普勒定律，而被誉为天空立法者。

3. 牛顿和他的力学体系

英国近代史上最负盛名的科学家牛顿(1643～1727 年)利用自己创立的微积分理论，在伽利略、开普勒等人观测和实验的基础上，对杂乱的资料进行整理和概括，从中找出天体之间运动的原因(即相互关系)，建立起完整的牛顿力学体系。行星运动三定律和万有引力定律，为天体力学的发展奠定了基础。牛顿在光学方面的研究也具有开创性，他发现并正确解释了白光通过三棱镜被分解为七色光谱线，这一发现为后来天体物理学诞生创造了条件。牛顿还第一个研制了反射望远镜，这种牛顿望远镜在天文观测上，至今仍有无可置疑的优越性("光学望远镜"详见第 5 章)。

三、18 和 19 世纪天文学的发展

18 和 19 两个世纪是近代天文学的发展时期。由于科学技术的进步，天文望远镜及其终端设备、附属配件的性能越来越先进，使天体测量的精度不断提高，从而导致了一系列重大发现。而这些发现，又推动了天体力学的发展。到 19 世纪中叶，将新的发现、新的理论和新的观测技术用于天文学研究，又促使天体物理学诞生，人们得以逐步深入地去认识天体和宇宙的物理本质。

1. 天体测量学的成就

自哥白尼学说发表之后，为验证它的正确性，人们一直在试图找到恒星的周年视位移。英国天文学家布拉德雷(1693～1762 年)在作这种观测时，虽然未能如愿，但却意外地发现光行差，过后又发现地轴的章动。又过一百多年，德国的天文学家白塞尔(1784～1846 年)在改正了由于岁差、章动、光行差和大气折射所造成的误差基础上，大大提高了恒星坐标的精度，在 1838 年终于用三角法测到天鹅座 61 号星的周年视差，因而也就知道了恒星的距离。在此前后，俄国的斯特鲁维、英国的亨得森也测到了其他恒星的距离，困扰天文界几百年的一个重大问题——地球公转证据之一的恒星周年视差的测定，终于被解决了。

2. 天体力学的进展

由于观测精度的提高，在发现岁差和章动的同时，人们还发现行星运动并不完全遵循开普勒定律所给出的轨道运行，而是有微小的偏差，由此发现摄动。在万有引力的基础上发展起来的摄动理论，首先使太阳系天体的许多运动特性得到说明。为摄动理论做出过贡献的人很多，其中拉普拉斯(1749～1827 年)的《天体力学》

堪称牛顿《自然哲学》的续篇，他给出了天体运动计算的数学表达式，"天体力学"一词第一次被使用。拉普拉斯还根据力学理论提出太阳系起源的星云说，天体力学的发展导致了太阳系的许多新发现。后来物理双星被发现，证实在遥远的恒星世界里，万有引力的规律也同样适用。

3. 太阳系研究成就

首先是天王星、海王星和小行星的发现。继赫歇尔偶然发现天王星之后，伽勒根据别人的计算结果，于1846年在预定的位置发现了海王星，被人称作是笔尖上的发现，而为天文史留下一段佳话。另一成就是自1801年发现谷神星后(当时把谷神星归为小行星，现为矮行星)，又陆续发现了许多的小行星。这一发现弥补了提丢斯-波得定则关于火星和木星之间非常大的那个空隙。过去人们对彗星一直感觉很神秘，哈雷(1656~1742年)通过对24颗彗星轨道的认真计算，于1705年预言，其中有一颗将在1758年再度出现，这颗彗星真的按时而至。为纪念这位科学预言家，后人便把它称作哈雷彗星。19世纪中期以后，人们根据光谱分析知道了太阳的化学组成，又根据太阳的辐射量测得了太阳的温度，但太阳上的能量来源及机制在当时却依然是个谜。

4. 恒星天文学的成就

在恒星天文学研究方面，英国著名的天文学家威廉·赫歇尔(1738~1822年)及其家族功不可没。赫歇尔用自己研制的当时最先进的中型和大型望远镜观测，取得许多前所未有的新成果，被认为是近代恒星天文学的开创者。他的重要发现有：太阳在恒星空间的运动；恒星世界确实存在着互相绕转的双星；在他的星团、星云表中记录了2500多个；他用统计恒星数目的方法认识当时银河系的结构为扁平圆盘状。

自19世纪发明子午仪之后，恒星天文学迅速发展，因而对星表提出了更迫切的要求。19世纪30年代以后，陆续发表星表很多。照相技术用于天文观测以后，阿根廷的科尔多巴天文台把这项工作扩展到南极，直到20世纪初才发表星表，包括10等以内的恒星多达58万颗(关于"星表"定义见第4章)。

5. 天体物理学的诞生

19世纪中期前后，人们把分光学(光谱分析)、光度学和照相术用于天文学研究。随着光谱理论的建立，很快从所拍摄到的天体的光谱中，认证出太阳、恒星以及其他一些天体上的化学元素；又根据天体的光度知道了它们的温度以及密度等物理性质。从此，天文学的一个新分支——天体物理学诞生了，并一跃成为20世纪天文学的主流。尤其是在20世纪建立的恒星结构与演化理论和宇宙大爆炸理论为人类更好地认识宇宙奠定基础。

四、现代天文学的发展和成就

现代天文学，观测手段先进，发展迅速，成就辉煌。大型光学望远镜的研制、射电望远镜和雷达技术的应用，以及电子计算机和自动化技术应用于天文观测、资料处理及繁重的计算工作，有力地推动了现代天文学的发展。20世纪50年代人造卫星上天，空间技术问世，使人类得以观测到所有波长的电磁辐射，从而进入到全波段天文学时代。利用天文卫星和宇航飞行器对太阳系天体直接或近距离探测，使人类对宇宙的认识更加深入。原子物理、等离子物理、高能物理以及引力理论的建立和发展，又为天文学提供了坚实的理论基础。这都标志着20世纪天文学的主流是天体物理学。21世纪是信息互联网时代，天文知识的普及和天文学高精尖理论的突破则是主要方面。现代天文学充满挑战和机遇，尤其是一黑二暗三起源问题(即黑洞、暗物质、暗能量、宇宙起源、生命起源等)。

1. 对太阳系的探测

人类应用新的探测手段，在非日月食时也可以对太阳进行各种观测。从此对太阳的黑子、耀斑、化学元素、太阳构造、太阳活动和产能机制，都有了全新的认识。20世纪50年代以后，射电观测已成为研究太阳的常规项目，20世纪60年代以后又多次发射轨道太阳观测台，为深入了解太阳活动以及研究日地关系提供了空前丰富的资料。

天体物理方法也被广泛用于行星的研究，对类地行星和巨行星的物理性质有了崭新的认识。随着空间天文学时代的到来，使人类对太阳系天体的探索，从单纯的观测科学转变为飞临考察和就地实测的实验科学阶段。20世纪对太阳系天体的光学观测和研究也取得了显著成就，最主要的是1930年发现冥王星，1978年找到了它的一颗卫星。21世纪，人类对冥王星又有了新的认识，除了卡戎卫星，还发现有其他卫星。人类重新界定了行星和矮行星，对太阳活动研究有了新进展，并且利用太空飞行器多次就近或登陆大行星。尤其新视野号探测器对火星、小行星带、木星、土星、天王星、冥王星等的探索给人类带来许多新的信息，近期，正穿越柯伊伯带，预计2029年离开太阳系，人类对太阳系的研究进一步深入。

2. 恒星研究的纵深发展

对大量恒星和星云的测光和分光研究，确定了各种恒星的物理量——光度、质量、大小、表面温度、表面压力、自转速度、化学组成以及内部结构等。还通过这些物理量之间的某些关系，找到了除三角法之外测定天体距离的新方法，从而将测距范围由几百光年扩展到几千乃至几万光年(详见第6章)。

20 世纪初，根据恒星的亮度、颜色和光谱型之间的统计关系，绘制出一幅表示恒星绝对星等(光度)和光谱型(温度)的坐标分布图，被称之为赫罗图。后人一直把它作为研究恒星演化的工具。1938 年美国物理学家贝特指出，赫罗图中主序星的能源来自于氢变氦的热核反应，成功地阐明了太阳和恒星的产能机制。

爱因斯坦的相对论为现代天文学奠定了新的理论基础。早在 20 世纪 30 年代曾被人预言的中子星，于 1967 年被英国天文学家休伊什用射电望远镜发现，当时人们叫它脉冲星。在恒星演化上，大质量恒星在其晚期可演化为高密度，强引力场的黑洞，现代观测证实这种强引力场是存在的。黑洞就在宇宙中，有一堆让人着迷的秘密，等着人类去研究。21 世纪初对黑洞阴影的成像将提供黑洞存在的直接"视觉"证据。

3. 银河系和河外星系研究成果

人们对银河系结构、模型和太阳系位置的认识不断完善。在 20 世纪初认为银河系较大，太阳在银河系中心。20 世纪 30 年代后，才重新订正了银河系模型的大小和太阳所处的位置。通过对恒星运动的分析，发现了银河系的自转运动以及银河系的其他特征。现代研究认为银河系呈棒状结构。

现代天文学的重要特征之一，便是表现在对河外星系的认识上。1924 年前后美国天文学家哈勃发现仙女座星云是由一颗颗恒星组成的，从此宇宙岛——河外星系概念才被确认。哈勃根据星系中造父变星的周光关系和超巨星的绝对星等，将测量星系的距离扩展到千万光年;根据河外星系的绝对星等和多普勒效应理论，又把测量距离的范围扩展到数亿、百亿光年。被称作 20 世纪 60 年代天文学四大发现之一的类星体(其余三项是脉冲星、星际分子和约 3K 微波背景辐射)，向当时物理学理论提出新的挑战。目前已认识到活动星系核就是类星体，星系的形成与暗物质和暗能量有密切的关系。

4. 宇宙演化学研究

20 世纪在宇宙演化学方面的研究非常活跃，继星云说之后，曾提出过许多假说。尤其 20 世纪 30 年代提出的大爆炸宇宙学最为人瞩目。该学说的许多观点，被现代天文学研究成果所证实。如河外星体的谱线红移、各种天体上的氦丰度、2.7K 微波背景辐射、天体的年龄等，都支持大爆炸宇宙学的理论。为解释视界问题和平直问题等，天文学家又提出暴涨宇宙学观点，通过不断地修正，使得大爆炸宇宙说模型与实际天文观测尽量吻合。

5. 信息天文学迅速发展

21 世纪是信息时代，古老天文学与现代信息技术融合，天文大数据的挖掘，各种模型的构建与推理，新方法和新观点的不断涌现，虚拟天文台的构建，在天文信息技术创新与研发方面不断有新成果，使得信息天文学蓬勃发展。

五、中国天文学

1. 萌芽和体系形成

中国是世界文明古国之一，也是农牧业发展最早的国家，因此，中国天文学的起源可追溯到久远的年代。中国天文学史最能清楚地表明天文学由萌芽到早期形成和发展的一般过程。

原始社会一般尚无文字，但从许多考古发掘中可以了解到当时的人所掌握天文知识的情况。在距今 6000 多年的西安半坡文化遗址中，可以看到房舍和墓葬都有一定的取向，说明当时的人已懂得天文定向知识。在山东莒县和诸城出土的距今约 4500 年的陶尊上，都有表示日出的陶文。据《尚书·尧典》记载："寅宾出日，平秩东作，日中星鸟，以殷仲春。"意思是当日出正东时就是春分日，要举行祭祀，以利农耕。这陶尊该是祭礼日出的礼器。这一考古发现与《尚书·尧典》所载相互印证，古代传说有可信之处，当无疑义。据史书所载，五帝时代(约公元前 30～约前 21 世纪)已有一套观察日月星辰定季节的办法，并有专职官员"火正"负责这项工作。那时一年的长度定为 366 天，以闰月的办法调整月份和季节的关系。

有人考证，《夏小正》是记述夏朝(公元前 21～前 16 世纪)的历书。夏代观象授时更加系统，天象物候并重。该书按 12 个月的顺序记述每月的星象、气象、物候以及相应的农事活动。如三月采桑育蚕、蝼蛄始鸣、参宿已不可见等。

从发掘的大量殷商甲骨中证实，殷商时代(公元前 16～前 11 世纪)的天文学已相当发达。除用回归年纪年，朔望月纪月外，还采用干支纪日。商代历法是阴阳历，闰月安排在年终。在甲骨卜辞中，还有相当数量的日食、月食、新星、超新星等天象记录，其中有的已被现代的天文考古考证出具体年代。

西周时期(公元前 11～前 8 世纪)的天文学不仅相当发达，而且还很普及，把天象与日常生活相互联系。《诗经》中"七月流火，九月授衣""月离于毕，俾滂沱矣"等这样的记载相当多见。西周时期还把日月所经过的天区划成 28 个星座，称二十八宿。在甲骨卜辞中也找到了部分二十八宿的名称，因此，它的起源可追溯到更久远的时代。

如果把上述时代看作是天文学萌芽时期，那么春秋战国(公元前 770～前 221 年)时代便是我国古代天文学形成时期。这个时期天象观测的对象广，内容多，有的还达到精确的数量化程度。记录这一时期历史的《春秋》和《左传》里有丰富的天文资料。如从公元前 720 年到前 48 年，《春秋》记有日食 37 次，现考证有 32 次是准确的；所记公元前 687 年的陨石雨，是天琴座流星雨的最早记录；所记公元前 644

年落在宋国的陨石，是世界上最早的陨石记录；《左传》所记公元前 613 年"秋七月有星孛入……"，是彗星的最早记录。战国时期已有专门天文著作。齐国甘德著《天文星占》8 卷，魏国石申著《天文》8 卷，并编制了含有一百多颗星的赤道坐标星表。

春秋战国时期教育发展较快，思想活跃，是各种学派百家争鸣的时期，产生了许多优秀的自然哲学思想，也出现了丰富多彩的宇宙理论，概括起来有三种：盖天说主张天圆地方，较早出现在《周髀算经》中；浑天说认为天地都是浑圆形状，大概由石申建立；宣夜说认为天无形质，日月星辰靠气飘浮于空中，因此曾有杞人忧天的故事。尸佼提出"天左舒而起牵牛，地右辟而起毕宿"朴素的地动思想，用天地的相对运动解释天体的周日视运动。还提出"上下四方曰宇，往古来今曰宙"含有时空观的宇宙概念(关于"中国古代宇宙观"参见第 12 章)。

2. 早期综合和发展

秦汉时期(公元前 221～公元 220 年)国家统一，为综合和发展在诸侯割据时期各地发展起来的天文学创造了条件，从而形成具有中国特色的完整的天文学体系。

历代帝王出于巩固自己统治地位的需要，对天文学都非常重视。天文机构和天文研究始终受到皇家的监视和扶持。汉代的太史令是掌握天文机构的最高官吏。因此，中国天文学家对天象观测和研究一直十分精湛，有丰富而连续的天象记录，且可信度非常高，为全世界提供了罕见的天文学史料。

曾做过太史令的司马迁总结了汉代及其以前的天文学成就，在他的《史记》里有《历书》和《天官书》两部天文学专门篇章。前者概述了我国天文学的起源、发展和制历原则；后者确定了由五官二十八宿组成的我国第一个完整的星官(星表)体系，还在行星视运动、交食、恒星亮度颜色、彗、孛、流陨、极光和黄道光等广泛的天文领域展开研究和总结，开创了天文学载入国史的先河。《汉书·五行志》中也有许多重要的天象记载，如太阳黑子、超新星等，都是世界最早的天象记录。

历法方面，秦统一中国后继续使用颛顼历，以孟冬之月(相当今农历十月)为岁首，年终置闰，并有 24 节气的全部名称。汉武帝七年编制太初历，改为与今相同的岁首，将年终置闰改为没有中气的月份为闰月，此法沿用至今。到西汉末年已将交食周期和五星会合周期测得很准，与今值相差甚微。

3. 继续发展和繁荣

继秦汉之后，从三国到隋唐五代时期(220～960 年)，我国天文学研究逐渐走向繁荣发展，在历法、仪器和天文实测等方面都有不少创新和发现。

在历法上，南朝何承天于 443 年编撰的元嘉历，第一次按实际合朔安排朔日，由定朔法代替平朔法。462 年祖冲之制定的大明历第一次引入岁差，把回归年和恒星年区分开来,从而提高了历的精度。岁差是东晋虞喜在 330 年前后发现的。北齐张子信经过 30 多年的观测,发现太阳周年运动的不均匀性。604 年隋朝刘焯把这一成果用于他编制的皇极历,由定气法代替过去每 15 天为一节气的平气法,使二十四节气安排更为合理(历法内容详见第 4 章)。

这个时期的天文仪器,有唐代李淳风研制的、可同时测定天体赤道坐标和黄道坐标的浑天仪。三国时吴国太史令陈卓将古代留传下来的星表加以综合,编制成具有 283 星官和 1465 颗恒星的星表和星图,一直被沿用到近代。唐代一行和南宫说等人在河南地区,将天文观测用于测地,这是一个创举,求得了子午线 1°弧长为 122.8 千米,虽比今值(1°弧长约为 111.1 千米)大些,但它纠正了"日影千里差一寸"的旧观念。

4. 由鼎盛到相对滞后

五代十国的混乱局面,由宋统一而告结束。从宋初到明末(960～1644 年)是中国经济发展较快的时期。生产的发展,推动了自然科学前进,其中天文学也取得了许多重要成就。

首先,在宋代所记录的两次超新星,被当今世界天文界所关注。一次是景德三年(1006 年)发生在豺狼座的超新星;另一次是至和元年(1054 年)发生在金牛座的超新星,至今人们还在研究它们的射电源。

天文仪器的发明和制造令人瞩目,宋元佑七年苏颂、韩公廉工于巧思,制造了可自动演示天象和自动守时、报时的水运仪象台,还制造了人可进入内部观看的浑天象,是现代天文馆演示天象的先驱。宋代的沈括不仅研制和改进过一些观测仪器,还创造了我国仅有的一部阳历历书,即十二气历,但未被实行。元代郭守敬,为编制新历,主持制造仪器和观测工作,他研制的许多新颖仪器,充实了当时世界上最大的元大都天文台,其中包括玲珑仪、简仪、浑天象、仰仪、高表、景符等,都是当时最先进的仪器。简仪的赤道装置是当今望远镜赤道装置的鼻祖,现存河南登封的观星台,其直壁和石圭就是郭守敬所创高表的实物例证。

元代疆域辽阔,有利于对东与西、南与北的天文差异进行探索。元太祖十五年(1220 年)耶律楚材在西亚寻斯干城(今撒马尔罕),发现当地月食时刻与大明历所推算的时刻不同,在中国首次提出"里差"概念,即地理经度。数年后,苏天爵据此提出"地方时"概念。1279 年,在王恂、郭守敬等主持下,进行过一次空前规模的天文大地测量,南起海南(北纬 15°),北到北海(贝加尔湖一带,北纬 65°),全国设 27 个观测点,测定极高、交食时刻、食分、节气早晚、昼夜长短等,为编制授时历积累数据,此历一直沿用到明亡。

5. 与西方天文学交融

相比之下，明朝是我国天文学发展的低潮时期。除了明朝初期郑和远洋航行，曾利用"牵星术"定位定向，发展了航海天文学外，其他方面进展平缓，很少发明创新。从明末到鸦片战争(1644～1840 年)，由于经济、文化的发展，促使人们对科学技术产生新的追求。适值西方近代天文学兴起，为改历的需要，我国学者逐渐接受西方天文学的研究成果。明朝万历年间，徐光启与精通天文的意大利传教士利玛窦结识，合作翻译了《几何原本》《测量法义》，把西方科学知识最早传入中国。明朝政府命徐光启等人组成历局，聘请耶稣会士龙华民、邓玉函、罗雅谷、汤若望等参加。经过五年努力，于崇祯七年(1634 年)完成有 137 卷之多的《崇祯历书》，这是中国第一部引进欧洲天文学基础的历书，但未曾颁发。清军入关后，汤若望把这部书删改成 103 卷，更名为《西洋新法历书》进呈清政府，依它编制《时宪历》颁发，此历一直沿用到清亡。

清政府组织钦天监在《西洋新法历书》基础上，编成《历象考成》等书籍出版。不过，这些书都是以地球为中心的宇宙体系。把哥白尼学说介绍到中国的是 1760 年法国传教士蒋友仁，在他献给乾隆的《坤舆全图》中介绍了该学说。在康熙、乾隆年间进行过两次经纬度测量，建立了以北京为中心的经纬网。

1669 年，继汤若望之后，清政府命传教士南怀仁任钦天监的大臣，他先后主持制造的 8 件天文仪器设置于北京古观象台，并写成《灵台仪象志》，其中有 7 件都是欧洲风格的古典仪器，这是西学东渐的历史见证。

6. 近代、现代天文学的发展

鸦片战争之后(1840 年至今)，许多先进的中国人觉醒起来，要学习西方富国强兵之道。1862 年清政府在培养外语人才的同文馆内，增设"天文算馆"。1859 年李善兰与英国伟烈亚力合译赫歇尔的《天文学纲领》，译名《谈天》，把西方天文学的成就较系统地介绍到中国，受到中国革新派学者的关注和欢迎。

发展近代天文学需要精密的仪器和昂贵的设备。因此，中国早期的近代天文机构的建立都具有殖民地性质。1877 年法国传教士为收集中国沿海气象情报，为舰船提供授时服务，在上海徐家汇建天文台，后又在佘山建天文台。1894 年日本在台湾建测候所。1900 年德国在青岛设气象天测所。1911 年辛亥革命以后，于第二年采用世界通用公历。当时的北洋政府将钦天监更名为"中央观象台"，其任务是编日历和天文年历。

五四运动以后，科学与民主思潮活跃。1922 年在北京成立中国天文学会。后创刊《中国天文学会会报》，1930 年改为《宇宙》，一直出版到 1947 年。1934 年在南京建立紫金山天文台，1938 年因日本占领南京曾迁往昆明后又搬回南京。

1949 年中华人民共和国成立后，中国科学院接管原有各天文机构，进行调整和充实。先后又建立了上海天文台(徐家汇和佘山)、北京天文台(总台及怀柔、密云、兴隆观测站)，陕西天文台、云南天文台、青海观测站、新疆乌鲁木齐观测站和长春人卫观测站。1958 年建南京天文仪器厂，改变了天文仪器完全靠进口的局面。21 世纪初，我国天文单位机构实行改革，紫金山天文台、上海天文台保留原有机构；2001 年陕西天文台脱离天文管理部门改为国家授时中心；2000 年 10 月起北京天文台、云南天文台、南京天文仪器厂以及青海观测站、新疆乌鲁木齐观测站和长春人卫观测站等合并重组。而且，在 2001 年 4 月 25 日成立国家天文台，总部设在北京。这是我国天文学发展进入了一个里程碑式的新阶段。国家天文台建有中国科学院光学天文、太阳活动和天文光学技术等重点实验室，并与十几所大学及研究机构合作，建立了多个联合研究中心或实验室。中国还与世界合作，共同开发研究多项大型的天文望远镜研究。

从 1949 年至今，中国从无到有，发展了射电天文学、理论天体物理学、高能天体物理学以及空间天文学等现代学科，组织起自己的时间服务系统、纬度和极移服务系统，在诸如世界时测定、仪器制造、人造卫星轨道计算、恒星和太阳观测、高能天体物理研究以及天文学史研究、月球探索、火星探测等方面，都取得了不少重要成果。随着中国的崛起和复兴，天文学科也将面向世界科学前沿和服务国家战略需求中发挥更加重要的作用。

国内天文刊物主要有《天文学报》《天体物理学报》《天文学进展》《天文爱好者》《国家天文》等。

中国的大学天文教育起源于 1917 年在齐鲁大学成立的天文算学系。1926 年，中山大学数学天文系成立，后于 1947 年单独成立天文系。1927 年厦门大学增设天文学系，后于 1930 年停办。1949 年中华人民共和国成立后，于 1952 年进行全国院系调整，由中山大学天文系和齐鲁大学天算系合并在南京成立南京大学天文系；1960 年北京师范大学天文系和北京大学地球物理系天体物理专业成立；1977 年中国科技大学建立天体物理中心，1999 年又成立了天文与应用物理系；2012 年厦门大学天文系复办；2019 年清华大学天文系成立……据资料（截止 2020 年），目前中国已有 22 所大学正在比较有规模地开展天文学教育和研究。中国天文教育事业突飞猛进。

此外，1957 年建成了北京天文馆且 2004 年新馆落成，2016 年国家授时中心下属的"时间科学馆"建成并对公众开放宣传，2021 年上海天文馆开放……总之，所有这些为中国天文科学普及教育工作起了积极作用。

21 世纪，为提高素质教育和普及天文知识，我国许多大中城市高校、中学或科技馆都相继建成天文馆或小天文台；全国高等师范院校大部分地理系或物理系开设了"天文基础课"或"天文选修课"，以培养中学教师胜任"上知天文，下知地理"和开展天文观测活动的技能。随着对大学生素质教育的重视，不少高校在全校范围以及网络在线开设"天文基础"通识课，这一趋势还在不断增长。随着计算机网络技术的发展，天文网站也不断涌现。当今，对天文学的重视，不仅是学科的首要任务，也是现代人们的普遍要求，是社会的进步和人类文明发展的需要。

 思考与练习

1. 简述天文学的研究对象、研究方法和特点。
2. 研究天文学的意义有哪些?
3. 了解天文学的科学分支。
4. 简述古代天文学的起源和发展。
5. 简述欧洲 15、16、17、18、19、20 世纪天文学发展的特点及成就。
6. 简述中国天文学从古到今的发展过程。

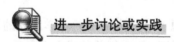

第1章思考
与练习答案

进一步讨论或实践

1. 21 世纪的天文学与空间科学。
2. 举例说明天文学与地学的关系。
3. 天文学与其他学科的关系。
4. 有条件的学校可联系参观天文台或天象馆。
5. 有条件的学校可联系拜访省(或地区)天文协会，为天文科普作些工作。

第2章 天体和天球

【本章简介】

　　本章首先引入天体的概念并对主要天体作了简介；接着介绍了天体系统概念及主要类型；再者，对研究天体视位置和视运动的辅助工具"天球"作了说明；最后介绍了几种主要的天球坐标以及它们之间的联系和区别。

【本章目标】

➢ 掌握"天体"和"天体系统"的概念和内容。
➢ 理解"天球"的概念和"天球坐标"的模式结构。
➢ 了解地平、赤道、黄道等几种主要天球坐标及应用。

2.1 天体和天体系统

一、天体概念及主要天体简介

1. 天体概念

　　天文学的研究对象是天体。由于人们对天体认识和理解，在不同历史时期是大不相同的，现代天文学的观测和研究证明了宇宙是物质的，所以目前把天体认为是宇宙间各种星体的总称，包括恒星(如太阳)、行星(如地球)、卫星(如月亮)、彗星、流星体、陨星、小行星、星团、星系、星际物质以及暗物质和暗能量等。

2. 主要天体简介

　　(1) 恒星　　是天体中的主体。一般认为由炽热的气体组成的、自身会发热发光的球状或类球状天体称为恒星。太阳就是一颗恒星，除了月球和行星，我们在夜晚所见的众星大多为恒星。①恒星并非不动，只是因为距离我们实在太远，不借助特殊工具和特殊方法，很难发现它们在天空上的位置变化，因此古代人把它们叫恒星。②由炽热的气体组成的仅是恒星的大气，恒星的内部，特别是内核密度都很大，显然不一定是由气体组成的，如白矮星、中子星(包括脉冲星)不是由气体组成的，而恒星自身发光也是恒星演化史上某一阶段的现象。③恒星有许多种类，恒星有生有灭(关于"恒星"将在第 10 章再详细介绍)。由成团的恒星组成的、被各成员星的引力束缚在一起的恒星群称为**星团**，主要有球状星团和疏散星团两种。

(2) 行星　　　指绕恒星运行、自身不会发可见光的天体。到目前为止，人们除视察到太阳系内的行星外，已经搜索发现不少太阳系外的行星。例如，大熊座 47 有一颗行星；仙女座 υ 恒星有 3 颗行星。

(3) 卫星　　　指绕行星运行、自身不会发可见光、以其表面反射恒星光而发亮的天体。至今人们也仅是观察到太阳系内的卫星，据资料记载，至 2019 年发现的太阳系卫星数达 160 多颗。

(4) 彗星　　　指主要由冰物质组成，以圆锥曲线(包括椭圆、抛物线和双曲线)轨道绕恒星运行，当靠近恒星时，因冰物质受热融化、蒸发或升华，并在恒星粒子流的作用下(如太阳风)拖出尾巴的天体。人类除观察到太阳系内的彗星外，2019 年 8 月观测到来自另一颗恒星的星际彗星(Borisov)。

(5) 流星体　　　是绕恒星运行的质量较小的天体，其轨道千差万别。在太阳系中有些流星体是成群的，称为**流星群**。当流星体(或群)进入地球大气层时，由于速度很高，进入地球大气层因摩擦生热燃烧发光，形成明亮的光迹，称为**流星现象**。大流星体未燃尽而降落在地面称为**陨星**。陨星中含有许多种矿物元素，近年来还发现在陨石中存在有机物。

(6) 星云和星系　　　星云是指银河系空间气体和微粒组成的星际云，一般它们体积和质量较大，但密度较小，形状不一，亮暗不等。过去在星云性质不清楚之前，把星云分为河内星云和河外星云两种。河内星云实质就是"星云"，是银河系内的一些星际物质；河外星云就是现在指的"河外星系"，简称"**星系**"，本书将在第 11 章"星系"中再介绍。**梅西叶天体**(或 **M 天体**)是特指的 110 个星系和星云。**深空天体**(deep sky object, DSO)是一个常见于业余天文学圈内的名词，指的是天上除太阳系天体(如行星、彗星或小行星)和恒星之外的天体，这些天体大都是肉眼看不见的，只有其中较明亮的(如 **M31** 仙女座大星系和 **M42** 猎户座大星云)能为肉眼看见，但为数不多，若使用双筒望远镜能看到一百多个。

(7) 星际物质　　　恒星之间的物质，包括星际气体、星际尘埃和各种各样的星际云，还包括星际磁场和宇宙线，统称为星际物质。在现代天体物理中星际物质的研究越来越受到重视。

(8) 人造天体　指在 1957 年人造卫星上天以后才有的天体,现有人造卫星、宇航器(宇宙飞船)和空间站等。虽然有的人造天体已瓦解,失去设计时功能,但每一块小碎片(宇宙垃圾)仍然是人造天体。现运行在太空中的人造天体已有上万个。在 21 世纪的信息和航天时代,人造天体更是人类了解宇宙的重要手段。

(9) 可视天体和不可视天体　人类把天上看得见的(在可见光波段)称为可视天体,看不见的称为不可视天体。据现代天文研究,宇宙中存在大量的**暗物质和暗能量**。

二、天体系统

1. 天体系统概念

在引力的作用下,邻近的天体会集结在一起,组成互有联系的系统,这就是**天体系统**。也可以表述为:天体系统是互有引力联系的若干天体所组成的集合体。

2. 主要天体系统

天体系统的规模有大有小,到目前为止,人类所认识的最低一级的天体系统是由一颗行星与一颗或多颗卫星所组成的系统,如由地球与月球所组成的**地月系**。在太阳系内,这样的天体系统已发现不少,像火星、木星、土星、天王星、海王星和冥王星,还有两颗小行星,都拥有卫星。

比地月系高一级的天体系统,是由一颗恒星与若干行星及其卫星等所组成的天体系统,例如,太阳系就是由太阳及其八大行星和卫星及小天体等组成。

比太阳系高一级的**天体系统**,是由大量恒星所组成的**星系**,我们的太阳所在的星系称为**银河系**,许多类似于银河系的星系统称为**河外星系**。

比星系再高一级的天体系统是**星系群**、**星系团**。银河系所在的星系群称**本星系群**。

比星系群或团再高一级是**超星系团**,它是由一定数量的星系群和星系团所组成的天体系统。本星系群所在的超星系团称**本超星系团**。

在超星系团之上,不再细分了。目前天文学家把人们观测所及的宇宙部分称为"**总星系**"或科学宇宙,也就是宇宙学家常说的"我们的宇宙"。值得一提,"科学宇宙"同哲学上所讨论的"宇宙"(无所不包的时空)不完全是一回事。从广义上说,总星系应该是无限宇宙的一部分。关于天体系统大小级别归纳见图 2.1。

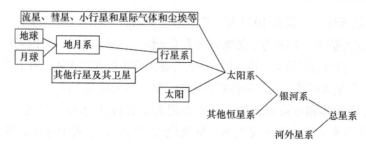

图 2.1　天体系统级别

2.2　天球和天球坐标

一、天球

1. 天球概念

天体由于引力和运动使它们保持相对的平衡。当我们抬头仰望天空时，从视觉上很难辨别出天体距离的远近，似乎是等距的，它们同观测者的关系，犹如球面上的点同球心的关系。这样太阳、月亮和其他恒星看起来似乎都分布在一个很大的球面上，无论我们走到地球什么地方，都有这种感觉。这个以观测者为中心，以任意长为半径的假想的球，称为**天球**。天空的昼夜变化表明，天球不但存在于地平之上，而且还有一半隐入地平之下。

在天文上，对天球的定义强调两点：第一，天球的中心是观测者(或地心或日心或银心)；第二，天球的半径是任意的。它包容一切，不论天体如何遥远，总可以在天球上有它的投影。这样，既承认天体事实上的距离悬殊，又可以利用天球上的视位置对于地球的等距性。概括地说，天球就是以观测者为中心、以任意长为半径的一个假想的球体，在天文学上用作表示天体视位置和视运动的辅助工具。

2. 天球类型

由于研究任务不同，天球中心可以选择为观测者或地心或日心等，相应地就有观测者天球、地心天球和日心天球等。地心天球，这是地球上的观察者所构想的天球，它以地心为天球中心，但地球上的观察者只能在地面上观察，地心与地面的差距就是地球半径，在较大尺度的宇宙空间里，地球半径或直径的距离是可以忽略不计的，所以，地心天球与以地面上的观察者为中心的天球是可以被看作是一致的，仅在必要的时候才作某些修正，地心天球主要用以表示太阳系以外天体的视位置和视运动。日心天球，以日心为天球中心，即假设观察者位于日心，这种天球主要用于表示太阳系内天体的视位置和视运动。

二、天球上的基本圈和基本点

在天球上作一些假想的点和大圆(基本线和基本圈)，利用它们可以确定天体在天球上的视位置，并研究天体的视运动，因此，利用天球可以把各个天体方向间的相互关系的研究，分为球面上点与点或点与线之间相关位置的研究。为此，我们先了解天球上的一些基本点和基本圈。

1. 天顶和天底

沿观测者头顶所指的方向作铅直线向上无限延伸，与天球相交的一点称为天顶(Z)；天球上距天顶 180°的点，即铅垂线在观测者脚底向地平以下无限延伸，与天球相交的另一点称为天底(Z′)，观测者的眼睛则为天球的中心。

2. 地平圈

通过地心，并垂直于观察者所在地点的垂线的平面与天球相割而成的圆为地平圈，也就是人们平时所说的地平线(不过平常所说的地平线没有如此严格的定义)。或表述为通过天球中心而垂直于天顶和天底连线的平面称为地平面，地平面与天球相交而成的大圆 NWSE，称为地平圈。地平圈把天球分成可见和不可见的两个半球。天体每日视运动运行到距地平圈以上最高点称为上中天，运行到距地平圈最低点称为下中天。

3. 北天极和南天极

地轴无限延伸，就成天轴。天轴与天球相交的点就是天极。天极有两个：北向的称北天极(P)；南向的称为南天极(P′)。离北天极约 1°处有一颗不太亮的星，即小熊座α，中名"勾陈一"，是北极星。南天极及其近旁没有亮星，故没有南极星，所谓"南极老人星"，其实离南天极还很远，离天赤道反而近，只因我国地处北半球，北方根本看不到这颗星，南方看那颗星在南边天际。故有人称它为"南极老人星"(即船底座α)。

4. 天赤道

与北天极和南天极距离相等，且垂直于天轴的大圆，称为天赤道，即地球赤道平面任意扩展与天球相割而成的圆，称天赤道。实际上，它是地球赤道的无限扩大。它把天球分成南北两个半球。

5. 四方点(或四正点)

通过天顶和天底、北天极和南天极的大圈与地平圈相交的两点中，靠近南天

极的那一点称为南点(S)；靠近北天极的另一点称为北点(N)。自北点顺时针旋转
90°的那一点为东点(E)，与东点相距180°的点称为西点(W)。或表述为在某地看地
平圈与天赤道相交的两点就是东点(E)和西点(W)，它们在正东方向和正西方向。
地平圈上与它们相距90°的两个点就是南点(S)和北点(N)，分别在正南方向和正北
方向。S、N、E、W合称为四方点或四正点。

关于天顶、天底、天极、天赤道、地平圈、四方点如图2.2所示。

6. 黄道和黄极

通过天球中心作一与地球公转轨道面叠加的无限平面，这一平面叫黄道面，
黄道面与天球相交的大圆，称为黄道。即地球绕日公转轨道平面任意扩展，与天
球相割而成的圆为黄道。通过天球中心作一垂直于黄道面的直线，使该线与天球
相交于两点，其中靠近北天极P的那一点为北黄极(K)；靠近南天极P′的另一点则
为南黄极(K′)，见图2.3。

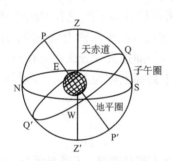

图 2.2　天顶、天底、天极、天赤道、地平
圈、四方点

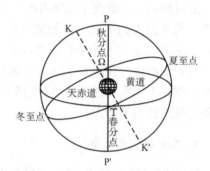

图 2.3　黄道、黄极、二分二至点

7. 银道和银极

在天球上沿着银河中心画出的大圆称为银道，它是银河系平均平面与天球相
交的大圆，它与天赤道相交成约63.5°的交角。银河所在的平面称为银道面，在银
道两侧与银道相距90°的两点，称为银极。靠近北天极的那一点称为北银极(NGP)，
靠近南天极的那一点称为南银极(SGP)，见图2.9。

8. 二分二至点

黄道平面与天赤道平面存在23°26′的交角(长时间有一定的变幅)，称**黄赤
交角**。简单点说，黄赤交角是黄道与天赤道的交角。由于这交角的存在，黄道
与天赤道有两个交点，即春分点(Υ)和秋分点(Ω)。在北半球看起来，春分点是
升交点，即太阳在黄道上运行过春分点后便升到天赤道平面之上，从此太阳光直射

在北半球；秋分点是降交点，即太阳过秋分点后便降到天赤道平面之下，从此太阳光直射在南半球。夏至点是黄道上的最北点，冬至点是黄道上的最南点。目前，太阳大致在每年的 3 月 21 日、6 月 21 日、9 月 23 日、12 月 22 日的某一时刻运行至春分、夏至、秋分和冬至点，其日子分别称春分日、夏至日、秋分日和冬至日，习惯上就简称为"二分二至日"。

9. 子午圈

通过天顶和北天极同时又过北点和南点的大圈 PZSP′Z′N 称为子午圈，见图 2.2。

10. 卯酉圈

通过天顶和天底同时又过东、西点的大圈 ZEZ′W，称为卯酉圈。

11. 六时圈

通过北天极和南天极，同时又过东、西点的大圈 PEP′W，称为六时圈。

根据同一球面上最大的圆，其圆心即为球心的叫大圆，其他的圆则为小圆。那么上述的地平圈、天赤道、黄道、子午圈、卯酉圈和六时圈均为大圆。其中地平圈、天赤道、黄道为基本圈(简称基圈)；子午圈、卯酉圈和六时圈为辅圈。

12. 极点、交点和距点

距大圆 90°的点称为**极点**(如上述天顶和天底、北天极和南天极)。大圆与大圆相交的点称为**交点**(如东点和西点、春分点和秋分点等)，两大圆之间的距离为距点，其中距离最大处的点称为**大距点**(如上点 Q 和下点 Q′、夏至点和冬至点等)。

上面所述的天球基本点和基本圈见图 2.2 和 2.3。

天球坐标与地理坐标模式类似，所以，在说明天球坐标之前先要了解地理坐标。

地理坐标　　人们在建立地理坐标时，通常把地球看成正球体，并在上面设定一些点和线。

地轴　　地球在自转过程中，若不考虑公转等因素，从地表到地内就有一连串不动的点，连接这些不动的点所构成的线就是地轴。地球就是绕地轴自转的。

地极　　地轴与地表相交的点就是地极。地极有两个。我国自古以来，人们把日出方向称为东，把日落方向称为西，把与东西方向成 90°的方向称为南和北。于是，人们把北向的地极称北极，把南向的地极称南极。

纬线及赤道　　垂直于地轴的平面与地表相割而成的圆即纬圈，也就是纬线。其中既垂直于地轴，又通过球心的平面与地表相割而成的圆是最大纬圈，称为赤道，它是地球上的大圆。离赤道越远的纬圈越小，两极的纬圈为 0。显然，所有的纬圈都是平行的。赤道则把地球分成南北两半球，在半球内，不同的纬圈是不等的，而南北两半球的纬圈则是对称的。赤道是地理坐标中的基圈。

经线及本初子午线　　通过地轴的平面与地表相割而成的圈为经圈。这是地理坐标中的辅圈。它们都是地球上的大圆，且都相等。它们都相交于南北两极；两极又把它们都分成相等的半圈，这就是经线，又称子午线。其中通过原格林尼治天文台子午仪(中星仪)镜头十字丝交点在地面上的垂点的经线于 1884 年被国际上定为起始经线，即 0°经线，也称之为"本初子午线"。它与赤道的交点是地理坐标中的原点。

纬度　　某地法线与赤道平面的交角就是某地的纬度。它以赤道面为起始，在经线上度量。北半球的纬度称北纬，南半球的纬度称南纬，各 0°～90°，分别用 N 和 S 表示。赤道上的纬度为 0°，两极的纬度为 90°。

经度　　某地经线所在的平面与本初子午线所在平面之间的夹角就是某地的经度。它以本初子午面为起始，在赤道上度量，并以本初子午线为界，分东经和西经，各 0°～180°，分别用 E 和 W 表示。东经 180°即西经 180°。

由地球上的纬度与经度所组成的坐标就是**地理坐标**，用以表示各地的地理位置。建立这种地理坐标的体系，就叫地理坐标系。在地理坐标系中，赤道为横轴，本初子午线为纵轴，经度即横向位置，纬度即纵向位置，两者结合，就成为地理位置。如北京的地理坐标就是北纬 39°57′，东经 116°19′，一般写作 39°57′N，116°19′E。这也就是北京的地理位置。

三、天球坐标

要确定天体的位置，研究其视运动规律，必须建立恰当的坐标系统。常用的天球坐标系统有：地平坐标、赤道坐标、黄道坐标和银道坐标等。下面，先介绍天球坐标的一般模式。

1. 天球坐标的一般模式

天球上一点的位置，可用该点距离天球基本点和基本圈的大圆弧，或大圆弧所对应的圆心角来度量，这种弧长又叫**球面坐标**。由天球上的纬度和经度所组成的坐标即**天球坐标**。天球上一点的位置，可用任意一种天球坐标系统来测定，由于所选择的基本点和基本圈的不同，因而得出不同的天球坐标系。天球坐标的一般模式是球面三角形，见图 2.4。构成这个三角形的三条边，分别属于三个大圆，即**基圈、始圈**

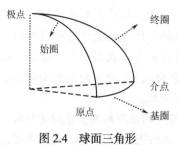

图 2.4　球面三角形

和**终圈**。三角形的三个顶点是基圈的**极点**、**原点**(始圈与基圈的交点)和**介点**(终圈与基圈的交点)。三边中的基圈和始圈，分别是坐标系的横轴和纵轴，终圈则是可变动的，体现这种变动的是点的经度和点的纬度。通过这两种变动，球面上任何一点的位置，都可以用一定的经度和纬度的结合来确定。前者是点的横坐标，后者是点的纵坐标。

2. 常见的几种天球坐标

定义不同的基圈和始圈、原点以及度量方向，就有不同的坐标系统。下面简单介绍一下。

(1) 地平坐标系　　由**高度**(h)和**方位**(A)组成的地平坐标系，见图 2.5。这是可以非常直观地表示观察者所见天体在天球上的位置的一种天球坐标系。在这一坐标系里，它的基圈是地平圈。它的原点是南点(S)。它的纬线是地平圈和天球上与地平圈平行的圆，称地平纬圈，亦称等高线。地平圈就是最大纬线。它的经线就是天球上通过天顶和天底的圆，称为地平经圈，它必然垂直于地平圈。其中通过南点和北点的地平经圈称子午圈(地球上的经圈亦称子午圈，本来天球上的经圈应称天子午圈，但一般就简称子午圈)，以天顶和天底为界分为子圈和午圈；通过东点和西点的地平经圈称卯酉圈，以天顶和天底为界分为卯圈和酉圈。

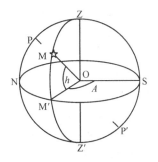

图 2.5　地平坐标系

它的纬度称高度(h)，即天体与地平圈的角距离，就是天体光线与地平面的交角，也就是天体的仰角。它用角度表示，以地平圈为起点，沿天体所在的地平经圈向上或向下度量，大小为-90°～90°。上为正，即天体在地平面之上，是可见的；下为负，即天体在地平面之下，不可见。高度的余角称天顶距。

它的经度称方位(A)，它是天体对于午圈的角距离，即天体所在地平经圈与午圈的交角(实质是两个经圈所在平面的夹角)。在天文学里，以南点为原点(起点)在地平圈上向西度量(因天体周日运动向西)，自 0°到 360°，南、西、北、东四点方位分别为 0°、90°、180°、270°。

地平坐标常用于表示太阳在天球上的位置，使用得最多的是太阳高度。日出和日落时的太阳高度就是 0°，一天中太阳高度的最大值出现在正午，一个地方正午太阳高度是有明显的季节变化，最大值出现在夏至，最小值出现在冬至。太阳高度为负值时说明在黑夜，极夜时太阳高度就是负值(太阳高度变化规律详见第 9 章)。观测流星、彗星、人造卫星等天体位置、运动状况一般也采用地平坐标。

(2) 第一赤道坐标系(时角坐标系)　　由**赤纬**(δ)和**时角**(t)组成的第一赤道坐标系，见图 2.6。这是主要用于测量时间的天球坐标系，亦称时角坐标系。

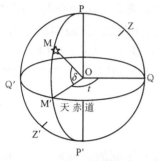

图 2.6 第一赤道坐标系

在这一坐标系中，它的基圈是天赤道，原点是上点 Q。它的纬线是天赤道和天球上与天赤道平行的圆，称赤纬圈，天赤道是最大的赤纬圈。它的经圈是天球上通过北天极和南天极的圆，在此改称时圈。其中通过天赤道上的上点和下点的时圈称子午圈(它亦通过地平圈上的南点和北点)，它以两个天极为界分为子圈和午圈。通过天赤道上的东点和西点(此两点亦在地平圈上，因为它们是地平圈与天赤道的交点)的时圈称为六时圈，以两个天极为界，分为东六时圈和西六时圈。

它的纬度称为赤纬(δ)，是天体相对于天赤道的角距离，即天体视方向与天赤道平面的交角。它用角度表示，以天赤道为起始，在天体所在的时圈上度量，南北各自 0°到±90°，按北半球的习惯，北为正，南为负。赤纬的余角(90°−δ)称极距。

它的经度称时角(t)，是天体相对于子午圈的角距离，即天体所在时圈与子午圈的交角，实质是两圈所在平面的夹角。以上点 Q(午圈与天赤道的交点)为原点，沿天赤道向西度量(因天体周日运动向西)，但它不用角度表示，而直接用时间单位时、分、秒表示，可记为 h、m、s，如 $6^h8^m12^s$(因天体周日运动是地球自转的反映，地球自转的速度是 1 小时 15°、1 分钟 15′、1 秒钟 15″，时角与角度可按此经值换算)。上点、西点、下点和东点的时角则分别为 0^h、6^h、12^h、18^h。

在天文学中，把春分点 ϒ 的时角规定为恒星时，意思是，春分点在上中天时，恒星时为 0 时(0^h)，之后，随着地球的自转，春分点在天球上不断西移，时角不断增大，意味着时间在不停流逝。恒星时一般用于天文观测。

一般外出观星前除了需要准备器材，查看天气及月相之外，一个重要的事情就是要选好观测和拍摄的天体目标，那就要计算天体的时角。

太阳时与太阳时角不同，当太阳位于上中天时，太阳时角为 0 时，太阳时却为 12 时，故太阳时与太阳时角有 12 时的差值，即太阳时=太阳时角±12 时(关于时间问题详见第 3 章)。

(3) 第二赤道坐标系 由**赤纬(δ)**和**赤经(α)**组成的第二赤道坐标系，见图 2.7。地平坐标系和第一赤道坐标系都有明显的地方性和周日变化，即在同一时刻的不同的地点观测同一天体，所得的这个天体在天球上的纬度和经度是不同的；在同一地点的不同时刻观测同一天体，所得这个天体在天球上的纬度和经度也是不同的。

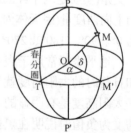

图 2.7 第二赤道坐标系

所以，这两个坐标系不宜用于表示天体在天球上的位置。在编制星表时，需要注明天体(如恒星、星系星团)在天球上的固定位置，这就必须建立第二赤道坐标系。

在这一坐标系中，它的基圈是天赤道。它的原点是春分点，即黄道与天赤道相交的升交点。始圈是春分圈，即通过春分点的时圈。它的纬度是赤纬(δ)，即第一赤道坐标系中的赤纬。它的经度是天体相对于春分圈的角距离，称赤经(α)，亦用时间单位表示，以春分点为原点，沿天赤道向东度量，自 0^h 至 24^h。由此可见，在某一时刻，上中天恒星的赤经就是当时的恒星时，因为：上中天恒星的赤经是子午圈上的恒星与春分圈的角距离，而当时的恒星时是春分圈上的春分点与子午圈的角距离，两者是同一个角距离。

由上亦可知，第二赤道坐标系是表示天体在纬向上与天赤道的距离，在经向上与春分圈的距离。在一定的时间(如几百年或几千年)，天赤道与春分圈的空间位置是变化很小的，所以，用这种赤经和赤纬注明的天体位置所编制的星表在较短时期内总是适用的。不过，由于地轴是摇动的(地轴进动)，天赤道的空间位置是摆动的，春分点在黄道上每年西退 $50''.29$，西退周期为 25800 年，所以，在较长时间内，天体的赤经和赤纬也会有明显的变化。因此，星表都要注明编制的年份。

(4) 黄道坐标系　由**黄纬(β)**和**黄经(λ)**组成的黄道坐标系，见图 2.8。这是用于表示日、月和行星的空间位置和运动的天球坐标系。在这一坐标系中，它的基圈是黄道，原点是春分点。它的纬线是黄道和天球上与黄道平行的圆，称黄纬圈。黄道是最大的黄纬圈。它的经线是天球上通过两个黄极的圆，称黄经圈，其中通过春分点的黄经圈是始圈。它的纬度称黄纬(β)，是天体对于黄道的角距离，用角度表示，以黄道为起始，在天体所在的黄经圈上向南北度量，从 $0°$ 至 $\pm90°$，北半球的习惯是黄道以北为正，黄道以南为负。它的经度称黄经(λ)，是天体对于春分点所在的黄经圈的角距离，以春分点

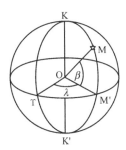

图 2.8　黄道坐标系

为原点，沿黄道向东度量(因太阳系内天体周年视运动的总趋势向东)，自 $0°$ 至 $360°$。

太阳总是在黄道上，所以太阳的黄纬总是 $0°$。太阳的黄经每日递增 $59'$，春分、夏至、秋分、冬至时的太阳黄经分别为 $0°$、$90°$、$180°$、$270°$。月球和太阳系其他大行星的黄纬也不大(因具有共面性)。由于行星有时顺行，有时逆行，所以行星的黄经并非总是与日俱增。

(5) 银道坐标系　由**银纬**和**银经**组成的银道坐标系。在星系天文学和恒星动力学中，常使用银道坐标系，这是根据银河的结构所建立的天球坐标系。

在这一坐标系中，它的基圈是银道。银道与天赤道或银道与地轴的交角，或银极与天极的角距离，在 1958 年以前，天文上界定交角为 $62°$；1958 年以后修正为 $63°26'$(1958 年国际天文学联合会第十届大会规定北银极的赤纬为 $27°24'$，赤经为 12^h49^m)。现在银道与天赤道的交角为 $63°26'$(约 $63.5°$)。它的纬线是银道和天

球上与银道平行的圆，称银纬圈。银道就是最大的银纬圈。它的经线是天球上通过两个银极的大圆，称银经圈。它的纬度是天体对于银道的角距离，称银纬，用角度表示，以银道为起始，在天体所在的银经圈上向北或向南度量，自0°至±90°，银道以北为正，以南为负。北银极(NGP)的银纬为+90°，南银极(SGP)的银纬为-90°。它的经度称银经，是天体对于起始银经圈的角距离。1958年以前，起始银经圈是通过银道与天赤道的升交点的银经圈；1958年，国际天文学联合会第十届大会规定沿着银道由半人马座银心方向向东度量，或在银道上按北银极鸟瞰的逆时针方向度量，自0°至360°。因此，现在这一坐标系被称为国际天文学联合会银道坐标系。它直接与银河系结构有联系，这是很有用的。

关于黄道坐标、赤道坐标和银道坐标的关系见图2.9。

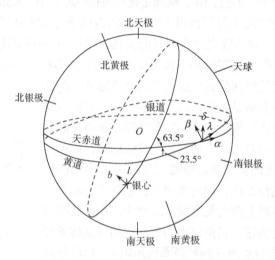

图2.9　黄道坐标、赤道坐标和银道坐标的关系

3. 主要坐标的区别和联系

天球有各种不同的坐标系。因此，同一天体就有各种不同的坐标。不同的坐标系之间，既存在区别，又有互相联系。

(1) 地平坐标系与第一赤道坐标系　　它们的经度(方位与时角)都是向西度量，而且，二者都以子午圈为始圈。但是，地平坐标系以地平圈为基圈，因而以南点为原点；第一赤道坐标系以天赤道为基圈，因而以上点为原点。这样，天体的高度便不同于赤纬，方位也不同于时角。它们之间的具体差异，与当地的纬度有关；纬度愈高，二者愈接近。在南北两极，天赤道与地平圈重合，北天极位于天顶。这时，高度就是赤纬，方位等于时角。

体现地平坐标系与第一赤道坐标系的联系(图2.10)，有如下关系式：

在同一地点有　天极的高度(h_P)=地理纬度(φ)=天顶的赤纬(δ_Z)

天球的南北两极,一个在地平以上,叫做仰极;另一个在地平以下,叫做俯极。对北半球来说,仰极就是北天极。一地的纬度与当地天顶的赤纬属于同一个角,它等于当地仰极的高度,二者都是天顶极距的余角。在我国历史上,仰极高度被称为北极高。人们正是根据这一原理来测定所在地的纬度。

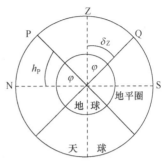

图 2.10　各种纬度关系

(2) 第二赤道坐标系与黄道坐标系　它们的经度(赤经和黄经)都是向东度量,而且它们有共同的原点(春分点),但是第二赤道坐标系以天赤道为基圈,因而以春分圈为始圈;黄道坐标系以黄道为基圈,因而以无名圈为始圈。这样,天体的赤纬不同于黄纬,赤经不同于黄经。它们之间的具体差异同黄赤交角有关。

(3) 第一赤道坐标系与第二赤道坐标系　这两种坐标系都以天赤道为基圈,因而有共同的纬度(赤纬),所不同的是它们的经度。第一赤道坐标系以午圈为始圈,其经度(时角)自上点向西度量。第二赤道坐标系以春分圈为始圈,其经度(赤经)自春分点向东度量,所以,天体的时角不同于赤经,二者的具体差异同当时的恒星时有关。任何时刻的恒星时,等于当时上中天恒星的赤经(也即上点赤经),这为恒星时的测定提供极大的方便。所以**任何瞬间同一天体的时角(t_M)与赤经(α_M)之和等于春分点的时角(t_γ)也等于当时天顶的赤经(α_Z),即 $\alpha_M + t_M = t_\gamma = \alpha_Z$,见图 2.11。**

任意两地同一瞬间测得同一天体的时角之差等于这两地的经度差,即 $\lambda_A - \lambda_B = t_A - t_B$,见图 2.12。

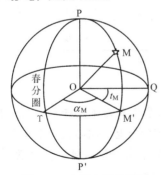

图 2.11　赤道坐标的关系

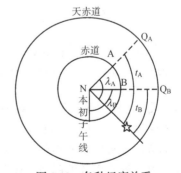

图 2.12　各种经度关系

(4) 赤道坐标与银道坐标　赤道坐标系是天体观测的基本坐标系,属于地心系统,对研究银河系结构和动力学特征不合适。因此,需要建立一个银道坐标系。银道与天赤道夹角为 63.5°(图 2.9)。由于天体的银道坐标也不是直接测量得到的，因此，某些恒星天体测量工作，需要建立其同赤道坐标之间的联系，这在天球坐标中可以得到图解，且它们有专门的换算表可用，这一点与其他坐标系之间的换算是不同的。

上述五种天球坐标系，既各成体系，又交叉错综，为便于对照比较，现把基本天球坐标系的要素列于表2.1。

表 2.1　天球坐标系比较

要素＼坐标	地平坐标	第一赤道坐标	第二赤道坐标	黄道坐标	银道坐标
天球轴	当地垂线	天轴	天轴	黄轴	银轴
两极	天顶、天底	北天极、南天极	北天极、南天极	北黄极、南黄极	北银极、南银极
纬圈	地平纬圈(等高线)	赤纬圈	赤纬圈	黄纬圈	银纬圈
基圈	地平圈(有四正点)	天赤道(有上、下点)	天赤道(有春分点、秋分点)	黄道(有二分、二至点)	银道
经圈(辅圈)	地平经圈(有子午圈、卯酉圈)	时圈(有子午圈、六时圈)	时圈(有二分、二至圈)	黄经圈(有二至圈)	银经圈
始圈	午圈	午圈	春分圈	通过春分点的黄经圈	通过银心在银道上投影的银经圈
原点	南点	上点	春分点	春分点	银道与始圈的交点
纬度	高度	赤纬	赤纬	黄纬	银纬
经度	方位(向西度量)	时角(向西度量)	赤经(向东度量)	黄经(向东度量)	银经(按逆时针方向度量)
应用	天文航海、天文航空、人造地球卫星观测及大地测量等部门广泛应用地平坐标	观测恒星、星云、星图等类型的遥远天体常常采用赤道坐标系		观测太阳以及太阳系内运行在黄道面附近的天体，则采用黄道坐标系	对银河系的观测，则采用银道坐标系

①基圈和始圈上的点，其纬度或经度为零；极点的纬度为90°，经度则为任意。

②纬度度数相等，方向相反；经度相差180°的两点为互为对跖点。

从公元前150年至20世纪90年代，使用的是基本天球坐标系，天文参考框架都在光学波段，然而，1991年IAU决定使用河外射电源(参见第11章"星系")精确坐标来定义天球参考框架。这样，有利提高天体观测和编制星表(参见第4章)的精度。但一般天文教学所用的还是基本天球坐标系。

4. 天体的周日运动和太阳的周年运动

(1) 不同天体的周日运动　　在天球坐标上，所有天体都像太阳和月亮一样，每天有着东升西落的运动,这是地球自转的反映。一般来说,恒星作为天球上的定点(不考虑自行),其周日运动是地球自转的单纯反映;天体周日视运动的轨迹是一些相互平行的圈,称为周日平行圈。半径最大的周日平行圈叫天赤道,它和地球赤道面重合或平行。恒星离天极越近,周日平行圈越小。各天体绕天极旋转的轨迹见图 2.13。太阳和月球除参与整个天球的周日运动外,还有它们自身的巡天运动。这将在地球运动中进一步说明。

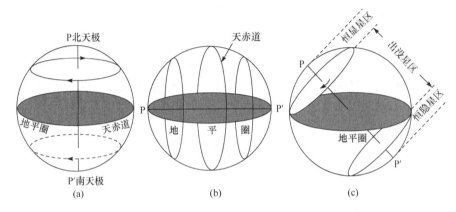

图 2.13 不同纬度的天体周日视运动

(2) 不同纬度的周日运动   在不同纬度观测天体,所见的天球范围和周日圈情况是不同的。如果我们有机会到世界各地去旅行,就会看到有趣的天体周日视运动现象。在北极,纬度为 90°,所以天极高度也是 90°。显然天赤道与地平圈相合了,见图 2.13(a)。每颗恒星在周日视运动中都高度不变,不存在升落现象,北半天球的恒星都在各自不同的高度上作平行于地平圈的旋转运动,南半天球的恒星不可见。而在地球赤道地区,纬度为 0°,天赤道与地平圈垂直,所有的天体都直升直落,见图 2.13(b)。在这个地区,可以看到全天的星。在两极和赤道之间的区域,见图 2.13(c),当观测者从赤道走向北极时,可以看到北极星在逐渐升高,南天能看到的星则逐渐减少,北天永不下落的星越来越多。

天球周日运动的纬度差异,主要表现在恒显星、恒隐星和出没星的范围大小不同。纬度愈高,恒显星区和恒隐星区愈大,出没星区愈小,周日圈与地平圈的交角愈小;纬度愈低,仰极高度愈小,恒显星区和恒隐星区愈小,周日圈与地平圈的交角愈大。在赤道和南北两极,这种变化达到极端。例如,地球上某地纬度30°N,恒显星区赤纬范围为+90°至+60°,恒隐星区-90°至-60°,出没星区范围+60°至-60°。

(4) 太阳的周年视运动   日月星辰每天都在东升西落,但并不是毫无变化地重复。同一地点不同季节太阳周日圈不同,四季星空不同,这些都是地球公转

的结果，我们把因地球公转引起的太阳在恒星背景上的相对运动，叫太阳的周年

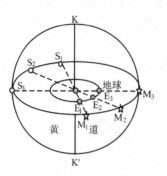

图 2.14　太阳周年视运动

视运动，见图 2.14。在天球坐标中，太阳周年视运动的路线是黄道，对于其他恒星来说则表现为恒星周年视差(因距离远，很小)。这在第 9 章"地球及其运动"中再介绍。由于太阳的周年视运动和天体周日运动，在不同季节的同一时间内所观测到的星空也不相同。星空的季节变化请见第 4 章"星空区划和四季星空"。

总的来说，天球及天球坐标比较抽象，这需要读者建立时空概念，并有一定的耐心去学习。在本书的以后章节里，它们将是认识天体视位置和视运动的辅助工具。

思考与练习

1. 解释下列名词。

天体、天体系统、天球、地心天球、日心天球、地轴、天轴、黄轴、银轴、赤道、天赤道、黄道、银道、地极、天极、黄极、银极、地平圈、天顶、天底、东点、西点、南点、北点、上点、下点、春分点、秋分点、夏至点、冬至点、子午圈、卯酉圈、春分圈、时圈、六时圈、经度、方位、时角、赤经、黄经、银经、纬度、高度、赤纬、黄纬、银纬

2. 写出下列天球大圆的两极。

地平圈＿＿＿＿＿＿＿＿＿；子午圈＿＿＿＿＿＿＿＿＿；

天赤道＿＿＿＿＿＿＿＿＿；卯酉圈＿＿＿＿＿＿＿＿＿；

黄道＿＿＿＿＿＿＿＿＿；六时圈＿＿＿＿＿＿＿＿＿。

3. 写出下列天球大圆的交点。

子午圈与地平圈＿＿＿＿＿＿＿＿＿，子午圈与天赤道＿＿＿＿＿＿＿＿＿；

子午圈与卯酉圈＿＿＿＿＿＿＿＿＿，子午圈与六时圈＿＿＿＿＿＿＿＿＿；

天赤道与地平圈＿＿＿＿＿＿＿＿＿，天赤道与黄道＿＿＿＿＿＿＿＿＿。

4. 方位、时角、赤经、黄经四者的度量方向是怎样的？为什么要按这样方向度量？

5. 在福州(约 26°N)观测北天极，它的高度(地平坐标系中的纬度)是多少？在北京(40°N)、武汉(31°N)、广州(23.5°N)又是多少？

6. 春分点的赤纬、赤经、黄纬、黄经各是多少？

7. 北天极的黄纬和黄经是多少？北黄极的赤纬和赤经是多少？

8. 地平坐标系、第一赤道坐标系、第二赤道坐标系、黄道坐标系和银道坐标系各有什么用途？各有什么特点？试列表说明。

9. 计算二分二至时太阳的赤纬、赤经、黄纬、黄经。

节气＼坐标	太阳赤纬	太阳赤经	太阳黄纬	太阳黄经
春分				
夏至				
秋分				
冬至				

10. 已知纬度 30°N，恒星时 $S=6^h30^m$，当该恒星上中天时，试推算下列各点的地平坐标和赤道坐标。

坐标点	高度	方位	赤纬	时角	赤经
天顶					
天底					
北天极					
南天极					
东点					
西点					
南点					
北点					
上点					
下点					

第2章思考
与练习答案

 进一步讨论或实践

1. 天球仪的使用以及利用天球仪求解天文问题。

2. 利用天球仪认识天体在天球上的位置以及天体的周日、周年运动。

第3章　时间与历法

【本章简介】

　　时光之轮转动，岁月来去如梭。本章主要介绍天文学最古老的基础应用——时间与历法，以及如何根据天体的运动规律来计量时间和编制历法。

【本章目标】

➢ 通过时间概念的由来认识时间的本质。
➢ 掌握时间计量系统和时间的计算。
➢ 了解历法编制的原则。
➢ 掌握常用的现行公历、伊斯兰历和中国农历的特点。

3.1　时　　间

　　时间是什么？牛顿、爱因斯坦等科学家曾对此进行研究过，虽都没有确定的结果。但人们可以感受各种时间，看到时间的痕迹(如树的年轮、人的成长过程、星空变化……)，感悟时间的重要性。所有事物的演变，时间都起着至关重要的作用。

一、时间和时间计量

　　时间是相对的，时间观念是和一些具体的事物密切相关的。只有和事物有联系时，时间才有意义。人类对时间的认识首先是生存的需要；第二是发展生产的需要；第三是建立唯物主义宇宙观的需要。

　　时间是人类用以描述物质运动过程或事件发生过程的一个参数。确定时间，要靠不受外界影响的物质周期变化的规律。例如月球绕地球周期、地球绕太阳周期、地球自转周期、原子振荡周期等。大爆炸理论认为，宇宙从一个起点处开始，这也是时间的起点。那么时间的本质是什么呢？

1. 时间和时间的本质

　　时间与空间一样，是一种维度，都是物质存在的一种形式，宇宙万物都在时间的长河中发生、发展与变化着。斗转星移，日月盈亏，寒来暑往，潮涨潮落……总是一件事接着一件事，一个过程跟着另一个过程，绵延不断，反映出时间既是无始无终的，又是连续不断的。时间可以对应一个具体的点，记载着过去的历史。时间是一个生命存活或者一个事物持续存在的全过程(如年龄、寿命等)。时间是一种物体有规律运动的快慢表征，也就是物体稳定运动的周期或者频率中存在的延续性。时间是生物活动的节律。所有这些物质运动变化的序列和持续的性质，就是时间的本质。时间不能完全脱离于空间，而必须和空间结合在一起，空间目标的表征和现象是随时间变化而变化的。

2. 时间的含义

时间具有独特的性质，首先，时间不能通过生理感觉理解，我们看不到，听不到……但时间存在；其次，时间只有一个方向时间，不可逆；第三，时间是不断变化的。时间包含时刻和时段。时刻表示事件发生或者结束的时间点，例如，年号、月份、日期、时、分、秒等；时段表示事件发生所持续时间的长短，例如，年数、月数、日数、时数、分数、秒数等。但通常人们都模糊地将两者表述为时间。

3. 量时的原则

时间是通过物质的运动形式来计量表达的。但在选择不同的物质运动形式来表达或计量时间的过程中，必须遵从三个原则，即被时间计量所考察的物质运动必须具有**周期性、稳定性**和**可测性**。地球公转运动、月球公转运动和地球自转运动都符合量时原则的"三性"，若分别以它们运动周期来计量时间，便产生了"年""月""日"的基本单位。然而，就同一种周期性运动，选择不同的量时天体(或参考点)，其周期时值也不同，于是便产生了不同的时间计量系统。例如依据地球自转的恒星时、太阳时系统，依据地球公转的历书时系统；依据原子振荡的原子时系统等。不同的时间系统差别极大。

人们建立时间概念的一个基本目的是**对时**，即对各个(种)事物的先后次序或者是否同时进行比对。人们为了方便相互间的交流和活动，通常以一些具有标志性事物的起止作为对时的标志。例如，以耶稣诞生的年份作为公元纪年的开始、以孙中山宣告中华民国成立的年份作为民国纪年的开始、以运动场上发令枪的声音和烟雾作为某项比赛的开始等。

人们建立时间概念的另一个基本目的是**计时**，即衡量、比较各个(种)事物存在过程的长短。人们一般不以静止事物的存在过程作为计时的依据，这也许是长期以来人们将时间仅仅看作"运动的存在形式"的一个因素。人们通常选择一些周期性运动变化较为稳定的事物，以其运动周期作为计时依据。比如月相、圭表、日晷、机械钟表、石英钟、原子钟等，这些事物也就成为人们天然的或人工的计时器。计时器就是人们在一定条件下，通过某个(种)变化事物的存在过程(尤其是周期性的)来衡量其他事物存在过程长短的装置。需要注意的是，任何计时器度量出的时间都是呈现其本身的存在过程，不一定代表其他事物的存在过程。虽然如此，人们还是可以在一定的条件下或通过一定的转换，以某个计时器的运行状态来描述其他事物存在过程的长短或所处阶段。比如以大约365个地球自转周期(天)来对应1个地球公转周期(年)，以大约29.5天来对应1个朔望月，用秒表来测量运动员的成绩等。

所以，时间概念不应是人凭空杜撰出来的意识，时间概念来自于人们对各个(种)事物存在过程的认识，并通过归纳总结而产生。

从古至今，时间很重要。在古代集中体现在历法上，因历法是皇帝统治的一种象征。在现代，科学研究、日常生活，更是与时间息息相关。

二、时间计量系统

时间的形成经历了漫长的过程，在不同阶段，时间实现的精度代表了当时科技的最高水平。恒星时、太阳时、原子时等是人们定义的几种时间尺度，是产生时间的依据。根据人们的各种需要，各种时间系统和时间单位(日、月、年)应运而生。

1. 恒星时

如果把遥远的恒星看作是不动的，并把它作为参考点，地球自转一周，即自转360°所需的时间为1个恒星日。在恒星日里，再以恒星的时角(见第2章"第一赤道坐标")来推算时刻，这样的时间称恒星时。天文界约定假设有一恒星位于春分点，这样用春分点作为量时天体所计量的时间叫恒星时。目前天文界已人为规定春分点的时角就是恒星时，以春分点上中天作零时起算，即恒星时等于春分点的时角，有

$$S = t_\Upsilon$$

由于春分点在天球上无标志，春分点的时角是通过测定恒星的时角(t_M)导出。

设有任意恒星 M，其赤经为 α_M，在恒星时为 S 的瞬间它的时角为 t_M，根据恒星时的定义得

$$S = t_\Upsilon = \alpha_M + t_M$$

式中 α_M 可在天文年历查得，t_M 可实测；当恒星 M 上中天时，$t_M = 0^h$，则有 $S = \alpha_M$，

所以，**任何瞬间的恒星时，在数值上等于该瞬间上中天的恒星的赤经**。事实上天文台就是根据这个原理用**中星仪**来测定恒星时的，这是因为在天子午圈上，

天体的大气蒙差只有赤纬误差，而在赤经方向是不存在大气蒙差的，所以对提高量时精度有利。

2. 太阳时

自古以来，人们就是以太阳在天穹上的位置来确定一日中的时间。太阳在天穹上的经向位置，在天球坐标系的第一赤道坐标中就是时角。这种以太阳时角来确定的时间被称为太阳时 $S_\odot$。太阳时角在度量时以午圈为始圈，就是说，当太阳位于上中天，即当地正午时，太阳时角为 0^h。而自古人们就把正午的时间定为 12^h，故太阳时与太阳时角有 12^h 的差值，即

$$S_\odot = t_\odot \pm 12^h$$

太阳时与恒星时的差别在于：恒星时只包含地球自转的因素，是地球自转的真正周期；而太阳时既包含地球自转的因素，又包含地球公转的因素。以恒星日与太阳日为例，恒星日是地球自转 $360°$ 所需的时间；太阳日是地球自转($360°+59'$)所需的时间，其中 $59'$ 是地球公转 1 日的平均角距离。这在第 9 章"地球及其运动"部分有较详细的说明，在此不再赘述，但要说明的是，太阳时有视太阳时与平太阳时之分。

(1) 视太阳时　　地球的公转不是匀速的，在一年中，近日时公转较快，远日时公转较慢；因此，与地球公转相对应的太阳周年视运动同样不是匀速的。再者，时间是在天赤道上计量，而太阳是在黄道上作周年视运动，赤道平面与黄道平面并不重合，存在 $23°26'$ 的交角，所以，即使地球公转是匀速的，太阳每日在黄道上的视运动的赤经增量也不会匀速。因此，我们把在黄道上作非匀速视运动的太阳视圆面中心称为视太阳，以视太阳的时角所推算的时间就称为视太阳时，简称**视时**。显然，视太阳时的"日"，其长度是变化的，严格点说是每天都在变化。如果 1 日中的时、分、秒数都是固定的，那么，时、分、秒的长度也是变化的；如果时、分、秒的长度是固定的，那么，一日中的时、分、秒数就是变化的，比如，有时 1 日会超过 24 小时，有时 1 日为 24 小时，有时 1 日不到 24 小时。我国古代用日晷测定的时间就是这种视太阳时。视时是可测的，但计时不准确。因此，需要引入一个平太阳和平太阳时的概念。

(2) 平太阳时　　简称"平时"，以平太阳的时角来计算的时间，并以平太阳下中天时为平太阳时零时，也称"民用时"。因为平太阳是一虚设的点，不能观测，实际应用时是通过测定视时或恒星时而换算成平时。假设平太阳在天赤道匀速运行，周期为回归年，这样，平时与视时之间，除按预定的"年首"和"年尾"吻合之外，其他时间都会有一个差值。天文界定义：视时与平时之差，称为"**时差**"(时差=视时−平时)。时差有正有负，可大可小。这主要是上述定义的两个太阳(视

太阳和平太阳)、两条路线(黄道与天赤道)、两种速度(变速和匀速)、同一周期(回归年)的缘故。

时差与观测者地理位置无关,只与观测日期有关。时差每年四次等于零,在 4 月 16 日、6 月 15 日、9 月 1 日和 12 月 24 日前后;构成时差"8 字图"(见图 3.1)。四次极值(极大和极小)见表 3.1。时差的周年变化,是视太阳日长度的周年变化结果。

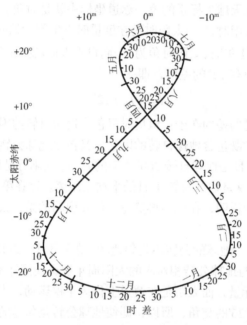

图 3.1 时差"8 字图"

表 3.1 时差极值日期表

日期	2 月 12 日左右	5 月 15 日左右	7 月 26 日左右	11 月 3 日左右
极值	−14.4 分	+3.8 分	−6.3 分	16.4 分

3. 历书时

人们原想平太阳时的日、时、分、秒都应该是稳定的,但是,随着科学的发展,特别是石英钟的问世,人们不仅知道地球自转不是匀速的,连公转周期也不稳定,即回归年的长度也有变化。1952 年,国际天文学联合会(IAU)做出决议,把 1900 年 1 月 1 日 12 时正的回归年长度作为标准,把这一年长度的 1/(365.2422×24×60×60)(等于 1/31 556 925.9747)即这一年的平太阳秒作为 1 秒的固定长度,称为历书秒(用于制订天文历书的标准秒),就是说,即使以后地球自转和公转的周期(日与年)有变化,秒的长度则不变了。以平太阳时为基础,以历书秒作为计时的基本单位所确定的时间称为历书时。它是从 1960 年开始实行的,但只短暂使用。因历书秒的长度是固定的,但这样的"秒"是很难取得的,而且,这种秒也很难保存,现在几乎不用历书时。

4. 原子时

这是由原子内部能级跃迁所发射或吸收的极为稳定的电磁波频率所建立的时间标准。由于地球自转的不均匀性和历书时测定精度低且需时长,1967 年 10 月,第十三届国际计量大会正式把铯原子振荡 9 192 631 770 次的时间定义为原子秒。以原子秒为基本计时单位所制定的时间称为原子时,它是一种物理学的微观时间标准。原子时是从 1967 年起实行的,直至现在。20 世纪 50 年代英国就已制成铯原子钟了。由于世界时的秒长比原子时的秒长约长 300×10^{-10} 秒,1 年约差 1 秒左右,因此,根据具体情况,要设置闰秒或跳秒。当回归年的长度增加时,要在年末(12 月 31 日最后 1 分钟后)或年中(6 月 30 日最后 1 分钟后)加 1 秒,即**正闰秒**;当回归年的长度变短时,就要**负闰秒**。

5. 协调世界时

原子时的优点在于秒、分、时的长度是固定,除了闰秒的年和日之外,其他的年和日的长度也是固定的。原子时已广泛用于天文、空间技术和物理计量等领域,但在大地测量等学科则仍以世界时作为时间标准。因原子时与人们日常的生活习惯联系不大,天文界又规定一种介于原子时和世界时之间的时间尺度称为**协调世界时**,即在时刻上和世界时保持一致(误差不超过±0.9 秒),秒长以原子时的秒长为准的时间系统。关于"世界时和协调世界时"稍后再介绍。

三、时间的种类

1. 地方时

(1) 地方时的概念　　以本地子午面作起算平面,根据任意量时天体所确定的时间,均称该地的地方时。如量时天体为春分点或视太阳或平太阳所测量的地方时分别为地方恒星时、地方视时、地方平时。

(2) 地方时与地方经度的关系　　在同一计时系统内,任意两地同一瞬间测得的地方时之差与这两地的地方经度差的关系如下:

$$S_A - S_B = (\lambda_A - \lambda_B) \times 1 \text{ 恒星小时}/15°$$

$$m_{\odot A} - m_{\odot B} = (\lambda_A - \lambda_B) \times 1 \text{ 视太阳小时}/15°$$

$$m_A - m_B = (\lambda_A - \lambda_B) \times 1 \text{ 平太阳小时}/15°$$

无论是视太阳时,还是平太阳时或恒星时,从本质上说,都是以不同量时天体的时角来确定时间的。而量时天体的时角是有地方性的，在同一时刻，不同经度上的量时天体的时角是不一样的。比如说，当太阳处在某一经度的上中天时，在其他经度上，太阳一定不是处在上中天。本来，世界上可以把时间统一，如当视太阳处在 0°经线的上中天时，全球都为 12^h，不过这 12^h 对各地的含义不一样，有的地方 12^h 意味着吃中饭，有的地方 12^h 意味着日出，有的地方 12^h 意味着日落或半夜。然而，自古以来，世界上的时间从未统一过，而且各地都要把正午即视太阳处在上中天的时间定为 12^h，这样一来，不同经度时间就不一样了。这种各地都以视太阳时角来确定，并把正午定为 12^h，不同经度时间不一样的时间系统，称为**地方视时**。同理，除地方视时外，还有地方平时和地方恒星时。

当经度相差 1°时，地方时就差 4^m；当经度差值 15°，地方时相差 1 个小时。由于地球是自西向东自转的，所以东边的时间早，即绝对数值大；西边的时间晚，即绝对数值小。若已知甲、乙两地的经度和甲地的地方时，乙地的地方时可按下式求得：

$$乙地地方时=甲地地方时±甲乙两地相隔经度×4^m$$

若乙地在甲地之东，为 "＋"；若乙地在甲地之西，为 "－"。

例　已知东经 119°的地方时为 6 月 6 日 8 时，西经 106°的地方时则为

6 月 6 日 8 时$-$(119°$+$106°)$×4^m$=6 月 5 日 17 时

按时差的定义，视时与平时有如下关系：

$$视时=平时+时差$$
$$平时=视时-时差$$

还可推出以下换算关系：

$$平时 = 视时 - 时差$$
$$= (恒星时 - 太阳赤经 + 12^h) - 时差$$
$$= \alpha_M + t_M - \alpha_\odot + 12^h - 时差$$
$$恒星时 = 视时 + 太阳赤经 - 12^h$$
$$= 平时 + 时差 + 太阳赤经 - 12^h$$

如果推算结果是负值，应加上 24^h；若推算结果超出 24^h，则应减去 24^h。这样，若知道地方恒星时可以推算地方视时或地方平时(要提供时差值)，也可以由地方平时推算地方恒星时。比如，我们需观测特殊的星星可以选择好地方视时或地方平时，也可以由地方视时推算当时所能看到的星空。"四季星空"将在第 4 章介绍。

例 某恒星的时角为 10^h22^m，它的赤经是 13^h02^m，试求观测时间的恒星时和某地平时(若此时是春分日，时差 $+2^m$)。

解 恒星时 $=10^h22^m+13^h02^m=23^h24^m$

$\quad\quad$ 平时 $=($恒星时$-$太阳赤经 $+12$ 时$)-$时差

$\quad\quad\quad\quad =23^h24^m-0+12^h-2^m=35^h22^m($或 $11^h22^m)$

2. 区时

在古代，地区之间的交往和人际交往不多，各地都使用地方时未尝不可，甚至各家门前设置一个日晷，各用各的时间，也没有多大问题。然而，现代社会区际交往和人际交往频繁，各用各的时间就行不通了。为了时间使用的方便，国际上规定，以经线为界，把全球分为 24 个区，每区跨经度 15°，各区把中央经线的地方时作为本区统一使用的标准时。这样的区，称为**时区**；这样的时间，称为**区时**。

在划分时区时，为了把 0°、15° 和 15° 倍数的经线作为中央经线，时区界线的经度就不是整数。其中 0° 经线所在的时区称 0 时区；东经半球的时区称东时区，也可用符号"+"表示；西经半球的时区称为西时区，也可用符号"–"表示；东 12 区和西 12 区都是半个时区，它们合成一个完整的时区，称东西 12 区，或就称 12 区，见图 3.2。

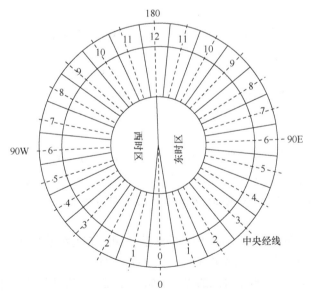

时区：0 时区(或中时区)；东时区；西时区

东时区：1,2,3,……分别为东 1 区，东 2 区，……

西时区：1,2,3,……分别为西 1 区，西 2 区，……

图 3.2 时区图

为什么要分成 24 个时区？是因为地球自转 1 周需要 24 小时，自转 1 个时区的度数(15°)需要 1 小时，于是，每隔 1 个时区，区时就差完整的 1 小时；另外，跨经度 15°的时区，不大亦不小，大国固然要跨几个时区，但世界上大多数国家和地区仅跨一两个时区，或就在 1 个时区内。

如果已知某地的经度，求其所在时区，只要将已知经度除以 15°，所得商数保留一位小数后，四舍五入取整，就可判定是哪个时区。

例　西经 117°在哪一时区？

解　117°÷15°=7.8，故在西 8 区。

如果已知甲、乙两地相隔的时区数和甲地的区时，则

$$乙地的区时 = 甲地的区时 \pm 两地相隔时区数 \times 1^h$$

式中，乙地在甲地之东为 "+"，乙地在甲地之西为 "−"。

若已知某地的经度和地方时，求它的区时，只要求其中央经线的地方时即是区时。若已知甲地经度和它的地方时，求乙地的区时，则解法有多种：或先求甲地的区时，再算出乙地所在时区，并算出两地相隔时区数，最后求出乙地的区时；或先找到乙地所在时区的中央经线，再算出其地方时即可。

例　已知西经 132°的地方时为 4 月 30 日 10 时 50 分，问东经 167°的区时是多少？

解　① 西经 132°所在的时区为：132°÷15°=8.8，故为西 9 区。

② 西 9 区的中央经线为：15°×9=135°，即西经 135°。

③ 西经 135°的地方时，即西 9 区的区时为 4 月 30 日 10 时 50 分−(135°−132°)×4^m，即 4 月 30 日 10 时 38 分。

④ 东经 167°所在地时区为：167°÷15°≈11.1，即东 11 区。

⑤ 于是，东经 167°的区时，即东 11 区的区时为 4 月 30 日 10 时 38 分+(9+11)×1 时，4 月 30 日 30 时 38 分，即 5 月 1 日 6 时 38 分。

这不过是一种解法，还有多种别的解法，也许有的解法更便捷。对时区和区时熟悉以后，有些问题一看就可清楚，并不要运算。

也许有人问：两个相邻时区的界线，如东经 22.5° 究竟属于哪个时区?从理论上说，它既可属东 1 区，也可属东 2 区，但在实际生活中一般不会碰到这样的问题，因为，除南极洲外，世界上所有的陆地被将近 200 个国家和地区分占，每个国家和地区都规定了自己的标准时，至于在南极洲和海洋上，一般也碰不到非要弄清时区界线归属的问题。

3. 国家标准时和法定时

尽管时区的划分是比较合理的，但有的国家毕竟要跨几个时区，有的国家偏在半个时区，有的国家习惯于以大山、大河作为界线。为了更方便和合理地使用时间，有的国家和地区规定把某一时区的区时或某一经线的地方时作为全国、全地区统一使用的标准时，有的国家在理论时区的基础上按自然界线重新划定时区，在一国内使用几个区时。这样的时间，统称为国家标准时。我国的国家标准时称为"北京时间"，它是北京所在的东 8 区的区时，即其中央经线东经 120°的地方时，而并不是北京(东经 116°19′) 的地方时。俄罗斯土地辽阔，它基本上以理论时区为基础，但按自然界线来划定时区，全国使用好几个区时，每个区时都比相应的理论时区提早 1 小时，相当于终年使用夏令时间。印度全国统一使用 5.5 时区的标准时。澳大利亚分东、中、西三个时区，其范围分别与东 10、东 9、东 8 理论时区相对应，但中部时区的时间不采用东 9 区的区时，而采用东 9.5 区的标准时，即当东部时区为 10 时，西部时区为 8 时的时候，中部时区为 9 时 30 分(本应 9 时)，其目的是使中部荒漠区到东部经济发达地区时在时间上不致变化太大。欧洲一些本在 0 时区的国家，却把东 1 区的区时作为国家标准时，如比利时、法国、西班牙等国就是这样。尼泊尔地跨东 6 区和东 5 区，它所定的国家标准时比格林尼治时间早 5 时 45 分。

在第一次世界大战期间，有些国家为了节省能源，用法律规定实行夏令时，即在夏天到来时将钟表拨快 1 小时。这样的时间属于法定时，有些国家和地区一直沿用至今，如英国和美国的一些州。我国在 1986～1991 年夏季也实行过夏令时制。

4. 世界时与协调世界时

1675 年，英国建立格林尼治天文台。从 18 世纪后半叶开始，格林尼治时间(视时)已被一些国家在编制为航海服务的天文历书时作为通用的标准时。1884 年，在美国华盛顿召开的国际子午线(经线)会议把当时格林尼治天文台子午仪(中星仪)镜头上十字丝交点在地面上的垂点所在的经度定为 0°经线(本初子午线)，作为经度和时间计量的标准参考线。这样格林尼治时间就名正言顺地成为世界时了。世界时简写为 UT，就是世界通用的时间，也是换算地方时和区时的标准，它是 0°经线的地方时。1934 年，世界时由视时改为平时。1956 年，对世界时进行改革，之后，把经过极移订正后的世界时称为 UT1，把再经地球自转季节变化订正后的世界时称为 UT2。自然，之后通行的世界时是 UT2。曾介绍 1960 年采用历书时，

1967 年又采用原子时。由于在目前这段天文年代里地球自转的总趋势是逐渐变慢(因进入间冰期,地球上的冰雪消融,海水增多,潮汐作用加强;同时地球随太阳系走进旋臂,日地距离缩短,太阳引力牵制了地球的自转)。所以原子时和 UT2 之间慢慢地会有差距,自 1967 年至 1972 年间,采取的协调办法有:①调整秒长;②使原子时与 UT2 的差值限制在 0.1 秒之内。这样一来,虽然采用了原子时,但秒的长度仍未固定,这是物理界和计量界所不能赞同的。因此,自 1972 年开始便改变协调办法,即原子秒的长度不再改变,到一定时候置一闰秒,使原子时与 UT2 的差值控制在 0.9 秒以内(即差值将要超过 0.9 秒时就加一闰秒)。如前所述,闰秒一般设置在年末或年中,由国际时间局预先发出通知。这样经过协调的世界时称为协调世界时(UTC)。协调世界时自动跳秒(闰秒)以适应地球自转速度的变化(关于"地球自转速度变化"参见第 9 章)。1979 年,国际上决定用协调世界时取代原来的世界时。

现在,所用的格林尼治时间就是对协调世界时而言的,全世界的无线电通信中的标准时间,几乎是协调世界时。

秒是现代时间计量中的基本单位,由于世界时和原子时这两种时间尺度速率上的差异,一般来说 1 至 2 年会差 1 秒,中国科学院国家授时中心于 2005 年 7 月 6 日发出预告,按照国际地球自转服务组织(IERS)的公报,由于地球自转速度的减慢,额外的 1 秒钟时间将被添加到 2005 年中,协调世界时(UTC)将在 2005 年实施一个正闰秒,即增加 1 秒。届时,所有的时钟将拨慢 1 秒。对应到北京时间,就是要在 2006 年元旦上午 7 时 59 分 59 秒与 8 时 0 分 0 秒之间人为地加入 1 秒,以"拨慢"时间。这是自 1998 年以来,首次需要增加额外的 1 秒,以让世界时(UT)和国际原子时(TAI)保持同步。

四、国际日期变更线

1. 时间丢失之谜

1519 年 9 月 20 日,麦哲伦率领 5 只船共 265 人从西班牙塞维利亚城出发向西远航,历时近三年,环球一周,到 1522 年 9 月 6 日,仅剩的一只船载着 18 名船员回到塞维利亚,结果发现他们比岸上人少做了一个礼拜,查航海日志中所记载的星期天比岸上少了一个,但船上是根据日出日落或天明天暗记载日期的,肯定没有错。这少过了一个星期天是怎么回事?向西航行的航海家们为什么"丢失"了 1 天?当时莫名其妙,谁也没法说清楚这些问题。直到后来,人们才从地球的运动上找到答案。我们知道，相对地球来说太阳是不动的，地球自转是由西向东的，正是由于地球的旋转，造成了地球上任何一个定点每日 24^h 的时间循环，这"24^h"只适用于对于地球来说"不动"或小范围运动的对象，而对于在地球东西方向上做长距离运动的人来说，一天不再是 24 小时，却是要长于或短于 24 小时。

上述故事中，航海家由东向西航行，而地球不停地由西向东旋转着，他们就好像一直不停地追逐着下沉的太阳。因此夜晚总是比头一天迟一点来临，这就等于说延长了船上白昼的时间，也就是说连续两次太阳升到上中天的时间要比地球自转一周的时间长一点。据计算，在他们船上，每天比 24 小时长 2 分钟左右。这2 分钟与 24 小时比是太短了，况且在当时，他们船上还没有准确的钟表。每天多2 分钟根本察觉不出来，然而他们在船上航行了 3 年多，积少成多，3 年竟凑成 1 整天！那奇怪的 1 天就这样悄悄地从他们身边溜走了。

如果他们继续航行，环球一周，又会少了一天，环球两周，就会少两天；相反，如果他们向东航行，环球一周，就会多一天，环球两周，就会多两天。

2. 理论与实际日期变更线

如果我们换算各地的地方时或区时，同样会产生这种情况。比如，当北京时间是 9 月 1 日 10 时的时候，问美国纽约的时间是多少？北京是东 8 区的区时，纽约是西 5 区的区时，如果向东推算，为 9 月 1 日 10 时+[(12−8)+(12−5)]=9 月 1日 21 时；如果向西推算，为 9 月 1 日 10 时−(8+5)=8 月 31 日 21 时，时刻当然一样，但日期相差一天，如果推算两遍，就会差两天。时间没有变，仅是推算一下，日期就会相差，这不是大问题吗？！

为了解决这个问题，国际上设定了一条国际日期变更线，即日界线，日期要作 1 日的变更。由于 180° 经线大部分在海域，人烟稀少，所以被选作**理论日界线**。但实际日界线是折线(图 3.3)，在 180° 经线作了几处偏折处理：一是在俄罗斯西伯利亚东端向东偏折，使西伯利亚东端不致长期处在与西伯利亚大部分地区不同的日期；二是在美国阿留申群岛处向西偏折，可使阿留申群岛与阿拉斯加大部分地区处在同一日；三是在新西兰向东偏折，可使斐济、汤加和新西兰相邻近，且关系密切的国家可基本上处于同一日期。

日期如何变更呢？从图可以看出，日界线的东侧是西 12 区，日界线的西侧是东 12 区。国际上规定，东 12 区比西 12 区早 1 日。所以，从西 12 区进入东 12区，日期要加 1 日；从东 12 区进入西 12 区，要减 1 日。但东 12 区和西 12 区这两个半时区，在方向上，东 12 区在西，西 12 区在东，所以，自东向西越过日界线(相当于从西 12 区进入东 12 区)要加 1 日；自西向东越过日界线(相当于从东 12 区进入西 12 区)要减 1 日。只要熟悉了图，就不会混淆和弄错。

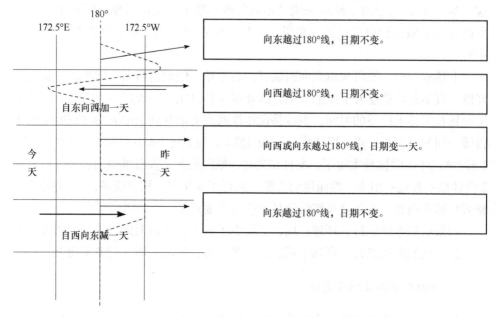

注：180° 经线，理论国际日期变更线，---- 折线，实际日期变更线

图 3.3　国际日期变更线

有了这条日界线及上面的规定，航海家和旅行家们的不解之谜就很容易解答了。现代交通工具的速度比过去快得多，在较短的时间内，超音速飞机有可能在同一方向两次或多次飞跃这条线，只要按上面规定办，日期的计算就不会产生差错了。

在此需要说明，日界线是为了上述日期错乱而人为设定的界线，而地球上各个地方进入新的一天与日界线其实是没有关系的。对某一个地方来说，当太阳处在它的下中天时，当地的经线就是夜半线，此时，既是半夜 24^h 亦是凌晨 0^h，一刹那后，当地就开始了新的一天。显然这与日界线毫无关系。不过，日界线是地球上最早进入新日子的地方，也可说，新日子是在日界线上诞生的。例如，当北京日期是 9 月 5 日的时候，西方是 9 月 4 日，全球只有这两个日期，不可能有第三个日期，因为全球的时间最多相差 24 小时，不可能跨越 3 天。那么，9 月 6 日是从哪里开始呢？就是日界线成为夜半线(夜半线与日界线重合)后一刹那开始的。当日界线进入 9 月 6 日之后，全球只有 9 月 6 日和 9 月 5 日这两个日期了，9 月 4 日就没有了，之后，全球各地自东向西步日界线的后尘进入 9 月 6 日。由此可见，除日界线外，地球上所有地方的日期和时间，都不可能比日界线上早。所以，日界线西侧的国家是最早进入新年、千禧年和新世纪的国家。

还有一个现象值得注意，当日界线成为夜半线的时候，地球上只有一个日期，比如，当日界线是 9 月 5 日 24 时即将结束的一刹那，全球都是 9 月 5 日，仅是时刻不同，即使在日界线的东侧，本为 9 月 4 日 24 时即将结束的一刹那，也可说是 9 月 5 日 0 时，无疑，其他地方都在 9 月 5 日 0 时与 9 月 5 日的 24 时之间。自夜半线与日界线不重合开始，地球上就有两个日期了。

我国以东 8 区的区时作为国家标准时，在东 8 区以东，至东 12 区，除少数几个国家之外就是太平洋。所以，世界上大部分国家和地区的时间(包括日期和时刻)比我国晚。

五、时间计量与服务

1. 时间计量

对人类来说，时间是很重要的。时间计量工作可以概括为测时、守时和播时(授时)三项内容。时间测定方法及计时工具的进步，尤其授时技术从鸡人报时、打更报时、钟楼报时等发展到近现代的无线电授时、互联网授时、卫星授时，更是体现了人类的智慧。

(1) 测时 古时候是靠立竿见影或测定某些恒星的位置来确定时间。现代则是应用中星仪或等高仪等测时仪器观测选定的某恒星(如太阳)通过的瞬间，再经过归算获得准确的时刻。一切精密的计时工具(如天文钟、原子钟)上的时刻，都要以此为依据。

(2) 守时 用守时工具把所测的时间持续下去的手段。古时候一般采用圭表、日晷(也是测时工具)、滴漏、沙漏和计时香等守时，它们在当时的时间计量中都起过重要的作用。现代则用各种钟表、天文钟、石英钟、原子钟等计量时间，所有计时方法和计时工具，都是基于物体有规律的变化。如地球绕太阳 1 年旋转 1 周，地球 1 天自转 1 周，普通手表每秒摆轮摆 5 次，晶体钟每秒振荡 500 万次，而原子钟是用原子的振动来计时的，它每秒振动竟达几十亿次。计时频率的提高，本身就意味着计时精度的提高。

(3) 播时(授时) 把测得的时间用各种手段播报出去或传递出去的工作称为播时或授时。

古代采用鸣锣击鼓声音报时等简易的方式；近代的时间服务起源于无线电报时，以适应大地测量、航海事业发展的需要；现代依赖通信技术的进步来实现传递时间，从无线电到激光，几乎使用了所掌握的所有通信手段进行授时(例如，长波授时、短波授时、电话授时、互联网授时、低频时码授时、卫星授时等)。

为了统一全世界的时间服务，由国际时间局主持全球的世界时服务工作。在20世纪50年代初出现原子钟以后，原子时服务就成了国际时间局另一项重要的工作内容。时间服务不仅为日常生活和生产所必需，更重要的是与许多科学实验有密切的关系。在天文学中，世界时服务直接为研究地球自转、天文地球动力学，进而为研究地月系和太阳系的起源和演化提供基本资料；天文历书工作需要以历书时作为标准来编算各种天体的历表。在大地测量中，需要用精确的世界时来确定各个地点的精确坐标；航海航空部门则需要世界时进行天文导航。在空间科学中，人造卫星和导弹的发射、飞行和跟踪，都需要世界时和原子时的高精度时间同步，需要用原子标准时间和频率进行控制。此外，在无线电频谱校准、高容量数字通信、无线电波传递研究和相对论的检验等工作中，时间和频率标准都有广泛的用途。

2. 时间服务

时间服务主要分为世界时服务和原子时服务。

(1) 世界时服务　　大致可以分为采用原子时以前和以后两个时期。在采用原子时以前，从事时间服务的天文台利用大量的天文测时资料进行误差(包括系统误差和偶然误差)处理，求得精确的世界时。由于天文测时和大量的数据处理费时较多，天文台总是每天先按世界时的近似外推值，用无线电时号的形式发播出去，再根据事后测算的精确世界时对过去已发播的近似值进行修正。这种修正通常是用时号改正数的形式在授时公报中刊布出来，一般大约在无线电时号发播以后二三个月发表。有时为了满足一些部门的急需，天文台也同时发表一些延迟二三个星期的快速时号改正数，但精度略低。时号改正数是世界时服务的最后成果。为了提高世界时服务的精度，同时提供世界时的标准，需要将许多天文台所确定的时号改正数进行综合处理，或者直接利用这些天文台的天文测时资料进行综合处理。这样得到的时号改正数称为综合时号改正数，它可以作为某些国家的乃至全球的世界时标准。在采用原子时以后，无线电时号一般均按协调世界时或原子时发播，不再发播精确的世界时时号(仍有少数天文台继续发播)，仅用特殊的加重信号在协调世界时或原子时时号中附带地将其近似值发播出去。在这种情况下，精确的世界时则是在将天文测时资料和协调世界时进行比较并进行数据处理以后以 UT1–UTC 或 UT2–UTC 的形式发表的，实质上就是提供世界时和协调世界时的精确差值的资料。目前世界时服务的精度为±1 毫秒左右。

(2) 原子时服务　　这是以原子钟为基础进行的服务，将协调世界时或原子时(二者仅差整秒数)用无线电时号发播出去。时间服务机构根据自己的原子钟所发播的协调世界时或原子时称为地方协调世界时或地方原子时。通过各种时间对比的手段，将各地方机构的原子钟所示的原子时进行比较，经过综合分析处理可以得到协调世界时或原子时的标准。国际时间局所提供的原子时标准称为国际原子时。国际时间局定期发表 UTC_i–UTC 的资料，其中 UTC 为国际协调世界时，UTC_i 为第 i 个天文台所提供的地方协调世界时。

目前发播无线电时号所用的频率有超高频、甚高频、高频、中频、低频和甚低频等，其中主要是高频、低频和甚低频。通过通信卫星、导航卫星及电视网进行服务的，主要采用超高频和甚高频。高频和甚低频时号以及脉冲式低频信号(天波模)主要靠电离层反射，因此精度不高，但传递较远，所以仍然被广泛采用。为此，预测电离层等效高度，改正电波传递时延也是时间服务中的重要工作。其他不依靠电离层传递的时号，虽然精度较高，但需要对大地电导率、大气折射率进行研究和预测。

传递时间手段不同，精度是有差异的，见表 3.2。现代授时几乎无处不在，例如，互联网授时、电网授时、长波授时、短波授时、低频时码授时、电视授时、卫星授时。现代授时的过程：标准时间→系统时间→信号发射→信号接收→时差测量→钟差计算→钟差调整→用户时间→时间分配，归纳见表 3.3。

表 3.2　各种传递时间手段的精度

传递手段	频率精度/Hz	时间同步精度
高频时号	10^{-7}～10^{-8}	<1 毫秒
甚低频时号	10^{-11}	<2 毫秒
电视同步	10^{-11}	2.5 毫微秒～1 微秒
脉冲式低频信号(天波模)	10^{-11}	5～50 微秒
脉冲式低频信号(地波模)	10^{-12}	<1 毫秒
卫星双边转发信号	10^{-12}	≈10 毫微秒

表 3.3　现代授时过程及内容

授时过程	授时内容
标准时间	由于协调世界时是国家统一的世界参考，但协调世界时是滞后的时间尺度，每个国家都保持有实时的协调世界时(UTC)，授时系统的时间都需要溯源到这个时间

续表

授时过程	授时内容
系统时间	为了使用,一般授时系统都在本地产生一个时间,这个时间是授时系统的系统时间
信号发射	根据系统时间的时间,发射特定格式的信号,发射信号的频率由产生系统时间的频率决定,发射信号的发射时间由系统时间决定
信号接收	用户使用专门的接收设备,接收授时系统发射的授时信号
时差测量	用户测量出"信息发射时授时系统的时间——信号接收时用户的时间",其中包含授时信号在路径上的传播延时和用户时间与系统时间的差
钟差计算	用户计算出授时信号在路径上的传播延时,从时间差中扣除,就得到用户时间和系统时间的差。一般授时都要求将系统时间改正到标准时间,授时系统的发射信号里一般都包含系统时间与标准时间的偏差信息
钟差调整	用户根据用户时间与系统时间(标准时间)的差。对用户时间进行调整,使本地时间与系统时间(标准时间)的偏差在允许的范围以内
用户时间	用户时间控制接收机对信号进行接收,测量时差并计算出钟差,用户时间需要根据钟差进行调整
时间分配	用户根据需要,将接收机产生的本地时间和频率分配到各个使用单元

目前发播无线电信号的主要国家有美国、英国、法国、日本、中国等。

中国从 1959 年初建立综合时号改正数系统。长期以来利用国家授时中心(原陕西天文台)、国家天文台、上海天文台、紫金山天文台、武昌时辰站等单位的天文测时资料进行综合处理来确定世界时,并由上海天文台和国家授时中心分别根据原子钟发播 BPV 和 BPM 等时号。有关时间服务的资料刊布在《授时年报》《授时公报》《授时快报》上面。现在我国的时间服务则由国家授时中心负责。

现代的授时精度约 10 纳秒,更高的时间传递就需要专门的时间传递技术(如共视时间比对、双向时间比对等)。

六、时间与导航

导航是将航行体引导到目的地的一系列技术和方法。导航主要解决两个问题,即我在哪里? 我怎么走?

在导航中时间至关重要。天文导航、无线电导航和卫星导航是有区别的,它们体现在导航的参考点不同,基本观测量不同以及对时间的要求不同,见表3.4。

表 3.4　不同导航级别的区别

	天文导航	无线电导航	卫星导航系统
导航的参考点	天体(如恒星、太阳、月亮等)	人造的无线电发射站	天空布置复杂的星座
基本观测量	角度	时间和频率	伪距(值)和时间
对时间的要求	对时间的要求"秒"；机械钟的精度	对时间的要求"纳秒"；原子钟的精度	对时间的要求"稳定性、准确性和连续性"；原子钟的精度

3.2　历　　法

有了"日"的概念，就开始计数日期，古代人最初"结绳计日""刻木计日"，到后来对日的变化规律有了一定的了解后，从季节开始，逐渐出现了年和月的概念，日历逐渐形成。日历加上人为规定，就形成了历法。

一、历法及制定历法的基本原则

所谓"历法"就是指推算日、月、年的时间长度和它们之间的关系，是制定时间顺序的法则。历法中的日是平太阳日，它是平太阳在天球上周日运行的时间长度。历法中的年和月，其长度有的是按日月运行周期定出的，有的是人为规定的。不论中外，最早制定的历法，多重视月相的盈亏变化，规定月初晦朔，月半圆满；后来，由于农业的需要，四季和节气受到重视，制定历法则规定寒暑有常，节所有序。这些规定，就使得历书上的月日次序和太阳、月亮在天球上的视位置完全一致。如果有不一致，将会造成寒暑颠倒，月相失常的混乱现象。于是就得修改历法，为使历书上的月、日次序再回复到所规定的月亮、太阳在天球上的视位置。

回归年是四季更迭周期，朔望月是月相变化周期。因此，制定历法，必须精确定出这两个周期的长度。但是，回归年(365.2422 日)和朔望月(29.5306)都不是整数，都不能简单通约。如果按年、月的实际长度作为历法中的年和月，那么年和月开始时刻在一日中将是不固定的，这对人们的生产和生活都很不方便，因此，历法中的年和月则人为规定为整日数。这种整日数的年和月，称为历年和历月。

既然历年不等于回归年，历月不等于朔望月，它们之间存在着一定的差值。如果对差值置之不理，时间一长久，将会造成历法的混乱。对差值的适当处理，在历法中叫做置闰。置闰的目的，就是使历法的起算点总是接近所规定的日期。

综上所述，如何把历月和朔望月的差数配搭妥当，如何把历年和回归年的差数安顿好，使之既能使历书上的月日次序符合月、日在天球上的视位置，又能便利人们生产和生活上使用，这就是**制定历法的基本原则**。

根据选定的天体(太阳或月亮)运动的实况和人为定出的年、月的长度，以及选取的不同的历元——起算点，而制定出太阴历、阴阳历和太阳历三大类型。

世界上一些文明古国的历法无不经历复杂的演变过程；世界上不少民族也都曾制定过具有本民族特色的历法(如中国农历、伊斯兰历、玛雅日历等)；随着国际交往的频繁，历法亦势必趋向统一。所以，历法是人类文明的重要组成部分。

二、历法的种类

1. 太阴历——以伊斯兰历为例

太阴历简称阴历。阴历是把月看作首要成分，力求把朔望月作为历月的长度，而历年的长度是人为规定，与回归年无关。朔望月的长度是 29.5306 日，所以阴历的历月，规定单数的月为 30 天，双数的月为 29 天，平均 29.5 天，并以新月始见为月首。12 个月为一年，共 354 天，然而 12 个朔望月的长度是 354.3671 天，比历年长 0.3671 天，30 年共长 11.013 天。因此，阴历以每 30 年为一个置闰周期，安排在第 2、5、7、10、13、16、18、21、24、26、29 各年 12 月底，有闰日的年称为闰年，计 355 天。经过闰日安插，在 30 年内仍有 0.013 天的尾数没有处理，不过这要经过 2400 余年方能积累一天，届时只要增加一个闰日就行了。从历法的发展史上看，凡历史文化悠久的国家如中国、古印度、古埃及和古希腊，最初都是使用阴历的，现在伊斯兰教国家和地区仍采用这种历法，所以又称阴历为伊斯兰历。阴历起始历元是伊斯兰教教主穆罕默德从麦加迁到麦地那的一天，即儒略历公元 622 年 7 月 16 日(星期五)作为纪元和岁首。

这种历法与月相变化吻合，但每个历年平年比回归年约少 11 天左右，3 年就要短 1 个月，约 17 年就会出现月序与季节倒置的现象，比如原来 1 月份在冬天，17 年后，1 月份就在夏天了。当农业慢慢发展以后，需要历法的月份和四季、农业与气候密切配合。然而，阴历是满足不了这个需要的。

为了解决阴历与农业生产上的矛盾，解决办法为：一是放弃，即取缔以朔望月为基本单位的阴历，采用以气候变化周期的回归年为基本单位制定新的历法，这就是稍后要介绍的阳历；二是阴历和阳历两种并行使用，如伊斯兰教的民族，在宗教节日上用阴历，在农业生产上用阳历；三是协调，即仍以朔望月的长度作为一个月，而历年的平均长度为回归年，经过恰当的调整后，使之基本符合寒暑变化的常规。也就是说，根据月亮绕地球公转周期以定月，根据地球绕太阳公转周期以定年，这样制定的历法，叫阴阳历。还有一种是阴阳历和阳历并行使用，如我国的农历(稍后介绍)。

2. 太阳历——以公历为例

太阳历简称阳历, 它纯粹以回归年为基本单位, 与朔望月毫无关系。把年看作首要成分, 力求把阳历历年的平均长度等于回归年, 月的日数和年的月数都是人为规定的。现今全世界通用公历, 即格里高利历, 就是阳历, 但它是由儒略历发展而成的。

(1) 儒略历　公元前 46 年, 罗马的最高统治者儒略·凯撒邀请天文学家索西琴尼进行历法改革, 制订新历, 称为儒略历, 又称旧太阳历。儒略历把一个回归年定为 365.25 日, 并规定每年设 12 月, 单月 31 日, 双月除 2 月 29 天(因二月份是当时罗马处决犯人的月份, 二月份减少 1 天, 表示执政者的仁慈)外, 其余是30 天, 共计 365 天, 每隔三年置一闰年, 闰年时在二月内加一闰日, 也是 30 天。闰年共计 366 天。

儒略·凯撒在改历后一年(即公元前 45 年)逝世, 为了纪念他, 他的旧臣僚把他出生的 7 月(大月)改为儒略月。掌握权力的僧侣们把 "每隔三年置一闰年" 规则, 误解成 "每三年置一闰年"。这样, 自公元前 42 年置闰开始到公元前 9 年短短 33 年中, 竟置闰了 12 次, 比凯撒规定的多了三个闰年。当时的最高统治者, 凯撒的侄子奥古斯都对儒略历作了修正, 下令改历: 一是规定从公元前 8 年到公元 3 年不再闰年, 等把多闰的 3 年扣回后再按 4 年 1 闰的办法实行; 二是他把自己出生的 8 月改为大月, 并称 "奥古斯都月", 8 月以后大小月颠倒, 结果多了一个大月, 就再从 2 月份中扣除 1 日, 平年的 2 月份就剩 28 日。后人把此称为**奥古斯都历**(其实本质上还是儒略历)。这样没有规律的月的日数(1、3、5、7、8、10、12 是大月, 2、4、6、9、11 是小月), 仍然在现行的公历中沿用着。

(2) 国际通用的公历(格里历)　儒略历在当时可以说是最好的历法。欧洲一些基督教国家于公元 325 年在尼斯会议决定共同采用, 并根据当时的天文观测规定春分日必须在 3 月 21 日, 然而, 儒略年(365.25 日)比回归年(365.2422 日)长0.0078 日, 即 11 分 14 秒。这个小小的差值, 从公元 325 年到 1582 年的 1257 年间积累了约 10 天的差误。在公元 1582 年测得太阳于 3 月 11 日便通过了春分点, 春分日比规定的 3 月 21 日提早 10 天来临。历日与天象不符合, 必须对历法进行修订。

罗马教皇格里高利十三世采纳了意大利医生利里奥的建议, 并于公元 1582 年3 月 1 日颁布了命令: 一是把当年 10 月 4 日后的一天作为 10 月 15 日, 即把 10月 5 日至 14 日的 10 天勾销(**历史上空白了 10 天**); 二是把 4 年 1 闰改为 400 年 97闰, 置闰的办法是凡世纪年份(为 100 的倍数)能被 400 除尽者才是闰年, 其余年份能被 4 除尽者为闰年。当然, 这样闰法, 比起儒略历经过 128 年就相差一日要精确得多。但每 400 年还是多闰 0.12 日, 4000 年就多闰 1.2 日, 因此, 如果这一历法继续使用下去，公元 4000 年和 8000 年亦不应作闰年。因为，在几千年中，回归年的长度也会改变的(这在前面已叙述过)。

改革后的新历，被后人称为**格里历**，是目前全世界通用的公历。世界上大多数国家都使用这种历法 ，故称公历。我国是在 1912 年成立民国政府时宣布采用公历的。

人们把开始纪年的时间称为"纪元"，公历的纪元是人为的并带有宗教色彩。在公元 532 年，罗马教皇宣布基督诞生的那一年定为公元元年。所以公元的纪年方法并不是儒略·凯撒下令修改日历时开始的，而是后来再把儒略历定为基督的日历以后定出来的，即在公元 532 年后宣布 532 年前为公元元年。至于耶稣基督是在什么时候诞生的，几种说法也是相互矛盾的，甚至耶稣基督的存在也不过是一个神话而已。这种规定的历元完全出自宗教的需要，因为 532 年这个数，是闰年周期数 4、朔望月周期 19 和星期的天数 7 的最小公倍数

$$4 \times 19 \times 7 = 532$$

这样，可以保证基督教的复活节，再经过 532 年以后又会在同一日期、同一月相和星期序数重复出现。

在此，也顺便介绍一下星期的来历：星期的概念体现了不同民族的文化的奇特结合。人类命运受天上星辰影响的教义最初来自古巴比伦。古巴比伦人认为太阳、月亮、火星、水星，木星、金星和土星逐日轮流主管天上事务，他们建筑七级的神台，每级供奉一个星神，人们逐日轮流祭拜，七天一循环，当祭拜第一级的太阳神的那一天就休息。慢慢就形成星期，并流传到世界各地。英国人也采用了这种制度，但不是为了祭神，而是用于安排工作日和休息日，他们把星期日、星期一、星期二、星期三、星期四、星期五、星期六分别称为太阳日、月亮日、法神日、主神日、战神日、爱神日、农神日。

我国古时把日、月和五星称为七曜，故一星期七日称为日曜日、月曜日、火曜日、水曜日、木曜日、金曜日、土曜日，后来就称星期几。日本、朝鲜等地现在还保留七曜称谓。

以七天为周期划分时间，最初大概是来源于对月亮的观察。月相是夜空中最引人注目的天象。古人很早就发现朔望周期，朔时看不到月亮的时间大约为 1 天，其余 28 天中都能见到月亮。古人为了短期记日，把见月的 28 天四等分为 7，似乎就是顺理成章的事了。

3. 阴阳历——以中国夏历(或农历)为例

阴阳历是年、月并重，力求把朔望月作为历月的长度，又用设置闰月的办法，力求把回归年作为历年长度的历法。中国是最早使用阴阳历的国家之一，美索不

达米亚的亚述人和印度人也较早制定过阴阳历。我国阴阳历曾经历过复杂的演变过程，从战国到清代，编出的有据可查的较完善的历法就有上百部，这些历法的总趋向就是日臻完善和精确，主要在回归年和朔望月的长度、置闰、确定岁首和月首等方面进行求索，不断改进。

(1) 阴阳历的置闰 阴历的主要缺点在于它与农业节气不相符合。为了保持日序和月相变化相互对应的天文性质，同时还要使一年中的时令节气与农事活动相去不远。因此，阴阳历的产生就是把朔望月和回归年合理地协调起来。回归年的日数是朔望月的日数的 12.368 倍，就是说，一个回归年不正好是朔望月的整倍数，它多于 12 个朔望月，而少于 13 个朔望月。为了使历年的平均值总是接近于回归年的日数，阴阳历平年是 12 个月，闰年是 13 个月，增加的一个月，叫做闰月。经过推算，19 年加 7 个闰月较为符合实际，因为

$$19 个回归年 = 19 \times 365.2422 = 6939.6018 日$$
$$12 \times 19 + 7 个朔望月 = 235 \times 29.5306 = 6939.6910 日$$

两者非常接近，相差甚少。这样阴阳历的月份和季节可以在较长时期内保持大体一致，不会出现冬夏倒置、寒暑失序的现象。19 年加 7 个闰月的方法，早在公元前六世纪的春秋时代，我国就已经应用了，而古希腊在公元前 433 年才发现这个周期，比我国晚了 160 年，由于闰月的安插，阴阳历的一年长度相差很大，平年是 353～355 天，闰年 383～384 天。如何安插闰月，这跟二十四气中的中气有关。在阴阳历中，每个月都有它固定的中气，如含有雨水的月份为正月，含有春分的月份为二月……大寒则是腊月(十二月)的中气。在 19 个回归年中，有 228 个节气和 228 个中气，而阴阳历 19 年中有 235 个朔望月，显然有 7 个月会没有节气和 7 个月没有中气。在西汉天文学家邓平和落下闳制定"太初历"时，规定以没有"中气"的月份，作为这一年的闰月，它用上月的名称，并在前面加上一个"闰"字，这种置闰办法，被后来历法家一直采用着。

闰月是人为规定的，历史上并不是凡没有中气的月份都定为闰月，尚有个别是例外，假定前一或两个月里包含了两个中气，下一个月虽然没有中气，却不能把它作为闰月。例如，清同治九年十一月里有两个中气(冬至和大寒)，十二月只有一个节气(小寒)，虽然没有中气，也不称作闰十一，仍然是十二月。又如 1985 年(乙丑年)正月没有中气，只有一个节气(惊蛰)，但在上一年的十一月里却有冬至和大寒两个中气，应为正月的雨水出现在十二月里，那么这个没有中气的正月，还是不算作闰月十二月，仍是正月。有了这样规定后，才能在十九年中正好安插七个闰月。

从春分到秋分的夏半年中有 186 天多，而从秋分到春分的冬半年中只有 179 天，这样就使两个中气(或两个节气)之间的日数不能相等。在夏半年中，两个中气的间隔超过它的平均天数(33.44 天)尤其是地球在远日点附近，它的运动最慢，使

两个中气的间隔也就达到最大(31.45 天)。于是在这段期间的历月里不包含中气的机会就较多些，这就是四、五、六 3 个月出现的闰月次数特别多的原因。相反地，在冬半年中，两个中气的间隔也就达到最小(29.43 天)于是在这段期间的历月里总要包含一中气，有时还会包含两个中气。这就使得十一月、十二月和正月一般不会有闰月发生的，见表 3.5。关于闰月问题在介绍"二十四节气"时还会提及。

表 3.5　1840～2060 年夏历闰月表

年份	干支	闰月	年份	干支	闰月	年份	干支	闰月	年份	干支	闰月
1841	辛丑	3	1843	癸卯	7	1846	丙午	5	1849	己酉	4
1851	辛亥	8	1854	甲寅	7	1857	丁巳	5	1860	庚申	3
1862	壬戌	8	1865	乙丑	5	1868	戊辰	4	1870	庚午	10
1873	癸酉	6	1876	丙子	5	1879	己卯	3	1881	辛巳	7
1884	甲申	5	1887	丁亥	4	1890	庚寅	2	1892	壬辰	6
1895	乙未	5	1898	戊戌	3	1900	寅子	8	1903	癸卯	5
1906	丙午	4	1909	己酉	2	1911	辛亥	6	1914	甲寅	5
1917	丁巳	2	1919	己未	7	1922	壬戌	5	1925	乙丑	4
1928	戊辰	2	1930	庚午	6	1933	癸酉	5	1936	丙子	3
1938	戊寅	7	1941	辛巳	6	1944	甲申	5	1947	丁亥	2
1949	己丑	7	1952	壬辰	5	1957	丁酉	8	1960	庚子	6
1963	癸卯	4	1966	丙午	3	1968	戊申	7	1971	辛亥	5
1974	甲寅	4	1976	丙辰	8	1979	己未	6	1982	壬戌	4
1984	甲子	10	1987	丁卯	6	1990	庚午	5	1993	癸酉	3
1995	乙亥	8	1998	戊寅	5	2001	辛巳	4	2004	癸未	2
2006	丙戌	7	2009	己丑	5	2012	壬辰	4	2014	甲午	9
2017	丁酉	6	2020	庚子	4	2023	癸卯	2	2025	乙巳	6
2028	戊申	5	2031	辛亥	3	2033	癸丑	11*	2036	丙辰	6
2039	己未	5	2042	壬戌	2	2044	甲子	7	2047	丁卯	5
2050	庚午	3	2052	壬申	8	2055	乙亥	6	2058	戊寅	4

*紫金山天文台 1998 年出版的《大众百年历》中将原来 1984 年出版的《新编百万年历》2033 年癸丑年闰七月改为闰十一月。这是因为"夏正建寅"即夏历以冬至为岁首，定冬至一日所在月为"子月"——"十一月"，这年如闰七月，则冬至就成了十月三十日，只有闰十一月才能使冬至日在十一月。闰十一月是极为罕见的，过去被认为是不可能的。

阴历是大小月固定的，即逢单大月，逢双小月，1 年有 6 个小月和 6 个大月，结果平均历月为 29.5 日，比朔望月短 0.0306 日。如果阴阳历的大小月也像阴历那样各占一半，那么，除了 19 年 7 闰，闰年时增加 1 月，以解决历年与回归年同步之外, 还需像阴历那样, 30 年 11 闰, 闰年时增加 1 日, 以解决历月与朔望月同步的问题, 即使有的年份可把两者结合起来, 但有时还得分头进行, 这岂不麻烦。为此, 我国的阴阳历另辟蹊径, 即大小月不固定, 根据朔望月的平均长度(朔望月的长度是变化的, 最多可相差 13 小时)推算, 该是大月就大月, 该是小月就小月(总的来说应大月多于小月, 这样才能使平均历月大于 29.5 日, 达到 29.5306 日), 这称 "平朔", 结果初一不一定是日月合朔之日。到唐初制订戊寅元历时, 干脆先把初一固定在朔日, 然后推算, 该月应大月则大月, 应小月则小月, 这叫 "定朔"。采取此法以后, 有些问题便迎刃而解了。

(2) 阴阳历的其他名称 在历书中有把我国的传统阴阳历称为 "夏历", 在民间称它为 "农历" 或 "阴历"。

我国的阴阳历之所以称 "夏历" 并不是指 "夏代" 的历法, 而是当时采用了夏代历法的 "建正"。所谓建正, 就是把 "正月" 放在什么时节的安排。表 3.6 列出了自夏至汉的建正的演变。夏制正月建在寅月, 随后夏朝灭亡, 建商, 就把正月建在丑月; 商殷被周代替, 周朝又把正月提前到子月; 后周没落, 秦灭诸国, 则把正月提前到亥月, 即现在的十月(十月秋季是收获季节, 老百姓在农忙时安排过年, 是不合情理的); 直到汉武帝制定太初历时才恢复夏制, 再把寅月作正月, 直至今日。因此, 人们就把我国的传统阴阳历称为夏历。

表 3.6 自夏至汉建正情况表

地 支		子月	丑月	寅月	卯月	辰月	巳月	午月	未月	申月	酉月	戌月	亥月
月	夏	十一	十二	正	二	三	四	五	六	七	八	九	十
	商	十二	正	二	三	四	五	六	七	八	九	十	十一
	周	正	二	三	四	五	六	七	八	九	十	十一	十二
份	秦	二	三	四	五	六	七	八	九	十	十一	十二	正
	汉	十一	十二	正	二	三	四	五	六	七	八	九	十

我国的阴阳历被称为农历, 是近 30 年内出现的。因有二十四气成分, 能指导农事活动, 因而称阴阳历为农历。实际上, 节气源自太阳的周年视运动, 所以, 二十四气是属于阳历成分。

我国的阴阳历有人称为阴历, 是不妥的。尽管阴阳历的历月与阴历的历月很接近, 但它们是两种不同的历法。阴阳历与节气虽然符合得不够紧凑, 但绝不会像阴历那样有寒暑倒置的现象发生。事实上, 就以历月来说, 两者也是有区别的。阴阳历历月的月首, 规定在 "朔" 的日子, 所以它的历日有明显的月相意义, 而阴历的月首安排在新月始见的日子, 相当于阴阳历的初二或初三。还有, 阴历的历月大月(30 日)小月(29 日)相间排列, 很有次序, 是人为规定的。而阴阳历的历月, 虽然大小月的日数与阴历相同，但哪个月是大月，哪个月是小月，并不是人为规定的，而是通过计算出两朔日之间的实际长度(是 30 日还是 29 日)来确定历月的大小。因此，在阴阳历中，历月的日数并不是大小月相同，而是常会连续出现两个小月，或连续出现两个、三个大月，甚至还会有连续出现四个大月的。因此，我们绝不可把阴阳历和阴历混为一谈。

我国夏历与一般的阴阳历除有共同特点外，还有它独特的地方，表现在：①强调逐年逐月推算，以月相定日序(以合朔为初一，以两朔间隔日数定大、小月)；以中气定月序(据所含中气定月序，无中气为闰月)。②二十四气与阴阳历并行使用，阴阳历用于日常记事；二十四气安排农事进程。③干支纪法，60 年循环。

　　4. 二十四节气、干支纪时、三伏和属相

我国阴阳历的内涵非常的丰富，它还配有二十四节气、干支纪时和属相。现简单介绍如下。

(1) 二十四节气　　　　阴阳历是阴历和阳历的合历，其阳历成分的体现除了平均历年接近回归年之外，还配置了二十四节气。二十四节气本应称二十四气，它包括 12 个节气和 12 个中气，只因由两个字组成的词读起来顺口，民间就习惯地称"二十四节气"。

二十四节气的形成也有一个过程。据查，在《尚书·尧典》中就有"日中星鸟，以殷仲春""日永星火，以正仲夏""霄中星虚，以殷仲秋""日短星昴，以正仲冬"这样的记载，这日中、日永、霄中、日短，正是后来的春分、夏至、秋分、冬至四个节气。《吕氏春秋》中则把日中和霄中称日夜分，把日永称日长至，把日短称日短至。到刘安主持编撰《淮南子》时，则已经有二十四节气了，不过有几个节气的名称与现在的名称略有不同罢了。

起先是这样划定二十四节气的：把一个回归年分成时间等长的 24 份，每份设一个气，其中 12 个为节气，另 12 个为中气，节气与中气相间隔。这种分法要叫平气。一般来说，每个月有一个节气和一个中气，但是，节气和中气是各 12 个，中气与中气之间的时间长度必为回归年的 1/12(即 365.2422/12＝30.4368 日)，而阴阳历历月的长度是 29 日或 30 日，比两个中气的间隔要短，因此，经过若干个历月之后，总有一个历月中没有中气。这就是无中气之月，汉代《太初历》规定把此无中气之月作为闰月，重复上个月。因回归年中有 12 个中气，一个历年有 12 个历月或 13 个历月，所以可以把无中气之月看作是阴历年与回归年的差值所积累的，故作闰月。由于两个中气相间 30.4368 日，肯定比历月 30 日长，所以不可能出现一个历月中有两个中气的现象。

隋代的刘焯在制订《皇极历》时，提出将平气改为定气，即规定太阳在黄道上每运行 15°设一气，实际上就是地球在轨道上每运行 15°设一气，两个中气之间的间隔就是 30°。但这一提法，只用于计算，而未用于制历。直到清初才正式把定气用于制历。这样一来，两个中气所隔的时间就长短不等了，因为地球轨道是椭圆，在近日点时，地球运行速度较快，过远日点时，地球运行速度慢，因此，在地球过近日点附近时，两个中气的间隔时间会短于大月(30 日)，甚至短于小月(29 日)，因此可能会出现一个历月中有两个中气的现象。所以，清初要作补充规定，即无中气之月前的一个月若有两个中气，则此无中气之月仍不作闰月，因上个月已多过了一个中气，如果再闰，就多闰了。

由于地球在宇宙中是不停地运动着，一些参考点(如春分点、近日点等)在短期内可以看成是不变的，但在几万年后就会有明显的移动(关于地球轨道运动特点将在第 9 章"地球及其运动"中进一步叙述)。

地球近期的情况是，阳历每年 7 月初地球过远日点，那么大致是农历六月初或前后过远日点(此时正是北半球夏天)，两个中气之间的间隔长，出现无中气之月的概率就大，所以北半球夏半年特别是在四、五、六、七月之后设闰月的可能性大；相反，阳历每年 1 月初地球过近日点，相当于农历十二月初或前后过近日点(此时为冬天)，在此前后的一段时间里，两个中气的间隔时间短，所以北半球冬半年特别是十、十一、十二、一月设置闰月的可能性小。由于地球轨道上的近日点(和远日点)是进动的，进动周期是 11 万年，所以，5.5 万年后，情况正好相反。

至于民间传说"闰八月"不吉利，其实这是没有科学根据的，农历的八月是夏冬之交，出现闰月的概率居中，没有什么特殊，只是有些人统计历史上有些灾难曾发生在闰八月之年，其实仅是偶然的巧合。如果把其他闰月与历史事件联系起来，说不定也会发现有什么相关事件。

有了二十四节气，我国的阴阳历就极有实用价值，特别在指导农事方面能发挥了巨大的作用。在 20 世纪 60 年代，我国把传统阴阳历的名称由夏历改为农历，就是因为它能指导农事；再则，农民需要这种历法，一是为了便于农事活动，二是为了过农历年(因过阳历年元旦，正在农忙，一些过年必要的食品也不具备，所以节日气氛不浓，只有过农历年，正处秋收冬藏结束之后，一些必要的条件也已具备，能喜气过年)。

二十四节气既含天文学方面的内容，又有气象方面的特征，既有物候含义，又能指导农事安排。

二十四节气本是我国所独有的，后来亦传到一些国家，但时至今日，世界上大多数国家仍只有二分二至四个节气(当然名称不一)。他们大都使用阳历。无疑，阳历的日期与季节匹配得较好，但如果没有二十四节气，也就不"直观"，难以记得某月某日该干什么农活。当然，他们的农业也有并不落后，可以想象，不同的国家和民族都会有一套"农谚"来指导农事。不过，随着科技的进步，人们可以用科学的方法调节温度和水量，所以节气与农事的联系会逐渐淡化。现将二十四节气列于表 3.7 中(由于二十四节气与阴阳历的日期错动较大，因有闰月)，而与阳历的日期却匹配得较好，所以在表中注上了阳历的二十四节气表的日期，以便对照)。

表 3.7　二十四节气与公历的关系

四季	节气名称	太阳视黄经/(°)	公历日期
春季	立春	315	2 月 4、5 日
	雨水	330	2 月 18、19 日
	惊蛰	345	3 月 5、6 日
	春分	0	3 月 20、21 日
	清明	15	4 月 5、6 日
	谷雨	30	4 月 21、22 日
夏季	立夏	45	5 月 5、6 日
	小满	60	5 月 21、22 日
	芒种	75	6 月 5、6 日
	夏至	90	6 月 21、22 日
	小暑	105	7 月 7、8 日
	大暑	120	7 月 22、23 日
秋季	立秋	135	8 月 7、8 日
	处暑	150	8 月 23、24 日
	白露	165	9 月 7、8 日
	秋分	180	9 月 23、24 日
	寒露	195	10 月 8、9 日
	霜降	210	10 月 23、24 日
冬季	立冬	225	11 月 7、8 日
	小雪	140	11 月 22、23 日
	大雪	255	12 月 7、8 日
	冬至	270	12 月 21、22 日
	小寒	285	1 月 5、6 日
	大寒	300	1 月 20、21 日

　　为了便于记忆，再录下几句关于节气的歌诀：

春雨惊春清谷天，
夏满芒夏暑相连，
秋处露秋寒霜降，
冬雪雪冬小大寒。
每月两节不变更，
最多相差一两天；
上半年来六廿一，
下半年来八廿三。

(2) 干支纪时　　干支纪时就是把用干和支搭配而成的 60 对字组当作数字来纪时、日、月、年。干支是我国历法中很重要的创造，它是用"天干"和"地支"的组合来纪年、纪月、纪日、纪时的。后三个现已不大用了。但干支纪年今日在绘画、书法、艺术领域还沿用。

天干，是天为主干的意思，用甲、乙、丙、丁、戊、己、庚、辛、壬、癸 10 个字表示。

地支，是地为支节的意思，以子、丑、寅、卯、辰、巳、午、未、申、酉、戌、亥 12 个字表示。

10 个天干与 12 个地支依次两两组合，构成 6 对干支，按其序数排列，见表 3.8。注意，天干与地支只能单数与单数相组合，双数与双数组合。例如：甲子、乙丑、丙寅等；不能单数与双数组合，例如：甲丑、乙寅、丙丑等。

表 3.8　干支表

1	2	3	4	5	6	7	8	9	10
甲子	乙丑	丙寅	丁卯	戊辰	己巳	庚午	辛未	壬申	癸酉
11	12	13	14	15	16	17	18	19	20
甲戌	乙亥	丙子	丁丑	戊寅	己卯	庚辰	辛巳	壬午	癸未
21	22	23	24	25	26	27	28	29	30
甲申	乙酉	丙戌	丁亥	戊子	己丑	庚寅	辛卯	壬辰	癸巳
31	32	33	34	35	36	37	38	39	40
甲午	乙未	丙申	丁酉	戊戌	己亥	庚子	辛丑	壬寅	癸卯
41	42	43	44	45	46	47	48	49	50
甲辰	乙巳	丙午	丁未	戊申	己酉	庚戌	辛亥	壬子	癸丑
51	52	53	54	55	56	57	58	59	60
甲寅	乙卯	丙辰	丁巳	戊午	己未	庚申	辛酉	壬戌	癸亥

天干和地支共 22 个字，其实都是有意思的。

甲，意为破甲而出；乙，即轧，伸长之意；丙，即炳，茂盛之意；丁，壮实之意；戊，即茂，繁茂之意；己，即起，奋起之意；庚，即更，更新之意；辛，辛苦之意；壬，妊也，养育之意；癸，揆也，萌发之意。

子，孳也，分蘖繁殖之意；丑，纽也，用绳索捆绑，兴旺之意；寅，演也，变化之意；卯，茂也，兴盛之意；辰，即伸、震，生长之意；巳，已也，万物已成之意；午，忤也，极盛之意；未，味也，作物已有滋味之意；申，身也，作物已有结果实之意；酉，即老，果实成熟之意；戌，灭也，万物归土之意；亥，核也，果实已有核之意。

由此可见，这 22 个字都与农耕有关，可见古人一片苦心。

据考，干支纪时最早是纪日，大概在商殷时代就有了，60 日一循环，一直到现在(可在万年历上查到)。可以想象，商殷古人为什么要用干支纪日，大概是因为当时还没有完善的数字，特别是成百上千的数字，所以他们只能想出一种办法来记日子，即 60 个日一轮回。干支要重复，说明当时只能管 60 日。后来才配以干支纪时大概始于春秋，先仅用地支纪时，后来才配以天干成干支纪时，但以地支为主，即地支与时辰的对应关系是固定的，见表 3.9。

表 3.9　地支与时辰的关系

地支纪时		子时	丑时	寅时	卯时	辰时	巳时	午时	未时	申时	酉时	戌时	亥时
古时别称		夜半	鸡鸣	平旦	日出	食时	偶中	日中	昳时	哺时	日入	黄昏	人定
相当现在	初	23	1	3	5	7	9	11	13	15	17	19	21
钟点	正	24	2	4	6	8	10	12	14	16	18	20	22

干支纪月大概也始于春秋时代，亦先是用地支纪月，汉以后才配上天干。同样是 60 个月一循环，直至现在。

干支纪年法，即每年用一对干支来表示，如今年是甲子年，第二年是乙丑年，依次类推，60 年一循环。关于干支纪年的起源，说法不一，现一般认为是东汉建武三十年开始的，至今未断，可以断定没有混乱过。至于东汉以前的干支纪年，则是一些学者根据史料记载推算的，据最新资料报道已推至夏代。

干支纪年在历史上的作用是很大的。我国古代最早用帝号纪年，新帝上台，就从一年纪起。从汉武帝开始用年号纪年，而有些皇帝一生用好几个年号，历史上共有 600 多个年号，如果记载不详，后人就弄不清楚，配上了干支纪年，就一目了然了。

把公元纪年换算成干支纪年，通常要查阅专门编制的年代对照表。这类书不

多，而且查起来也很麻烦，可以用简单公式推算。这个公式是

$$N=X-3-60m$$

这里的 N 是表 3.8 中干支的序数，X 是所求那年的公历纪年数($X>4$)。m 是从 0 开始的正整数，即 0，1，2，3，4，…，选择适当的 m 值，使得不等式

$$0<N\leqslant60$$

成立，则从得到的 N 就能迅速查出干支来。

例　分别求 1894 年和 1998 年的干支。

解　(1) $X=1894$，$m=31$，可求得

$$N=1894-3-60\times31=31$$

由表 3.8 查出对应的甲午，所以，1894 年正是甲午年。

(2) $X=1998$ 年，$m=33$，可求得

$$N=1998-3-60\times33=15$$

由表 3.8 查出对应的是戊寅年。

还有人提出更简便的换算方法。首先，对天干和地支分别给以序号(表 3.10)。对于任一公元年数：天干序号=公元年尾数；地支序号=(公元年数÷12)的余数。

表 3.10　干支序号表

序号	0	1	2	3	4	5	6	7	8	9	10	11
天干	庚	辛	壬	癸	甲	乙	丙	丁	戊	己		
地支	申	酉	戌	亥	子	丑	寅	卯	辰	巳	午	未

例　求公元 2018 年的干支。

解　天干序号是 8，由表 3.10 查出天干为戊；

地支序号为 2(2018÷12 的余数为 2)，由表 3.10 查出地支为戌；

所以公元 2018 年为戊戌年。

在此顺便提及，算命先生用人们出生的年、月、日、时所对应的干支"八字"推算人的命运，显然是不科学的，这八个字完全是人为定的，也就是说，可以这样定，也可以那样定，这与人的命运毫无关系。再说，同年同月同日同时生的人很多，他们的"八字"相同，但每个人一生的遭遇是千差万别，所以用生辰八字算命是伪科学。

我们了解了干支纪时以后，就知道中国农历"建正"中的建寅、 建丑、 建子和建亥是怎么一回事了。

(3) 阴阳历中的"三伏"　　　在阴阳历中还有一些杂节气，三伏就是其中的一个，它是按节气和干支决定的。三伏包括初伏、中伏和末伏，它们开始的日期，在秦时已做了规定：夏至后第三个庚日为**初伏**，第四个庚日为**中伏**，立秋后第一个庚日为**末伏**。初伏和末伏都是 10 天，中伏却不一定，有的年份是 10 天，有的年份是 20 天，这跟初伏开始的日期有关。在六十甲子中，庚午、庚辰、庚寅、庚子、庚戌、庚申这六个带"庚"的日子，都叫做庚日。庚日之间相隔 10 天，庚日在夏历中是个不固定的日子，所以夏至后第三个庚日(即初伏开始的日子)有时早(最早在阳历 7 月 11 日)，有时晚(最晚在 7 月 21 日)，相继初伏之后的中伏，它的开始日期也必然随之有时早(最早在 7 月 21 日)，有时晚(最晚在 7 月 31 日)。又因为立秋(8 月 7、8 或 9 日)后第一个庚日是末伏开始的日期，所以，凡初伏开始在 7 月 11 日至 17 日之间，中伏是 20 天；开始在 7 月 19 日至 21 日之间，中伏是 10 天；开始在 7 月 18 日，中伏可能 10 天，也可能是 20 天(也有个别例外，如 1911 年，该年 7 月 19 日庚寅，初伏；7 月 29 日寅子，中伏；8 月 8 日庚戌，而 8 月 9 日是立秋，所以这年的中伏是 20 天)。据统计，在 1921 年到 2020 年的 100 年间，中伏是 10 天的只有 30 次，20 天的却有 70 次。有些人认为"十天一伏"是不完全对的，因为中伏为 20 天的确实是多数。

(4) 属相　　　就是"中国生肖"，古人把用十二地支所对应的年份用 12 种动物相匹配，12 年一循环，关系见表 3.11。

表 3.11　十二生肖

子年	丑年	寅年	卯年	辰年	巳年	午年	未年	申年	酉年	戌年	亥年
鼠	牛	虎	兔	龙	蛇	马	羊	猴	鸡	狗	猪

值得一提的是作为民间习俗，无可厚非，但染上了迷信色彩就不好了。其实，这十二属相毫无天文具体内容，最多只能说，木星绕太阳公转的周期接近 12 年，我国古代把黄道带分成 12 等份，木星大致每年运行一份，难道木星对人的命运会有这么大的影响吗？

西方早就使用阳历，但也有属相一说，即某人出生时，太阳在黄道上位于什么星座或宫(黄道"十二星座"或"黄道十二宫"详见第 4 章)，他或她就属什么星座或宫，一年也有 12 个属相。迷信者就把这属相与性格和命运联系起来，其实也是没有科学根据。

与"八字"一样，相同属相的人不计其数，但性格和命运没有几个相同，说明凭属相算命实属荒谬。

在此还要说明，所有的迷信，均不是历法本身所固有的，而是有人把迷信挂到历法上罢了，因此，不能为了破除迷信而诅咒历法。有人根本不懂历法是怎么一回事，他首先把我国的阴阳历说成是阴历，然后与阴阳五行挂上钩，再与阴间阎王牵上线，最后说我国的阴阳历是迷信的总根源，简直是新天方夜谭。其实我国的传统历法就是以月相变化周期为历月的长度，以季节变化周期为历年的长度，是很科学的。

　　玛雅历是一套以不同历法与年鉴所组成的系统，为前哥伦布时期中美洲的玛雅文明所使用。这些历法以复杂的方式互相同步、并紧密结合，形成更广泛、更长远的周期。玛雅历法系统本身建立在通行于当地的历法系统上，而该系统至少可追溯到公元前 6 世纪，与其他中美洲文明所使用的历法享有许多共同的特征。玛雅人精确计算出太阳年的长度为 365.2420 日，现代人测算为 365.2422 日，误差仅为 0.0002 日，就是说 5000 年的误差才仅仅一天。玛雅人还认为一个月(兀纳)等于 20 天(金)，一年(盾)等于 18 个月(兀纳)，再加上每年之中有 5 个未列在内的忌日：一年实际的天数为 365 天。这正好与现代人对地球自转时程的认识相吻合。玛雅人的数字是 20 进位的，每月也只有 20 天。他们通用的历法有两种：一叫"圣年历"，作宗教崇拜用，把一年分为 13 个月，每月 20 天，全年共 260 日；第二种是"太阳历"，又称"民历"，每年有 18 个月，每月 20 天，另加 5 天是禁忌日，即全年共 365 天，每 4 年加闰 1 天。在平时，玛雅人是把两种历法同时使用的。他们的纪年，由"5 日"的名号，与 1 到 13 的数字相配合，便能组成 52 年循环一次的周期(很像中国的天干地支纪年)。这套历法，玛雅人早在纪元前已熟练运用，其精确程度远远超过同时代古希腊或古罗马人所用的历法。常见的玛雅历法有卓尔金历、哈布历和长计历。它们与儒略历和现行公历可换算。如在研究古代石碑或刻本上的资料时，就可利用天文学程序将长计历转换成标准的儒略历/公历的年、月、日。有兴趣的朋友可以查阅相关书籍进一步研究玛雅历法的编制。

三、历法的改革

1. 通用历法的缺陷

(1) 公历　　目前世界上仍在使用的几种主要的历法都有优点和不完美之处。就公历来说，优点是历年与回归年同步，故月序与季节匹配较好。缺陷是：①历月是人为安排的，历月的天数有 28、29、30 和 31 天四种，大、小月排列不规律；②四季的长度不一，有 90、91 和 92 天三种，上下半年的日数也不相等；③岁首没有天文意义；④每月的星期号数不固定，每年同日的星期号数，每月同日的星期号数，都各不相同；⑤与月相变化周期无关。

(2) 阴阳历和阴历　　就我国的阴阳历来说，优点是把两个天赐的周期都应用了，平均历月是月球公转周期，平均历年是地球公转周期。长期使用，对日、地、月三者的关系就不会生疏，看到月份，就可知道在这一年中月球已绕地球转了几圈，看到日期就可知道月相。缺点是平年与闰年有一个月的差值，日期与季节的对应关系有一个月的错动。当然，这样的错动问题不大，因设置了二十四节气，时令是可以掌握的。所以，平心而论，我国的阴阳历不愧是一种好历法。阴历的历年与回归年相差太大，会出现月序与季节颠倒的现象，所以缺陷明显，除了伊斯兰教国家保留以外，别的地方早已摈弃了。

2. 改历的方案

为了使历法体系更简明，使用更方便，自 1910 年起，国际上就开展关于改历问题的讨论。20 世纪末，国际组织收到了 200 多个改历方案，其中引人注意的有"十二月世界历"和"十三月世界历"。

(1) 十二月世界历　　把每年分为 4 季，每季 3 个月，其中 1 个大月，31 天；2 个小月，30 天。这样，每季为 91 日，1 年为 364 日，还有 1~2 日就作为国际新年假日(平年在 12 月末加 1 日，不算入月份内，闰年在 6 月末再加 1 日，也不计入月份内)。由于每星期为 7 日，每季 91 天正好是星期的倍数，所以，元旦和每季的季首都可以安排为星期日，星期和日期的对应关系也可以按季循环。

(2) 十三月世界历　　把每年分 13 个月，每月 4 个星期，28 日，计全年 52 个星期，364 日，还有 1~2 日的新年假日。平年加 1 个假日，闰年加 2 个假日，都置于年末，不计入月份内，也不计入星期中。

这两个方案都是年年相同，永久不变，但它的缺点是存在着不计日序的日期，这样对记录社会活动和历史事件将带来很大麻烦。

现代国际交往频繁，任何国家都不可能再自成体系，闭关自守，所以，历法势必趋向统一。因此，改历已不是一个国家或几个国家的事情，而是全世界的事情，这样的事情自然要国际组织来协调。尽管现行的历法有诸多的缺点，但它还是目前通用的世界历法。

思考与练习

1. 何谓时间？

2. 如何测时？常用的计时系统有哪些？试说明。

3. 已知某地毕宿五($\alpha = 4^h35^m$)正在上中天，当日太阳的赤经$\alpha_\odot$为 $21^h51^m44^s$，时差为-14^m13^s，求当时该地的平时。(参考答案：$18^h57^m29^s$)

4. 在成都某地($\lambda=104°05'E=6^h56^m20^sE$)5 月 6 日用日晷测得视太阳时 10^h02^m，求相应的地方平时及北京时间(时差为 3^m24^s)。(参考答案：$9^h58^m36^s$；$11^h02^m16^s$)

5. 已知东八区的区时为 2000 年 1 月 13 日 8^h，求西九区的区时。(参考答案：12 日 15^h)

6. 为什么要设立国际日期变更线？

7. 简述我国及世界时间服务状况。

8. 何谓历法？常用的历法有哪些？各有哪些特点？试举例说明。

9. 现行阳历是如何演变的？

10. 已知 2020 年 2 月 23 日、3 月 24 日、4 月 23 日、5 月 23 日、6 月 21 日、7 月 21 日、8 月 19 日均为朔日；又知春分在 3 月 20 日，谷雨在 4 月 19 日，小满在 5 月 20 日，夏至在 6 月 21 日，大暑在 7 月 22 日；问：公历 2020 年是闰年还是平年？公历 2020 年相当农历什么年？是闰年还是平年？农历大小月如何安排？(参考答案：闰年，2 月 29 日；庚子年(鼠年)；闰年，闰 4；农历大小月安排为：二月大月、三月大月、四月大月、闰四小月、五月大月、六月小月)。

第3章思考
与练习答案

 进一步讨论或实践

1. 人类对时间的认识以及如何把握时间。

2. 我国传统的阴阳历——农历如何演变至今。

3. 为什么说"历法改革是世界性的问题"？

第4章　星空区划和四季星空

【本章简介】

　　仰望夜空，繁星闪烁。本章首先介绍星空区划概况以及星图、星表和天球仪的类型和使用方法；接着，简述星空分布大势、季节变化及推算方法；最后以北半球中纬度为例，介绍四季星空的特点、主要星座和亮星的认识方法。

【本章目标】

➢　了解国际通行的星空区划和我国古代对星区的划分。
➢　了解认识星空的几种图表和工具。
➢　掌握四季星空分布大势、季节变化和特点。
➢　了解星座文化。

4.1　星　空　区　划

一、国际通行的星空区划——88 个星座

　　在晴朗无月的夜晚，我们仰望天空，斗移星转，繁星闪烁，给人无限的遐想。除了几个大行星之外，其他星的相对位置几乎是不变的，古人称恒星。其实恒星不恒，只是它们距离太遥远了，我们肉眼无法分辨。为了认识恒星，人们用想象的线条将星星连接起来，并构成各种各样的图形，或把某一块星空划分成几个区域，取上名字。这样一来，可以讲述和记录，认识星星就容易多了。这些图形连同它们所在的天空区域，就叫做**星座**。在西方，大约起源于公元前 3000 年左右，到公元 2 世纪，北天星座的雏形已由古希腊天文学家大体确定了下来，并以许多神话、传说给这些星座命名。1922 年国际天文学会把星座的名称作了统一的界定，规定全天有 88 个星座，星座里的恒星用希腊字母和数字标出。

　　1. 北天星座的雏形

　　在现伊拉克境内的底格里斯河和幼发拉底河流域，希腊语称"美索不达米亚"，意即两河之间的地方，两河流域是人类文明最早的发源地之一。历史上在公元前4000 年至公元前 2000 年左右，苏美尔人和阿卡德人在此定居并奠定了这一区域的文化基础，史称苏美尔-阿卡德时期；从公元前 1894 年至公元前 1595 年，这里是古巴比伦帝国，其间它的第六代国王汉谟拉比在位时，成为两河流域文化最兴盛的时代。后来由于赫悌帝国和亚述帝国的相继入侵，这里先后成了赫悌帝国和亚述帝国的一部分；公元前 626 年至公元前 539 年，迦勒底人消灭了亚述，在此建立了新巴比伦帝国，公元前 539 年又为波斯帝国所灭。在长达几千年的历史时期内，这一地区占统治地位的民族，虽经多次更迭，但始终使用楔形文字，他们创造了灿烂的古代文化与科学。美索不达米亚文化被认为是西方文化的源泉，它的天文学也被认为是西方天文学的鼻祖。

苏美尔人很早就开始认真地观察星空了，他们将星星组合成群，可惜的是他们划分星群的方法后人已无据可考。后来迦勒底人从东阿拉伯来到两河流域，他们以牧羊为生，热衷占星术，把星星看作是放牧在"天上的羊"。他们用想象的线条将天上的亮星连接起来，构成各种动物和人物的图像，每幅图像都取一个名字，这就是早期星座。在公元前 650 年前后出现的《创世语录》中，就已有 36 个，其中北天、黄道带和南天各 12 个。

在美索不达米亚确定下来的星座经腓尼基人传入希腊，古希腊人在此基础上又创立了许多新的星座。他们把星座的名称和美丽的神话传说联系起来，既给人以丰富的想象，又有助于认识和记忆星座。欧多克斯(公元前 400～前 350 年)所著的《现象论》中，把当时认定的星座都记了下来，但该书失传。不过，公元前 270 年左右，希腊诗人阿拉图斯把星座写成诗歌——《天象诗》，诗中共提到了 44 个星座。其中北天19 个(小熊、大熊、牧夫、天龙、仙王、仙后、仙女、英仙、飞马、御夫、武仙、天琴、天鹅、北冕、蛇夫等)；黄道带 13 个星座(白羊、金牛、双子、巨蟹、狮子、室女、鳌、天蝎、人马、摩羯、宝瓶、双鱼、驶)；南天 12 个星座(猎户、犬、波江、天兔、鲸鱼、半人马、天坛、巨爵、乌鸦等)。

之后，古希腊著名的天文学家喜帕恰斯(伊巴谷)编制了一份含星数 850 颗的星表，他把北天的蛇夫座分为长蛇座与蛇夫座，把南天的半人马座的东部分出来称为豺狼座，把黄道带上的驶座并入金牛座，后来才划归蛇夫座。此时合计 45 个星座。

公元 2 世纪，天文学家托勒密总结了古代天文学成就，写成了巨著《天文学大成》，他把黄道带的鳌座改为天秤座，把南天的犬座分为大犬和小犬，并增设小马座和南冕座。到此合计有 48 个星座，北天星座的名称基本上就确定下来了，并由此构成了当今国际通用的 88 个星座的基础。

2. 88 个星座的确定

到 17 世纪初，德国的天文学家拜尔(1572～1625 年)从航海学家西奥图的记录中得知南天的一些星座,他在《星辰观测》一书中,除了上述谈及的 48 个星座之外,又增写了南天极附近的 12 个星座:蜜蜂(后改为苍蝇)、天鸟(后改为天燕)、蝘蜓、剑鱼、天鹤、水蛇、印第安、孔雀、凤凰、飞鱼、杜鹃、南海。这样,就有了 60 个星座。此外,北天的后发座之名早已有了,只是喜帕恰斯和托勒密的著作中一直没有把它列进去。

1624 年天文学家巴尔茨斯在北天增设鹿豹、麒麟和天鸽 3 个星座,并在南天增设菱形网座(后称网罟座);1669 年,洛耶尔从南天的人马座中分离出南十字座;1690 年,波兰天文学家在他编制的星表里又增加了 7 个北天星座:猎犬、蜥蜴(后改为蝎虎)、小狮、天猫、六分仪、盾牌和狐鹅(后改为狐狸)。至 17 世纪中期,已确定星座 73 个。

18 世纪 50 年代,法国天文学家拉卡伊利到好望角做了四年(1750~1754 年)的天文观测,并于 1763 年出版了包括 3000 颗星的星表。在表中,他用天文仪器等命名了星座,填满了南天星座之间尚存的全部空缺,例如,玉作(后改为玉夫)、化学炉(后为天炉)、时钟、抽气唧筒(后为唧筒)、南极、矩尺、望远镜、显微镜、山案、绘架和罗盘。至此计有 86 个星座。

之后,有些天文学家为了迎合统治者的心意或出于自己的爱好,竟随心所欲地乱设星座,如有的因爱猫而设"母猫"星座。因此,当时星座的名称曾达到 109 个。

最初,星座只指星群。随着科学的发展,人们研究的天体越来越多,对这些天体位置的确定,需要对星空进行区划。于是,在星座的概念中又增加了区域的含义,星座不只代表星群,而且还代表了这些星群所在的天区(这在开篇曾介绍过)。最初星座的界线是随意确定的,没有规律可循,只要将星座的亮星全部纳入其中就行了,如英国天文学家弗兰姆斯蒂所绘制的星座界线便是如此。1841 年,英国天文学家威廉·赫歇尔提出星座用赤经线和赤纬线来划分,这一建议后来被国际天文组织所采纳,所以现在星空的界线虽然曲折和不规则,但线条是平直的。

1922 年国际天文学联合会根据近代天文观测成果,对历史上沿用的星座名称和范围作了整合,取消了一些星座,最后确定全天星座为 88 个(除了上述 86 个之外,又把南船座拆为船帆、船底、船尾 3 个星座,故总数为 88 个),其中北天 29 个,黄道带 12 个,南天 47 个。并在 1928 年的国际天文学联合会上正式公布了这 88 个星座,同时规定以 1875 年的春分点和赤道为基准的赤经线和赤纬线作为划分星座范围的界线,从此,88 个星座成为全球通用的星空区划系统。

现行 88 个星座的名称中,只有 5 个星座是 1922 年国际天文学联合会命名的,其他皆是沿用过去的名称,其中,46 个是古代命名的,有 37 个是 17 世纪以后命名的。所有星座的名称中约有一半是动物的名字,既有希腊神话中的动物,又有地理大发现以后新发现的动物；另有 1/4 是神话人物的名字，其余 1/4 则是仪器和用具的名字。由于历史的原因，星座的排列很不规则，范围大小亦不等，甚至差别悬殊。

星座内恒星的命名，一般采用星座名称加上拉丁字母(希腊字母)，拉丁字母的顺序与星座内恒星的亮度相对应(如天瓶座α星、大熊座β星等)，但也有少数例外情况(如双子座中的β星反而比α星亮，可能古代的情况与现代不一样)。当 24 个拉丁(希腊)字母用完之后，就用数字代替字母，通常数字是按恒星的赤经依次排列，如大熊座 80 星，等等。

在历史上，不同的民族和地区都先后发展了自己的星空区划，特别是对亮星各有一套专有名称，甚至是地方性的俗称。因此，对同一颗亮星，不同的国家和民族叫法不一。

一些星座的拉丁名、符号、面积和星数在附录 5 中可以查到，在此，将 88 个星座按北天 29 个，黄道带 12 个，南天 47 个的顺序列出。

北天星座：小熊、天龙、仙王、仙后、鹿豹、大熊、猎犬、牧夫、北冕、武仙、天琴、天鹅、蝎虎、仙女、英仙、御夫、天猫、小狮、后发、巨蛇、盾牌、天鹰、天箭、狐狸、海豚、小马、三角、飞马、蛇夫。

黄道带星座：双鱼、白羊、金牛、双子、巨蟹、狮子、室女、天秤、天蝎、人马、摩羯、宝瓶。

南天星座：鲸鱼、波江、猎户、麒麟、小犬、长蛇、六分仪、巨爵、乌鸦、豺狼、南冕、显微镜、天坛、望远镜、印第安、天燕、凤凰、时钟、绘架、船帆、南冕、圆规、南三角、孔雀、南鱼、玉夫、天炉、雕具、天兔、天鸽、大犬、船尾、罗盘、唧筒、半人马、矩尺、杜鹃、网罟、剑鱼、飞鱼、船底、苍蝇、南极、水蛇、山案、蝘蜓、天鹤。

古代天文学家为了表达太阳在黄道上所处的位置而将黄道这个大圆划分为 12 段，称为黄道 12 宫，每宫占 30°，又将黄道 12 宫和黄道附近的 12 个星座联系起来，如白羊座所在的那个宫称为白羊宫。由于岁差影响(关于"岁差"将在第 9 章介绍)，黄道 12 宫和 12 个黄道星座渐渐错开，如今白羊宫已和双鱼座重合在一起。

在对待星座的态度上，天文学和占星学各行其道，天文学是观测和研究天体、探索宇宙奥妙的一门科学；占星学是利用星座和天象来决定人的命运的神秘信仰。

二、中国古代星空区划——星官

中国古代的星空区划历史悠久，在方法上也自成一体，早在殷周之际就有了将赤道附近的恒星划分为二十八宿的方法。春秋战国时期还有较为详细的对亮星的分群和命名，但当时列国割据，各成一体。到西汉时，才趋向统一，并形成较完整的系统。《史记·天官书》就反映了当时星空的区划情况。中国古代划分星空的基本单位是"星官"，也就是把相邻的恒星组合在一起，构成各种图案，并分别取一个名字，称为星官。若干小星官又可合成大星官。后来，星官不仅指星群，同时也指天区。

星宿，天文学术语，寓指日、月、五星栖宿的场所。一宿通常包含一颗或者多颗恒星。古人将黄道附近划分为二十八组，俗称"二十八宿"。因为二十八宿环列在日、月、五星的四方，很像日、月、五星栖宿的场所。中国古代主要的大星官就是三垣和二十八宿，在唐代的《步天歌》中，三垣和二十八宿发展成为中国古代的星空区划体系。三垣指北天极附近的三个较大的天区，即**紫微垣、太微垣和天市垣**。紫微垣包括北天极周围天区，大体相当于拱极星座；太微垣包括紫微垣与二十八宿之间的狮子座、后发座、室女座、猎犬座等天区；天市垣包括相应的蛇夫座、巨蛇座、天鹰座、武仙座、北冕座等天区；**二十八宿**主要位于黄道区域，之间跨度大小不均，且分为四大星区，称为**四象**。

1. 三垣

三垣是北天极及周围三个较大的天空区域，即紫微垣、太微垣和天市垣。每垣内含若干星官，都有东、西两藩的星，左右环列，其形如墙垣，故称之为"垣"。唐代《开元星经》辑录的《石氏星经》中就有紫微垣和天市垣，说明这两垣在春秋战国时就有了。而太微垣之名则出现较晚，《史记》中虽有此相当的星官，但未命名"太微垣"，直到隋唐才正式有"太微垣"之名。

紫微垣是三垣的中垣，位居北天中央，故又称中官或紫微宫。紫微宫即皇宫的意思，我国古代天文学家把它看作天上的皇宫。各星多数以帝族和朝官的名称命名。除天帝、天帝内座、太子等居中外，其余以北天极为中枢，东、西两藩共有主要亮星15颗，状如两弓相合，环抱成垣。东藩八星由南起，称左枢、上宰、少宰、上弼、少弼、上卫、少卫、少丞；西藩七星由南起，名右枢、少尉、上辅、少辅、上卫、少卫、上丞。但这些名称常因各朝代官制不同而改变。紫微垣所占天区相当于拱极星区，大致包括现今的小熊、大熊、天龙、猎犬、牧夫、武仙、仙王、仙后、英仙、鹿豹等星座。

太微垣是三垣的上垣，位居于紫微垣之下的东北方。太微即政府的意思，星名亦多用官名命名。它以五帝座(五帝即"三皇五帝"中的五帝)为中枢，东藩四星由南起为东上相、东次相、东次将、东上将；西藩四星由南起为西上将、西次将、西次相、西上相。南藩二星东为左执法，西为右执法。太微垣所占天区包括室女、后发、狮子等星座的一部分。中、上两垣俨然是一个天上的小朝廷，将、相、宰、辅、尉、丞、执法等文武官职无所不有。

　　天市垣是三垣的下垣,位居紫微垣之下的东南方向。天市即天上的集贸市场,星名多用货物、量具、市场等命名,地名也用得特别多:东有宋、南海、燕、东海、徐、吴越、齐、中山、九河、赵、魏;西有韩、楚、梁、巴、蜀、秦、周、郑、齐、河间、河中,简直就像一幅天上的地图。天市垣相对更接近夏秋的银河区域,包括武仙、巨蛇、蛇夫等星座的一部分。

　　2. 二十八宿与四象

　　二十八宿是中国古代星空区划体系的主要组成部分,最初它是古人为了比较日、月、五星的运动在黄道和天赤道之间选择的 28 个星官,作为观测的标志。后来,以 28 个星官为基础,又将黄道附近的星空划分为 28 个区域,也称二十八宿。"宿"有停留的意思,特别是月球,它绕地球公转的恒星周期是 27.32185 日,因此它大致每天停留一宿。1978 年,在湖北省隋县擂鼓墩发掘的战国早期的曾侯乙墓中,有一个涂了漆的箱盖,上面就绘有二十八宿。这说明战国早期就已有二十八宿的名称了。后来,我国古人又将二十八宿分作四组,每组七宿,分别与四个地平方位、四种颜色和四种动物相匹配,称为四象或四陆(图 4.1)。以春分前后的黄昏为准,四象二十八宿如下。

　　　　东方苍龙,青色:角、亢、氐、房、心、尾、箕;
　　　　北方玄武,黑色:斗、牛、女、虚、危、室、壁;
　　　　西方白虎,白色:奎、娄、胃、昴、毕、觜、参;
　　　　南方朱雀,红色:井、鬼、柳、星、张、翼、轸。

　　现在一般认为"四象"概念出现的时间稍晚于二十八宿。就是说,先有二十八宿,后有四象。上述湖北省隋县出土的战国箱盖上仅画了东方的苍龙和西方的白虎,没有画南方朱雀和北方玄武,似乎苍龙和白虎也不是正式的象名。不过,四象出现的时间也不会很晚,因为,像角宿、心宿、尾宿这样的名称,似乎是苍龙的角、心、尾,可见在给宿定名时就有苍龙的影子了。

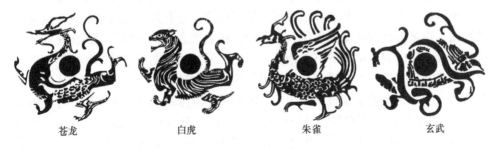

　　　苍龙　　　　　　白虎　　　　　　朱雀　　　　　　玄武

图 4.1　四象图示

二十八宿的范围有大有小，其中最大的为井宿，赤经跨度约为 33°，而最小的觜宿和鬼宿，仅有 2°~4°。它们与 88 星座大致的对应关系见表 4.1。

表 4.1 二十八宿与 88 星座的大致对应关系

东方苍龙		北方玄武		西方白虎		南方朱雀	
星宿	对应星座	星宿	对应星座	星宿	对应星座	星宿	对应星座
角	室女	斗	人马	奎	仙女、双鱼	井	双子
亢	室女	牛	摩羯	娄	白羊	鬼	巨蟹
氐	天秤	女	宝瓶	胃	白羊	柳	长蛇
房	天蝎	虚	宝瓶、小马	昴	金牛	星	长蛇
心	天蝎	危	飞马、宝瓶	毕	金牛	张	长蛇
尾	天蝎	室	飞马	觜	猎户	翼	巨爵
箕	人马	壁	仙女、飞马	参	猎户	轸	乌鸦

中国古代二十八宿创设之后，在观象授时、制订历法等方面发挥了重要的作用，除此之外，还在归算、测定太阳、月亮、五大行星以及流星、彗星、新星乃至任意星辰的位置等方面起到了无法替代的作用，对中国天文学的发展起了促进作用。

三、星图、星表、天球仪

1. 星图

星图是天文学家观测星辰的形象记录，它真实地反映了一定时期内，天文学家在天体测量方面所取得的成果。同时，它又是天文工作者认星和测星的重要工具。

星图是把天体在天球曲面上的视位置投影到平面上而绘成的图，除表示天体的位置外，还可以描述天体的亮度和形态等，是天文观测所必备的。天体的位置可由天球坐标确定，因此，星图上一般均注有坐标。现代大部分星图采用的是第二赤道坐标，即用赤经和赤纬来表示天体的位置；也有采用黄道坐标或银道坐标的星图。恒星的亮度在星图上用大小不同的星点来表示，有的星图还在星点上涂上各种颜色用以表示恒星的有关特征。当然，原始的星图比较简单和粗糙，也不可能精确，仅是星空的素描而已。我国是绘制星图较早的国家，据载，战国时魏国的天文学家石申曾绘制过浑天图。三国时吴国的陈卓在公元 270 年就将战国时甘德、石申、巫闲三家观测的星用不同方式绘在一张图上，含 283 官，1464 颗(可惜此图已经失传)。我国现存的绢制敦煌星图和苏州石刻天文图也属世界上仅存的最古老的星图，刻于公元 1247 年(南宋丁未年)，主要依据公元 1078~1085 年(北宋元丰年间)的观测结果。图高约 2.45 米,宽约 1.17 米,图上共有星 1434 颗,位置准确。全图银河清晰,河汉分叉,刻画细致,引人入胜,在一定程度上反映了当时天文学的发展水平,见图 4.2。

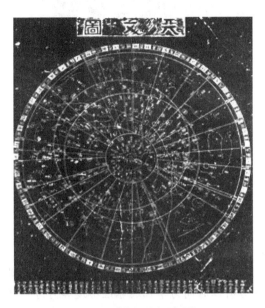

图 4.2 苏州石刻天文图

现代星图的种类繁多。按投影分,有以天极为中心的极投影星图,有中纬度天区的圆锥伪投影星图,还有以天赤道或黄道为基准的圆柱投影星图;按用途分,有为认证某个天体或某种天象所在位置的星图,有为对比前后发生变化的星图;按内容分,有只绘恒星的星图和绘有各种天体的星图;按对象分,有供专业天文工作者使用的专门星图,还有为天文爱好者编制的简明星图;按成图手段分,有手绘星图、照相星图和计算机绘制的星图等;按出版的形式分,有图册和挂图等。

目前全球最有名的星图是美国国家地理学会和帕洛玛天文台合作拍摄并出版的《帕洛玛星图》。从 1950 年到 1956 年在帕洛玛天文台的天文学家用 1.22 米望远镜系统地拍摄了从北天极(+90°)到赤纬−33°的天区,获 35 厘米见方的照相星图 1872 幅,包括了天球−33°以北的星空中 21 等以上的恒星 5 亿多颗,这是人类有史以来规模最大、星数最多的星图。

为了便于星空观测,天文工作者还制作出一种转动星图,由星盘(底盘)和地盘(上盘)构成。它能够帮助初学者认星,是天文爱好者进行天文观测最基本的辅助工具之一。转动星图是根据太阳的周年视运动和天球的周日旋转,把赤道坐标系和地平坐标系联系在一起,并使前者绕着北天极相对于后者转动而制作的,见图 4.3。

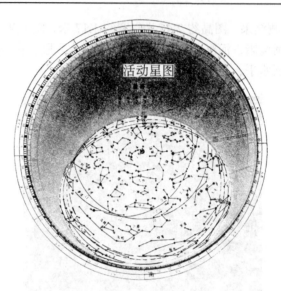

图 4.3　活动星图

活动星图构造：

(1) 星盘(底盘)　　是一幅天球的极投影展示图。盘心为北天极，盘上绘有赤经、赤纬网。盘的周边有以时间为单位的赤经标度和月份、日期的刻度。一般主要绘有赤纬在−65°～+90°范围的国际通用星座 60 个，星点的大小表示星的视星等。星盘上还标有中国传统的二十八宿的名称和位置，以及太阳的周年视运动轨迹——黄道，并注明了太阳在黄道上的日期。盘上两条点线所划定的区域，表示银河分布的大致范围。

(2) 地盘(上盘)　　绘有指定地理纬度的地平坐标网(透明的)图，注有方位和高度(每隔 10°一条)。它有一个透明的椭圆形窗口，即为观测者所见的天空范围。盘的周边绘有时间刻度(表示观测点的地方视时)。因而，在选用活动星图范围时，使用者应注意观测地的纬度。

使用时，旋转底盘，使底盘上的日期和上盘时间正好与观测的日期和时刻相吻合，则上盘地平圈透明窗口内显露出来的部分星象就是当时可见的星空。把活动星图举过头顶，使星图上的南北方向同大自然的南北方向一致，这样就可以按图所示去辨认星座了。此外，活动星图还可以帮助我们了解星座出现的时间和位置，或者是太阳出没的时刻及方位等。

一般星图描绘了肉眼可见的所有恒星、亮星团、星云等，但是，未记录行星、彗星及日食、月食等经常变化的天体现象，有关这些动态信息可以从《天文年历》或有关杂志或天文网站中查阅。

2. 星表

　　星表是记载天体各种参数(如坐标、运动、星等、光谱型)和特性的表册，实际上就是天体的档案，人们可以在星表中查询天体的基本情况，也可以按星表给出的坐标到星空中寻找所要了解的天体。

　　通过天文观测编制星表，是天文学中很早就开始的工作之一。我国就是世界上编制星表较早的国家，如战国时代的《石氏星经》就记载了 121 颗亮星的简况，这是世界上最古老的星表，今已失传。在西方，公元前 2 世纪，希腊的喜帕恰斯曾编过一份含 1022 颗恒星的星表，且精确度相当高，此表由托勒密抄录，并保留下来。著名的天文学家第谷也曾编制过一份星表。在此之前的星表，一般都采用黄道坐标。到 1690年，波兰天文学家赫维留采用赤道坐标编制了一份星表，因赤道坐标比较直观，使用方便，所以后来的星表多采用赤道坐标。

　　由于观测工具的改进和技术的提高，新编星表的精度和含星数与日俱增，例如，英国的布拉德雷编制的星表已经考虑了岁差和章动等因素；德国的贝塞耳又对布拉德雷的星表重新修订，把岁差、章动和光行差的数值作了改进，从而编出了更精确的星表，并于 1818 年正式出版，把含星数扩大到 5 万颗；而德国的阿格兰德尔于 1862 年编成的星表(BD 星表)，已载星 63 000 颗，他的助手和继承人申费尔德又于 1886 年出版续表(SD 星表)，两表共含 9 等以上的星 457 847 颗，涵盖赤纬+90°～−23°天区，这可是巨型星表(关于星等概念在第 6 章介绍)。

　　由于各种星表编制的时间、使用的仪器、观测条件和处理方法不一致，因此对同一颗恒星给出的参数有不少误差，为了解决这一问题，有些天文学家把多种星表进行综合分析，加上自己精心观测，编制出一些含星量不多，但精确度很高的星表，称为**基本星表**，供他人在建立天文参考坐标系、测量恒星相对位置和编制大型星表时作基准。著名的基本星表有奥韦尔斯星表、纽康星表(N_1 星表和 N_2星表)、博斯总星表(BGC 总星表)、摩根 N30 星表、第三基本星表(FK3)和补充表、第四基本星表(FK4)和补充表、第五基本星表(FK5)等。

　　1984 年公布了现代先进的第五基本星表(FK5)，该星表与前述星表有较大不同，它是在启用 IAU1976 天文常数系统、IAU1980 章动序列的情况下重新编制的星表，因此自 1984 年起恒星参考系是由 FK5 基本星表来实现的，它定义一个以太阳系质心为中心，J2000.0 平赤道和平春分点为基准的天球平赤道坐标系。近年来国际上又编制了第六基本星表(FK6)，该星表尽管没有被选入天文参考架，但其自行精度最高。

　　欧洲空间局(ESA)在 1989 年 8 月 8 日成功地发射了依巴谷天体测量卫星，依巴谷星表和第谷星表是依巴谷卫星的主要观测结果，依巴谷星表(简称 HIP 或 HP)

测定了约 12 万颗恒星，构成了均匀的天球参考系，极限星等达到 13 等(mag)，其位置、自行与视差的精度分别为±0.002″、±0.002″/yr、±0.002″。1997 年在日本京都召开的 IAU 第 23 届大会给出了由 212 颗河外致密射电源构成的国际天球参考系(ICRS)，决定由依巴谷星表取代已沿用 10 多年的 FK5 星表，成为国际天球参考系在光学波段的实现，并将改进后的依巴谷框架称为依巴谷天球参考框架(HCRF)。

星表的种类很多，按不同的标准可分出一系列不同的星表。如按制作手段可分出不同的照相星表等，有德国天文学会编制的照相星表(AGK1、AGK2、AGK3)、美国耶鲁大学天文台编制的耶鲁星表、好望角天文台编制的照相星表等。

为了专业的需要，有些天文学家编制了同一类或同一特性的天体的星表，如双星星表、变星星表、高光度星星表、磁星星表、白矮星星表、射电星表、光谱星表、星云星团表、红移星表、银河系星表、太阳系星表、彗星表、流星表、史密森表(SAO)等，可说应有尽有。

在星云星团表中，现在常用的是以下三种：一是法国天文学家梅西叶在 1784 年编制的星云星团表，称**梅西叶表**，用 M 表示，表中记有 110 个“星云星团”，用数字编号表示，如 M31，即仙女座大星云，经后人观测，在 110 个“星云星团”中，只有几个是真正的星云，其他都是河外星系；二是丹麦天文学家德雷耶于 1888 年编制的星团星云总表，简称 **NGC 表**，记有 7840 个星团星云；三是 **IC 表**，是 NGC 表的补充。

初学天文学的人不一定接触星表，但有时会碰到一些星名或星系、星云、星团名，就要知道它的出处，如见到 M80，就要知道这是梅西叶所编制的总星云星团表中编号为 80 的星云或星团或星系；见到 NGC63，就要知道这是德雷耶的星团星云总表中编号为 63 的星团或星云，诸如此类(有关“星系、星云和星团”等概念和特点详见第 11 章)。在实际应用中常用的目视星表及主要记载的内容见表 4.2。

表 4.2　常用的目视星表及主要内容

名称	内容
依巴谷星表 (简称 HIP 或 HP)	欧洲空间局(简称 ESA)依巴谷天体测量卫星(Hipparcos)计划的主要成果。1997 年发表的第 2 版，是目前位置精确度最高的记载，包括的恒星总数为 120313 个，极限星等为 13 等，精确度在千分之一弧秒，而第谷星表列出的则略微超过 1 050 000 颗恒星，包括赤道坐标，自行，星等，光谱型、颜色、视差、径向速度等信息

续表

名称	内容
HD 星表 和耶鲁亮星表	HD 星表给出 88 883 颗恒星的 2000 年历元位置、星等、自行、光谱型等数据,是最传统的星表之一。耶鲁亮星表包括 25 万颗全部 8 等以上的恒星和很多暗达 11 等的恒星的著名星表。HD 序号在没有拜耳字母或佛氏星数的恒星中被普遍的采用,在原始的 HD 星表中序号从 1~225 300 是依 1900.0 分点的赤经,从 225 301~359 083 是在 1949 年出版的亨利·德雷珀扩充星表增加的,仍然使用 HD 表示
亮星星表 (简称 BSC)	它给出全天 9110 颗亮于 6.5m 亮星的位置(历元 2000)、星等、B–V、光谱型、自行、视速度、视差等,对双星给出了两星的角距离等参数
史密森星表 (简称 SAO 星表)	史密森星表(SAO 星表)是天文观测常用的星表,它给出了 258 997 颗星等亮于 11m 的恒星,有编号、自行值、光谱型、V 星等,表内列有 HD 星表和 BD(DM)星表的交叉证认序号
波恩巡天星表 (简称 BD 星表)	它是最早的巡天星表。包含有亮于 9.5m 的恒星 325 037 颗,它的坐标历元是 1885 年
博斯总星表 (简称 BGC)	它是天体测量常用的星表,其中包含 33 342 颗亮于 7m 的恒星赤经、赤纬(历元 1950)和自行的数据。1985 年再版改正了一些错误数据
目视双星星表	收集了由依巴谷卫星最新观测的 41 255 颗目视双星,并给出 2000 年历元的赤经、赤纬、星等、角距、方位角和 HD 星表号等参数
星云星团总星表 (简称 NGC)	它包括 NGC 星表,索引(IC)星表和第二版的索引(IC)星表,给出了 13 226 个非恒星天体(星系、星云及星团等)的位置(历元 2000)、所在星座、视角直径大小和累集星等
变星总表 (简称 GCVS)	它包括 28 484 颗经过交叉证认的变星,包括变星、新星、超新星,给出了历元分别为 2000 年和 1950 年的赤经、赤纬、变星类型、光变最大和最小时的星等、光变周期、光谱型等参数
美国海军天文台全天星表	它提供了全天 1 045 913 669 个天体的位置(历元 2000)、自行、BRI 星等(极限星等为 21m)。底片和数据来自过去 50 年来积累的 7 435 张施密特巡天底片

星表也是恒星统计研究的基础。精确的或丰富的星表对于推动天文学的进步,曾起巨大的作用。现代电子星表出现并不断更新,更为天文研究和观测提供便利。目前,随着计算机技术的发展和应用,天文数据库系统的建立,有利于天体数字化管理以及建模和天体演化研究。主要的电子星图见第 5 章中的"数字天文及虚拟天文台"

3. 天球仪

天球仪是用来表述各种天体坐标和演示天体视运动的天球模型,它将主要天体的视位置投影到球面上,而使其与实际星空相吻合,因此,天球仪可作为缩小了的星空，一幅立体星图。用天球仪可以演示天体的视运动和任意日期与时刻的星空，帮助初学者认星，了解星空变化的规律。在天球仪上还可以直接读取各种天体在天球上的坐标值，进行不同坐标系统之间的换算，并求解其他有关球面天文学的问题。天球仪用途非常广泛，是开展天文教学和普及天文知识必备的科教仪器。

(1)天球仪构造　　　它主要由天球、子午圈、地平圈和支架四部分组成，如图 4.4 所示。

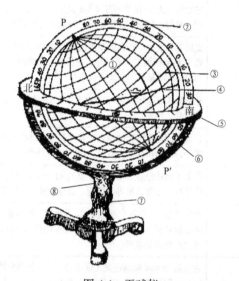

图 4.4　天球仪
①天球；②子午圈；③天赤道；④黄道；⑤地平圈；⑥竖环；⑦底座；⑧螺旋

　　代表天球的球体是天球仪的主体部分，球体的直径根据需要而定。大型天球仪观测者可以进入球内进行观测，通常使用的天球仪直径约 30 厘米，只能从球外向里观测。球面上绘有国际通用的星座和 4 等以上的主要亮星，其中著名的亮星注有中文专名。除此之外，球面上还绘有天赤道、赤纬圈、赤经圈和黄道。天球正中的大圆是天赤道，每隔 1 时(15°)有一条赤经线与天赤道垂直，赤经线的经度值标注在天赤道上。和天赤道平行的小圆是赤纬圈，间距为 10°。和天赤道斜交约 23°26′ 的大圆为黄道，二者的交点分别是春分点秋分点。黄道上标有黄经和日期，表示一年中太阳在黄道上的位置，北黄极和南黄极在天球上也有标注。因此，可在天球仪上读取任一天体的赤道坐标和黄道坐标。

　　天球子午圈是通过天极固定在天球上并与天赤道垂直的大圆，上面刻有从天赤道到两极即 0°～90°的刻度，刻度数值与赤纬圈的度数相对应，可以在子午圈上读取任一天体的赤纬。子午圈为地平坐标和赤道坐标所共有，据此，可进行两种坐标之间的换算。

天球仪上宽边的水平圆环代表地平圈,固定在支架的竖环上,并和竖环垂直。地平圈与子午圈交于南北两点,与天赤道交于东西两点,合称四方点,代表地平的四个方位。地平圈上自南点起,由东向西标有从 0°～360°的刻度,表示地平经度(方位角)。

支架包括竖环和底座两部分。半圆竖环是支架的中间部分,它既固定地平圈,又支持子午圈,并且还与支架的底座相连,从而使天球仪连成一个整体。底座支点向上延伸的方向线即是观测点的沿垂线,它与天球面交于天底和天顶两点。

(2) 天球仪使用　　在使用天球仪认识星空时,首先要作纬度、方位和时间三项校正。校正后,显示在天球仪地平圈之上的部分就是当时当地所见的星空实况,就可以按图索骥,进行观测。

① 纬度校正。因为天极(仰极)的地平高度等于观测点的地理纬度,所以,只要转动子午圈,使仰极在北点(或南点)的高度等于当地的地理纬度,这就能使天球仪正确显示地面上某点的观测者所见的星空。

② 方位校正。对天球仪进行纬度校正后,移动天球仪,使天球仪上的方位与当地的实际方位相重合。这样,天球仪上所显示的星空就与当地的实际星空相一致了。

③ 时间校正。由于星空除随观测地点而异外,还随观测时间而变化。如果要使天球仪上的星空与观测时间的星空相符合,先在黄道上找到当日视太阳的位置,并将当日视太阳置于午圈下(此时即显示该日正午的星空),然后按照正午前一小时向东转 15°,正午后一小时向西转 15°的比例,转动天球仪,调整到观测时刻。此时,出现在地平圈以上的星空,就是当地可观测的星空。如果已知的观测时刻是北京时间,则先将北京时间换算为地方视时,然后按上述方法校正。

4.2　四季星空

晴朗的夜晚,如果通宵不眠,就可巡视整个星空,就能看到恒星的东升西落,也就是天体的周日视运动现象,这是地球向东自转的缘故。星空每晚都在移动,某天午夜看到的星空图案要在整整一年以后才会完全重现,由于太阳周年视运动和天体周日视运动,在不同季节的同一时间所观测到的星空也不相同。人们把每一季节内各月份夜间所观测到约 3000 颗星的那一部分星空,即与太阳赤经相差180°附近的星空称为该季节星空。随观测者所在纬度不同,所观测到的星空也不相同。四季星空,就是指不同季节的特定时刻所见到的星空,可用天球仪或活动星图或电子星图予以显示。

一、星空分布大势

我们已经清楚，任何时候，整个星空都被地平圈一分为二，其中，有一半显露在地平面以上，是可见的；另一半则隐没在地平面以下，是不可见的，二者相互交替变化。但是在地球上位于不同区域的人，观察到的天区是不同的。例如，我们所处的位置有两个天区看不到：一是与太阳同升同落的天区，因被阳光所淹没；二是以南天极为中心的那块天区总是在地平面以下，所以看不到，这块天区被称为**恒隐星区**，简称恒隐区。在恒隐区内的星称恒隐星，恒隐区的边界称恒隐圈。相反，在此过程中以北天极为中心的那块天区都始终在地平面以上，这块天区被称为**恒显星区**，简称恒显区。在恒显区里的星叫恒显星，恒显区的边界称恒显圈。紫微垣基本上就是我国所处位置看到的恒显区。整个星空(天球)除恒隐区和恒显区外，就是**出没星区**，那里的星有隐有显。不过，纬度越高，恒隐星区和恒显星区越大。纬度越低，情况相反。如果在赤道上或两极地区，极端状况出现：两极只能看到恒显星，在赤道全部是出没星，则在一整夜里可以巡视整个星空，视力好的人可以看到6000多颗星星。当然，与太阳同升那块天区还是看不到的，若要看到那里的星辰，则要过一段时间，等太阳在黄道上移动一段路程(其实是地球在轨道上走过了一段路程)之后，我们就可以看到它了。由此亦可见，我们北半球的人是无缘看到南极地区上空的星辰的，如要看到，只能到南半球去(关于恒显区、恒隐区和出没星区在第2章"天球和天球坐标"已介绍)。

二、星空的季节变化

人们在地球上观测星空，总是要等到太阳落入地平线以后才能进行。因此，观测的时间和所看到的星象与太阳在太空中的位置密切相关。恒星在天球上的位置是恒定不动的(短期内不计自行，在第10章"恒星"再介绍)，太阳则不同，它以1年为周期，在恒星间自西向东不断移动，每天大约东移1°，这叫太阳的周年视运动，它是地球公转运动的反映(关于星空的季节变化在第9章"地球及其运动"我们还会介绍)。

在第3章"时间与历法"已经提及太阳时是以太阳为参考点所确定的时间系统，也就是人们平常所使用的时间。星空的季节变化以太阳时来衡量，有两个方面的表现：①同一星象出现的太阳时刻逐日不同，如恒星出没或中天的太阳时刻每天提早约4分钟；②相同的太阳时刻出现的星象逐日不同，如北斗七星的斗柄在不同季节黄昏的时候指向不同。我国古代正是利用这种变化来定季节的，即"斗柄东指，天下皆春；斗柄南指，天下皆夏；斗柄西指，天下皆秋；斗柄北指，天下皆冬"。

三、星空变化的推算

星空的变化包括两个方面：一是由于地球自转所造成的周日变化，同一天，星空因时刻而不同；二是由于地球公转造成太阳的周年视运动所导致的周年变化，同一时刻，星空因季节而不同。星空变化的推算就是求知任何日期和任意时刻的星空状况。

恒星每天东升西落循环的周期是一个恒星日，如果用恒星时来表示，星空就只有周日变化而没有季节变化，也就是说每天同一时刻的星象是完全相同的。根据第3章恒星时定义

$$S = t_\Upsilon = \alpha_M + t_M$$

即

恒星时=春分点的时角=上点赤经+上中天恒星的赤经

可是，人们平常所用的时间都是太阳时，太阳每日东升西落循环的周期是一个太阳日。由于太阳每天在黄道上东移约1°，恒星则相对太阳每日西移约1°，这样，一个月西移30°，三个月西移90°(一个星区的范围)，一年后西移360°，恒星又回到原来与太阳的相对位置上。如果以太阳时来表示，恒星出没和中天的时刻每天提早4分钟，一个月提早2小时，三个月提早6小时。因此，月初21^h的星空，相当于月中20^h的星座，也相当于月末19^h的星空。

要推算任意日期和时刻的星空状况，只需求出该时刻(太阳时)所相当的恒星时即可。具体方法是：首先记住每年秋分日这一天太阳时和恒星时相等，其次秋分日之后，恒星时时刻每天比太阳时提早4分钟，即

秋分日　　　　　　恒星时=太阳时

秋分日之后　　　　恒星时=太阳时+秋分日后推的天数×4分钟

秋分日之前　　　　恒星时=太阳时−秋分日前推的天数×4分钟

以上方法是为了求得可见星区而粗略推算恒星时的简单方法，实际上太阳时还有视时和平时之分，这里的太阳时应该指视时(关于"视时与平时"概念参见第3章)。至于精确的计算，有现成的关于恒星时与太阳时时刻换算的公式可应用，本书就不再介绍了。

四、四季星空

我们了解了星空分布大势和季节变化规律，借助星图(或电子星图)，就可以进行星空观测了。中国幅员辽阔，不同纬度看到的星空有差异。大部分地区所看到的四季星空简介如下。

1. 春季星空

春夜星空(图4.5)是迷人的，银河从南出发，蜿蜒流向北方，中部略向西弯，

银河以西的几个冬夜星空的著名星座(金牛、猎户、大犬座)由于接近西方地平面变得难以观测了。处于银河之中的仙后、英仙、御夫星座不易见到。

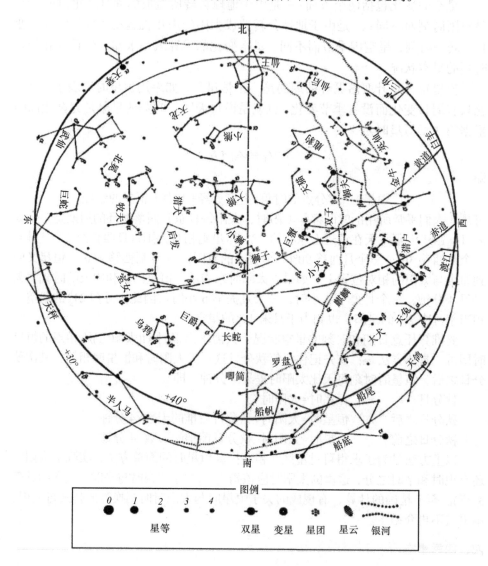

图 4.5　春夜星图

在天顶以北，大熊座正在子午圈上，北斗七星当空高悬，几乎靠近天顶，斗柄指向东方，沿着勺的两颗星向北约五倍远可以找到北极星，它是小熊座α星，中名勾陈一。沿着斗柄连成的曲线延长出去，可以找到大角星，它是牧夫座的最亮的α星，在东方半空中闪耀着橙色的光辉。把斗柄的曲线从大角星再延长一倍，可以找到另一颗一等星角宿一，它是室女座的α星。这条始于斗柄，止于角宿一的大弧线，称为春季大曲线。牧夫座的东边还有一个半圆形的北冕座。

向南看去，雄伟的狮子座正在天空中，它是春夜星空的中心，头部像反写的问号，尾部像三角形，头西尾东，很像一只狮子。它的最亮α星叫轩辕十四，位于黄道上，月亮和行星经常运行到它的附近。狮子座的南面是横跨天空的长蛇座，头西尾东，已全部展现在天空中。在长蛇座的尾部，角宿一的西南方，有小而易见的乌鸦座，多亮星。

狮子座的西南是巨蟹座，是黄道十二星座之一，其中还有一个肉眼可见的"蜂巢星团"也叫"鬼星团"（即 M44），很著名。巨蟹座往西是黄道星座之一的双子座，几颗较亮的星组成长方形，最亮的两颗星是北河三(β)和北河二(α)。

天空的东边天际，夏夜星空的一些主要星座已经露头了。在东北方天空有天琴座、武仙座，在东南方天空的是黄道十二星座之一的天秤星座。

春季观星的对应时刻是 4 月 5 日 23 时、4 月 20 日 22 时、5 月 5 日 21 时、5 月 20 日 20 时。

2. 夏季星空

夏夜星空(图 4.6)，银河横贯南北，气势磅礴，最引人注目的是银河一带的几个星座。织女星和牛郎星在银河两"岸"放射光芒，织女星是天琴座α星，牛郎星也叫河鼓二，是天鹰座α星。在它们附近的银河中，有一个大而明显的天鹅座α星，中名叫天津四，它和牛郎星、织女星构成夏季大三角形。织女星的西邻是武仙座。武仙座η星和ε星之间有一个肉眼可见的球状星团(M13)。武仙座的西边有 7 颗小星围成半圆形，是美丽的北冕座，再往西就是牧夫座，牧夫座中的亮星α(大角)在高空中闪烁着橙色的光芒。

北天，大熊星座中的北斗七星正在西北方向的半空中，斗柄指南。用北斗二(β)和北斗一(α)两星的连线延长就可以找到北极星。北极星是小熊座α星，中名也叫勾陈一，四季星空出现的所有星座都年复一年地围绕着它转。小熊座的南面，是蜿蜒曲折的天龙座，它正在子午圈上。天龙座的头部由β、γ、υ、ξ四星组成，是一个小四方形，它的附近有明亮的织女星。

在南天正中是夏夜星空中的巨大而引人注目的天蝎座，也是夏季的代表星座。这个星座由十几颗亮组成了一个头朝西、尾朝东的蝎子形。最亮的一等星心宿二(α)，中名也叫大火，有火红的颜色。心宿二也靠近黄道。天蝎座α、δ、τ三星和天鹰座α、β、τ三星(我国民间叫扁担星)在银河中遥遥相对。天蝎座的西边是天秤座，东边有著名的人马座，它们都是黄道星座。人马座位于银河最明亮的部分，它的ψ、φ、τ、ξ等六颗星叫南斗六星，与西北天空的北斗七星遥遥相对。人马座部分的银河最为宽阔和明亮，因为这是银河系中心的方向。人马座、天蝎座北面有面积广大的球状星团(ω星团)，我国南方地区容易看到。

夏夜星空的西方，狮子、乌鸦等星座将要下沉。东方天际又迎来了秋季星空的仙女、飞马等主要星座。

夏季观星的对应时刻是7月5日23时、7月20日22时、8月5日21时、8月20日20时。

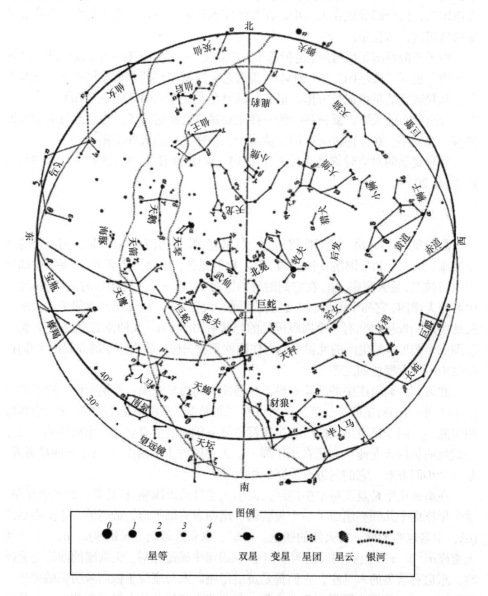

图 4.6　夏夜星图

3. 秋季星空

飞马当空，银河斜挂，这是秋夜星空(图 4.7)的象征，北斗的斗柄指西，但接近北方的地平线，不易见到。

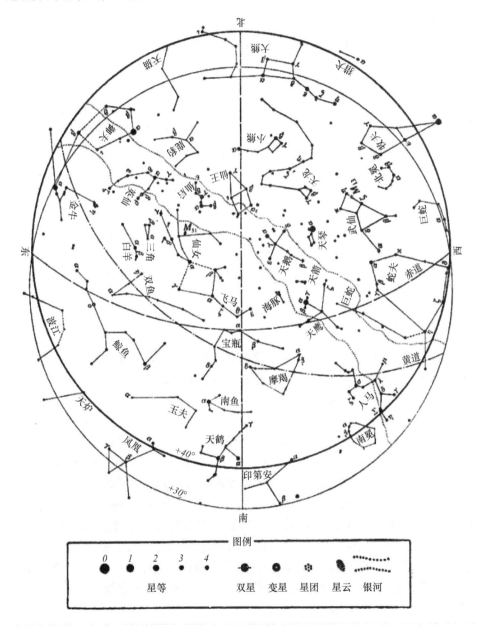

图 4.7 秋夜星图

在东北地平线上的亮星是御夫座的五车二(α)，顺着银河往上就是英仙、仙后和仙王等星座。用仙后座ε、δ、γ三亮星夹角的平分线延伸也可以找到北极星。英仙座β星，中名大陵五，是一颗著名的食变星。仙王座δ星，中名造父一，是一颗著名的造父型变星。西边天空中的牧夫、蛇夫等星座正在西沉。人马座在西南低空中正在和我们告别。那些夏夜明亮的星座，只有天琴、天鹰、天鹅等星座仍然闪耀在高空中。天鹰附近有两个小星座，靠东的是海豚座，靠西是天箭座。

秋夜星空中最引人注意的是出现在高空的飞马座，它的大四边形由α、β、γ和仙女座的α星组成著名的秋季四边形，显而易见且十分著名。飞马β和α连线的向北延长，直指北极星，向南延长指向南鱼座的亮星北落师门(α)。南鱼座北面的摩羯、宝瓶座，均缺少亮星，不易辨认。用天鹰座的γ、α、β三星的连线往南延长，即可找到摩羯座的α、β星。宝瓶座的东北有双鱼和白羊座，它们都是黄道星座。双鱼座的南面是鲸鱼座，它的θ星，中名蒭藁增二，是一颗有名的变星。和飞马座的大四边形紧密相连的是仙女座，在仙女座β星的北面有一个肉眼能见的河外星系(M31)，也叫仙女座大星云。

再回顾东方地平，昴星团已经出现了，它将越升越高，在它后面升起来的将是冬夜星空中的灿烂星群。

秋季观星的对应时刻是 10 月 5 日 23 时、10 月 20 日 22 时、11 月 5 日 21 时、11 月 20 日 20 时。

4. 冬季星空

冬夜星空(图 4.8)是壮丽的! 全天最著名的猎户座是冬夜星空的中心，它的周围有许多明亮的星座和它组成了一幅光彩夺目的星空形象。

冬夜银河的位置与秋夜的正好相反，由东南向西北斜挂天穹，著名的大犬、猎户、双子、金牛、御夫、英仙、仙后星座均由东南向西北依次排列在银河的周围。

位于北方的北斗七星正在升起，斗柄朝下，指向北方，正是 "斗柄北指，天下皆冬"。隔着北极星和北斗相对的是仙王、仙后座。西北地平线上，天鹅座的大部分看不见了，只有天津四在低空中微露光芒。御夫座的一等星五车二(α)，靠近天顶，在高空中放射着明亮的光辉。御夫座的τ、α、β、θ和金牛座β星组成一个大五边形，在银河中明显可见，飞马座的大四边形也渐渐转向西方低空。向南看去，壮丽的猎户座正是冬夜的中心，它由α、γ、β、κ四星组成一个长方形，被想象成一个勇敢的猎人，λ星为头，α、γ为肩，κ、β为两脚，中间有排列整齐的δ、ε、ξ三颗星，好像猎人的腰带，这三颗星我国民间把它叫做三星。在三星下方不远处，有一个肉眼可见的气体星云，就是著名的猎户座大星云。把三星连线向右上方延长，指向金牛座，这个星座中有一颗一等星叫毕宿五(α)，和附近小星组成一个 V 形，叫毕星团；再往上有一簇明亮的小星叫昴星团，也叫七姐妹星团，现在肉眼只能看到六

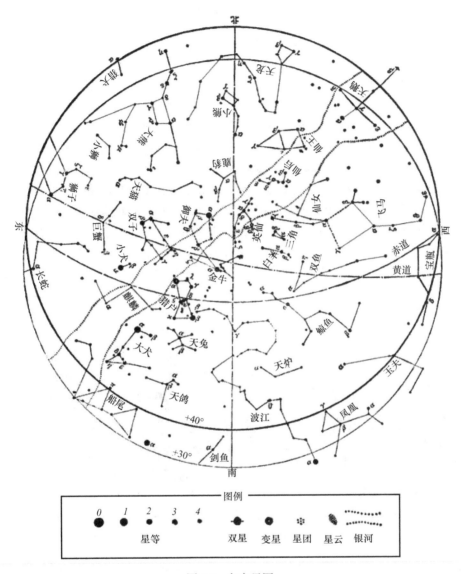

图例

0	1	2	3	4					
		星等			双星	变星	星团	星云	银河

图 4.8　冬夜星图

颗星。金牛的东边是双子座，最亮的两颗星是北河三(β)和北河二(α)，它们都属黄道上的星座和亮星。双子座的下方是小犬座，最亮的星叫南河三(α)。从三星连线向下方延长，那里有一颗全天最亮的天狼星(大犬座α星)闪耀着灿烂夺目的光辉。南河三、参宿四和天狼星构成冬季大三角。

冬季观星的对应时刻是1月5日23时、1月20日22时、2月5日21时、2月20日20时。

"四瓣简明星图"简介

把天球按赤经的不同,分成四个有明确边界的星区,每个星区跨赤经 6^h,各以 0^h、6^h、12^h、18^h 赤经线为中央经线,并且以 3^h、9^h、15^h、21^h 赤经线为界线,四个星区根据各自的主要拱极星座分别称为仙后星区(仙后座、仙女座、飞马座和北落师门)、御夫星区(御夫座和五车二,金牛座和毕宿五,猎户座和参宿四、参宿七,大犬座和南河三,双子座和北河二)、大熊星区(大熊座,牧夫座和大角,狮子座和轩辕十四,室女座和角宿一)和天琴星区(天琴座和织女,天鹰座和牛郎,天鹅座和天津四,天蝎座和心宿二,人马座),简称"后、御、熊、琴四大星区"。另外,把-45°赤纬圈以南的星座删去,把大多数没有亮星的星座删去,保留下的星座中的暗星也删去,构成"四瓣简明星图",这是已故的金祖孟和陈自悟先生在长期教学中总结创造出来的,图上约有20个星座和大约120颗恒星,其中包括全天21颗最亮的星中的15颗。这15颗亮星分布在四大星区的主要星座,而且构成各自的图形,可用"四瓣简明星图"表示,见图4.9。对认星初学者有很大的帮助。春季星空是西御东熊;夏季星空是西熊东琴;秋季星空是西琴东后;冬季星空是西后东御。

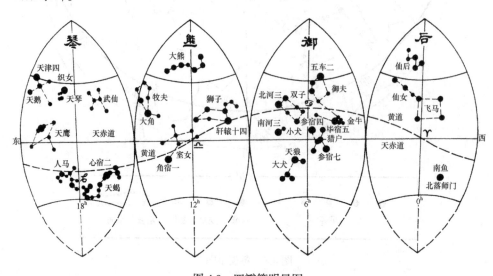

图 4.9　四瓣简明星图

4.3 星宿文化

人类在认识星空的过程中,已把天文、历史、科幻、艺术与宗教有机地融合在一起,使人们在接受科学知识的同时,感受到人文精神和神话传说的魅力。人类与星空关系密切,除认识天体外,也流传不少关于天体的神话。有关星座文化,也是人类认识宇宙的一个方面。本节简要介绍星座与中国神话以及星座与西方神话。

一、星座与中国神话

在中国神话传说中,与星座有关的有"牛郎织女七夕节鹊桥会"(图 4.10)、"昴星团与七仙女下凡"等。

图 4.10　牛郎织女七夕节鹊桥会

二、星座与希腊神话

星座的名称由来大多与希腊神话有关联。如大熊与小熊的故事、金牛座与北冕座的故事、天上的王族等。感兴趣的读者可参看相关书籍。

 思考与练习

1. 何谓星空区划?
2. 88 个星座是如何确定的? 北天有几个? 南天有几个? 黄道有几个? 试写出黄道带的主要星座。
3. 简述中国的三垣和二十八宿。
4. 何谓星图? 主要类型有哪些? 如何使用活动星图?
5. 何谓星表? 主要类型有哪些?

6. 何谓天球仪? 如何使用天球仪?

7. 简述四季星空的特点。

第4章思考
与练习答案

 进一步讨论或实践

1. 有条件的参观天象馆，亲临人造星空进行感受。

2. 利用活动星图或天球仪实地观测星空。

3. 利用电子星图(例如 SkyGlobe、SkyMap 等)认识星空。

第 5 章　天文观测与手段改进

【本章简介】

　　宇宙间天体的相关位置和运行都有一定的规律。从古人对天象的观测和记录到人类认识宇宙的光学望远镜时代、射电望远镜时代以及空间望远镜时代，人类天文测量技术有了很大的发展；现代的天文测量技术主要应用于太空观测、探测宇宙奥秘等方面。本章简要介绍了获得天体信息的渠道、人类探索宇宙的基本方法和工具以及现代天文观测研究的进展。

【本章目标】

➢　了解获得天体信息的主要渠道。
➢　熟悉光学望远镜的构造。
➢　了解射电及空间天文望远镜发展的现状。
➢　了解数字天文及虚拟天文台。

5.1　获得天体信息的渠道

　　天文学是以观测为主的科学，目前，绝大部分信息是通过认识天体的电磁辐射获取的。通过天体辐射到地面或地球大气上界的信息去研究天体的分布、运动、物理化学性质、结构和演化规律。此外，宇宙线、中微子、引力子也是获取宇宙信息的来源。天文观测已经进入全波段、全天候的时代。

一、来自天体的信息

1. 电磁辐射(波)

　　自古以来，人类都是靠观测遥远的天体发射来的光辉去研究它们的，直到 20 世纪中期以前，人类的天文知识几乎全部依靠天体发出的可见光辐射所传递的信息获得。几个世纪以来，人们对于光的理论一直进行着争论，一种认为光是波动的，另一种认为光是由粒子(即光子)组成的。现在我们知道，这两种学说见解都是反映了现实的一个方面，光具有"波粒二象性"。

　　对光的本质的认识，是在19世纪60年代创立了电磁场理论之后。英国科学家麦克斯韦提出，电磁波以波动的形式传播，其传播速度与光速相同。从而把当时认为彼此无关的光和电磁波统一起来，即光是一定波长范围内的电磁波。到19世纪80年代通过一系列实验，成功地证实了电磁和光具有共同的特性。从此，麦克斯韦的电磁场理论得到普遍承认。可见光、红外光、紫外光等都是电磁波，只是波长不同而已(图5.1)。根据波长的不同，由长到短电磁辐射可以分为射电、红外、光学、紫外、X射线和伽马射线等波段，可见光又分解为七色光。

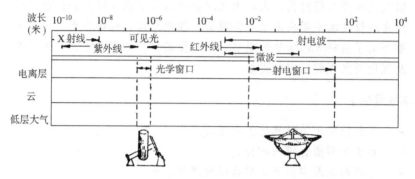

图 5.1　波长图

　　因电磁场的变化，粒子运动状态的跃迁，产生电磁辐射。宇宙中的天体辐射就是电磁辐射，波长为 $10^8 \sim 10^{-12}$ 厘米。我们眼睛所能感觉到的只是全部电磁波中很狭窄的一部分，即所谓可见光。其波长范围为 0.4～0.8 微米(1微米=10^{-4}厘米)。若用埃(Å)表示，则为4000～8000埃(1埃=10^{-8}厘米)。其他不可见光的电磁波为紫外线(100～4000埃)、X射线(0.01～100埃)、γ射线(<0.01埃)、红外线(7000埃～1毫米)、无线电短波(1毫米～30米)、无线电长波(>30米)。

　　因为地球大气对天体辐射具有吸收和辐射作用，只有某些波段的辐射才能到达地面。这些波段人们形象地称为"大气窗口"。主要有以下几个大气窗口：①光学窗口，能透过可见光；②红外窗口，红外辐射主要被水分子所吸收，只有很少部分能在地面观测；③射电窗口，在射电波段有一个较宽的窗口。若要观测天体的全波段辐射，必须摆脱地球大气的屏障，到高空和大气外层进行。在地球轨道处的太阳能量及其穿透地球大气后的衰减见图5.2。

　　电磁波透过大气时，其衰减强度随波长而异，**大气窗口**就是指大气对电磁辐射吸收和散射很小的波段，这些波段对遥感技术应用非常有利。

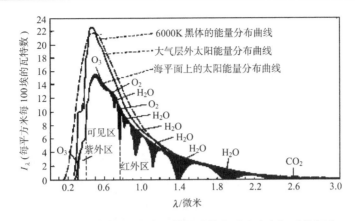

图 5.2　在地球轨道处的太阳能量及其穿透地球大气后的衰减

2. 宇宙线(粒子)

天体除上述电磁波信息外，还有来自宇宙间的宇宙线，它们是各种高能微观粒子流。主要包括质子，α粒子和少量原子核，以及电子、中子和 X 射线、γ射线、磁单极等高能光子。通过对宇宙线的观测，人类发现了不少重要的高能天体现象。不过，接收宇宙线，除中微子外，必须用各种粒子探测器到大气外层进行。目前，人类在这方面的研究虽取得一定成就，但还有很多未知。

3. 中微子

中微子指的是在热核反应中产生的一种类似光子的粒子，穿透本领极强，但不易观测。它不带电荷，没有静止质量，在真空中以光速运动，与所有的物质都只有很微弱的相互作用。

根据恒星内部的热核反应理论，应该产生 3 种类型的中微子(V)，即 V_e、V_μ、V_τ。从恒星内部产生的中微子，可以不受阻碍地跑出来。因此，对中微子的观测，可以直接获取恒星内部的信息，但由于中微子的碰撞截面极小，探测中微子是十分困难的。例如，在 20 世纪七八十年代，美国雷蒙德·戴维斯和日本小柴昌俊分别利用各自方法，尝试探测来自太阳的中微子，结果发现，实验数据与理论预期的不符合。在确定方法是可行的情况下，当时难以找到问题。这就是长达半个世纪之久的太阳中微子失踪之谜。一直到 2002 年，赛德伯勒中微子天文台(Sudbury Neutrino Observatory, SNO)合作组的科学家，成功地观测到来自太阳的 V_μ 和 V_τ，而且正好补上了短缺的 V_e。他们的研究成果揭开了太阳中微子的短缺案。与以往不同的是他们这一重大突破不是给他们带来了诺贝尔奖，而是促进了诺贝尔奖授给提出问题的戴维斯和小柴。

4. 引力子(波)

根据广义相对论，在引力场中，大质量的天体应发出比较强的引力波。引力如果由引力波传播，则应该存在着相应的载体——引力子，它也是天文信息的间接来源。

5. 其他

来自宇宙的信息除上述几方面外，还有**陨石、宇航取样**等。此外，从**引力透镜现象、黑洞图像**等中，人们也可以得到宇宙天体的一些信息。

引力透镜现象：大家知道，透镜是折射式光学望远镜中的重要部件，凸透镜可以使入射的平行光线偏折，并会聚到焦点上(原理稍后有介绍)。在宇宙空间中某些质量特别大的天体，它们也会起到像玻璃透镜一样使光线偏折的作用。假如在一个遥远天体和地球之间存在一个大质量的天体，三者要成一线，大质量的天体挡住了遥远的天体，我们虽看不到遥远天体，但却能看到它多姿多彩的虚像，有的是 2 个，有的是 4 个，还有的是扭曲变形成为弧状甚至是环状的虚像，这就是引力透镜现象。目前，人类至少已经观测到百来个引力透镜实例。

引力透镜产生的效果与前景天体(如星系)的质量是直接相关的，质量越大就说明引力越强，背景天体(如星系)光线扭曲得就越剧烈。如果前景星系中存在超大质量的黑洞，可进一步加强背景光线被扭曲的程度。利用引力透镜原理，不仅可以发现遥远宇宙的星系，还可以寻找前景星系的黑洞，甚至可以实现超远距离的恒星际通信。

二、观测工具和手段的发展

天体距离我们都非常遥远，人眼能直接观测到的天体辐射能量是十分有限的。因此，历史上，天文学家一直致力于观测手段的改进和观测仪器的研制。而每一次的改进和进步，又都推动了天文学的发展。古时候人类只能凭肉眼直接观测天体所发射的可见光。因此，早期的天文仪器只要能帮助人们确定天体的位置也就够了，如中外天文学家们制造的许多天文仪器上面都有精密的刻度，用以准确地确定天体的坐标位置和判断运行状况。虽然古代天文学家们取得了许多令人赞叹的成就，但肉眼只能看到为数不多的较亮天体，且分辨率有限，即使较近的月亮和行星，也不能看清它们的表面细节。

天体物理仪器的作用是对电磁辐射进行收集定位、变换和分析处理。电磁辐射的收集和定位是由望远镜(包括射电望远镜)来实现的。

最早的望远镜大约在 1350 年用玻璃制成的凸镜，第一次介绍这种望远镜的人是 Hans Lipperhey(1570～1619 年)，第一个用望远镜从事天文观测的是 Thomas Harriot (1560～1621 年)，1609 年 7 月 26 日和 1610 年 7 月 17 日他通过望远镜观测并描绘月球表面。1609 年 7 月以后，伽利略用自己制作的望远镜对天空做了观测(文字记载伽利略第一次用望远镜观测星空，据考证应该是 Thomas Harriot)。这是近代天文仪器的开端。

用望远镜观测天体是天文观测手段的第一次大变革。伽利略凭借自己手制的口径仅有 4.4 厘米的简单望远镜(图 5.3)，一举完成许多项新发现，有力地支持了哥白尼的日心地动说，轰动当时的欧洲。望远镜的使用，帮助人类扩大了对宇宙的认识，促使近代天文学的诞生和发展。

19 世纪中叶，在光学望远镜的基础上，又把分光术、测光术和照相术用于天文学研究，同时，发展了射电波段的观测，这是天文观测手段的第二次大变革。从此，人类不仅能得心应手地测定天体的一般位置和运动，而且还能了解天体的物理化学性质和结构，把人类的视野扩展到宇宙的更深处，并有许多前所未闻的新发现，从而促使天体物理学诞生和发展。

图 5.3　伽利略望远镜

20 世纪 50 年代人造地球卫星上天，不仅开创了人类飞出地球的新纪元，而且还为天文学发展带来新机遇。天文学家利用这一新机遇，突破地球大气屏障，到外层空间去观测，从而导致空间天文学的诞生。这是天文观测手段的第三次大变革。空间天文观测，具有地面观测无法比拟的优越性，它不仅提高了仪器的分辨本领，而且使观测领域从电磁波的部分波段，扩展到全波段。从此结束了人类"坐井观天"的被动局面。人类探测宇宙，认识天体经历了光学观测时代、射电观测时代和空间观测时代。天文望远镜带来的重大发现，彻底改变了人类的宇宙观以及人类对宇宙的认识。

5.2　天文光学望远镜

使用天文光学望远镜的目的，就是尽可能多地收集天体的辐射能量，甚至把大量暗弱天体也成像在望远镜里；同时，放大它们的角直径，提高分辨本领，对观测目标的细节看得更清楚。所以望远镜有成像和作为光子(辐射)收集器的功能。

天文光学望远镜主要由物镜和目镜两组镜头及其他配件组成。通常按照物镜的不同，可把光学望远镜分为三类，即折射望远镜、反射望远镜和折反射望远镜。

一、折射望远镜

　　折射望远镜的物镜由透镜组成折射系统。早期的望远镜物镜由一块单透镜制成。由于物点发射的光线与透镜主轴有较大的夹角，玻璃对不同颜色的光的折射率不同，会造成球差和色差，严重影响成像质量(图 5.4)。为了克服这一缺点，人们使用了近轴光线，因为近轴光线几乎没有球差和色差，所以在制造折射望远镜时，尽量制造长焦距透镜，但又不能太长。例如，在 1722 年，希拉德雷测定金星直径的望远镜，物镜焦距长达 65 米，用起来非常不便，跟踪天体时甚至需很多人推动。

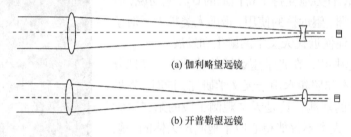

(a) 伽利略望远镜

(b) 开普勒望远镜

图 5.4　折射望远镜光学系统

　　为解决上述缺点，后来人们用不同玻璃制成的一块凸透镜和一块凹透镜组成复合物镜。所以，现代的折射望远镜的物镜，都是由两片或多片透镜组成的折射系统(双透镜组或三合透镜组等)，见图 5.5 。这样，可使望远镜口径增大，镜身缩短。1897 年安装在美国叶凯士天文台的折射望远镜，口径为 1.02 米，焦距为 19.4 米，仅物镜就重达 230 千克，至今仍是世界上著名的折射望远镜(图 5.6)。2021 年 3 月中国正式启动世界口径最大的一米级折射光学望远镜项目，落地拉萨，它不仅服务于天文和空间科学观测，也将服务于民众的科普需求。

　　从理论上说，望远镜越大，收集到的光越多，自然威力也越大。但巨大物镜对光学玻璃的质量要求极高，制作困难。镜身太大，支撑结构的刚性难保，大气抖动影响明显，其观测效果反倒不佳。这就限制了折射望远镜向更大口径发展。现在天文学家们发展了一种新技术，可以在望远镜镜面背后加上一套微调装置，根据大气的抖动情况，随时调整望远镜的镜面，把大气的抖动影响矫正过来，这套技术叫做主动光学，这样一来，折射望远镜口径问题才有望突破。

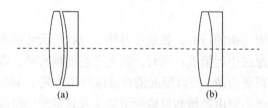

(a)　　　　　　　　　　　(b)

图 5.5　折射望远镜的消色差透镜

图 5.6　美国叶凯士天文台大型折射望远镜

二、反射望远镜

反射望远镜的物镜,不需要笨重的玻璃透镜,而是制成抛物面反射镜。其光学性能,既没有色差,又削弱了球差。

反射望远镜物镜表面有一层金属反光膜,通常用铝或银,反光性能相当理想,且镜筒大大缩短。由于抛物面反射可做得很轻薄,于是就可以增大望远镜的口径。现代世界上大型光学望远镜都是反射望远镜。

反射望远镜需在镜筒里面装有口径较小的反射镜,叫作副镜,以改变由主镜反射后的光线行进方向和焦平面的位置。反射望远镜有几种类型,见图 5.7,通常

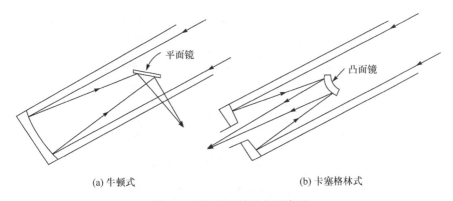

(a) 牛顿式　　　　　　　　　　　　　(b) 卡塞格林式

图 5.7　反射望远镜的主要类型

使用的主要有牛顿式,副镜为平面镜;卡塞格林式,副镜是凸双曲面镜,它可把主物镜的焦距延长,并从主镜的光孔中射出。

20世纪中期以后,很多著名天文台都安装有大口径的反射望远镜。例如,1948年由美国制造的口径5.08米的反射望远镜,安装在帕洛玛山天文台,曾居世界领先地位。1976年苏联制造了口径6米的巨型反射望远镜,安装在高加索山天体物理天文台。1989年我国自己研制生产的口径为2.16米的反射望远镜,已安装在国家天文台兴隆观测站上。

三、折反射望远镜

折反射望远镜的物镜用透镜和反射镜组装而成。目前使用最广泛的型号有施密特型和马克苏托夫型(图5.8和图5.9)。前者于1931年由德国光学家施密特所发明,它在球面反射镜前,加一个非球面改正透镜,以消除球差。后者是1940年苏联光学家马克苏托夫发明,它的改正镜是一个弯月形透镜,结构简单。折反射望远镜的特点是:视场大,光力强,像差小,适于观测流星、彗星和人造卫星等天体。安装在德国陶登堡天文台的施密特望远镜主镜2.03米,改正镜1.34米。我国的郭守敬望远镜目前是世界上最大的施密特望远镜。

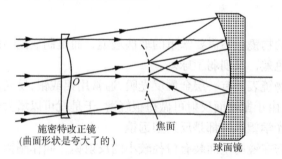

施密特改正镜
(曲面形状是夸大了的)

焦面

球面镜

图5.8 施密特望远镜光学系统

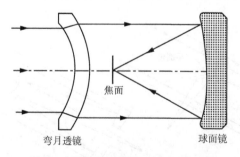

焦面

弯月透镜

球面镜

图5.9 马克苏托夫望远镜光学系统

由上所述,反射、折射和折反射望远镜各有特点。理论上反射望远镜口径越大越好，但实际上反射望远镜并非任意增大。这是由于体积太大(包括主镜玻璃、可转动机械部分等)，总重量会达数百吨，在观测跟踪中难以保持极高的精确度。为解决上述问题，可采用拼接技术，例如，20 世纪 90 年代以后，用多镜面拼合的反射镜来收集星光。1996 年建成的 10 米镜——凯克Ⅰ和凯克Ⅱ，坐落于美国夏威夷莫纳克天文台，各由 36 面六角形镜面(每块镜面口径 1.8 米，厚度仅为 10 厘米)拼合而成。其性能提高，而重量减小，用计算机调节其支撑结构的压力，该镜安装在夏威夷的莫纳克亚天文台，在 1994 年彗星撞木星时，曾拍下了世界上最好的照片。凯克Ⅰ和凯克Ⅱ可以通过光学干涉的原理，联合起来变成一台超大型的望远镜。关于**多面镜组合望远镜**(光路见图 5.10)，它们同时对准同一目标，在共同的焦点聚集成像，使合成口径大大加大。2000 年建成的欧洲南方天文台(The European Southern Observatory，ESO)新技术望远镜(NTT)，则由 4 台 8 米镜组成一个直线阵，等效口径达 16 米。研究领域有恒星、星系、星际物质、星系团、类星体、X 射线天文学、γ 射线天文学、射电天文学和天文仪器与技术方法等。2019 年欧洲南方天文台公布了人类史上首张黑洞照片。此外，中国研制的**大天区面积多目标光纤光谱望远镜(LAMOST)**，2010 年 4 月被冠名为"郭守敬望远镜"，坐落在国家天文观测中心兴隆站，已投入使用，它是一架大口径(4 米)兼备大视场(5°)、具有 4000 根光纤光谱系统、中星仪式反射施密特望远镜。郭守敬望远镜的外观如图 5.11 所示。还有我国最大的天文实测研究基地"高美古"配备的是全国乃至整个东南亚口径最大的 2 米级光学望远镜。

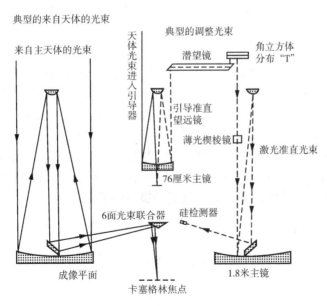

图 5.10　多面镜组合望远镜光路图

图 5.11 郭守敬(LAMOST)望远镜

　　望远镜延长了人类的眼睛，若有特大光学天文望远镜，人类将会知晓更多宇宙深处的奥秘，也能获悉一些天体起源和早期演化的相关信息。

四、光学天文望远镜的几个重要参数

　　光学望远镜有两个重要功能，一是聚光度，二是角分辨率。若就地面光学望远镜来说，聚光功能是最重要的特性。常见几个重要参数如下。

　　1. 物镜和物镜的口径(D)

　　望远镜用来形成影像的透镜或平面镜称为物镜。物镜的口径是指有效口径，即没有被镜框遮蔽的物镜部分的直径，用 D 表示。它是望远镜聚光本领的主要指标，可用来确定望远镜的型号。望远镜口径越大，看到的星就越亮，且能看到更暗弱的星也越多。由于口径大，大大增加了聚光本领。比如，人眼瞳孔直径为 6 毫米，若用 6 米望远镜观测，增加的光流比人眼增大了 10^6 倍，即(6000 毫米/6 毫米)^2=10^6。但在光害特别严重的市区，大口径不一定有效，要在城区拍摄天体，有经验人士认为：口径有 15 毫米就可满足拍摄条件了。

　　2. 相对口径(A)

　　指有效口径 D 和焦距 F 的比值，用 A 表示，即

$$A = \frac{D}{F} \tag{5.1}$$

在望远镜中呈现一定视面的天体叫延伸天体，如月球、太阳、行星等。延伸

天体在望远镜里的亮度与 A^2 成正比，即相对口径越大，延伸天体就越亮，也意味着它观测延伸天体的本领就越高。因此，作天体摄影时要注意选择合适的相对口径(如相机上的光圈号就是相对口径的表示)，望远镜的光圈越大，聚光度越高，能够观测到更暗的天体。

3. 焦距(F)

望远镜一般由两个有限焦距的系统组成：一个是物镜焦距(如 600~2000 毫米等)，用 F 表示；另一个是目镜焦距(如 3~56 毫米等)，用 f 表示。前者比后者长很多。两个系统的焦点相重合。利用传统胶片感光后成像，物镜焦距则是天体摄影时底片比例尺的主要标志。对同一天体，焦距越长，天体在焦平面上的影像尺寸就越大。现在多用数码相机成像，长/短焦距需要调整。例如，对金星拍摄时，其视直径为 61″，则在焦平面上成一个 0.7 毫米的像。短焦距望远镜视野较广，但影像效果较差；长焦距望远镜焦比大约 $f/10$~$f/20$ 之间，视野较窄，最适合观测行星和月亮。

4. 放大率(G)和底片比例尺

目视望远镜的放大率(G)与物镜的焦距成正比，与目镜的焦距成反比，即

$$G = \frac{F}{f} \tag{5.2}$$

望远镜的物镜都是一定的，只要配备几个焦距不同的目镜，就可以得到几种不同的放大率。高倍率的优点在于能观测到光线较暗的点光源恒星，注意使用不同目镜时应逐渐增加放大倍率。而照相望远镜不需目镜，星空现象直接拍在照相底片上，天球上的角距离变成底片上的线距离。天球上的角距离与底片上的线距离之间的关系，一般用底片比例尺来表示，即天球的一个角分相当底片上多少毫米，底片比例尺与焦距成正比。

5. 分辨角(δ)

指刚刚能被望远镜分辨开的天球上两点间的角距离，用 δ 表示。分辨角的倒数为分辨本领，即分辨角越小，其分辨本领越大。理论上根据光的衍射原理，望远镜的极限分辨角为

$$\delta = 1.22 \frac{\lambda}{D} \tag{5.3}$$

式中 λ 为入射光波长，D 为望远镜有效口径，λ 和 D 都以毫米为单位。人眼瞳孔直径在 2~4 毫米之间，计算得知人眼分辨角的理想值是 35″~70″(60″=1′)；如果用口径

6 米的望远镜观测，其分辨角最小为 0.02″，比肉眼分辨本领高 1750～3500 倍。

6. 视场角(ω)

用望远镜所能观测到的天区的角直径叫视场角，用 ω 表示。视场与放大率成反比，放大率越大，所观测到的天区就越小。视场的大小被物镜的视面角设计大小和照相机底片二者相约束，对于一个折反射望远镜或反射望远镜，由于副镜挡光原因，视场角设计有一定大小，而折射望远镜往往是成像质量的限制。例如，早期用 120 望远镜接 135 相机拍摄天体，约束视场大小是 120 本身(59′)。一般来说，望远镜焦距越短，拍摄视场越大，照相机镜头直接拍摄天体情况也是这样。现在折射望远镜或反射望远镜多接数码相机拍摄天体，再后期处理。

7. 贯穿本领

晴朗的夜晚用望远镜观测天顶附近所能看到的最暗弱恒星的星等，称作望远镜的贯穿本领或极限星等。它与望远镜的口径有密切的关系，口径越大，就能够观测到越暗弱的天体。要是口径为 5 厘米，可以观测到 10 等星；口径为 5 米，可以观测到 21 等星(关于"星等"的定义参见第 6 章)。

由于恒星太遥远，且望远镜的分辨本领不够高，恒星在望远镜中的像仍呈光点状，通常称这些在望远镜呈点像的天体为点光源天体。另一类天体在望远镜能够分辨出其表面，则称它们为有视面天体，包括太阳、月球、行星、彗星、星云、黄道光等。天文爱好者对有视面天体照相颇感兴趣，因为它们既是很好的展示和观赏的天文资料，更重要的它们也是科学研究的部分信息。读者在学会使用光学望远镜的同时，进行天体观测与天体摄影实践一定会其乐无穷。

值得强调，早期的光学天文望远镜只做目视观测，终端设备只有目镜。近来，随着科学技术的不断发展，终端设备逐渐增加了摄影系统、光电光度计、光谱仪、电荷耦合器件(简称 CCD)、电脑的屏幕(或投影仪)等。自从 1948 年口径为 5 米的海尔望远镜建成后，发展大型光学望远镜成为世界潮流，如凯克望远镜、欧南台的甚大光学望远镜、日本的昴星团望远镜、七国联合制造的双子望远镜以及中国大天区面积多目标光纤光谱望远镜(LAMOST)等。

天文圆顶是为光学天文望远镜安装、观测而设计的专用屋顶，它最适合天文观测的需要。它不仅使贵重的天文望远镜免受日晒雨淋、风沙侵袭、周日温差的影响，而且也是天文观测的标志性建筑。由天象仪和天幕组合可以构成天象厅。天象仪是模拟星空表演的科普仪器，通过天象仪节目放映在天幕上，可以演示日月星辰的升、落、运行变化……让观众置身于太空的绝佳境地，它是对天文爱好者和青少年进行天文科普知识教育的基本设施和有力的工具。

5.3　天文射电望远镜

我们对天体的研究已经不再局限于传统的可见光波段，而是拓展到从射电到伽马射线全波段，从而提供来自更加全面的天体的完整的信息。

一、射电望远镜和射电天文学

射电望远镜是射电天文学研究的主要工具。射电天文学使用的射电望远镜系统不像光学望远镜那样靠眼睛观测，而是采用雷达的办法，是一套无线电接收、放大、处理及记录设备系统。目前所使用的波段为 1 毫米～30 米。在这个波段的无线电辐射，不受大气层显著影响而能达到地面。由于无线电波可以穿过可见光不能穿过的尘雾，所以可使射电天文观测深入到以往光学望远镜所不能看到的宇宙深处，且射电观测不受太阳散射光及云层的影响，也不分白天和黑夜都能进行观测，是一种"全天候"手段。但射电望远镜也有弱点，它不像光学望远镜那样可以把可见光全部接收，加上不同的滤光片再分出单色光。它只能工作在一个波长，天生就是一个单色仪。若要想观测多个波段，就要求有多个馈源和接收机。此外它不像光学望远镜那样能拍摄出多姿多彩的天体照片，只能显示出表现强弱的曲线。天文学家需要用假彩色手段显示天体特性。

二、射电望远镜的原理和结构

射电望远镜的种类很多，但其基本结构和原理是一样的。它一般由天线、接收机(放大器)、记录器和数据处理显示等装置组成，图 5.12 是经典的射电望远镜基本组成和原理示意图。现代射电望远镜的数据采集和记录器都由计算机担当。

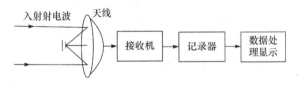

图 5.12　经典射电望远镜基本组成和原理图

射电望远镜的天线多为抛物面形，天线的作用相当于光学望远镜的物镜，其实它与反射望远镜更类似。一个理想的镜面误差不得超过设计镜面的 $\lambda/16$～$\lambda/10$(λ 为波长)。对于米波误差可以到几厘米，因而可用金属网制成；对于厘米波则需用光滑精确的金属板。来自天体的射电波，经抛物面反射集中到位于抛物面焦点的"照明器"上，即可使信号功率放大 10～1000 倍。然后由电缆把信号传送到控制室的接收机，再次放大、检波，最后根据研究的需要，对其进行记录、处理和显示。

　　巨大的天线是射电望远镜最显著的标志和最重要的部件。射电天文望远镜天线的安装系统有三种形式:一是旋转抛物面天线;二是固定抛物面天线;三是系统组合天线。图 5.13 是北京密云观测站的射电望远镜天线阵。

图 5.13　北京密云观测站的射电望远镜天线阵

　　除著名的德国口径 100 米可跟踪抛物面射电望远镜(图 5.14), 1963 年建成的天线口径 305 米的阿雷西博射电望远镜, 曾为人类取得很多成果(如:1964 年测量到水星自转周期 58.8 天;1974 年发现脉冲星和中子星双星系统, 随后持续观测促成了引力波的间接观测;1982 年发现第一颗毫秒脉冲星;1987 年, 首次用雷达对小行星 4769 进行观测并三维成像;1992 年发现围绕脉冲星-行星系统, 这是人类首次发现系外行星;2016 年发现第一个重要的快速射电暴……), 但于 2020 年 12 月馈源平台坠落, 现已无法工作, 人类失去一个“天眼”。目前世界只剩中国“FAST”一个天眼。500 米口径球面射电望远镜“FAST” (图 5.15)于 2016 年建在中国贵州平塘地区, 建成并投入使用, 现已获取不少研究成果(如观测脉冲星、搜索地外文明信号等)。FAST 已成为全球最大且最灵敏的射电望远镜, 这意味着人类向宇宙未知地带探索的眼力更加深邃, 眼界更加开阔。

图 5.14　德国 100 米射电望远镜

图 5.15   中国贵州平塘 500 米口径球面射电望远镜(FAST)

三、射电干涉仪

关于射电望远镜的性能，同光学望远镜的道理一样，主要包括聚集辐射能量的状况和分辨目标的能力。聚集辐射能量的本领，这里叫做灵敏度，即射电望远镜可观测到最小信号的本领以及能发现强信号最小变化的本领。这种观测微弱信号的能力主要受接收机噪声的限制，只须增加口径，改进仪器和选择好安装地点，即可提高灵敏度。

射电望远镜的分辨率与它的口径成正比，与它所接收的波长成反比。但射电波的波长比可见光的波长大得多。从计算得知，要使射电望远镜的分辨本领达到 5 厘米小型光学望远镜那样，其天线口径就得达到 500 米～500 千米。这是单个射电望远镜所无法实现的。因此，20 世纪 50 年代以后，人们根据光的干涉原理，制造了射电干涉仪，才解决了这个问题。

最简单的射电干涉仪，由两台相隔一定距离的天线组成，令其接收同一天体的单频信号(图 5.16(a))。两天线间由性能相同、长度相同的传输线把各自收到的信号送到接收机进行处理，这等于扩展了望远镜的口径。但实际上，为观测射电源的细节或观测像太阳这样天体的"面源"，需要多天线干涉仪来完成，即由多面等间隔排成一条直线的天线组成。这样，干涉仪沿基线方向分辨本领，相当于口径等于基线长度 D 的单天线望远镜。

单向排列的干涉仪，只能提高"一维"的分辨本领，如一个东西向的天线阵，只能提高东西向的分辨率，并不能提高南北方向的分辨率。为此，又研制了十字型天线阵，可以直接获得二维的高分辨率。20 世纪 60 年代建成的英朗格洛米尔斯十字阵，由两列长 1600 米、宽 12 米的抛物柱面交叉组成。干涉测量是观测深空的主要手段。为使干涉系统有足够的精度，要求时钟信号极为精确。

　　由上述得知，为提高分辨本领，必须尽量增大天线间的距离。但这也会遇到技术上的困难，如传输线过长，会造成各路信号间相位差，影响接收质量。因此，又有**"甚长基线干涉仪" (VLBI)**问世(图 5.16(b))，它完全去掉连接线，每台干涉仪完全独立，它们都有原子钟控制的高稳定度的振动系统和磁带记录装置，把各自在同一时刻接收的同一信号记录下来，再把这些记录送到处理机中进行相关运算，求出观测结果。这样可使天线间的距离增长，甚至可近似地球的直径。如格林班克-昂萨拉甚长基线干涉仪，基线长 6319 米，工作波长 6 厘米，分辨本领达 0″.0006，远远超过一般光学望远镜水平。甚长基线干涉测量更需要精确的时间。

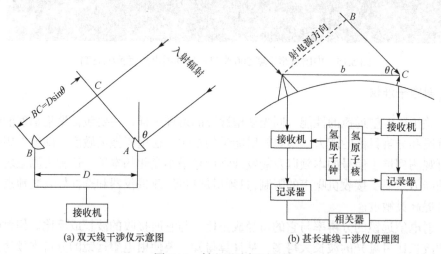

(a) 双天线干涉仪示意图　　　　　　　(b) 甚长基线干涉仪原理图

图 5.16　射电干涉仪原理图

　　在我国上海松江佘山脚下的 65 米射电天文望远镜用了 VLBL 技术，它为我国的嫦娥探月工程、火星探测以及更遥远的深空探测提供精确定位和定轨的科技支撑，同时也大大提高我国甚长基线干涉网(VLBI)的灵敏度。

四、综合孔径射电望远镜

　　射电望远镜虽然有许多优点，但它不能像光学望远镜那样可以直接成像。而综合孔径射电望远镜就能解决这个问题。

　　所谓综合孔径射电就是利用雷达与目标的相对运动把尺寸较小的真实天线孔径用数据处理的方法合成一较大的等效天线孔径的雷达，即综合孔径雷达，它的特点是分辨率高，能全天候工作，能有效地识别伪装和穿透掩盖物。综合孔径射电望远镜就都是多天线系统，例如，美国新墨西哥州国立射电天文台的"甚大阵"

(VLA)综合孔径射电望远镜，由 27 面口径 25 米的天线沿 Y 型基线排列，每臂长 21 千米，分辨角 0″.1，成像时间为 8 小时。它的研制成功，在射电天文观测技术上是一项重大突破，最早发明这一技术的英国射电天文学家赖尔因此获得 1974 年的诺贝尔物理学奖。

5.4　空间天文观测

　　人们在地面进行天文观测受大气、天气等因素影响，若把观测仪器送到离地面几百公里高度以上的宇宙空间进行，就是空间天文观测。一个完整的空间天文探测系统包括航天器、运载火箭和地面设备三大部分。航天器是装载科学仪器和执行探测任务的主要部分。为了完成预期的观测计划，航天器必须具有控制自身姿态变化的能力，具有准确定向精度和具备大规模数据储存和快速传输的能力。人类对天体进行空间探测的方法大体上可分三类：接近飞行、轨道飞行和登陆。在接近飞行时，如同"旅行者号"在 20 世纪 70 年代和 80 年代在太阳系里旅行的情况，探测器只能飞过行星附近一次。而轨道飞行器，如"卡西尼号"飞船，可在环绕行星的轨道上对行星进行较长时间的考察和分析。至于登陆器，则试图在行星的表面上着陆，不同的登陆方式要求不同的技术。如"惠更斯号"是借助降落伞登陆的；而"火星探路者"则采用气囊在它降落时起缓冲作用，就像一个大气球弹跳那样。人类已经向太空发射了不少探测器。现在在太阳、金星、地球、火星、彗星、土星、木星的轨道上都有探测器。还有一些正在路上，比如新视野号。它们就像人类的眼镜，带我们飞跃整个太阳系，看到了站在地球上不可能看到的宇宙世界。人类空间探索发射的月球和行星探测器详见附录 7。

　　现在，地球上空的人造地球卫星数以万计，除了测地卫星、气象卫星、通信卫星和军事卫星等之外，还有许多天文观测卫星。在空间天文学研究中使用得最多的天文观测航天器。利用航天器进行天文观测，兼有高度高和观测时间长的优点。航天器的高度一般都在几百公里以上，从而可以避开地球大气和地磁场的影响。航天器的工作寿命一般为几个月至几年。利用航天器进行空间天文观测，不但可以观测太阳系天体所有波长的电磁辐射，而且还可观测到不同能量的粒子辐射。对于恒星，其观测波长仅受星际气体吸收的限制；而对于月球、行星和行星际空间，则可作直接采样或逼近观测。随着空间探测器在空间旅行距离不断增长，人类不仅探索了太阳系，而且还在努力了解宇宙的奥秘。

一、天文观测卫星系列

　　天文观测卫星按照它们的观测对象不同，有太阳观测卫星和非太阳观测卫星之分，当然，有的兼有多种观测任务。

太阳观测卫星和某些兼用于太阳观测的天空实验室等，其主要任务是监测太阳辐射，研究日地关系，考察太阳风、行星际磁场、地球磁层以及行星际物质等。1958 年美国发射的第一颗人造地球卫星，就发现了地球的两个辐射带和后来确认的地球磁层，它们是太阳风作用的结果。20 世纪 60 年代后，美国和苏联相继发射用于不同观测任务的太阳观测卫星系列。20 世纪 70 至 20 世纪 90 年代，法国太阳神系列卫星发射，飞临太阳观测。

天空实验室一般是多用途的载人轨道空间站，它携带的望远镜可以对太阳进行可见光、紫外和 X 射线等波段高分辨率的电视和照相观测。例如，"太阳及日球层观测平台(SOHO)"卫星观测到的 304 埃波段全日面太阳像，1998 年 4 月 NASA 发射的"太阳过渡区和日冕探测者(TRACE)"卫星也观测到局部日冕结构。20 世纪 90 年代"SOHO"和"TRACE"等卫星更是将太阳物理的研究推到一个崭新的阶段。2006 年 10 月 25 日，美国宇航局又成功地发射了太阳观测卫星——"日地关系观测台(STEREO)"。近 10 年来，STEREO 为人类提供了多角度的太阳影像，能够在三维空间中看到太阳的大气结构。

2018 年 NASA 的太阳观测器 TSIS-1 正式投入使用，旨在测量太阳辐射的能量变化，以更好地模拟和预测地球气候，其中的重点便是关注太阳辐射对极地臭氧层的影响。2018 年 8 月 12 日 NASA 无人太阳探测器帕克号发射升空，以近距离的研究太阳和太阳风。帕克太阳探测器在 2018 年 10 月 29 日打破了阿波罗-B 于 1976 年创下的(距太阳表面 4273 万公里)纪录，成为有史以来最靠近太阳的人造探测器。帕克太阳探测器的速度比先前最快的新视野号探测器的速度还要快，达到近 70 万千米每小时。

非太阳探测天文卫星，主要用来巡视天空辐射源，测定其方向、位置、强度和辐射谱线特征，观测银河系和河外天体。1990 年由美国航天飞机送入太空轨道的哈勃太空望远镜，填补了地面观测的缺口，为探测宇宙深空，解开宇宙起源之谜，了解太阳系、银河系和其他星系的演变过程作出了重要贡献。哈勃太空望远镜虽经过多次修复，超役使用，但还是为人类提供了大量有价值的精确数据和清晰照片，例如，①增进了人类对宇宙大小和年龄的了解；②证明某些宇宙星系中央存在超高质量的黑洞以及多数星系的中心都可能存在黑洞；③在可见光谱范围内，对宇宙进行了最深入的研究，观察了数千个星系，探测到了宇宙诞生早期的"原始星系"，使天文学家有可能跟踪研究宇宙发展的历史；④清楚展现了银河系中类星体这种最明亮的天体存在的环境；⑤更清晰地阐述了恒星形成的不同过程；⑥对宇宙诞生早期恒星形成过程中重元素的组成进行了研究，这些元素是行星和生命存在的必要条件；⑦展示了死亡恒星周围气体壳的复杂组成；⑧对猎户星云中年轻恒星周围的许多尘埃碟进行了探测，说明地球所在的银河系还有可能形成其他行星系统；⑨对千载难逢的彗木相撞进行了详细观测；⑩对火星等太阳系行星上的气候等进行了研究；⑪发现木星卫星木卫二和木卫三的大气层中存在氧气，等等。

2019 年 5 月，哈勃太空望远镜科学家公布了最新的宇宙照片——"哈勃遗产场"(HLF)，这是迄今最完整最全面的宇宙图谱，由哈勃太空望远镜在 16 年间拍摄的 7500 张星空照片拼接而成，包含约 265000 个星系，其中有些已至少 133 亿岁"高龄"，对其进行研究有助于科学家深入了解更早的宇宙历史。

2020 年 1 月，一个国际天文学家团队利用美国哈勃太空望远镜发现了迄今已知的最遥远、最古老的星系群，这个三重星系群被称为 EGS77。更重要的是，观测表明这个三重星系群参与了宇宙初期被称为"再电离"的改造过程。EGS77 大约诞生于宇宙大爆炸后 6.8 亿年时，当时宇宙年龄还不足现今 138 亿岁的 5%。

2021 年太空望远镜詹姆斯·韦布空间望远镜(JWST)成功发射，它是哈勃太空望远镜的继任者，已成为下一代空间天文台。2022 年 NASA 公布一批詹姆斯·韦布空间望远镜拍摄的深空天体彩色图片，涉及两团星云、两个星系团和一颗系外行星。詹姆斯·韦布空间望远镜将帮助科学家探索宇宙各阶段历史：从太阳系天体到早期宇宙中最遥远的可观测星系。它的发现将有助于揭示宇宙起源的秘密，了解人类在宇宙中的位置。

二、月球和行星等系列探测

为更深入地了解太阳系、探索宇宙，人类还在不断地发射航天器开展空间环境探测，以求获取更多的未知信息。

空间探测器是通过装载的科学探测仪器来执行空间探测任务的。空间探测器按探测的对象划分为月球探测器、行星和行星际探测器、小天体探测器等。已发射的空间探测器主要采用以下几种方式：①从地外星球近旁飞过或在其表面硬着陆，探测拍摄；②以月球或行星卫星的方式取得信息；③探测器在月球或行星及其卫星表面软着陆，以固定或漫游车的方式进行实地考察、拍摄探测和取样分析等；④用载人或不载人探测器在月面软着陆后取得样品返回地球，进行实验室分析；⑤在深空开展漫游式飞行；⑥进行撞击式探测；⑦建立永久性载人基地。

1. 月球探测

航天器飞出地球就可对月球、行星和行星际空间进行直接采样或成为逼近观测的探测器。月球探测是太阳系空间探测的第一个目标。早在 20 世纪 50 年代末，苏、美两国就对月球进行了多次不载人探测。1969 年 7 月 20 日，美国"阿波罗"11 号把两位宇航员送上月球。此后，又先后 5 次登月成功，到 1972 年已有 12 人登上月球。在月球上安放了探测仪器，采集了月岩标本，从而开创了人类去天上进行实地考察和实验的新纪元(图 5.17)。

(a) "阿波罗" 11号宇宙飞船起飞　　　(b) 宇航员在月球上

图 5.17　探月照片

通过美国和苏联的一系列探测和登月活动，人类认识和了解到月球上有丰富、宝贵、可供人类利用的资源。开发利用月球资源会给全人类带来巨大的利益。但是，人类要置身于月球才能谈到如何开发和利用月球物质资源，而目前月球上的恶劣环境人类是难以生存的。正是这个有关人类如何才能置身于月球的问题得不到解决，使一度辉煌和热闹的月球热，在阿波罗计划之后，长时间销声匿迹。直到1996年，美国"克莱门汀"号探测器探测到月球南极肯艾特盆地地区可能沉积有大量的冰时，才给人类要在月球上生存带来新的希望。有冰就有水，有水就有生命和供能的源泉。为了进一步探明此事，1998年1月6日，美国发射了"月球勘探者"号探测器，通过对这个探测器所发回的图像进行分析，美国化学家不仅证实了月球南极存有与沙土混合的冰，而且还发现月球北极也存有与沙土混合的冰，估计总水量可达1000万吨到3亿吨。这一消息为21世纪人类重返月球，在月球上建立天文观测站，建立到其他行星上的中继站，建立月球资源的勘探和开发基地，甚至建立月球旅游、工业和居民区带来希望。

21世纪中国探月嫦娥工程对研究月球做了很大贡献。实现了"绕""落""回"三个阶段和科学研究目标，例如，对月球表面实现三维图像；探测了月壤特性和地月空间环境；在月球背面软着陆等。此外，欧洲的"智慧"1号计划、印度的月球探测计划等，都是对月球资源进行探测的项目。

2. 太阳系的大行星探测

水星、金星和火星的物理性质与地球相似，属于类地行星，且距地球较近。对它们的探测除逼近飞行外，还进行硬着陆或软着陆。对类木行星探测主要是通过探测器飞掠拍摄图像分析。

美国和苏联对金星发射多次探测器。苏联发射的"金星"7号登陆舱，在1970年首次实现软着陆，后来美国的飞船也多次莅临金星。在2015年坠入金星的探测器向地球发回大量数据。人类通过研究金星的大气及温室效应，有利于解决地球近来/未来的温室效应问题。

从 1973 年到 1975 年，美国发射的"水手 10 号"飞船先后三次逼近水星，最近距离只有 327 千米，发回大量近距离图像和其他资料，使人们对水星有了更清楚的认识。1974～1975 年探测器"水手 10 号"还发现水星周围有偶极磁场，强度约为几百伽马，而且有磁层。这一点纠正了在 1974 年以前人们一直以为水星由于自转缓慢不会有磁场的观念。NASA 在 2004 年 8 月发射"信使"号探测器，计划对水星进行全面的环绕探测，在 2005 年发射"金星快车"探测器。经过几年太空旅行，在 2011 年"信使"号进入水星轨道，并对水星进行科学考察，确认水星表面含有大量的重金属(如铁和钛等)，这一发现让科学家们不得不重新思考水星的演化过程。此外，还发现水星季节变化的迹象。这种季节变化对水星稀薄大气层中化学物质的成分及变化产生很大的影响。2018 年 10 月欧洲空间局与宇宙航空研究开发机构合作的水星探测器"贝皮可伦坡"号再次发射升空，将于 2025 年左右抵达水星。"贝皮可伦坡"号旨在探测水星的磁场以及绘制水星的全球地图。

人类对火星的探测更是不遗余力。据统计，截至 2020 年 6 月，世界各国总共进行了 57 次直接或间接火星空间探测任务，其中只有 31 次成功或者部分成功。在 1960～1975 年间，美苏两国掀起了第一轮火星探测热潮，苏联在这期间连续发射了 16 颗火星探测卫星，然而除了火星-X(Mars-X)系列的 7 颗以外其他卫星全部发射失败。而成功的卫星中，"火星 2 号"在轨航天器在 8 个多月的时间内持续传回了大量观测数据，"火星 3 号"则在 1971 年 12 月 2 日首次实现了火星表面的软着陆，遗憾的是密封舱着陆仅传回 20 秒的数据后就失去了联系。美国虽然起步晚于苏联，但却更早取得了成功。1964～1970 年美国发射了"水手"(Mariner)系列人造卫星，其中"水手 4 号"是第一个成功飞越火星的探测器，而"水手 9 号"则在 1971 年 11 月 13 日进入火星环绕轨道，成为火星的第一颗人造卫星。美国在 1976 年实现了"海盗"系列探测器在火星表面软着陆的壮举，其中"海盗 1 号"一直工作到 1985 年寿命结束，而"海盗 2 号"也工作至 1980 年。直至 20 世纪 90 年代美国又重启火星探索的征程，并在 1992 年 9 月 25 日发射了"火星观察者"(Mars Observer)，然而这枚探测器在即将进入火星轨道时与地球失联。经过了四年的技术改进，美国又在 1996 年 11 月 6 日和 12 月 4 日相继发射了"火星全球勘探者"(Mars Global Surveyor，MGS)和"火星探路者"(Mars Pathfinder，MPF)两枚探测器，其中"火星探路者"再次成功着陆火星表面。美国在之后的十余年间陆续发射了 14 枚探测器，其中"火星探测轨道器"(Mars Reconnaissance Orbiter，MRO)、"好奇号"(Curiosity)火星漫游车等探测器仍旧工作于火星轨道或者火星表面。此外，欧洲空间局(ESA)在 2003 年 6 月发射的"火星快车"(Mars Express)顺利进入火星轨道，并继续工作至今。不过其携带的"猎犬兔 2 号"(Beagle 2)着陆器却没能成功登陆火星。2016 年 3 月欧空局和俄罗斯航天局联合发射的"外火星气体追踪轨道器"(ExoMars Trace Gas Orbiter，TGO)至今仍停留在工作岗位上。

日本在 1998 年曾发射过一枚轨道探测器"希望"(Nozomi)，但是却在到达火星轨道前耗尽了燃料宣告失败。而印度在 2013 年 11 月成功发射了首个火星探测器"曼加利安号"(Mangalyaan)，并于 2014 年 9 月成功进入火星环绕轨道。中国在 2016 年 1 月 11 日正式立项了中国火星探测任务，任务探测器被命名为"天问"系列。"天问 1 号"探测器将携带火星车"赤兔号"，一步实现火星轨道器环绕探测、火星软着陆和火星车巡视任务，已于 2020 年 7 月发射升空。2020 年美国再发射"毅力号"(Perseverance)火星车，阿联酋发射"希望号"(Hope)火星探测器。目前火星上几乎遍布人类的探测器，甚至探测火星的任务次数已经超过了同期的月球探测项目。作为人类走出地球系统的第一站，火星势必将会成为人类深空探索的最重要目标之一。2021 年以来，火星探索事业获得巨大发展。

20 世纪 70 年代，人类就开始探测木星，已发射先驱者 10 号、11 号，旅行者 1 号、2 号等几个探测器。其中大部分只是"路过"木星，顺便获取图像和数据。首个用于专门探测木星、帮助人们深入了解木星的，是 1989 年发射的"伽利略"号木星探测器。它于 1995 年 12 月抵达木星环绕轨道，对木星大气开展了近 8 年的研究，最终坠入木星大气层焚毁。

旅行者 1 号、旅行者 2 号、"卡西尼"空间探测器、新视野号探测器等对木星、土星、天王星和海王星及其卫星进行探测，也都大有收获，从而使人类对这些行星的认识不断翻新。发现确认的类木行星的卫星数目不断增加。对木星的大红斑、土星的光环以及天王星的环等结构有了进一步认识，例如，数据分析显示出天王星的环与木星和土星的环截然不同。整个星环系统相对地较新，并非与天王星形成时一起形成。星环里的组成粒子有可能是一颗因高速撞击或被潮汐力撕碎的卫星碎片而形成。

1997 年 10 月 15 日，"卡西尼"空间探测器发射上天，2004 年 7 月飞临土星附近，并对土星进行 4 年的就近环绕探测。"卡西尼"携带的"惠更斯"着陆器已在土卫六上着陆，并对其表面勘察，进一步了解土卫六的情况。在 2017 年 4 月 22 日最后一次飞掠最大卫星土卫六(泰坦)之后，"卡西尼"号开始了设计者所说的"终极任务"。在这段最后的旅程中，"卡西尼"号大约每周环绕土星一次，在土星和土星环之间的缝隙总共潜入穿越 22 次。它研究了土星强大的风暴和不断变化的环，同时还发现了土卫六"泰坦"上的碳氢化合物海洋和土卫二上的咸水喷射。

2006 年发射的"新视野"号，计划工作 20 年。主要目标是对冥王星、冥卫等柯伊伯带天体进行考察。一年后探测器接近木星，最近距离为 230 万公里，向地球传输了关于木星大气和磁层的全部信息以及有关木星卫星的数据。2019 年 1 月 1 日，美国宇航局确认，"新视野"探测器成功飞掠代号为"2014MU69"的柯伊伯带小天体，距离地球约 66 亿公里，信号以光速传播抵达地球也要 6 个小时，这是迄今人类探测器造访的最远天体。

"朱诺"号木星探测器是美国宇航局"新疆界"计划实施的第二个探测项目(另一个是已于 2006 年发射的"新地平线"号)。2011 年 8 月在从美国佛罗里达州卡纳维拉尔角点火升空,就踏上远征木星之旅,2016 年抵达木星,2017 年经过近木点,正式飞掠太阳系著名风暴系统——木星"大红斑",2018 年 2 月,"朱诺"号将冲进木星大气层,结束长达七年的探测使命。"朱诺"号主要研究木星磁层结构、木卫二大气模型、木卫二表面冰层形貌及厚度,以及金星、地球、木星间的太阳风结构。

2020 年 7 月 23 日,"天问一号"火星探测器由中国西昌发射场发射升空,这是中国首次执行火星探测任务,目标实现火星环绕、着陆和巡视探测。也标志着中国行星探测的大幕正式拉开。

"天问一号"火星探测器由环绕器、着陆器和巡视器三部分组成。在火星环绕器和巡视车上,分别搭载了中国研制的"红外眼"和"激光眼",它们将在"天问一号"抵达火星且巡视车成功着陆之后正式开机,执行火星表面矿物成分分析的科学任务。火星巡视车上,会有一只伸出车身的"眼睛",那是火星表面成分探测仪的探测头。这只"眼睛"会像科幻片里的外星人一样,"眼"放激光,凡是与这束激光接触到的矿物会瞬间气化,变成一缕等离子体的"轻烟"。而这缕"烟"所发出的光谱,就是火星表面成分探测仪用来获取物质元素的成分和含量的重要样品。

3. 小行星探测

"伽利略号"飞船曾于 1991 年 10 月 29 日近距离访问过小行星带上的 Gasprs。

1996 年 2 月 17 日美国宇航局(NASA)发射了一艘名为"NEAR"的太空船,主要目标是与国际编号第 433 号近地小行星"爱神"交会。经过 5 年飞行,完成近距离考察,并于 2001 年 2 月 12 日成功地在"爱神"的表面软着陆,完成了人类航天史上第一次无人太空船降落于小行星的壮举,揭开了人类太空探测的新篇章。

"黎明号"无人空间探测器于 2007 年 9 月 27 日发射,其主要任务是环绕 2 颗大型的小行星。该探测器在空间旅行了 4 年的时间才最终抵达了灶神星,在 2012 年 9 月 5 日任务结束后又去造访了谷神星。在 2015 年 3 月 6 日成功进入谷神星的轨道,由于其燃料耗尽,因此 NASA 目前不得不宣布停止这项任务。

NASA 于 2016 年发射一个无人探测器"欧塞瑞斯号"(OSIRIS-Rex),用于搜集小行星表面样本。2018 年 12 月 3 日 OSIIS-Rex 探测器抵达了小行星 101955 (Bennu),并搜集完样本,计划 2021 年或 2023 年返回地球。这是 NASA 对小行星的首次采样返回任务。2019 年,日本的隼鸟 2 号到小行星"龙宫"采集岩石与泥土,并在返航的途中。

随着空间科技的发展，人类有望对小行星进行开采。在地球资源不断耗损的今天，小行星开发前景一定十分诱人。

4. 彗星探测

1999 年 NASA 发射"星尘"彗星探测器的目的就是采集彗星样本，2004 年 1 月近距离飞过"维尔特二号"彗星时，飞船上的尘埃采集器成功捕获到彗星物质粒子。2006 年 1 月 15 日，装有彗星尘埃样本的返回舱与"星尘"号母船分离，成功降落到美国犹他州的沙漠里。太空跋涉七年，满载"原始宇宙"。近期科学家对"星尘"号采集的彗星尘埃分析后发现，这些尘埃物质很明显是在不同时期、不同太空位置形成的，甚至形成的条件也各不相同。科学家们在这些尘埃物质中，还发现了一类新的有机物。彗星尘埃物质的多样性令科学家们十分吃惊。"星尘"号是第一个将彗星样本带回地球的探测器，这些尘埃物质都是来自彗星的最原始样本，对于彗星研究极具价值。

2005 年 1 月 12 日，"深度撞击"号宇宙飞船成功发射，并在距离地球 1.3 亿公里处发射撞击舱撞击"坦普尔 1 号"彗星的彗核表面。覆盖在彗核表面的细粉状碎以每秒 5 公里的速度腾起，在彗星上空形成一片云雾。这些漫天飞舞的碎屑中包含有水、二氧化碳和有机物……这是人类第一次"炮轰"彗星实验，目的在于了解彗星内部物质、彗核表面的构成、密度、强度等特性，从而加深人类对太阳系起源演化的认识，也有助于解开地球生命之谜。

NASA 在 2010 年发射的天文卫星——广域红外巡天探测器，除了对深空做了近、中红外的成像巡天外，还实施近地天体的自动搜寻，其中发现不少彗星，截至 2020 年 3 月统计有 33 颗，尤其在 2020 年 3 月 27 日发现新的长周期大彗星 C/2020 F3。

三、空间观测技术

近年来世界各国相继发射了大量航天器，构成不同的观测系列，令人类大开眼界。同时，由于空间探测突破地球"大气窗口"的限制，可进行全波段观测，从而导致空间天文学诞生。空间天文学按照观测波段的不同，又可分为许多科学分支，有红外天文学、紫外天文学、X 射线天文学、γ 射线天文学等。

1. 红外辐射观测

红外辐射信息需用红外望远镜观测，其结构与反射望远镜相似，但在观测时要使用红外传感器(波长 0.77～1.2 微米的近红外波段)。波长较短的在地面进行(如"加那利大型红外望远镜")，波长较长的远红外观测，必须到大气外层空间进行。早在 20 世纪 70 年代，分别在 4 微米、11 微米和 20 微米波段观测时，就发现了 3000 多个红外源，后来又发现了 2 万多个红外源，获得了正在形成中的红外星的更多证据。红外望远镜是探测冷宇宙，或者说不可视宇宙的绝佳工具，包括那些飘浮在恒星之间的巨大的宇宙尘云，在可见光领域难以探测到的、太遥远、太微弱的绕恒星运动的行星。天文学家们借助它已寻找跟地球相似的星球，希望未来发现地外生命。

NASA 在 2003 年 8 月发射了空间红外天文台，其上包括一架口径 85 厘米的红外望远镜，搭载红外阵列照相机、红外谱仪、多波段成像光电仪。总重 865 千克，是目前世界上在空间上最大的红外望远镜。它将为人类打开一扇观测宇宙的新窗口。

空间红外天文台是 NASA 四大空间天文台的中的一个，也是最后一个，它们分别在四个不同波段上观测宇宙。前三个分别是哈勃太空望远镜、康普顿伽马射线天文台和钱德拉 X 射线天文台，它们在可见光、伽马射线、X 射线波段上观测宇宙。空间红外天文台是 NASA "探索宇宙起源计划" 的一个里程碑。值得一提是，詹姆斯·韦布空间望远镜比哈勃空间望远镜厉害在于：一是口径大（詹姆斯·韦布 6.5 米，哈勃 2.4 米），二是工作波段不同（詹姆斯·韦布主要工作在近红外和中红外光区，以及少部分可见光区，而哈勃则主要工作在可见光区和紫外光区，以及少部分近红外光区）。

2. 紫外辐射观测

紫外辐射一般指 100～4000 埃波段辐射。地球大气对波长短于 3000 埃的紫外光很不透明。在地球上除了能接收到太阳部分紫外辐射之外，根本观测不到其他天体的紫外辐射。因此，进行紫外观测，只能借助火箭和人造卫星到外层空间去。1968 年美国发射的 "轨道天文台 2 号" 上安装 4 架紫外望远镜，用 4 个波段进行巡视观测，获得了丰富的观测资料，从而使紫外天文学兴起。后来又进行了卓有成效的紫外观测。利用先进手段，现在地面操作中心还可以直接看到星场图像。紫外观测对于星际物质的研究有特殊意义。

3. X 射线和 γ 射线观测

X 射线一般指波长介于 0.01～100 埃的电磁波段。由于 X 射线光子的能量较高，没有可用作折射和反射的材料使它会聚成像。天文学家是将掠射光学原理应用于制作高分辨率的 X 射电波的探测器，迄今已发射了许多载有 X 射线望远镜的空间探测器(如钱德拉 X 射线天文台等)，并取得了丰硕的成果。例如，对太阳 X 射线爆发，为深入认识太阳耀斑提供了依据。在太阳系之外，目前已发现上千个 X 射线源，其中一部分已得到光学证认，它们与超新星遗迹和强射电星系有关。人类对这类 X 射线的观测，可以间接发现黑洞并对其进行研究。

γ 射线波长都短于 0.1 埃。康普顿伽马射线天文台在 γ 射线波段上观测宇宙也给人类带来不少信息。关于天体可能发射 γ 射线的理论，早在 20 世纪 50 年代就开始了。20 世纪 60 年代证实存在宇宙 γ 射线背景辐射。20 世纪 70 年代在整个银河平面(银盘)上探测到高能 γ 射线辐射，并发现了 γ 射电脉冲星。在 γ 射线观测中，最引人注目的是宇宙 γ 射线暴发的发现，但对 γ 射线暴发源的本质目前仍存在争议。2004 年 11 月 NASA 的"雨燕"(Swift)号探测器升空，翻开了宇宙 γ 射线暴研究的崭新的一页。据报道"雨燕"在 2009 年 4 月 23 日观测到一个伽马暴(被命名为"GRB 090423")，此后，天文学家们开始利用架设在夏威夷岛上的英国红外线望远镜以及双子星北座望远镜等观测设备，对该伽马暴的红外线余晖进行研究，发现该伽马暴大约距离地球 131 亿光年。这是距离地球最远的伽马暴，同时也是迄今为止人类在宇宙中所发现的最遥远天体。

进入 21 世纪，航天事业迅速发展，各类卫星利用太空资源开发信息流产品已达到相当规模，促进世界迈向信息社会，同时载人航天进展很快(稍后再介绍)。

四、航天器

近百年来，人类主要是探查行星际空间的磁场、电场、带电粒子和行星际介质的分布及随时空的变化并取得一定的成果。探测行星际空间的航天器/飞行器可以有 4 种轨道类型：一是地心轨道，围绕地球运行的卫星，只要以远地点超出磁层，就能进入行星际空间进行探测；二是日心轨道，利用围绕太阳运行的飞行器来探测行星际空间；三是飞离太阳系的轨道，当飞行器达到第三宇宙速度时，就能克服太阳的引力作用，沿抛物线轨道飞往星际空间，就能够直接探测太阳系在地球轨道以外的部分；四是平衡点轨道，在太阳和地球的联线上有一个平衡点，太阳和地球的引力在这里恰好相等，飞船可以在通过这一点和日地联线相垂直的平面上沿椭圆轨道运动。

空间观测是指利用各种航天器(火箭、人造卫星、空间探测器和载人航天器等)携带各种观测仪器，在空间进行的观测。航天器是太空航天器工程系统的核心组成部分(图 5.18)。航天器是航天运载器的有效载荷，是在太空轨道上运动，并具有满足地面特定需求的人造天体。世界上第一个航天器是苏联的"人造卫星"1 号。航天器因任务的不同，有不同的种类、不同的功能和不同的轨道。

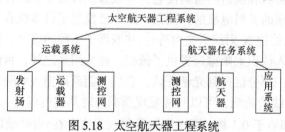

图 5.18　太空航天器工程系统

1. 航天器的分类

航天器不仅种类繁多，而且形态各异。图 5.19 所列只是其中一些。

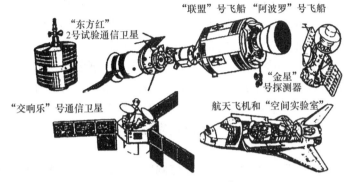

图 5.19　航天器外形示例

按是否载人，可分为无人航天器和载人航天器两大类。若按照所执行的任务和飞行方式可作进一步划分为载人飞船、航天飞船、太空实验室和空间站等几种。

(1) 无人航天器　　目前太空中大量的航天器是无人航天器，它们按照事先设置的程序自动进行或受地面指令控制实施。主要包括地球卫星和空间(深空)探测器。地球卫星按用途可分为科学卫星、技术实验卫星和应用卫星等。例如，1990年 4 月美国发射的"哈勃"太空望远镜就是天文卫星；1997 年 6 月 10 日我国发射的"风云" 2 号是气象卫星。按空间探测器依探测的目标不同，可分为月球探测器和行星探测器，如"勘测者"号月球探测器、"先驱者" 10 号行星探测器、"尤里西斯"号太阳探测器等。

(2) 载人航天器　　由于航天技术的发展，出现了载有宇航员上天的航天器。像"阿波罗" 11 号载人飞船首次实现了人类登月的宿愿。

空间站是指在地球轨道上运行的、适于人类长期工作、生活的大型航天器，如"和平"号空间站、"自由"号空间站和"阿尔法"号空间站等。

"和平"号空间站由俄罗斯 1986 年 2 月发射进入太空，2001 年 3 月 23 日告别太空，由地球收回，结束 15 年的历史使命。"阿尔法"号空间站，是以美国和俄罗斯为主，16 个国家参与的国际空间站。它始建于 1998 年，是人类在太空领域大规模的科技合作项目，也是世界航天史上第一个国际合作建设的空间站。空间站包括 1 个基础舱、6 个实验舱、1 个居住舱、2 个连接舱以及后勤服务舱等。

21 世纪，中国的航天事业正蓬勃发展，其中特别是载人航天实现了历史性的突破如：2003 年"神舟五号"载人飞船成功返回，2005 年"神舟六号"载人巡天安全着陆，2008 年"神舟七号"载人飞船升空，实现了航天员太空行走。

2011～2016 年又发射了神舟八号、神舟九号、神舟十号、神舟十一号，并与目标飞行器"天宫一号"和"天宫二号"对接成功。宇航员进驻空间实验室，开展科学实验。2011年9月发射的天宫一号实际是中国空间实验室的实验版,完成对接任务。2016年3月停止数据服务。2018年4月收回地球,落入南太平洋中部区域。为开展地球观测和空间地球系统科学,空间应用新技术等,打造中国第一个真正意义的空间实验室,2016年9月发射"天宫二号"入轨。"天宫二号"支持2名航天员工作生活30天,突破掌握航天员中期驻留,推进剂在轨补加等一系列关键技术,并在超期服役的300多天里完成多项拓展实验,为中国空间站研制建设和运营管理积累了重要经验。2019年7月19日"天宫二号"受控离轨再进入地球大气层,少量残骸落入南太平洋预定的安全海域。2021年又成功发射了神舟十二号、神舟十三号载人飞船,并顺利完成预定任务。

中国"嫦娥工程"分为"无人月球探测""载人登月""建立月球基地"三个阶段。核心是实现从地球走向月球。

探月计划三步走:

第一步"绕",发射环月飞行的月球探测卫星。

第二步"落",即月球探测器在月面软着陆,进行月面巡视勘察。

第三步"回",即探测器完成月面巡视勘察及采样工作后返回。

五大工程目标:

(1) 研制和发射我国第一个月球探测卫星;

(2) 初步掌握绕月探测基本技术;

(3) 首次开展月球科学探测;

(4) 初步构建月球探测航天工程系统;

(5) 为月球探测后续工程积累经验中国嫦娥四号任务圆满成功。

人类载人航天第一人:

第一个进行太空旅行的人是尤里·加加林(1961.4.12);第一个飞进宇宙的女性是瓦莲金娜·捷列什科娃;第一个在太空行走的宇航员是阿列克塞·列昂诺夫(1965.3.18);第一个遇难的航天员是科马罗夫(1967.4.23);第一个登上月球的人是尼尔·阿姆斯特朗(1969.7);第一个进入太空的华人是王赣骏(1985.4.29～1985.5.6);第一个自费的太空游客是丹尼斯·蒂托(2001);第一个在太空展示五星红旗的中国宇航员是杨利伟(2003.10.15)。

神舟飞船:载人。嫦娥卫星:探月。天宫系列:空间站。

空间站,特别是长期性空间站不仅为人类长时间驻留外层空间提供了可能,而且为人类创造性才能的发挥,空间工业化和商业化的实现,更好地认识地球和宇宙,更大规模地开展航天活动等创造了条件。总之,空间站是人类的伟大创举,是一项开拓性的事业,它可成为太空生产基地、观天测地的场所和航天活动的中继站。

2. 航天器的组成

航天器要在太空执行满足地面特定需求任务，必须提供航天器的服务和支持系统。因此，航天器上应有直接执行有关航天任务的仪器、设备和系统，有的航天器还载有宇航员、生物，称为航天器的有效载荷。对有效载荷，航天器需要提供能量、信息、物质和创造适宜的人工环境和条件，所有这些构成航天器的整体，见图 5.20。

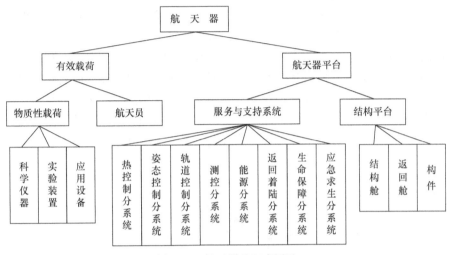

图 5.20　航天器的组成图示

3. 航天器的轨道

航天器是用航天运载器发射的，其发射弹道一般指运载器从地面起飞直到把航天器送入某一轨道的飞行轨迹。

航天器轨道是指航天器在太空中飞行时质心的运动轨迹。按航天器任务划分，一般可有人造卫星运行轨道、月球探测器轨道、行星探测器轨道等几类；按飞行范围划分，又可分为绕地球质心运行段、绕月球质心运行段、绕太阳质心运行段和绕行星(地球除外)质心运行段等不同的阶段。

航天器在太空中运行会受到周围天体引力的作用，航天器的轨道一般由开普勒轨道和轨道摄动两部分组成。用轨道要素可以精确计算航天器的位置。

(1) 人造卫星轨道　　在地球引力作用内，环绕地球运动时其质心的运动轨迹。一般卫星飞行高度在 500～6000 千米之间，对人造卫星来说，多数运行方向和地球自转相同，因为这样能在发射时可用地球自转速度，节省能源。人造地球卫星根据不同的探测目的可选择不同的轨道类型：一是极地圆轨道，对赤道面的倾角约为 90°，在高层大气、电离层和高空磁场测量中，常采用这种轨道；二是大扁度轨道，它的远地点高度要比近地点高度高得多，这种轨道容易获得磁层的完整的剖面资料；三是同步轨道，当卫星在赤道面上高度为 3.6 万千米的圆轨道运行时，卫星绕地球一周恰好与地球自转一周的时间相等，相对于地球是静止的，这种卫星的测量结果容易与地面观测结果配合起来分析，但实际中对近地空间的探测，多采用卫星系列进行。

若采用地球静止轨道，卫星将始终固定在地球赤道某点的上空见图 5.21(a)，地面站对卫星的指向可保持不变，便于地面站对卫星进行观测(如通信卫星、气象卫星等)。若采用偏东且在低纬地区上空运转，则要设计图 5.21(b)中的 1。要想卫星运转起来几乎可以覆盖自转着的地球，则轨道的设计要图 5.21(b)中的 2、3。若采用太阳同步轨道，轨道平面相对太阳方位不变，有利于进行可见光测试(如地球资源卫星、气象卫星、照相卫星等)。采用复现轨道，卫星可以周而复始地对地面目标进行监控，能发现目标的动态变化，如资源、气象卫星。采用低轨道，卫星获取到的地面信息较强。采用大椭圆轨道，卫星能探测深度较大的空间区域，如空间物理探测卫星对环绕地球运行的载入航天器，应避开地球辐射带，一般应小于 500 千米。

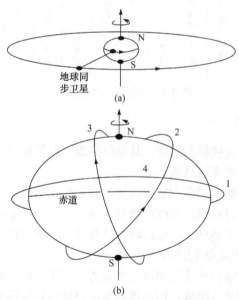

图 5.21　几种人造地球卫星轨道

(2) 月球探测器轨道　　　月球探测器受地月引力共同作用，轨道按顺序首先分为环绕地球的停泊轨道和地球—月球之间的转移轨道(地月过渡轨道和环月轨道)。若要软着陆还要设计着陆轨道。若需返回地球的探测器，还有返回轨道(图 5.22)。

(3) 行星探测器轨道　　　行星探测器轨道按运动过程中受到的主要是天体的引力，可分为绕地心运动阶段、绕日心运动阶段和绕行星质心的运动阶段。这 3 个运动阶段分别与地球引力作用、太阳引力作用、行星引力作用相对应。在这 3 个运动阶段中，行星探测器被认为是分别相对地球、太阳和行星的质心运动的。从地球向行星飞行的两种过渡轨道示意图见图 5.23。

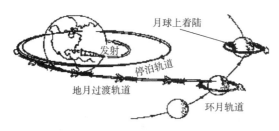

图 5.22　环月登月轨道

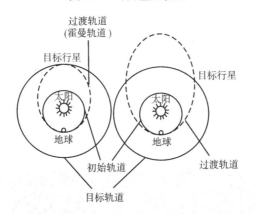

图 5.23　从地球向行星飞行的两种过渡轨道示意图

在行星探测器飞行目标行星的过程中，也可借助其他行星的引力时探测器相对太阳的速度加大，从而可缩短航行时间和减少发射初速。"卡西尼号"探测器借助金星(1)—金星(2)—地球—木星—土星引力来加速的轨道见图 5.24。

值得一提，科学家要探测太阳系天体时，在选择发射探测器的时间也会充分考虑到利用 1982 年"大行星聚会"的天象("旅行者 1 号"和"旅行者 2 号"分别在 1977 年 8 月 20 日和 9 月 5 日发射成功)。因为大行星都比较集中在同一个方向附近，这对于公转周期长的土星、天王星、海王星(还有矮行星"冥王星")来说，实在是机会难得。这就提供了一种可能性：探测器飞行轨道的设计者们可以让探测器在探测和飞越一颗行星的同时，利用其引力作为"跳板"，改变原来的飞行方向，拐弯转向下一个探测对象。正是在这样的安排下，"旅行者 1 号"和"先驱者 11 号"都先后探测了木星和土星；"旅行者 2 号"除了探测木星和土星外，还拜访过天王星和海王星。

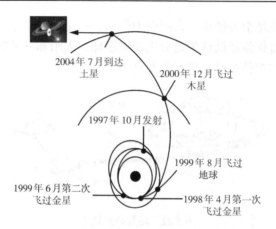

图 5.24　　"卡西尼号"探测器的飞行路线

　　美国宇航局在 2006 年发射的探测器——"新视野号"飞行轨迹见图 5.25。自从"新视野号"升空后，探测器将首先飞向木星，飞临木星时并借助其引力飞向冥王星。在飞经木星的过程中，"新视野号"还将顺便对木星的大气、磁层以及它的 20 多颗卫星进行为期 4 个多月的探测工作。2015 年探测器飞向冥王星和冥卫附近；2016～2020 年，"新视野号"探测器在柯伊伯带中穿行，探测可能近距离柯伊伯带天体；2029 年，探测器将飞离太阳系。

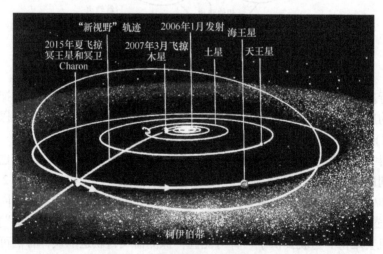

图 5.25　　"新视野号"轨迹示意图

　　从 1960～2020 年，人类相继发射了数十个火星探测器。火星是地球近邻，它的特征在很多方面与地球相似。开展火星探测和研究，对于认识人类居住的地球环境，尤其是认识地球的长期演化过程是十分重要的。利用天体引力变轨的火星探测轨道，就是探测器的霍曼转移轨道，以发射火星探测器为例说明：就是沿着一条椭圆形的轨道，借助地球的公转速度将飞船"甩"到火星，轨道的一端与地球轨道相切，另一端与火星轨道相切。由于地球和火星都在绕太阳公转运行(图 5.26)，所以探测器从地球前往出发有一个间隔大约 26 个月的窗口期，只有在窗口期的 1 个月左右发射才比较合适。2020 年的火星发射窗口就是从 7 月 15 号到 8 月 15 号。如果错过这个窗口期，就要等下一个窗口期了。中国的"天问一号"火星探测器已在 2020 年 7 月 23 日成功发射。

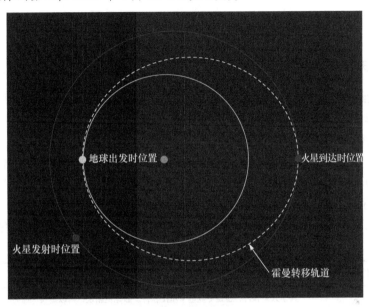

图 5.26　霍曼转移轨道

(4) 太阳探测器　　自 20 世纪 60 年代以来，人类为研究太阳，已发射了许多太阳探测器，如"质子号""宇宙号""太阳神号""先驱者号""旅行者号""尤利西斯号""太阳-B""太阳与日光层探测器(SOHO)""太阳动态探测器""太阳轨道探测器"等都肩负观测太阳的使命。特别是"尤利西斯号"探测器在 20 世纪 90 年代至 21 世纪初，把对太阳的探测活动推向一个新的阶段，使人类对太阳的认识上升到一个新高度。

21 世纪是航天时代，先进的科技发展一定更迅猛，像太空站的建成、寻找太空中的类地行星、建造星际火箭、用光子引擎制造星际飞船等在不久的将来一定能实现。

五、空间碎片(太空垃圾)

自从人类开始航天活动以来，火箭发射后的遗骸，失效的人造航天器、解体碎片等，形成越来越多的空间碎片。这些人类遗弃在太空中的无功能的人造物体及其残块和组件，俗称**太空垃圾**。太空垃圾在不同高度，不同轨道平面上运行，在地球周围形成一层层的"包围圈"，严重污染了地球的外层空间环境。由于垃圾碎片的存在，使得航天器的发射、运行受到严重威胁或破坏。现在，世界各国已认识到这个问题的严重性，并从改进火箭和航天器的设计及进行国际立法来限制太空垃圾的增加。

5.5　数字天文与虚拟天文台

一、数字天文

21 世纪是信息时代，也是数字天文时代。天体研究一般在地面普通实验室难以实现，计算机在天文学中的应用已成为趋势。例如，计算机在天文观测、寻找彗星、星系模拟等方面已广泛应用。

随着计算机与网络技术的普及和不断发展，电子星图、天文软件的出现给天文爱好者也开拓了一片崭新的空间。人们只要坐在电脑前便可以模拟实时的星空、各种天象、了解各类天体的信息，还可以通过这些软件控制望远镜或 CCD 相机进行天文观测。下面载录一些教学上常用的天文软件和信息，供爱好者查阅，见表 5.1。

表 5.1　一些天文软件信息

软件名称	软件简介
SkyMap	共享天文软件，也是专业电子星图软件。数据更新快，可以提供详细的星图，以及行星、小行星、彗星的详细轨道图和星历表等。该软件可以联网更新数据，下载图片。可称得上天文爱好者的理想工具，具有数据扩充功能、观测计划制定与结果记录功能和望远镜控制功能等 网址：http://www.skymap.com
Starry Night pro	星空动态天文软件，可以演示星空及各种天文现象、可以模拟在宇宙空间看地球和太阳系，也属于专业电子星图软件 网址：http://www.starrynighteducation.com/
Cybersky	这套电子星图适用于中级的天文爱好者，除了电子星图的功能外，还介绍了一些天文知识及天文计算，属共享软件 网址：http://www.cybersky.com
Sky charts (Cartes du ciel), StarCalc	它们都属于星图软件，且是免费天文软件 Sky charts 网址：http://www.stargazing.net/astropc/ StarCalc 网址：http://homes.relex.ru/~zalex/main.htm
Maestro	这是 NASA 向公众推出的火星考察软件。利用 Maestro 可以逼真模拟火星车的考察活动的操纵和控制 网址：http://mars.telascience.org/

续表

软件名称	软件简介
Lunar Phase	这是显示月球及月地关系的软件。它可实时显示目前的月相(lunar phase)，任何月份及年份的月相、日出日落、月升月落的时间，太阳、月亮目前的经纬度等，lunar phase 也能以阴历的方式显示上面提到的信息。属共享软件
Planet Watch	该软件主要用于实时显示太阳系各大行星的运行状况，另外，还可在黄道上、下 40°的星图上实时显示行星、月球的运行及月相变化情况。属共享软件
Virtual Moon Atlas	"虚拟月面图"软件，通过该软件可以查看到详细的月面图，较大的环形山的名称，并附有 1040 张月面环形山的照片。新增赤道仪的 GOTO 功能，支持高分辨率纹理，显示更清晰的月面图。该软件支持多语言界面，是免费天文软件
Planetarium	掌上电脑 Palm 上使用的天文软件，功能类似 SkyMap 软件，很实用。基本常用的功能都有，根据数据文件的大小不同，从 7 等到 11.5 等的完整 Tycho2 星表都有。设好当地的经纬度之后，可以方便地查看当地所能看到的星空情况。可以搜索恒星、行星、小行星、彗星、星座、深空天体和恒星，查看其资料，通过 Palm 同步资料，可以随时更新彗星和小行星的资料库，掌握最新的天象资料，还可记录观测日志。还可以通过 Palm 的串口控制常用的 Meade/Celestron 望远镜，自动找星网址：http://www.aho.ch/pilotplanets/
Xephem	Xephem 是 Linux 环境下比较全面的电子星图。面向中、高级爱好者及专业天文学家的一套天文软件。它除了提供一般的天体坐标等信息外，还包括天体的类型、光谱型、天体距离等信息。它是个开放型的软件或自由软件，可扩充性强。不但支持外部数据输入功能，还可让使用者自定义天体。使用者可根据一定的格式要求把自己观测或假想的天体信息输入系统。该软件也具有望远镜控制功能软件来源：http://www.clearskyinstitute.com
平安全息万年历	这是一套具有中国特色的万年历。利用它可以查询从 1901～2050 年间任何一天的公历、农历、节气、天干地支等信息。属共享软件软件来源：http://www.bigfoot.com/~luminan
红移 RedShift	这是 Focus Multimedia 公司在 2003 年底发布的一款标准设置的天文软件。包括二千万颗恒星、七万个深空天体、五万颗小行星以及一千五百颗彗星的数据(一张光盘)软件来源：http://www.redshift.maris.com/index.php3
Stellarium (虚拟天文馆)	Stellarium 是一款能模拟星象的天文软件。多种版本。支持多种操作系统，是一款开源软件。免费下载安装
WinStars	WinStars 是一个虚拟天文软件，可模拟在地球上任一地方任一时间时下夜晚星空的排列，太阳行星、彗星、小行星及 80 个星座等各种天文资料，还可以设定显示经纬度、天象仪等坐标系统，并且可设定查询星象位置
AstroGraV(天文模拟软件)	AstroGraV(天文模拟软件)是一款备受天文爱好者喜欢的外太空行星轨迹及移动模拟软件，该软件有着精湛的交互式 3D 图形技术，用户能真实体验到天文系统的运作，观察行星是何随着时间的推移而演变的
Star Walk 2	星空漫步软件，观星应用软件，可通过下载 APP，实时查看行星、恒星等。属天文指南类软件

续表

软件名称	软件简介
天文通	天文通软件是一款非常好用的手机天文服务 APP,有详细的观星条件说明,可以看星图,提供了水星、金星、火星等最佳的观星视角,非常适合天文爱好者使用,欢迎感兴趣的朋友可到绿色资源网下载使用
万维天文望远镜(WWT)	微软研究院推出的 WorldWide Telescope(简称 WWT,万维天文望远镜)集合了世界上最好的地面和空间望远镜和天文台的观测数据,融合成一个无缝的数字宇宙。借助 WWT,天文教师可以利用世界上最好的教育资源和教学手段 网址:http://www.worldwidetelescope.org/

　　根据信息化需求,实现天文网络化、虚拟化教学手段。作者在数字天文教学方面曾尝试做了一些工作,如利用 GIS 技术建立天文灾害信息应用系统、福建虚拟天文台(Fujian-VO)系统构建及实现以及基于 Dreamweaver 网页设计的天文学基础教学系统(图 5.27)。

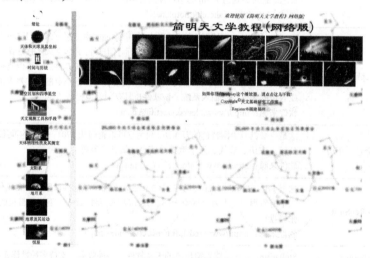

图 5.27　简明天文学教程(网络版)界面

二、虚拟天文台的提出

　　天文台是专门进行天象观测和天文学研究的机构,世界各国地面天文台大多设在山上。每个天文台都拥有一些观测天象的仪器设备,但最主要的是天文望远镜。1609 年伽利略首次把望远镜指向天空,结束了人类一直用肉眼进行天文观测的历史。19 世纪 50 年代末,照相技术和光谱技术开始在天文观测中应用,单纯以人眼作为天文探测器的时代结束,天体物理学诞生并发展成为现代天文学的主流。20 世纪三四十年代,在第二次世界大战中得到蓬勃发展的无线电技术使得天文学家的视野超出了可见光，射电天文学诞生。此后不久宇航时代到来，空间天文学诞生，人类对宇宙的观测扩展到了伽马射线、X 射线、紫外和红外波段。天文研究简史体现了人类观测宇宙的三个里程碑——光学天文学时代、射电天文学时代和空间天文学时代。

从 20 世纪 90 年代开始，天文学正经历着革命性的变化。这一变化是由前所未有的技术进步推动的，即望远镜的设计和制造、大尺寸探测器阵列的开发、计算能力的指数增长以及互联网络的飞速发展。

望远镜技术的进步使得人类可以建造大型的空间天文台，为伽马射线、X 射线、光学和红外天文的发展开辟了新的前景，同时也推动了新一代的大口径地面光学望远镜和射电望远镜的建造。现在，天文学家们正在计划建造功能更好、口径更大的空间和地面望远镜，并将配备尺寸更大、像素更多的探测器。随着众多先进的地面与空间天文设备的投入使用，大规模的观测数据正在产生，例如，目前哈勃太空望远镜每天大约产生 50 亿字节的数据，我国建造的 LAMOST 望远镜每天大约产生 30 亿字节的数据，而美国计划建造的"大口径巡天望远镜"将会达到每天 10 万亿字节的量级！2000 年前，美国研究理事会"新千年的天文和天体物理学"把虚拟天文台列为优先级最高的中小型天文发展项目。2010 年后，在天文学科发展规划中，这一领域步入多元化，天文信息学(astroinformatics)、数据密集型天文学(data intensive astronomy)、数据挖掘与统计分析、全民科学(citizen science)、基于科学数据的天文教学这些代表新兴工作模式和发展方向的术语大量涌现。虚拟天文台的概念提出后各国天文学界迅速响应，纷纷提出了各自的虚拟天文台计划，我国也已投入虚拟天文台的建设。

虚拟天文台将利用最先进的计算机和网络技术将各种天文研究资源(观测数据、天文文献、计算资源等)甚至天文观测设备，以标准的服务模式无缝地汇集在同一系统中。天文学家可以方便地利用虚拟天文台系统，享受其提供的丰富资源和强大服务，使自己从数据收集、数据处理等事务中摆脱出来，而把精力集中在自己感兴趣的科学问题上。为了将不同地区的虚拟天文台研发力量联合在一起，国际虚拟天文台联盟于 2002 年 6 月成立。近来有关虚拟天文台和天文信息技术应用得到迅猛发展。

2020 年，中国国家天文台与阿里云正式合作，开展科学创新和研究。此外依托中国科学院国家天文台成立的"国家天文科学数据中心"，具备我国天文学领域重要的信息化基础设施和网络化科学研究环境。这个平台基于互联网、云计算、大数据等先进的 IT 技术实现全球天文数据和科技资源的互联互通，为科技创新和社会发展提供服务。

三、虚拟天文台的工作原理

巡天，就是对整个天区进行观测、普查。如果利用伽马射线巡天、X 射线巡天、紫外巡天、光学巡天、红外巡天和射电巡天所得到的观测数据，用适合的方法对数据进行统一规范的整理、归档，便可以构成一个全波段的数字虚拟天空；而根据用户要求获得某个天区的各类数据，就仿佛是在使用一架虚拟的天文望远镜；如果再根据科学研究的要求开发出功能强大的计算工具、统计分析工具和数据挖掘工具，这就相当于拥有了虚拟的各种研究设施。这样，由数字虚拟天空、虚拟天文望远镜和虚拟研究设施所组成的机构便是一个独一无二的虚拟天文台(图 5.28)。

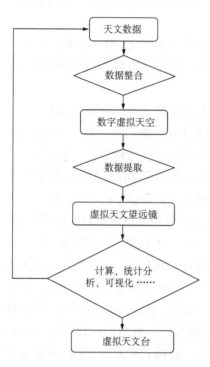

图 5.28　虚拟天文台工作框图

四、建设虚拟天文台的意义

虚拟天文台是 21 世纪天文学研究的一个重要发展方向。它的使用将使天文研究再次发生重大变化。各种天文研究资源都以统一的标准服务模式无缝地汇集在虚拟天文台系统中。天文学家只需登录到虚拟天文台门户便可以享受其提供的丰富资源和强大的服务，使自己从数据收集、数据处理这些繁琐的事务中彻底摆脱出来，而把精力集中在自己感兴趣的科学问题上。虚拟天文台将使天文学研究取得前所未有的进展，将成为开创"天文学发现新时代"的关键性因素。同时，它作为网络时代天文研究的基础平台，为天文学研究信息化创造条件，为普及大众天文学基础教育提供便利，为构建交叉学科——天文信息学服务。

五、应用案例

构建虚拟数字天空系统一直是人们的梦想，由微软公司研发的"万维天文望远镜"(WorldWide Telescope, WWT)技术为这一难题很好地提供了解决方案。WWT 的本质是资源融合，通过互联网把全球的天文资源无缝透明地融合在一起，借助强大的数据库、网络技术和友好的用户界面，为全世界的人提供了一种全新的使用天文数据的方式。2010 年作者参加了基于数字天空的天文教学培训学习并在天文教学中尝试 WWT 的应用。

1. 全波段的虚拟望远镜

作为高级的网络应用系统，WWT 集合了世界上各大天文望远镜、天文台、探测器所拍摄到的几十 TB 的数据，其中包括 DSS、SDSS、IRAS、VLSS、MVSS、Tycho、WMAP、USNOB、VLA、FIRST、COBE、ROSAT、SWIFT 等多个波段上的众多巡天数据资料，同时也提供了 NASA 发射的斯必泽空间望远镜(Spitzer Space Telescope，SST)获取的部分图像以及和钱德拉塞卡天文台的部分图像。

通过把这些数据和图像加工处理成一个统一的无缝的数字宇宙，WWT 把互联网变成了世界上最好的望远镜，一架全波段、超大威力的虚拟望远镜。人们不仅可以看到普通光学望远镜看到的天空，还可以欣赏其他波段(用肉眼无法看到的)的情景。

除了能够分别显示不同波段上观测的天空，通过设置图像透明度的方式，WWT 还支持同时显示多个波段或者多个来源的图像的功能，从而把多个波段的观测结果融合在一起。这项功能不仅能让公众能够感受光学以外的波段下天空的模样，也为天文学家提供了方便的认证手段，对更全面、更深入的理解天体物理过程非常重要。

2. 海量信息和知识宝库

WWT 不仅仅是一架虚拟的望远镜，它更提供了一个知识丰富的学习环境。通过人机交互，就可以访问到分布在世界许多地方的天文数学数据、图像、文献资料等各种信息。软件界面设计友好，操作方便。

(1) WWT 的菜单

【探索】(Explore)，提供了事先准备好的许多收藏。用户找到自己所需的内容后，点击相应图表，WWT 即可带你进入你所选中的天体和区域。

【向导漫游】(Guided Tours)，微软和一些天文机构合作利用 WWT 丰富的数据资源给许多天文主题，比如利用星云、星系、巡天、宇宙学、黑洞、超新星等制作了"漫游片(tour)"。一个漫游片就是一个自动播放的 PPT 幻灯片，在 WWT 的窗口上结合图片、文字、声音像你介绍某个主题的天文知识。WWT 同样支持用户自己制作漫游片。这可激发用户对天文的兴趣。

【搜索】(Search)，为用户提供了天体名称和天体坐标两种搜索方式。

【望远镜】(Telescope)，为用户提供了 WWT 与实体望远镜的接口。通过和 ASCOM 天文仪器控制软件联动，在 WWT 中就可以实现对望远镜的控制。

【社区】(Community)，是 WWT 与天文爱好者和天文组织之间的信息互动平台，可联谊世界各地的天文爱好者、专家等。

【显示】(Display)，用户可以选择 WWT 提供的显示方式。

【设置】(Install)，指软件的基本属性设置，用户可以根据自己的需要进行设置。

(2) WWT 的窗口界面　　启动 WWT，WWT 会把我们带入一个数字宇宙剧场，让你能够无缝隙的移动放大和缩小星空、星球以及图片环境，也可以从地球上的任何位置，任何时间对任意选定的星球来进行具体观测。在用户使用 WWT 浏览星空的时候，视场中著名的天体会随时更新在界面下边的滚动条，让你清楚地知道当前的窗口中还有哪些有趣的目标。屏幕右下角的两个小窗口则显示出用户所在的星座和当前区域在天空中的投影位置，从而让用户清楚的知道自己的位置，不至于迷失方向。

(3) 相关技术　　微软建立了一个在线目录的 SDSS 的数据，作为一个网上查询的数据库，利用可视化工具，用来分析数据。Skyserver 可支持许多浏览器并运行于多种平台。

(4) 科学与大众的桥梁　　通过 WWT 可方便与当前天文数据信息的交互，WWT 是科学与大众的桥梁。

作为一个可视化的天文大数据平台，WWT 可以提供资源、情境、过程等方面的教学支撑，发挥信息技术与课程整合的强大力量。在此基础上结合项目学习的方式，有利于激发学生的天文学习兴趣，提高天文教学质量。通过天文教学实践，探究基于 WWT 的天文项目学习的实施，为开展探究性天文学习提供了新思路。

思考与练习

1. 获得天体信息的渠道有哪些？主要探测器有哪些？
2. 人类探索宇宙的基本方法和工具主要从哪几方面进行？
3. 简述人造卫星——航天器的分类、组成和轨道特征。
4. 何谓虚拟天文台？原理如何？建设虚拟天文台有何意义？

第5章思考
与练习答案

进一步讨论或实践

1. 简述人造卫星发射条件、轨道、用途及我国的航天事业发展现状及前景。人类为什么要进行空间观测?

2. 认识望远镜并能使用简易望远镜进行常规天文观测。

3. 观测太阳黑子、月球、金星、火星、土星、木星及四颗大卫星、彗星、流星雨。

4. 利用 WWT 软件实践(官网软件下载地址:http://www.worldwidetelescope.org/Home.aspx),制作星空漫游案例。

第6章 天体物理性质及其测定

【本章简介】

    本章主要介绍天体的物理性质以及如何测定一些天体物理量。天体物理学是天文学的一个重要分支，是应用物理学的技术、方法和理论研究天体的形态、结构、化学组成、物理状态和演化规律的学科。它是物理学和天文学互相渗透产生的交叉学科。

【本章目标】

➢ 了解天体亮度和视星等、光度和绝对星等的概念。
➢ 了解天体光谱及其意义。
➢ 了解某些天体物理量的测定方法。

6.1 天体星等与光谱测定

一、天体星等

1. 天体的亮度/光度与星等

(1) 亮度和视星等　　用眼睛可直接观测到天体辐射的可见光波段，人们对天体发光所感觉到的明亮程度称为**亮度**。表示天体明暗程度的相对亮度并以对数标度测量的数值定义为**视星等**(有时简称为"星等")。星等是天文学史上传统形成的表示天体亮度的一套特殊方法。古希腊天文学家根据恒星的明亮程度把它们分成六等。最亮的星为 1 等星，肉眼刚好能看到的星为 6 等星，恒星越亮，星等数越小。

19世纪通过光度计测定，发现所定的 1 等星的平均亮度约为 6 等星的 100 倍。这样，就定义星等间的亮度比为 $\sqrt[5]{100} = 2.512$，就是说星等相差 1 级，亮度相差 2.512 倍(若取对数，lg2.512=0.4)。显然，星等之间是等差级数，亮度之间是等比级数。有了这样的数量关系，就可以用星等来表示任何亮度。

望远镜和照相术问世后，可以看到更暗的星星；天空除了恒星外，还有太阳、月亮等更亮的天体。因此，根据现代光度测定，比 6 等更暗的星，还有 7 等、8 等……，现代大口径望远镜能观测 25 等的暗星。比 1 等更亮的天体可向 0 值和负值扩展。并且不限于是整数。如全天最亮的恒星(除太阳外)天狼星为–1.45 等，织女星为 0 等，金星最亮时为–4.22 等，月亮满月时的亮度为–12.73 等，太阳的亮度达–26.74 等。天体的星等见图 6.1。

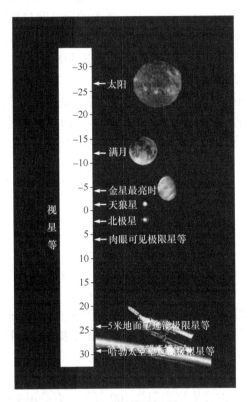

图 6.1　天体的星等

那么，星等是怎样测算的呢?

假定有两颗恒星，其星等分别为 m 和 $m_0 (m > m_0)$，它们的亮度分别是 E 和 E_0，其亮度比率为

$$\frac{E_0}{E} = 2.512^{m - m_0} \tag{6.1}$$

两边取对数(因 lg2.512≈0.4)得

$$\lg E_0 - \lg E = 0.4(m - m_0) \tag{6.2}$$

$$m - m_0 = 2.5(\lg E_0 - \lg E) \tag{6.3}$$

如果取 0 等星($m_0=0$)的亮度 $E_0=1$，则有

$$m = -2.51 \lg E \tag{6.4}$$

式(6.4)就是著名的**普森公式**。由(6.4)式表明，只要有明确的 0 等星和它的标准亮度，就可以根据所测得的天体亮度 E，计算其星等 m。

(2) 光度和绝对星等　　实际上，天体的亮度并不能表示它们的发光本领，因为它没有考虑天体距离的因素。我们知道，光源的视亮度与其距离的平方成反比。为了比较不同恒星的真实发光能力，必须设想把它们移到相同的距离上，才能比较它们的真正亮度即光度。天文学上把这个标准距离定为 10 个秒差距，相当于 $0''.1$ 视差的距离，合 32.6 光年。

在标准距离处的恒星的发光本领为绝对亮度，其星等称为绝对星等。有了这个标准，就可以根据恒星的距离 d 和星等 m，推算其在 10 秒差距处的绝对星等 M。再设绝对亮度为 E_1，亮度为 E_2。因为亮度与距离平方成反比，再结合式(6.1)，于是有

$$\frac{E_1}{E_2} = \frac{d^2}{10^2} \text{ 和 } \frac{E_1}{E_2} = 2.512^{m-M}$$

所以又有

$$2.512^{m-M} = \frac{d^2}{10^2} \tag{6.5}$$

两边取对数，并整理，得

$$M = m + 5 - 5\lg d \tag{6.6}$$

从式(6.6)可见，若已知某星的距离 d (秒差距 pc) 及星等 m，则可求出其绝对星等 M。反之，若已知某星的绝对星等和星等，就可求出它的距离。所以，式(6.6)也是天文学的一个重要公式。

天体的绝对亮度或绝对星等，代表了天体的光度。在恒星世界里，光度的差异十分悬殊。有的恒星的光度比太阳强 100 万倍；有的恒星的光度仅及太阳的百万分之一。太阳的绝对星等是 4.75，仅是恒星世界中的普通一员。

2. 天体测光与星等

光度测定是指测量来自有限波段范围内的辐射流，简称测光，由望远镜和辐射接收器完成，一般以星等表示。测光的基本原理是，在相同条件下，等同的辐射流能使探测装置产生等同的"响应"。据此，将待测星与已知星等的星作比较，根据探测装置对它们的"响应"，可求出待测天体的光度，再推算待测星的星等。天体光度的测定方法很多，下面介绍几种一般的测光方法。

(1) 目视测光与目视星等　　用眼睛直接估计天体的亮度为目视测光。其方法是在望远镜的视场里，先在待测星附近选择两颗已知星作比较星。其中一颗比

待测星亮些，另一颗比待测星暗些。观测者反复仔细比较待测星与两颗比较星在亮度方面的差别，再凭借观测经验进行判断，把它们之间的差别用恰当的整数表示出来，再进行归算，求出待测星等。这是目视星等，精度虽在 0.2～0.02 个星等之间，但方法简单易行。这里的关键是选择好比较星，使其亮度、颜色和位置尽量与待测星接近。

目视星等给出的是天体的亮度，而不是光度，因为遥远的非常亮的高光度天体与近而弱的天体可以有相同的目视星等(亮度)，于是借助绝对星等可定义天体的光度。绝对星等也可定义为位于 10 秒差距(pc)上天体的目视星等。

(2) 照相测光与照相星等　　照相测光用传统乳胶底片作探测器进行测光。对点光源来说，因照相底片对光源"响应"是非线性的，所以必须在同一底片上拍摄待测星和一系列从亮到暗的已知星等的比较星。然后用光瞳光度计(图 6.2)或自动底片处理机测量这些星像。由仪器显示的读数和已知的比较星的星等作校准曲线。根据该曲线内插待测星，即可求知其照相星等。照相测光一般有底片乳胶不均匀、显影条件差异等缺点，所以精度并不很高，均方误差约 0.05 个星等。

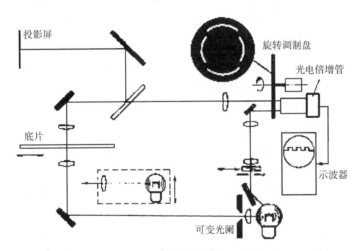

图 6.2　光瞳光度计结构原理图

(3) 光电测光与光电星等　　光电测光所用仪器是光电光度计。由于其光电倍增管对光源呈线性响应和高精度的电子测试仪器，所以光电测光的准确度和灵敏度是目前较高的。一般精度可达 0.01～0.005 个星等之间。其方法是在测定星光之前，用适当的光阑(光的进入孔)先测量待测星附近天空背景的亮度，然后再用相同的光阑对准待测星，记取它们的仪器读数，将待测星的仪器读数减去夜晚天空背景的读数，即为星光所产生的仪器响应。因星光响应同星光亮度成正比，便可由此按星等定义直接得到待测天体的星等。由光电测光所得到的星等称光电星等。光电测光的优点显而易见，是目前应用最广泛的测光方法。

(4) 其他　　随着遥感技术的应用，以及 CCD 和数码相机等的普及，测光手段也在不断改进。例如，色星等：红光(红星等)和绿光(绿星等)。

二、天体光谱及分析

1. 光谱及其种类

光谱早在 17 世纪就已经发现，阳光透过棱镜会在后面的屏幕上产生一条七色彩带，也就是当光线通过棱镜时，不同颜色的光线以不同的角度偏转，从上到下按

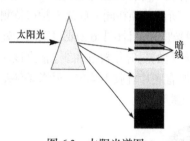

波长递减的次序列出颜色，牛顿称它为**光谱**。现在我们知道，因为可见光是由不同波长的多色光组成的，所以各种光透过三棱镜后的折射率不同，可见光被分解为不同颜色，见图 6.3。通过对天体光谱的分析，不仅可以知道它们的化学组成，还可以推知它们的许多物理性质。因此，天文学家一向重视对天体光谱的研究。

图 6.3　太阳光谱图

光谱可分为三种类型，即连续光谱、明线光谱和吸收光谱。1858 年德国物理学家基尔霍夫发现产生这三种光谱的原因。

(1) 连续光谱　　炽热的固体、液体或高温高压下的气体都发射各种波长的光波，因而形成不间断的连续光谱。如普通的钨丝灯，就是一个产生连续光谱的光源。

(2) 明线光谱　　在低压条件下，稀薄炽热的气体或蒸气不能产生连续的全部谱线，只能产生单色的、分离的明线状光谱，即明线光谱。如钠的蒸气，在炽热状态能产生波长为 5890Å 和 5896Å 的一对黄线。每种化学元素都有它独特的、在光谱区有固定波长位置的一组明线。

(3) 吸收光谱　　由产生连续光谱的光源发射的光，穿过低压环境下的稀薄气体或蒸气，就有吸收线(即暗线)叠加在连续光谱上。这些吸收线就是这些气体和蒸气，从连续光谱的全部谱线中，有选择地吸收了它自己在低压高温状态下所发射的明线谱线，即它对应波长的光线。比如钠可以发射一对黄色光谱线，当连续谱线的光线通过它的低压低温蒸气时，钠就吸收了与它对应的波长为 5890Å 和 5896Å 的辐射光，从而在连续光谱上呈现两条相应的黑线。这种连续光谱背景上具有黑色吸收线的光谱，叫做吸收光谱。

氢的明线光谱和吸收光谱见图 6.4。

在上述光谱分类基础上，基尔霍夫提出了以下两条分光学定律：

① **每一种元素都有自己的光谱；**

② **每一种元素都能吸收它能够发射的谱线。**

氢的明线光谱

氢的吸收光谱

图 6.4　氢的明线光谱和吸收光谱

宇宙中天体，热的、致密的固体、液体和气体产生连续谱，连续辐射通过冷的、稀薄的气体后产生吸收性，热的、稀薄的气体产生发射线。

2. 天体摄谱仪

为了了解天体的化学组成和内部物理参数，必须对它们作光谱观测和分析。用来对天体做光谱观测的装置叫**天体摄谱仪**。

我们知道，物理实验室的光谱观测器(即摄谱仪)是由准直系统、色散系统和照相系统三部分组成的，常见的结构见图 6.5。准直系统装有透镜，使通过狭缝的细窄光束变成平行光；色散系统装有三棱镜，把平行光进行分光，再由另一透镜将被分解的光聚焦到不同位置，使它们排列成一条彩带，即光谱。实际上，每条彩纹都是通过狭缝的一个像；再由照相机把这些光谱拍摄下来，以备分析研究之用，这就是**光谱分析**。

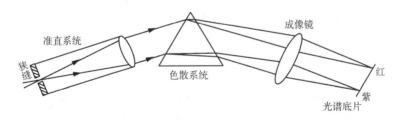

图 6.5　摄谱仪结构图示

一般星光比较暗弱，必须借助望远镜才能得到理想的光谱。若把摄谱仪接到望远镜上，分析天体光谱，就是天体摄谱仪(图 6.6)。

天体摄谱仪可分为有缝摄谱仪和物端棱镜摄谱仪两种。前者在望远镜的焦平面上放置一精密的狭缝，用准直镜把经过狭缝的恒星光变成平行光射向光栅，光栅的色散作用使恒星光变为光谱，优点是可同时拍摄系列谱变的定标光谱，可进行"绝对测量"。后者是把小顶角的棱镜放在望远镜物镜之前，在望远镜的物镜焦

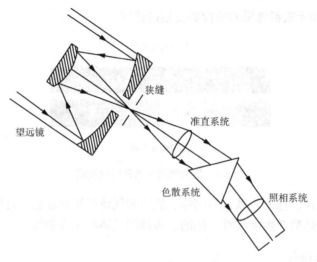

图 6.6　天体摄谱仪结构图示

平面上就可以得到视场内全部天体的光谱图像。物端棱镜摄谱仪省去了准直系统，将物端棱镜直接附设在望远镜和照相机之间。如果拍摄点光源(像恒星)的光谱，用物端棱镜摄谱仪较好。因为恒星距离我们遥远，它的光基本上是从一个方向发射来的平行光，通过物端棱镜便可拍摄整个视场中恒星的光谱。其优点是光能损失少，缺点是不能拍比较光谱，适于光谱分类研究。

3. 光谱在天文研究中的应用

人们曾迫切希望知道天体的物理化学性状，但苦于当时没有科学的探测手段，因分光术还未应用天文学研究。直到 1828 年法国哲学家孔德还断言 "恒星的化学组成，是人类绝不能得到的知识"。可是，没过多久，这种所谓不可知的问题，通过光谱分析而得到解决了，并促使天体物理学诞生和发展。下面介绍光谱分析在天文学研究中的一些主要应用。

(1) 确定天体的化学组成　　每种元素都有它自己的特征谱线，各元素谱线的波长都已从实验室测知了。将所拍的恒星线光谱和已知元素谱线波长表相对照，便可确认天体的化学成分。同时，还可根据光谱线的强度确定各元素的含量。在恒星光谱中，已认证出元素周期表里 90%左右的天然元素。对于恒星化学元素的含量，已知绝大多数主序恒星的元素丰度基本相同，氢约占 71%，氦约占 27%。

(2) 确定恒星的温度　　许多恒星光谱之间有较大的差异。既然恒星的化学组成差别不大，那么它们光谱之间的差异只能是其自身物理状况不同造成的。恒星的光谱与恒星的外层温度有关。从实验得知，温度的差异直接影响恒星外部各种元素原子的电离程度和激发状态，电离的原子发出的光与同种元素未被电离的原子发出的光不一样，处于各种激发状态的原子发出的光也不一样，这都反映在光谱中。据此我们可推知恒星的外部温度。

(3) 确定恒星的压力　　从实验得知，当压力增大时，原子与离子、电子的距离变小，辐射或吸收光子的原子，因受周围离子或电子的作用会使谱线出现压力致宽，而且光谱里还会出现新的谱线。由此我们可推知恒星外部大气的厚度和压力。

(4) 测定恒星的磁场　　实验表明，将光源置于强磁场中，光谱线会产生"分裂"效应。据此我们可根据天体谱线的分裂强度和状态测知天体磁场的方向、分布与强度。

(5) 确定天体的视向速度和自转　　根据多普勒效应，当光源远离我们而去，那么我们收到的辐射波会变长，我们拍摄到的光谱线会向红端移动，称谱线红移；反之，当光源接近我们时，其波长会缩短，谱线向紫端移动。波长的改变量(红移量、紫移量)与光源和观测者之间相对运动速度有关(波长改变量与原波长之比，等于移动速度与光速之比)，据此我们可推算天体的移动速度。如果天体有自转运动，只要自转轴与我们的视向有一定夹角，便可测定它的不同边缘处的红移和紫移，从而推知该天体的自转状况。

6.2　天体距离、大小、质量和年龄的测定

一、天体距离的测定

无论是经典天文学研究，还是现代天文学研究，都需要精确获悉天体的距离。因此，天体距离的测定在天文学中占有重要地位。随着科学技术的发展，测定天体距离的手段也越来越先进。在不同时代对不同的天体，则采用不同的测定方法。且宇宙空间广袤无垠，所使用的距离单位也不同于我们地球上的距离单位。天文距离单位通常有天文单位(AU)、光年(l.y.)和秒差距(pc)三种。

"天文单位"指的是太阳到地球的平均距离，天文常数之一。天文学中测量距离，特别是测量太阳系内天体之间的距离的基本单位，以 AU 表示。$1AU=1.496 \times 10$ 千米。

"光年"是长度单位，一般被用于天文学上计量天体时空间距离的单位，其字面意思是指光在宇宙真空中沿直线传播了一年时间所经过的距离，为 9 460 730 472 580 800 米，是时间和光速计算出来的单位。1 光年约为 9.4607×10^{12} 千米。

"秒差距"是一个天文单位所张的角度为一角秒所对应的距离。它主要用于太

阳系以外的天体测量，英文是 parsec，缩写为 pc，pc 是 parallax(视差)和 second(秒)两词的缩写合成的。天体的周年视差为 1 角秒，其距离即为 1 秒差距。更长的距离单位有千秒差距(kpc)和百万秒差距(Mpc)。

三种距离单位的关系是：

1 秒差距(pc)=206265 天文单位(AU)=3.26 光年(l.y.)=3.09×10^{18} 厘米(cm)

1 光年(l.y.)=0.307 秒差距(pc)=63240 天文单位(AU)=0.95×10^{13} 千米(km)

1. 月球的距离

月球是距离我们最近的自然天体，古代的天文学家们曾用多种办法尝试测量它的远近。但由于没有足够精密的仪器或方法不够科学，未能得出令人满意的数据。直到 18 世纪，人们才用三角视差法测定了它的距离。

视差是观测者在两个不同的位置看同一个天体的方向之差。视差可以用基线在天体处的张角来表示。当基线一定时，天体越远视差越小，天体越近视差越大。视差与天体距离之间存在着简单的三角关系，测定视差可以确定天体的距离。天体视差的测量是确定天体距离的最基本方法，称为**三角视差法**。

利用三角视差法测定月球距离，即以地球(E)半径为基线，当月球(M)位于地平时(图 6.7)，地球半径对月球中心的张角达到最大值时的角 ρ_0，叫做月球的地平视差。只要知道了地平视差，月球的距离便不难算出。在以地心和月心连线 D 为斜边，地球半径 R 为 ρ_0 角所对的直角边的直角三角形中，根据其正弦公式即可求出月球距离

$$D = \frac{R}{\sin \rho_0} \tag{6.7}$$

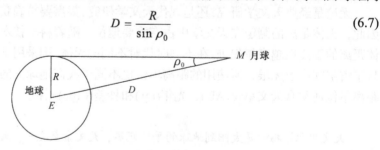

图 6.7　月球距离的测定

但是，我们无法去地球半径的另一端，即地心去观测月球。实际上，要是在地球的同一子午线上，在相距足够远的两点，当月球在上中天时刻，同时观测月球的地平高度(或天顶距)，即可测定月球距离。世界上第一次测定地月距离，是在1715～1753 年，法国天文学家拉卡伊和他的学生拉朗德，他们选定基本上位于同一子午线的柏林 A 点和非洲南端的好望角 B 点，在相距遥远的两地，当月球经过

上中天时，测定月球的天顶距 z_1 和 z_2。而 A、B 两地的地理纬度 ϕ_1 和 ϕ_2 是已知的，两地的纬度差可以求出，这个数值也正好是 $\angle AOB$，由此推出 A、B 两点直线距离。这样便可用解三角的办法求得地月距离，见图 6.8。

拉卡伊和拉朗德计算的结果是月球与地球之间的平均距离大约为地球的 60 倍，这与现代测定的数值很接近。不过，通常是根据上述办法所测得的天顶距经过归算(不作具体推算)先求出月球的地平视差

$$\rho_{0.} = \frac{(z_1 - z_2) - (\phi_1 - \phi_2)}{(\sin z_1 - \sin z_2)} \tag{6.8}$$

再算出月球的距离。最初测算的月球地平视差之 57′02″，地月距离为 384 400 千米，与今值 384 401 千米非常接近。

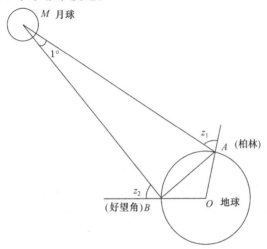

图 6.8 在柏林(A)和好望角(B)同时观测月球

雷达技术诞生后，又用雷达测定月球距离。其方法是根据从地球发往月球脉冲信号的时刻 t_1 和返回时刻 t_2，求出月地距离，即

$$D = \frac{c(t_1 - t_2)}{2} \qquad (c \text{ 为光速}) \tag{6.9}$$

激光技术问世后，人们用激光雷达代替无线电雷达。由于激光的方向性好，光束集中，单色性强，故测量精度比雷达高。1969 年美国宇航员登月时，把供激光测距用的反射器组件安放在月球上，可确保反射光束沿原方向返回，使得测月精度达到厘米级。

2. 太阳和行星的距离

地球绕太阳公转的轨道是椭圆，地球到太阳的距离是在不断变化的。我们所说的日地距离，是指地球轨道的半长轴，即为日地平均距离。天文学中把这个距

离叫做一个"天文单位"。天文单位犹如一把量天巨尺，一般用于量度太阳系内的天体距离(如水星距太阳 0.4AU，金星距太阳 0.7AU，等等)。1976 年国际天文学联合会把 1 个天文单位的数值定为 $1.49597870 \times 10^{11}$ 米，近似 1.496 亿千米。

测定太阳的距离不能像测定月球距离那样直接用三角视差法。因为太阳表面无固定标志，没有可供参考的准确目标；日地距离比月地远得多，地平视差甚小(今值为 $8''.794148$)，难以测得准确；且太阳辐射强烈，一般仪器难以承受，所以不能用三角视差法直接测距。又因为太阳是炽热的气体球，不可能反射雷达波和激光波，所以也不能用雷达测距法。

早期测定日地距离是借助于离地球较近的火星或小行星。先用三角视差法测定火星或小行星的距离，再根据开普勒第三定律求太阳距离(图 6.9)。

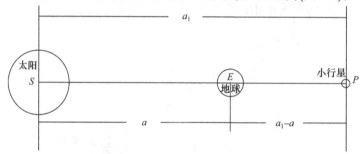

图 6.9　利用小行星测定日地平均距离

尤其当火星大冲时，火星距地球最近，用三角视差法测定火星和地球的距离。我们设此时太阳与地球的距离为 a，太阳与火星的距离为 a_1，因而火星与地球的距离为

$$a_1 - a = c \tag{6.10}$$

而 c 值已经测知，根据开普勒第三定律(详见第 7 章)：行星到太阳距离的立方比等于它们公转周期的平方比，我们就可以间接计算了。

设 T 和 T_1 分别为地球和火星的公转周期(火星的公转周期由观测可知)，于是有

$$\sqrt[3]{\frac{T^2}{T_1^2}} = \sqrt[3]{\frac{a^3}{a_1^3}} = \frac{a}{a_1} = c_1 \tag{6.11}$$

由于 $\dfrac{a}{a_1} = c_1$ 为已知，解方程组

$$\begin{cases} a_1 - a = c \\ \dfrac{a}{a_1} = c_1 \end{cases} \tag{6.12}$$

即可求得日地距离 a 的。

由火星间接测定太阳的距离固然不错，但嫌火星距离地球太远，误差较大。

后来又根据接近地球的小行星进行测定。1930～1931 年，小行星爱神星距地球只有 2.6 亿千米，国际天文学联合会组织人力再次测定，得出太阳周年视差为 8″.790，与今值非常接近。

值得一提，许多行星的距离也是由开普勒第三定律求得的。任何行星的公转周期都可由观测得知，如果日地距离以天文单位为单位，地球公转周期以恒星年为单位，行星也采用上述单位，开普勒第三定律便可写成

$$T^2 = a^3 \tag{6.13}$$

于是行星到太阳距离计算式为

$$a = \sqrt[3]{T^2} \tag{6.14}$$

如水星的公转周期为 0.241 恒星年，代入(6.14)式计算，得出水星到太阳的距离为 0.387AU，约 0.4AU。

3. 恒星的距离

恒星距离我们都非常遥远，测定它们的距离非常困难。对不同的恒星，用不同的方法测定。目前已有很多种测定恒星距离的方法，下面只介绍几种。

(1) 三角视差法　　是一种利用不同视点对同一物体的视差来测定距离的方法。对同一个物体，分别在两个点上进行观测，两条视线与两个点之间的连线可以形成一个等腰三角形，根据这个三角形顶角的大小，就可以知道这个三角形的高，也就是物体距观察者的距离。天文学家用三角视差法测量距地球较近的恒星。天体对某一基线所张的角度表现为基线两端观察天体在背景的位置变化。基线越长，测量的恒星就越远，见图 6.10。若用地球直径做基线还不够，可以用地球绕日公转的半径做基线(图 6.11)。

早在哥白尼的时代人们就想到，如果地球有公转，那么观看较近的恒星时，该恒星会在遥远的天球背景上不断改变位置。地球绕日公转一周，该恒星就应在天球上画一个小椭圆，这叫恒星周年视差位移。但限于当时的技术条件，人们始终没能找到这个小椭圆。这是影响哥白尼学说彻底取得胜利的重要障碍。尽管伽利略晚年在监禁中仍然坚信总会找到地球公转的这个证据，但谁也不曾料到，它在哥白尼去世 300 多年后才被人观测到。只要测得了恒星周年视差位移，恒星的距离也就解决了。

图 6.11 就是利用三角视差法测定地球轨道半径对恒星视位置的影响。我们把地球轨道看作近圆形，由于大多数恒星并不位于地球轨道面垂直的位置上，所以我们取恒星 T 和地球之间的连线，恰好与地球轨道半径 a 相垂直，此时地球轨道半径对恒星的张角 π 达到最大值，此角叫做**恒星周年视差**，即恒星、地球和太阳构成的直角三角形的最小角。从上述直角三角形可知

$$\sin\pi=\frac{a}{D}\tag{6.15}$$

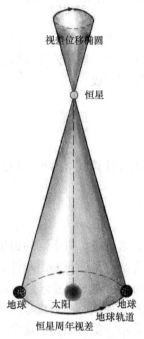

恒星周年视差

图 6.10　三角视差法

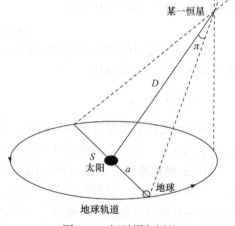

地球轨道

图 6.11　恒星周年视差

　　由于恒星周年视差 π 都很小，实际上不超过 1″(角秒)，其正弦 $\sin\pi$ 的值可以近似地用它的弧度数来表示，若 π 即为弧度，则有

$$\pi=\frac{a}{D}\tag{6.16}$$

因 1 弧度=57°.3=206265″，若上式中的 π 以角秒表示，并记作 π''，则得

$$\pi''=206265\frac{a}{D}\tag{6.17}$$

　　如果恒星周年视差为 1″(π''=1)，那么

$$D=206265a\tag{6.18}$$

式中 a 为 1 个天文单位，此时的距离 D 称为 1 秒差距，这是天文学上的又一种距离单位，在测定恒星距离时，用秒差距非常方便。因为恒星的周年视差都小于 1″，恒星周年视差与距离成反比。如周年视差是 0″.5，距离则是 2 秒差距。若单位取秒差距，于是有

$$D=1/\pi''\tag{6.19}$$

　　可见，恒星周年视差一旦测出，就可知其距离。所以，有时也用周年视差直接表示恒星的距离。

测定恒星周年视差的办法，不能像测定月球地平视差那样在地球上两地同时进行观测。恒星周年视差以地球轨道半径为基线，观测者必须要等到半年之后才能再次测定它的位移。

在观测仪器和技术都达到一定发展时，于 19 世纪 30 年代才由天文学家贝塞尔(1784～1848 年)等人分别测得较近的几颗恒星周年视差，见表 6.1。

表 6.1　几颗恒星的周年视差

观测者	测定恒星	测定年代	所得值	现代值
贝塞尔(德)	天鹅座 61	1837 年	0″.314	0″.30
亨德森(英)	半人马座α(南门二)	1839 年	0″.98	0″.76
斯特鲁维(俄)	天琴座α(织女星)	1839 年	0″.261	0″.124

现代证实，半人马座α(南门二)是距我们最近的恒星，故有比邻星之称。它的周年视差很小，相当我们在 5000 米之外看一枚分币的张角，难怪哥白尼去世后长达三百多年的时间里，人们都没有找到它！

用周年视差法测定恒星距离，有一定的局限性，因为恒星离我们越远，π 越小，在实际观测中很难测定。至今用这种方法测量了约 6000 多颗恒星的距离，误差在 10% 以下的只有 700 颗左右。所以只有对离太阳近的一些恒星才能用周年视差法；对遥远的恒星要用其他方法才能求得。

(2) 分光视差法　更遥远的恒星，由于周年视差非常小，用三角视差法无法测出它的有效值。于是，20 世纪以后又有分光视差法，即通过恒星光谱分析测定恒星距离。如果我们用分光技术(光谱分析)测得遥远恒星光谱的峰值波长，然后推算其表面温度和绝对星等，并实测恒星的视星等 m，将值代入(6.6)式，便可求得恒星距离 d。

不过，由于星际物质的作用，对 M 和 m 都会产生影响，所以用分光视差法测定距离，必须考虑这个因素。用此法可以测定 100 秒差距以外恒星的距离。但数万秒差距以外的恒星，难以拍到它们的光谱。因而也就无从知道它们的准确光度和距离了。

(3) 造父周光关系测距法　造父是中国古代的星官名称。仙王座δ星中名为造父一，是一颗亮度会发生变化的"变星"。变星的光变原因很多。造父一属于脉动变星一类。当它的星体膨胀时就显得亮些，体积缩小时就显得暗些。造父一的这种亮度变化很有规律，它的变化周期是 5 天 8 小时 46 分 38 秒钟，称为"**光变周期**"。在恒星世界里，与造父一有相同变化的变星，统称"造父变星"。

有趣的是，造父变星的光变周期与亮度有一定的关系。1912 年美国一位女天文学家勒维特(1868～1921 年)把小麦哲伦星系内的 25 颗造父变星的星等与光变周期，按次序排列起来，立即发现它们之间有简单的关系：光变周期越长的恒星，其亮度就越大。这就是对后来测定恒星距离很有用的"周光关系"。由于这些造父变星都位于同一星系内，可以认为它们同地球有大体相等的距离，所以周期和视星等的关系就反映了周期和绝对星等的关系，图 6.12 是后人绘制的周光关系图，横轴用光变周期的对数 $\lg P/d$ 表示，纵轴用绝对星等 M 表示。

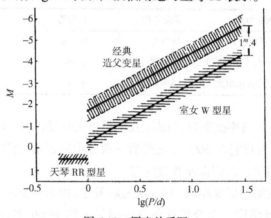

图 6.12　周光关系图

　　造父变星的光变周期一般在 1～50 天之间。在地面上很容易测出造父变星的光变周期，只要测出光变周期，很容易从周光关系图中查到绝对星等 M，再测出视星等 m，即可由 $M=m+5-5\lg r$ 式求出距离 r。因此，造父变星获得"量天尺"的美名。许多河外星系的距离就是利用这个"量天尺"测量的。表 6.2 列出了几颗造父变星的光变周期、星等变幅和光谱型。

表 6.2　几颗造父变星的参数表

星　名	光变周期	星等变幅	光谱型
仙后座 SU	1.95	6.0～6.4	F2～F9
仙后座 TU	2.14	7.9～9.0	F5～G2
小熊座 α(北极星)	3.97	2.1～2.2	F7
仙王座 δ	5.37	3.7～4.4	F4～G6
剑鱼座 β	9.84	4.2～5.7	F2～F9
双子座 ζ	10.15	3.7～4.1	F5～G2
天鹅座 RY	20.31	8.4～9.5	F8～K0
船底座 U	38.75	6.3～7.5	F8～K5
狐狸座 SY	45.13	8.4～9.4	G2～K5

值得注意, 用周光关系测距, 零点的确定很重要。20 世纪初利用造父变星测得仙女座大星云(星系)的距离为 75 万光年。后来发现由于没有充分考虑星际物质的消光作用, 将零点定大了 1.5 个星等。20 世纪 50 年代对此进行了调整, 重新测定仙女座大星云距离为 150 万光年, 正好增加了一倍。利用造父变星测距, 其范围可达 1000 万光年左右。

(4) 谱线红移测距法　　20 世纪初有人发现, 除少数几个较近星系, 所有星系的光谱都有红移, 即观测到的谱线比实验室测知的相应谱线的波长较长, 向光谱的红端移动。1929 年哈勃用 2.5 米大型望远镜观测到更多的河外星系又发现星系距我们越远, 其谱线红移量越大。

对谱线红移, 目前流行的解释就是大爆炸宇宙学说。哈勃指出天体红移与距离的关系为

$$Z = H\frac{r}{c} \tag{6.20}$$

式(6.20)被称为**哈勃定律**, 见图 6.13。式中 Z 为红移量, c 为光速, r 为距离, H 为哈勃常数, 目前定为 H=50~80 千米/(秒·兆秒差距)。

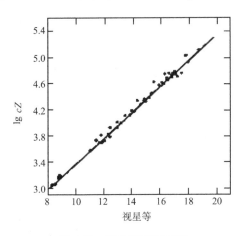

图 6.13　哈勃定律关系图

根据式(6.20), 只要测出河外星系谱线的红移量 Z, 便可算出星系的距离 d。如已测知 3C273 类星体的红移量 Z=0.158, 若 H=50 千米/(秒·兆秒差距), 由哈勃定律可算出它的距离为 $948×10^6$ 秒差距, 相当 30.9 亿光年。由此可知, 用谱线红移法可以测定更大范围的距离, 远达百亿光年计。

不过, 对哈勃常数的值一直有争议。其值由已知距离的星系确定, 可是这些星系却又因所选的标准尺度在不断修正, 且距离也不断改变。如今, 天文界确定其值在 50~80 千米/(秒·兆秒差距)。哈勃的发现使人类对宇宙的认识进步了许多。

关于测定天体的距离方法还有很多, 宇宙中天体的距离尺度和测定方法可

参考宇宙距离阶梯(图 6.14)。有学者将天体的距离范围和测定方法进行了概括,见图 6.15。

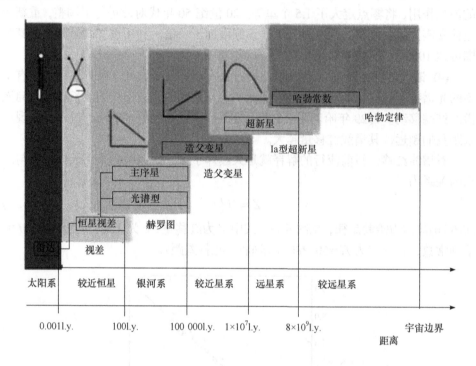

图 6.14 宇宙距离阶梯

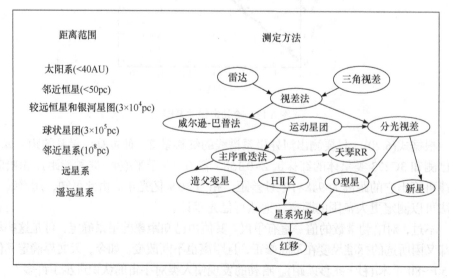

图 6.15 天体距离的流程图

二、天体大小的测定

1. 地球的大小

地球是个近似的圆球体。人们无法深入地下直接测量它的半径，只能用间接的方法去推算它的大小。一般是先测定地面的一段弧长，接着计算出圆周长，然后再推算出地球的半径。最早实测地球大小的是希腊天文学家埃拉特色尼。公元前两百多年，他认定地球为正球体。在埃及选择基本上位于同一子午线上的亚历山大城 A 和赛恩 B(今阿斯旺城附近)两地。于夏至这一天正午，太阳直射位于北回归线的阿斯旺的井底，而亚历山大城的正午太阳光线则与铅垂线成 7.2°夹角，这一角度正是两地的纬度差$\Delta\varphi = 7.2°$。当时知道两地的距离为 5000 埃里(古埃及的长度单位)，这样，便可从部分弧长推算整个子午线之长，那时推算的地球周长合 39 500 千米，与今值十分接近，见图 6.16。

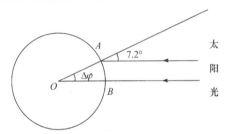

图 6.16 地球大小的最早测量方法

近代天文大地测量中应用的原理和上述方法一样，只是用恒星代替太阳来测定两地的纬度差，$\Delta\varphi = Z_A - Z_B$，见图 6.17。

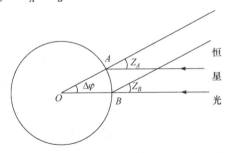

图 6.17 测量恒星的天顶距定地球的大小

20 世纪 50 年代以后，用人造地球卫星测得的有关地球数据越来越精确。根据牛顿万有引力修正后的开普勒第三定律可表示为

$$n^2 a^3 = GM_\oplus \tag{6.21}$$

式中 n 为人造卫星的平均公转角速度，可由实地观测求得。a 为人造卫星轨道半

长轴，可用雷达或激光来测定；G 为万有引力常量，$M_{\oplus}$ 为地球质量。将上式代入重力加速度计算式，有

$$g = \frac{GM_{\oplus}}{R_{\oplus}^2} \tag{6.22}$$

整理后得

$$R_{\oplus} = \sqrt{\frac{n^2 a^3}{g}} \tag{6.23}$$

把对人造卫星的观测数据代入式(6.23)中，便可求得地球的平均半径。具体计算时还必须考虑月球和太阳引力的影响，需要加以订正。同时，由于地球并非正球体，其内部物质分布也不均匀，它对人造卫星的绕转运动会产生摄动力。这样，需根据大量不同倾角的人造卫星及其轨道变化的速度，才能归算出地球的基本形状和大小。研究结果表明地球的外形较好地近似于旋转椭球体。

据 1979 年大地测量和地球物理协会决议，对地球采用表 6.3 中的数据。

表 6.3　地球的大小

半径	数据
地球赤道半径 a	6 378 137 米
地球极半径 b	6 356 752 米
地球平均半径$(2a+b)/3$	6 371 008 米
地球扁率$(a-b)/a$	$\dfrac{1}{298.257}$

2. 太阳、月球的大小

对于距地球较近的天体，只要测出它们的视圆面直径的张角，即角直径，再根据距离就不难求出它们的大小。目前对太阳、月球和行星的线直径都是这样测量的。

在地球上用测角仪器很容易测得太阳的角直径 $31'59''.3$，该角的一半即太阳的视半径(角半径)为 $15'59''.65$，以 ρ 表示。日地平均距离 a 为已知，则太阳的线半径为

$$R = a\sin\rho = 6.96 \times 10^5 \, \text{km} \tag{6.24}$$

即约 70 万千米，也约相当地球半径的 109 倍。

用同样的方法可测得月球的平均角半径为 $15'32''.6$，略小于太阳角半径，所以，从地球上看去，它们的大小差不多，然而，月球距离比日地距离小得多，所以，月球的线半径也比太阳小得多，其值仅有 1738 千米，相当地球半径的 $\dfrac{3}{11}$。

金星凌日(见第 7 章)的妙用：太阳视差为日地平均距离时地球半径对太阳的张角，它是天文学中一个十分重要的基本数据。通过观测金星凌日可以测量太阳视差，原理见图 6.18。若从地球上经纬度为已知的两个地方 P_1 和 P_2 同时观测金星 V 的凌日，P_1 处看到金星沿弦 $S_1S'_1$ 穿过日轮，P_2 处看到金星沿弦 $S_2S'_2$ 穿过日轮。记录两地金星凌日开始与结束的时刻，算出两地凌日分别经历的时间，可定出弦 $S_1S'_1$ 和弦 $S_2S'_2$ 以及在某同一时刻金星在日面上的位置 V_1 和 V_2，并进而推算出 $\angle P_1VP_2$。由此可算出金星视差，进而算出太阳视差。金星凌日属罕见天象，在 1761 年 6 月 6 日和 1769 年 6 月 3 日，世界各国的许多天文学家用此法测出了太阳视差，在 1874 年 12 月 9 日、1882 年 12 月 6 日、2004 年 6 月 8 日和 2012 年 6 月 8 日金星凌日之际，世界各国的天文学家则再次对太阳视差进行测量。

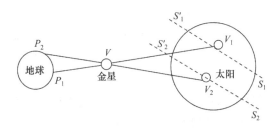

图 6.18　金星凌日法测太阳视差

3. 恒星的大小

恒星距离我们太遥远，其角直径很小，最大的也不过 $0''.05$，这是一般天文望远镜所无法测量的。因为了解恒星的大小，也是天文学的一个重要课题，所以，人们还是想方设法去探测它。

(1) 月掩星法　对月球白道附近的恒星，用月掩星法测定恒星的角直径。为不受太阳光的干扰，通常利用月球黑夜的那面，如上弦月东边黑暗的部分。月球向右方移动，此时月轮与恒星边缘恰好相切。用光电方法准确测定恒星边缘刚被月球掩食的瞬间到整个恒星完全被掩食的瞬间的时间间隔 τ，即从光电流开始下降至光电流达到最小值的时间间隔。设 v 为月球相对恒星背景移动的速度，一般平均为 $0''.5$，θ 是恒星被初掩时掩点处月面切线与月球移动方向之间的夹角。τ 和 θ 值由观测得出。见图 6.19，可得出恒星的角直径计算式

$$\beta = v\tau\sin\theta \tag{6.25}$$

再根据恒星的距离，即可求出恒星的线直径。

由于受天体分布条件限制，并不是所有恒星都能用掩食的方法测其角径的。

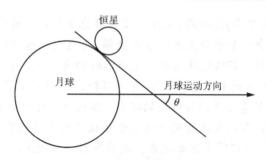

图 6.19　月掩星法求恒星大小

(2) 干涉法　　对于不能用掩食方法测定角径的恒星,用干涉法测定。其原理与光学中双缝干涉的道理大致相同。基本作法是,用一带有两个小孔的光阑把望远镜的物镜盖住,并使两孔大小相等,对称地位于物镜光学中心的两边。这就是一架恒星干涉仪。我们测定有一定角径的恒星时,把恒星的圆面看作是两个半圆,并假定每个半圆面的光都是由半圆的中心射出的。让两个半圆的光束通过两孔分别产生两组明暗干涉条纹,调节两孔间的距离,获得所需条纹的宽度,并记取两孔间距离的数值。代入有关公式进行计算,即可求出恒星的角直径。

绝大多数恒星因距离太遥远,角直径太小,无法直接对它们进行测定。迄今,仅对少数恒星的角径作过直接测定,见表 6.4.

表 6.4　一些恒星的大小

星名	视差/角秒	角直径/角秒	线直径(太阳为 1)
猎户座α	0.005	0.047	1000
鲸鱼座 o	0.023	0.056	480
天蝎座α	0.019	0.040	450
金牛座α	0.048	0.021	94
牧夫座α	0.091	0.020	47
御夫座α	0.073	0.004	13
天狼 A	0.375	0.006	1.85
太阳			1
天狼 B	0.375	0.000077	0.044

(3) 光度法　　对于角径甚小的恒星,只能采用间接的方法测定它们的大小,其中之一是光度法。我们知道,天体辐射强度与其表面温度有一定关系。实验和理论都证明,物理学中的斯特藩-玻尔兹曼黑体辐射定律,近似地适用于太阳和恒星的辐射。恒星表面单位面积上单位时间内所辐射的能量 S 与恒星的表面温度 T

的 4 次方成正比

$$S = \sigma T^4 \tag{6.26}$$

式中 $\sigma = 5.672 \times 10^{-5}$ 尔格/厘米$^2 \cdot$ 秒$\cdot$度^4，为斯特藩-玻尔兹曼常量。

　　若以 R 表示恒星的半径，则表面积为 $4\pi R^2$。由此可推算恒星在单位时间内所发出的总辐射能，即恒星的光度为

$$L = 4\pi R^2 \sigma T^4 \tag{6.27}$$

式中 T 为恒星的温度，可根据光谱分析求出；恒星的光度 L 则可根据其绝对星等的关系式求出

$$\lg L = -0.4(M - M_\odot) \tag{6.28}$$

式中太阳的绝对星等为已知($M_\odot = 4^m.83$)，恒星的绝对星等 M 可根据其视星等和距离求出，见式(6.6)。将求得的光度 L 代入式(6.27)，即求出恒星的线半径 R。

三、天体质量的测定

　　研究天体质量，是现代天文学的一个重要内容。天体的质量，不仅影响和支配着天体的运动状况，而且还是决定天体演化进程的关键因素。同测定天体距离一样，对不同天体质量的测定，可采用不同方法。

　　1. 地球质量

　　地球的质量是指整个地球的物质数量。在人类认识地球的历史长河中，估算地球质量的尝试，一直到牛顿发现万有引力定律之后才成为可能。

　　测定地球质量的原理并不难，从万有引力定律知道，引力的大小同两物体的质量的乘积成正比，同两物体的距离的平方成反比。我们假设地球为一理想的球形体，其质量为 $M_\oplus$，并完全集中在地球中心，地球半径为 $R_\oplus$。地表一被地球吸引的物质，质量为 m。由万有引力定律得知，因

$$mg = \frac{GM_\oplus m}{R_\oplus^2} \tag{6.29}$$

约去 m，有

$$M_\oplus = \frac{R_\oplus^2 g}{G} \tag{6.30}$$

式中 g 为地表重力加速度，是已知量；G 为万有引力常量，但早期测定地球质量时并不知道 G 值，应该说，G 值是在测定出地球质量之后才知道的。

　　(1) 扭称法　　这是 1798 年英国学者卡文迪什设计的方法。他用细丝悬挂起由横杆连接的两个质量为已知的重球，然后再在两个重球前面一定距离处放置两个大球，在万有引力作用下，扭称发生转动，从而求出大球和扭称两端球之间的

引力。反过来再根据万有引力定律求得 G 值，这段科学史话已为大家所熟悉。只是当时的 G 值不够精确，直到 1928 年才由美国的海尔确定为 6.67×10^{-8} 达因·厘米^2/克^2。将此值代入式(6.30)，得地球质量 $M_\oplus$=5.977×10^{27} 克。这是早期测定地球质量的方法之一。

(2) 天平法　　这是 1881 年科学家约利设计的方法。用一台灵敏度很高的大天平，左右均有上下两盘，并使上下盘的间距尽量大些，以减少彼此引力的影响，见图 6.20。

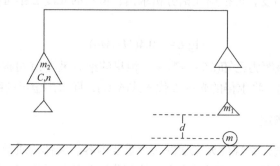

图 6.20　约氏天平法测地球质量

测定步骤如下：

① 将天平调平后，在左右上盘分别放置质量相等的球 m_1 和 m_2，天平仍保持平衡。

② 将右边的 m_1 移到下盘，因下盘距地心较近，天平稍向右倾斜；再在左上盘放小球 C，使天平恢复平衡。

③ 在右下盘，置一大球 m，并已知该球与 m_1 的距离为 d；因 m 对 m_1 的引力，天平再次向右倾斜，于左上盘再放置小球 n，使天平再次平衡。

从上述实验不难看出，m 对 m_1 的引力，就等于 n 的重力，即地球对 n 的引力。我们仍以 $M_\oplus$ 为地球的质量，$R_\oplus$ 为地球的半径，G 为引力常量，则有

$$\frac{GM_\oplus n}{R_\oplus^2}=\frac{Gmm_1}{d^2} \tag{6.31}$$

整理后即可直接计算地球质量为

$$M_\oplus=\frac{mm_1 R_\oplus}{nd^2} \tag{6.32}$$

这里不需 G，只要求出地球质量，G 值的问题也就解决了。

上述两种方法的近似性是不言而喻的，两者都有着测定微小引力的困难，所以，对于 G 值和地球质量人类总是不断在修正。

(3) 现代法　　现代用人造地球卫星测定地球质量，是根据开普勒-牛顿第三定律求得。其表达式为

$$\frac{a^3}{T^2(M+m)} = \frac{G}{4\pi^2} \tag{6.33}$$

式中 M 为中心天体质量，m 为绕转天体质量，a 为轨道半径长轴，T 为绕转周期，G 为引力常量。

今以人造地球卫星而言，式(6.33)中 M 和 m 分别为地球和卫星的质量，因为 $m \ll M$，故式中($M+m$)可用 M 表示，变换形式后得

$$GM = \frac{4\pi^2 a^3}{T^2} \tag{6.34}$$

式中 $2\pi/T$ 为卫星绕转运动之平均角速度，用 n 表示，则变换成上述曾引用的式(6.21)，即 $n^2 a^3 = GM_\oplus$。

因为 n 通过观测可得，a 通过激光或雷达测距可得，取常用的 G 值，这样测量地球质量就变得很容易了。

2. 月球质量

月球质量的测定颇为周折，方法之一是采用测定地月系统的质心位置，推算月、地的质量比求出月球质量。

设地球质量为 $M_\oplus$，月球质量为 m，地心距地月系质心为 x，月地距离为 d，根据力矩关系可得

$$m(d-x) = M_\oplus x \quad \text{或} \quad \frac{m}{M_\oplus} = \frac{x}{d-x} \tag{6.35}$$

式中 $M_\oplus$ 及 d 是已知的，而 x 可通过精密测定太阳黄经的周月波动导出(x 的平均测值为 4671 千米)，于是有

$$\frac{m}{M_\oplus} = \frac{x}{d-x} = \frac{1}{81.3} \tag{6.36}$$

代入地球质量 5.98×10^{27} 克，则求得月球质量为 7.36×10^{25} 克。

3. 太阳质量

太阳是太阳系的中心天体，其质量可通过地球对其绕转运动来推导。

设太阳质量为 $M_\odot$，地球质量(严格说应为地月系质量)为 m，地球轨道半径为 R，公转速度为 v。从绕转运动物体加速度公式可知，地球公转运动的向心力为

$$f = \frac{mv^2}{R^2} \tag{6.37}$$

按牛顿万有引力定律知，太阳对地球的引力为

$$F = \frac{GM_\odot m}{R^2} \tag{6.38}$$

我们知道，地球公转轨道具有近圆性，可把地球公转近似地看作圆周运动。这样，太阳对地球的引力与地球公转运动的向心力相等($f=F$)，故有

$$\frac{mv^2}{R} = \frac{GM_\odot m}{R^2} \tag{6.39}$$

整理后有

$$M_\odot = \frac{Rv^2}{G} \tag{6.40}$$

式中的 R、v 和 G 都为已知，将它们的数值代入即得太阳的质量为 $M_\odot = 1.988 \times 10^{30}$ 千克。

4. 行星质量

经牛顿修正后的开普勒第三定律的表达式(6.33)中的 a 和 T 分别表示绕转天体的轨道半长轴和周期；M 和 m 分别表示中心天体和绕转天体的质量。可见，修正后的开普勒第三定律与天体的质量相联系。因此，这一定律不仅是计算天体距离的量天尺，而且是计算带有卫星质量和物理双星质量的量天尺。

如以 $M_\odot$、$M_\oplus$、M_P、和 M_S 分别代表太阳、地球、行星和卫星的质量，$T_\oplus$ 和 T_S 分别代表地球和卫星的绕转周期，$a_\oplus$、a_P 和 a_S 分别代表日地、行星与卫星的距离，修正后的第三定律又可表示为

$$\frac{T_\oplus^2(M_\otimes + M_\oplus)}{a_\oplus^3} = \frac{T_S^2(M_P + M_S)}{a_S^3} \tag{6.41}$$

改写后有

$$\frac{(M_\odot + M_\oplus)}{M_P + M_S} = \frac{a_\oplus^3 T_S^2}{a_S^3 T_\oplus^2} \tag{6.42}$$

因为 $M_\oplus \ll M_\odot$，$M_S \ll M_P$，所以式(6.42)可近似地写为

$$\frac{M_\odot}{M_P} = \frac{a_\oplus^3 T_S^2}{a_S^3 T_\oplus^2} \tag{6.43}$$

式中的 $M_\odot$、$a_\oplus$ 和 $T_\oplus$ 为已知，a_S、T_S 通过观测可得，将它们代入上式，就可求 M_P，即行星的质量。

如果 $T_\oplus$ 以恒星年为单位，$a_\oplus$ 以天文单位为单位，则 $T_\oplus^2/a_\oplus^3 = 1$，上式就更为简单了，即

$$\frac{M_\otimes}{M_P} = \frac{T_P^2}{a_S^3} \tag{6.44}$$

在具体推算时，卫星的周期和距离也必须分别以恒星年和天文单位(AU)为单位。

对于任何带有天然卫星的行星，只要测出它们的轨道要素，都可以按上面方法求其质量。冥王星自 20 世纪 30 年代发现后，人们对它的质量一直搞不准确，直到 1978 年发现它的卡戎卫星，并测出其轨道要素后，才算出了冥王星的质量为 $0.0022\,M_{\oplus}$。而在此之前，估算的质量为 $0.17\,M_{\oplus}$，显然很不准确。

对于没有卫星的行星，如水星和金星质量的测定，只得另求它法。其中常用的有摄动法。当一个做绕转运动的天体，除受中心天体引力作用外，还会受到其他邻近天体的吸引，这就是所谓摄动力。由于摄动力干扰，绕转天体会偏离原有轨道。人们可根据某颗小行星飞掠大行星所受的摄动，间接求得大行星的质量，因为小行星的偏离容易观测。

近几十年来，又通过空间探测器飞临水星和金星时所受摄动，来测定它们的质量。因为这些探测器的轨道要素，随时可通过雷达和多普勒效应迅速来测定，这样，会使大行星质量的测算更为准确。

5. 恒星质量

迄今除太阳外，只对某些物理双星的质量根据其轨道运动进行过直接测定。对其他恒星的质量，只能根据它们的光度进行间接测定。

(1) 物理双星质量的测定　　我们首先把相互绕转的两颗星，看作互为子星。它们在相互引力作用下，绕其公共质心运转。由于恒星的质量都很大，我们以太阳质量为 1 作为单位来表示恒星的质量。

先从测定太阳质量说起。我们根据开普勒-牛顿第三定律来求。具体推导如下。

由于 $M_{\oplus} \ll M_{\odot}$，由式(6.33)整理后有

$$M_{\odot} = \frac{a_{\oplus}^3 4\pi^2}{T_{\oplus}^2 G} \tag{6.45}$$

若设 $a_{\oplus}$=1 天文单位，$T_{\oplus}$=1 恒星年，太阳质量为 1，则有

$$M_{\odot} = \frac{4\pi^2}{G} = 1 \tag{6.46}$$

对于求物理双星系统的质量，式(6.38)同样适用。由于 $\dfrac{4\pi^2}{G} = 1$，故有

$$M_1 + M_2 = \frac{a^3}{T^2} \tag{6.47}$$

式中的单位系统是天文单位、恒星年和太阳质量单位。

所测得的质量是双星的共同质量。至于两颗子星各自的质量，从理论上讲，由于两个子星到它们公共质心的距离与它们的质量成反比，所以，只要测量出两颗子

星的质心就可以了。但靠直接观测十分困难。一般是用光谱分析法，根据它们运转时的多普勒效应求出 M_1/M_2 的比值。用上述方法求得天狼星及其伴星的质量为 3.19 $M_\odot$；再根据其质量比为 2.04，可知天狼星 M_1=2.14 $M_\odot$，天狼星的伴星 M_2=1.05 $M_\odot$。也就是天狼星质量约为太阳的 2 倍多，天狼星伴星质量与太阳的差不多。

(2) 单独恒星质量测定　　宇宙中有单独存在的恒星，对它们质量的测定一般是根据质量与光度之间存在一定关系来间接测定。但对不同类型的恒星，则采用不同方法。以主序星为例，20 世纪以后，通过大量观测表明，主序星的质量与光度存在较好的正相关，即质光关系(光度和质量的 3.5 次方成正比)。光度越大，质量也越大。以坐标纵轴表示光度，并以太阳光度为 1；以横轴表示质量，也以太阳质量为 1。把一些已知质量和光度的恒星点在图上，这就是著名的**质光关系图**(图 6.21)。从图 6.21 上可以看出，恒星的质量与光度存在简单的线性关系。这样，只需测定出未知质量的恒星的光度，便可从中估出它的质量。

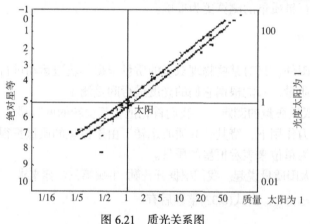

图 6.21　质光关系图

若以太阳为参考，大部分恒星的质量在太阳质量的 1/10 到 100 倍之间，目前已知最小的恒星质量只有太阳质量的 1/20，少数恒星质量可达到太阳质量的几十倍。恒星质量的变化差异并不大，而体积却极其悬殊，这样，恒星的密度也就十分悬殊了。

6. 星系的质量

星系的质量是动力学模型的基本参数，它对构成星系总光度各类型恒星的分布也是一个制约，星系质量分布也影响到星系的类型。确定星系质量的常见方法有以下几种：

① 由星系的旋转曲线确定质量(旋涡星系)或恒星运动的弥散确定质量(椭圆星系)；

② 双星系质量确定可利用测定双星的方法估计双星系的质量。

③ 应用位力定理可求出星系团的质量。

④ 利用引力透镜研究星系团质量。

第①、第②种方法所求得的质量相差不多，第③种方法估计的星系质量偏大。星系的位力质量和光度质量之间的差值，有人称为隐匿质量或短缺质量，这与近来的研究宇宙中有大量暗物质的存在有关。第④种方法既不依赖于星系团的动力学状态，也不依赖星系团的物质构成。现代天文学家用哈勃太空望远镜作宇宙深处曝光拍摄，得到引力像后再进行计算求出。

位力定理(virial theorem)——经典的多质点体系的一个动力学定理。对于一个稳定的自引力体系，存在下列关系：$2T+\Omega=0$，式中 T 为体系总的内部动能，Ω 为体系总引力势能。这就是位力定理。对于具有自转和磁场的稳定体系，位力定理为：$2T_r+2T_t+E_m+\Omega=0$，式中 T_r 为转动总能量，T_t 为无规则运动总动能，E_m 为总磁能。位力定理广泛用于讨论恒星、星团、星系和星系团的平衡和稳定的问题，也可用来估计双星系或星系团内每个星系的平均质量。

四、天体的年龄

宇宙中的天体什么时候形成的？它们已经存在多久了？它们的归宿如何？回答这样的问题，涉及天体的年龄和演化龄的问题。下面以天体的最主要成员恒星来讨论。

1. 恒星的年龄

现在人们所观测到的恒星，有的是年轻的，有的是年老的，年龄是不一样的，但一般都在一千万年至几十亿年之间。对于这样大的年龄差别，人们是如何测定的？下面介绍三种方法。

(1) 主序测时法　　利用赫罗图测定恒星年龄是最基本的方法(详见第 10 章中的"赫罗图")。因为赫罗图是建立在恒星结构和演化理论的基础上，能反映恒星稳定与否。推测年龄赫罗图主要用于球状星团，因为球状星团被认为是同时产生的，所以测定恒星年龄的方法之一是根据球状星团的演化特征来测定恒星的年龄，图 6.22 是球状星团演化特征的赫罗图。

设想球状星团的恒星是同时诞生的，但它们具有各自不相同的质量，显然，刚刚诞生时由于各种质量的星都是主序星，见图 6.22(a)。球状星团赫罗图经过一段时间后，温度高的大质量星首先达到转变期，变成红巨星的转变点，见图 6.22(b)。转变点上的星是刚刚到转变期的随着时间的流逝，转变点不断沿着主星序向下移动，见图 6.22(c)和图 6.22(d)。所以从转变点的位置可以确定球状星团的年龄，由于每个球状星团含有大量恒星，使转变点的位置可以相当准确地测定。因而就可以较好地确定恒星年龄。但从转变点计算年龄还要知道恒星中所含各种元素的比例。由于球状星团中暗星较多，元素成分测定不够精确，这就引起恒星年龄测定中的一些不准确性。用这种方法测定了许多球状星团的年龄，老球状星团的年龄大都差不多，在90亿～150亿年之间。

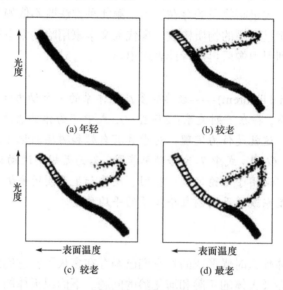

图 6.22　球状星图演化的赫罗图

(2) 估算测时法　　由于恒星的寿命取决于单位时间恒星内部的核反应释放能量的速率，及恒星燃烧能维持的时间，即恒星的寿命与光度成反比，而主序星光度近似与质量的立方成正比。所以人们可以对不同质量的几个典型的恒星作估计。例如，太阳估计寿命为 10^{11} 年，参宿七估计寿命为 20×10^6 年等。

(3) 放射性测时法　　利用放射性同位素特性测时。以铀元素为例，铀有两种同位铀 U^{235} 和铀 U^{238}，它们的半衰期分别是 70 亿年和 45 亿年，因为 U^{235} 的半衰期短，所以，U^{235} 比 U^{238} 更快地蜕变掉，这就造成 U^{235} 比 U^{238} 含量少。现在的地球上的铀中，主要成分是 U^{238}，而 U^{235} 含量很少，即不到 1%，更精确些，U^{238} 占 99.2739%，U^{235} 占 0.7205%。这两个数值的比值称为 U^{235} 及 U^{238} 相对丰度。随着时间的推移，U^{235} 的含量会变得更少，反过来，如果追溯到历史的早期，当太阳系刚形成时，U^{235} 的含量一定比现在大。如果我们能够知道太阳系诞生时 U^{235} 及 U^{238} 二者的相对丰度，再根据二者的半衰期和现在的相对丰度，就可以计算出太阳系的年龄了。人类利用这种方法，已推算出地球的年龄为 46 亿年，太阳的年龄至少也在 46 亿年以上。

2. 恒星的演化龄

只用年龄不能描述恒星年老或年轻，还要看所讨论的恒星所属那类恒星的平

均寿命是多少，为此，天文学家引入演化龄来描述恒星的年老与年轻。演化龄表达式为

$$演化龄 = \frac{年龄}{寿命}$$

要是演化龄愈接近 1，恒星就愈老；反之演化龄愈接近 0，恒星就愈年轻。但是，现在各种恒星质量的寿命还没能确定出来，因而推算演化龄也存在一定困难。

　　综上所述，天体物理量、天体距离的测定及天体年龄估算等方法很多，但它们都有各自的适用范围，人们在选取方法时要特别注意。

 思考与练习

　　1. 天体的亮度与视星等有何关系？

　　2. 简述天体光谱分析的原理。

　　3. 测定天体的距离有哪些方法？

　　4. 如何进行天体大小的测定？

　　5. 天体质量测定有哪些方法？

　　6. 如何确定恒星的年龄？

　　7. 何谓恒星的演化龄？它怎样说明恒星的年老或年轻？

第6章思考
与练习答案

进一步讨论或实践

　　1. 天体物理学基础原理和观测分析方法、现代天体物理学研究的进展。

　　2. 利用三棱镜观测太阳光谱。

　　3. 晴朗夜晚观测星空，认识视星等(如：织女星 0 等、天狼星 −1.45 等、满月 −12.73 等)。

　　4. 月球掩星的观测实践。

第7章 太 阳 系

【本章简介】

　　本章首先介绍了太阳系的发现以及托勒密宇宙地心体系和哥白尼宇宙日心体系；其次，解释了行星视运动的现象与真运动的本质；接着介绍太阳系主要成员的特点；最后，对太阳系的形成和演化作了讨论。

【本章目标】

➤ 了解认识太阳系的两大学派。
➤ 掌握太阳系天体的运动规律。
➤ 掌握研究恒星的样本——太阳。
➤ 了解太阳系起源问题。
➤ 了解日地关系及太阳活动对人类的影响。

7.1 太阳系的发现

　　哥白尼宇宙日心体系的确定，是近代天文学兴起的主要标志，是人类认识地球的一个飞跃，也是人类探索客观真理道路上的一个重要里程碑。然而，从哥白尼的《天体运行论》于1543年正式发表，经过布鲁诺、伽利略、开普勒、牛顿等人的宣传、捍卫和发展，到日心宇宙体系深入人心，再到太阳系结构图景的发现，却走过了艰难曲折的道路。

　　人们生活在地球上，靠"坐地观天"的直观感觉，认为宇宙是由天和地两大部分构成的：地处于宇宙的中心静止不动，天上的日月星辰都围绕着地运转。人们对于宇宙的认识，就是从观察天空中的日月星辰的运行开始的。不过，由于古代人活动范围狭小，只能看到天地的一小部分，便认为那就是宇宙。在中国最早的"盖天说"，认为"天圆如张盖，地方如棋局"。后来，又认为大地中央微微凸起，又有"天象盖笠，地法覆盘"的说法。再后来，又有"浑天说"，认为"天如鸡蛋，地似蛋中黄"，有了最初的地圆观念。与此同时，中国古代还有"宣夜说",认为"天了无质""高远无极",打破了"天壳"的观念,颇具朴素的宇宙无限的思想。在其他古代文明民族中,也都曾有过与上述类似的宇宙观念。如古希腊学者亚里士多德根据天体完美论的观念,提出"地圆说",认为球形的大地居于宇宙中心,岿然不动。

古代人们也曾猜想过,天上的日月星辰每天东升西落的周日运动和太阳的南北回归运动,是否由于大地本身运动而造成的?如成书于西汉末年的《春秋纬·元命苞》有"天左旋,地右动"的相对运动的观点。在《尚书纬·考灵曜》里有"地有四游,冬至地上北而西三万里,夏至地下南而东三万里,春秋二分其中矣。"并且,还用科学比喻来说明人感觉不到地游的道理,"地恒动不止,而人不知,譬如人在大舟中,闭牖而坐,舟行不觉也。"有趣的是,后来哥白尼和其他科学家,在阐述地球运动时,也不谋而合地用了相同的比喻。在繁缛的其他古代民族的天文学史中也能找到地动的记述。如公元3世纪另一位古希腊学者阿里斯塔克,曾通过测量,肯定日地距离远远大于月地距离,地球不仅有绕日公转运动,而且还有自转运动,这当然是迄今为止所知最早的日心地动说了。但由于时代的限制,地动的主张不符合人们的直观感觉,所以当时不被世人所接受。

由于生产和生活的需要,几千年来,人们不断对天象进行了大量的观测和探索,积累了丰富的天象资料。其中最主要的是日月星辰的移动:所有天体除了每天的东升西落运动外,还有月亮在恒星间每月移动一周,太阳每年移动一周;金、木、水、火、土五星与众不同,它们基本上向东行(顺行),而有时又向西行(逆行),呈现"五星并东行,每每又徘徊"的独特景象。人类正是通过对天体复杂运行的观测、解释和争论,推动了天文学发展,最终导致托勒密宇宙地心体系的破灭和哥白尼宇宙日心体系的确立。

一、托勒密宇宙地心体系

宇宙地心体系这一学说是欧洲多克斯和亚里士多德所倡导的,后来古希腊学者又提出本轮均轮偏心模型。大约在公元140年亚历山大城天文学家托勒密在《天文学大成》一书中总结并发展了前人的学说,建立了托勒密宇宙地心体系,见图7.1。

1. 地心学体系的要点

① 地球位于宇宙中心静止不动。

② 每个行星都在一个叫"本轮"的小圆形轨道上匀速转动,本轮中心在叫做"均轮"的大圆形轨道上绕地球匀速转动,但地球不是均轮中心,而是同圆心有一定的距离。他用这两种运动的复合来解释行星运动中的顺行、逆行、合、留等现象。

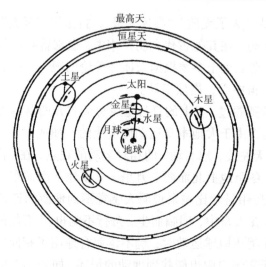

图 7.1　托勒密宇宙地心体系简图

③ 水星和金星的本轮中心位于地球与太阳的连线上,本轮中心在均轮上一年转一周;火星、木星和土星到它们各自的本轮中心的连线始终与地球到太阳连线平行,这三颗星每年绕其本轮中心转一周。

④ 恒星都位于被称为"恒星天"的固体壳层上,日、月、行星除上述运动外,还与恒星一起每天绕地球转一周,以此解释各种天体的每天东升西落现象。

2. 现代人对地心学的评价

很明显,地心体系是错误的,是唯心的。但是,在当时条件下,它所推算出的行星位置与实际观测结果,是相当符合的,因此,在当时这个宇宙体系似乎是合乎情理的完美的数学图解。在哥白尼以前的一千多年间,人们把托勒密的地心体系奉为"伟大的结构",而被广泛地信仰和传播。

随着科学的不断发展,观测手段的更新,观测精度的逐步提高,按照地心体系推算出的行星位置与观测的偏差越来越大,地心体系的后继者不得不进行修补,在本轮上再添加小本轮,用以求得同观测结果的符合,但由于地心体系没有揭示行星运动的本质,到 15～16 世纪时,本轮已增加到许多个,计算就变得非常复杂烦琐,而且仍与观测结果有误差,很明显,地心体系已破绽百出。

地心体系从其正式产生,一直维持一千多年,这同欧洲漫长而黑暗的神权统治有关。中世纪的欧洲政教合一,宗教神学思想占统治地位,托勒密的宇宙地心体系为教会所利用,成为上帝创造世界的理论支柱。教会的封建神学中提到上帝创造了人类,并把人类安放在地球上,因而地球必定要居于宇宙中心,应该占有特殊的地位,这样,在教会的封建神学统治下,科学长期未能挣脱宇宙地心体系的桎梏。

到15～16世纪，欧洲的封建统治没落，资产阶级开始兴起。后来哥伦布发现美洲新大陆，麦哲伦环球航行获得成功。随着远洋航海事业的迅速发展，对天文观测的理论计算和实际观测精度都提出了更高的要求，宇宙地心体系已不符合观测事实，理论计算也有问题。因此，时代已经要求地心体系有一个飞跃的更新，否则就不能满足科学发展的需要，哥白尼的日心说正是在这样的一种时代背景下和科学发展的情况下产生的。

二、哥白尼的宇宙日心体系

波兰天文学家哥白尼(1473～1543年)经过40年的艰辛研究，在分析过去大量资料和自己长期观测的基础上，提出日心体系的观点，并在1543年出版的《天体运行论》中，系统地提出了日心体系，见图7.2。

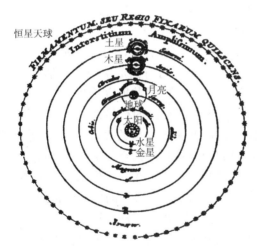

图7.2 哥白尼日心体系示意图

1. 日心学体系要点

① 地球不是宇宙的中心，太阳才是宇宙的中心。太阳运行的一年周期是地球每年绕太阳公转一周的反映。

② 水星、金星、火星、木星、土星五颗行星同地球一样，都在圆形轨道上匀速地绕太阳公转。

③ 月球是地球的卫星，它在以地球为中心的圆轨道上，每月绕地球转一周，同时月球又跟地球一起绕太阳公转。

④ 地球每天自转一周，天穹实际不转动，因地球自转，才出现日月星辰每天东升西落的周日运动，这是地球自转的反映。

⑤ 恒星离地球比太阳远得多。

2. 现代人对日心学的评价

由于科学技术水平及时代的局限,哥白尼的日心体系也有缺陷。主要有以下三个:
① 把太阳作为宇宙的中心,且认为恒星天是坚硬的恒星天壳;
② 保留了地心说中的行星运动的完美的圆形轨道;
③ 认为地球是匀速运动的。

然而哥白尼是第一个以科学向神权挑战的人,他的历史功绩在于确认了地球不是宇宙的中心,从而给天文学带来了一场根本性革命。哥白尼的宇宙日心体系是人类对天体和宇宙认识过程中的一次飞跃,是唯物主义认识的胜利。恩格斯对此曾给予很高的评价,他在《自然辩证法》一书中指出:"自然科学借以宣布其独立并且好像是重演路德焚烧教谕的革命行为,便是那本不朽著作的出版,他用这本书(虽然说是胆怯地而且可以说是在临终时)来向自然事物方面的教会权威挑战,从此,自然科学便开始从神学中解放出来。"

哥白尼学说的发表,引起教会的极大恐慌,他们把日心说视为邪说、异端,并把《天体运行论》列为禁书,对哥白尼学说的传播者进行疯狂迫害。例如,意大利学者布鲁诺(1548~1600 年)勇敢地宣传哥白尼学说,并认为宇宙是无限的,恒星是遥远的,而且恒星有自己的行星系。这样,布鲁诺受到反动统治阶级的残酷迫害,1600 年被烧死在罗马的百花广场。还有著名科学家伽利略(1564~1642 年)把自制的望远镜指向天空,用科学实践证实和宣传日心说,也受到了宗教裁判所的传讯和拘留,以致双目失明,含冤离开人间。但是科学毕竟是科学,真理是阻止不了的,随着科学的发展,哥白尼的日心说逐渐被科学实践所证实,1835 年天主教会撤除对哥白尼学说的禁令,1980 年,罗马教会公开为沉冤三百年的伽利略平反昭雪。为纪念伽利略使用望远镜进行天文观测以及他对天文学发展所做的贡献,2007 年 12 月 20 日联合国通过决议,定 2009 年为国际天文年,并在全球各地开展天文观测和科普活动。通过天空和夜晚星空,帮助人们重新认识自己在宇宙中的位置,探索我们的宇宙。

三、科学实践对宇宙日心体系的证实

1. 伽利略的发现

哥白尼去世后 66 年,光学望远镜发明了。1609 年,伽利略利用望远镜看到月球上的山脉、平原和像火山口一样的环形山;1610 年 1 月 7 日,伽利略又把望远镜对准木星,他发现了木星的四颗卫星,这好像是一个小太阳系。以前,地心说认为只有地球周围才有可能有天体绕转,因为地球是宇宙的主宰,其他

天体都是地球的仆从，伽利略的发现彻底地打破了这一观点，为哥白尼的日心说找到了有力的证据。后来他又发现了金星的位相(关于"位相"稍后介绍)，说明行星也和地球一样，是被太阳照亮的，地内行星绕太阳转动过程中，顺序地发生着像月相变化一样的位相变化；还发现太阳黑子逐日西移，从而说明太阳也在自转；以及发现银河系由众多恒星组成。他把这些发现汇集成《星空通报》一书，用以支持哥白尼的日心说。因此，伽利略被人们誉为"天空的哥伦布"。

2. 开普勒发现行星运动三定律

德国天文学家开普勒，是哥白尼日心说的坚决拥护者，他细心地研究了丹麦天文学家第谷对行星，尤其是火星的长时间观测资料，并经过反复推算，然而预报的位置总不能同观测的位置相符合，虽然误差很小，最大不过 8 分，但他坚信观测的结果是正确的。于是，他想到火星可能不是作匀速圆周运行，经过大量的计算分析，终于发现火星是沿椭圆轨道绕太阳运行，太阳位于椭圆的一个焦点上，而且火星在其轨道上运动的速度也是不均匀的。这一发现把哥白尼的学说向前推进一大步，开普勒说："就凭这 8 分的差异，引起了天文学的全部革新！"他把研究的结果总结为行星运动的三大定律，也叫**开普勒三定律**(如图 7.3 所示)。

图 7.3　开普勒三定律示意图

其主要内容如下。

① **第一定律——轨道定律(椭圆定律)**：所有行星运动的轨道都是椭圆，太阳位于椭圆的一个焦点上。

② **第二定律——面积定律**：行星的向径在单位时间内扫过的面积相等。因此，行星在近日点附近比在远日点附近转动得快。

③ **第三定律——周期定律**：行星绕太阳运动的周期的平方与它们轨道半长径的立方成正比，用公式表示就是

$$\frac{T^2}{a^3} = 常数 \tag{7.1}$$

或者

$$\frac{T_1^2}{T_2^2} = \frac{a_1^3}{a_2^3} \tag{7.2}$$

开普勒定律的前两条发表在 1609 年出版的《新天文学》一书中，第三条发表

在 1619 年出版的《宇宙谐和论》中。开普勒行星行动三定律的发现为经典天文学奠定了基础。这是继哥白尼之后天文学的一个新的进步，为万有引力定律的发现奠定了基础。

3. 牛顿发现万有引力定律并对开普勒三定律作了修正

开普勒三定律，只说明了行星运动的几何形式，至于它的力学上的原因，没有做出物理的解释，而英国科学家牛顿从数学上解答了这个问题。牛顿利用微积分首先证明了若要行星遵守开普勒第二定律，其作用于行星上的力必须总是指向太阳，这个力就是太阳的引力。开普勒第一定律表明，太阳作用于某一行星的力，同该行星到太阳的距离的平方成反比。开普勒第三定律表明，作用于不同行星的引力的大小与各行星到太阳距离的平方成反比，与它们的质量成正比。用数学形式表达就是

$$F = K^2 \frac{mM}{r^2} \tag{7.3}$$

这就是太阳与行星的引力公式，式中的 M 和 m 分别是太阳和行星的质量，r 为行星到太阳的距离，F 表示太阳与某一行星之间的引力。

牛顿还用月球的运动阐明支配行星运动的力和地球上物体下落的重力是完全相同的。牛顿假定月球沿半径为 R 的圆轨道绕地球转动，则月球的向心加速度

$$a = \frac{V^2}{R} \tag{7.4}$$

而

$$V = \frac{2\pi R}{T} \tag{7.5}$$

则

$$a = \frac{4\pi^2 R}{T^2} \tag{7.6}$$

已知 $R = 3.84 \times 10^{10}$ 厘米，月球公转周期(恒星月)$T = 27.3$ 日 $= 2.36 \times 10^6$ 秒，代入式(7.6)，$a = 0.273$ 厘米/秒^2。另外，我们可以计算出月球在其轨道处的重力加速度，牛顿假定重力与引力一样，也是同距离平方成反比，则月球轨道处的重力加速度 g，遵守

$$\frac{g_1}{g} = \frac{r^2}{r_1^2} \tag{7.7}$$

式中 g 为地面处重力加速度 $g = 981$ 厘米/秒^2，r 为地球半径，r_1 为月球的地心距，$r_1 = 60r$，代入上式得 $g_1 = 0.273$ 厘米/秒^2。

牛顿的计算表明,在月球轨道处的重力加速度恰好等于月球的向心加速度。这证明了保持月球沿其轨道绕地球运动的力,就是使地球上的物体向地心下落的重力。牛顿把天上的和地上的现象联系起来,出色地证明苹果落地和天体运行这些看来截然不同的现象都是由同一种自然力所支配的,没有什么是超自然的力量。

牛顿综合上述情况,提出了万有引力定律,发表在 1687 年出版的《自然哲学的数学原理》一书中,说明任何物体之间都存在着相互吸引的力,这个力的大小同各个物体的质量成正比,与它们之间的距离的平方成反比。用公式表示就是

$$F = G\frac{m_1 m_2}{r^2} \tag{7.8}$$

式中 m_1、m_2 表示两个物体的质量,r 表示它们之间的距离,F 为万有引力,其中的 $G=K^2$,叫万有引力常量,在厘米·克·秒制中,$G = 6.67 \times 10^{-8}$ 达因·厘米^2/克^2。

万有引力定律发现后,就正式把研究天体的运动建立在力学理论的基础上,从而创立了天体力学。正如恩格斯所说:"牛顿由于发现了万有引力定律而创立了科学的天文学……"最近研究证实万有引力常量在宇宙中具有普适性。

从万有引力定律出发,来推导两个物体在万有引力的作用下的运动规律问题,一般称作二体问题。在二体问题的研究中,牛顿导出了开普勒定律的更普遍的形式,对开普勒定律作了修正。其要点如下。

① 第一定律即轨道定律可以更普遍地叙述为:行星绕太阳公转的轨道面是一个平面,行星轨道的普遍形式是圆锥曲线。当偏心率 $e<1$ 时,是椭圆;$e=1$ 时为抛物线;$e>1$ 时为双曲线,由此得出,太阳系的天体轨道可能有这三种形式,观测证明彗星就具有这三种类型的轨道。

② 第二定律即面积速度定律是动量矩(角动量)守恒定律,其结果表现为面积速度不变的面积定律,与开普勒的第二定律一致。

③ 对第三定律牛顿得出了更准确的表达式,修正了开普勒第三定律。牛顿修正后公式为

$$\frac{a^3}{T^2(m+M)} = \frac{G}{4\pi^2}$$

$$\frac{a_1^3}{T_1^2(m+M)} = \frac{a_2^3}{T_2^2(M+m)} \tag{7.9}$$

或

$$\frac{a_1^3}{a_2^3} = \frac{T_1^2(m+M)}{T_2^2(M+m)} \tag{7.10}$$

实际上，太阳质量 M 比行星质量 m 大得多，所以开普勒第三定律是它的一个近似式。式(7.1)至式(7.10)在第 6 章均得到应用(详见第 6 章"天体物理性质及其测定")。

4. 光行差和周年视差的发现

牛顿万有引力定律发表后，哥白尼的日心体系已经建立在稳固的物理力学的基础上，因而，得到了普遍的认可；但恒星的周年视差还待确认。当时由于一直没有被找到，就成了一部分人用来反对地球绕日运动学说的借口(关于"光行差和恒星周年视差"的内容，请参看第 9 章的"地球及其运动")。

光行差和恒星周年视差的发现是天文学史上的一项卓越成果，扫除了哥白尼日心体系的最后障碍。周年视差之所以长时期没有被发现，是因为这个数值太小，观测手段不先进，而且周年视差被淹没在光行差之中，人们很难把它们分离出来。当然，一旦光行差发现后，周年视差也就被发现了，从而证实了日心体系。

5. 海王星的发现

天体力学最光辉的胜利是以计算的方法发现了海王星。

1781 年，音乐家赫歇尔完全偶然地发现了一个新的大行星(天王星)，使他后来成为一位著名的天文学家。很快就证明了这颗大行星和太阳的距离是土星的二倍，从而扩大了太阳系的边界。新的行星被命名为天王星。实际上，在发现天王星以前的整整一个多世纪中，天王星已被当作恒星观测过二十多次，这样，很容易地确定了它的轨道。1821 年法国的布瓦编制星表，发现木星，土星的观测位置与理论计算完全符合，而天王星的理论计算位置与观测位置有无法解释的偏差，这个偏差到 1830 年已达到 20″，而且越来越大，到 1845 年达到 2′，对于这种偏差只有两种解释，一是万有引力的正确性值得怀疑，二是在天王星轨道外还有一颗未被发现的行星对天王星产生摄动(有关"摄动"指的是一个天体绕另一个天体按二体问题规律运行时，因受到别的天体吸引或其他因素的影响，其轨道所产生的偏离)造成的，于是科学的假设被提出来了，寻找这颗未知的行星便成了当时科学上有待解决的重要问题之一。

这个数学难题几乎同时地相互独立地被两个勇敢的年轻人亚当斯和勒威耶所解决。英国的亚当斯，经过两年的努力于 1845 年计算出了未知行星的轨道和质量，他把计算结果报告给皇家天文台，请求他们协助证实，但并未引起他们的注意。法国的勒威耶在不知道亚当斯计算的情况下，也独立地研究这个问题，1846 年他把研究结果发表在两个报告中，并写信告诉了柏林天文台台长加勒。1846 年 9 月 23 日，加勒在收到信后的第一个晚上，就在天空中据勒威耶计算所指的位置附近找到了这颗未知行星，后来这个行星被命名为海王星。

海王星的发现，消除了人们对天体力学理论性的怀疑，天体力学在实践中经受住了检验，使哥白尼的学说由三百多年来的假说成为事实。

四、行星的视运动及其解释

人们所看到的行星在天空上位置的移动叫做行星的视运动。古代的人们对于金、木、水、火、土五颗行星很早就进行观测，有大量的记载，发现行星的视位置对于太阳有相对运动，对于恒星也有相对运动。行星的这些视运动的规律可以用开普勒三定律来解释。

1. 行星相对于太阳的视运动

我们把地球轨道以内的行星称为"地内行星"(包括水星和金星)；以外的称为"地外行星"(包括火星、木星、土星、天王星和海王星)。行星同太阳的相对位置的变化表现在一个会合周期内，行星同太阳的黄经差不断变化着，因此，它们的相对位置要发生一系列变化。这种变化又因地内行星和地外行星而不同(见图7.4)，下面就这两类不同情况作进一步进行解释。

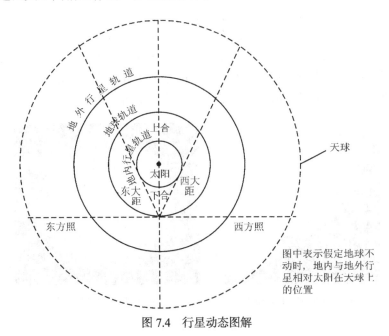

图 7.4 行星动态图解

(1) 地内行星相对于太阳的视运动   地内行星相对太阳的黄经相等时，称为"合"，即行星合日。"合"分为上合(距地球最远)和下合(据地球最近)。在合日时，行星被太阳光辉所淹没。经过上合以后，地内行星逐渐偏离太阳向东，东行几个月后,行星与太阳的距离达到最大,称为"东大距",这段时间,太阳落山后,它出现在西方天空,也叫做"昏星",这时的金星我国叫"长庚星"。东大距后,它又一天天地靠近太阳,当它的黄经再次等于太阳黄经时,叫下合,这时它重新消失在太阳的光辉里,我们看不见它。以后它又偏离太阳,往太阳西侧运行,这时的行星由昏星变为"晨星",清晨在东方天空出现,这时的金星我国叫"启明星",此后它偏离太阳的距角一天天增加,一直到"西大距"时为止,西大距后,地内行星与太阳距角逐渐减小,直到再一次上合,以后再重复上述的运动,它们总是在太阳两侧来回摆,角距离不超过一定的范围,即被限定在90°之内。"东、西大距"或前后日子是观测地内行星的最好时机,由于行星轨道不是正圆,大距角不是常数,金星在45°~48°之间,水星在18°~28°之间,所以要观测水星是不容易的,而金星是常常可以见到的。在下合时,如果地内行星离黄道面非常近,从地球上看来,地内行星便在日面前经过,这就是水星或金星的凌日现象。水星凌日罕见,平均每一百年只发生13次,大多在5月和11月。最近一次发生在2019年11月11日,上次发生在2016年5月9日,接下来发生的时间将在2032年11月3日、2039年11月7日。因水星视圆面非常小,必须借助望远镜才能观测到,见图7.5(a)。金星凌日不需要望远镜,就可以看到它在视日面上缓缓通过,但也比较罕见。金星凌日每两次为一组,两次之间相隔8年;两组之间却相隔100多年。最近的一组是2004年6月8日和2012年6月6日。2004年6月8日发生金星凌日,我国及亚洲、非洲、欧洲等世界不少地方都能看到这一罕见的天象,作者赴新疆乌鲁木齐有幸目睹并拍摄了金星凌日现象,见图7.5(b)。

(a) 2016年5月9日水星凌日　　　　　　(b) 2004年6月6日金星凌日

图 7.5　行星凌日

由于行星和月球一样,自身不发射可见光,靠反射太阳光才为我们所见,因此,也发生类似月相的位相变化,但是和月相还不同,因为在下合附近(朔)时,地内行星离地球最近,视直径最大;而在上合(望)附近时,离地球最远,视直径最小。例如,金星在朔时的视直径是望时的 6.4 倍，水星视直径变化最大为 2.6 倍，因此，地内行星最亮时不在望，而是在朔的前后。金星的最大亮度会达到–4ᵐ.5，比天狼星亮16 倍，见图 7.6。

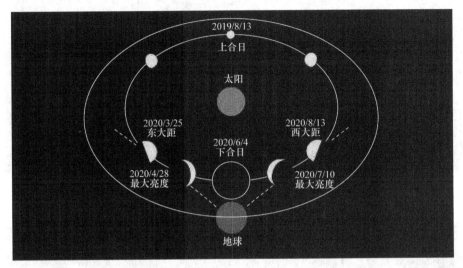

图 7.6　金星的视大小和位相

(2) 地外行星相对于太阳的视运动　　当地外行星和太阳的黄经相等时，称为"合"，这时它与太阳同升同落，我们看不到它，过一段时间，当地外行星同太阳黄经相差 90°时，称为"西方照"，此时半夜左右它从东方升起，太阳升起时，它已转到南方最高位置。当行星和太阳黄经相差 180°时的位置叫做"冲"，即行星冲日，这时行星在日落时升起，在日出时下落，整夜都可以观测到，因此，"冲日"是观测地外行星的大好时机。当行星和太阳黄经相差 270°时，叫做"东方照"，东方照时，太阳落山后，它出现在南方天空，于半夜时下落，之后再到合的位置。同理，因外行星轨道也不是正圆，每次冲时，行星与地球距离不同，距离最近的冲，叫"大冲"。

火星冲每两年多发生一次，但大冲每隔 15 年或 17 年发生一次，而且总在7 月和 9 月之间。火星在 21 世纪头 35 年的"冲/大冲"发生在 2001 年 6 月 14日、2003 年 8 月 29 日(大冲)、2005 年 11 月 7 日、2007 年 12 月 25 日、2010年 1 月 30 日、2012 年 3 月 4 日、2014 年 4 月 9 日、2016 年 5 月 22 日、2018年 7 月 27 日(大冲)、2020 年 10 月 14 日、2022 年 12 月 8 日、2025 年 1 月 16日、2027 年 2 月 9 日、2029 年 3 月 25 日、2031 年 5 月 4 日、2033 年 6 月 28日、2035 年 9 月 16 日(大冲)。通常火星冲日的时候是火星一年中最亮的时候，见图 7.7 和图 7.8。

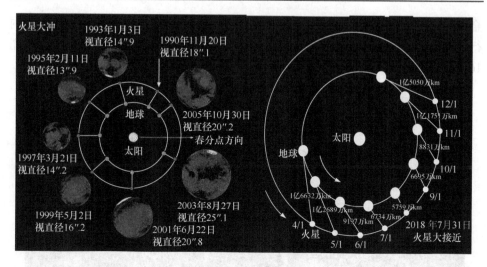

图 7.7　火星大冲示意图

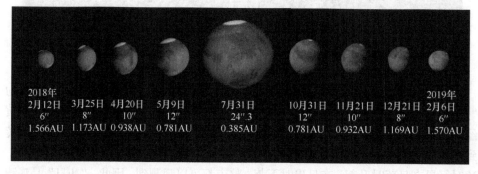

图 7.8　2018 年 2 月~2019 年 2 日火星视圆面的变化和它到地球的距离

　　木星冲日现象，即地球、木星在各自轨道上运行到太阳、地球和木星排成一条直线或近乎一条直线，从地球上看，木星与太阳方向正好相反，它们的黄经相差 180°的现象。大约每隔 12 年可看到 11 次。木星在 21 世纪头 30 年冲日发生时间：2002 年 1 月 1 日、2003 年 2 月 2 日、2004 年 3 月 4 日、2005 年 4 月 3 日、2006 年 5 月 4 日、2007 年 6 月 5 日、2008 年 7 月 9 日、2009 年 8 月 14 日、2010 年 9 月 21 日、2011 年 10 月 29 日、2012 年 12 月 3 日、2014 年 1 月 5 日、2015 年 2 月 6 日、2016 年 3 月 8 日、2017 年 4 月 7 日、2018 年 5 月 9 日、2019 年 6 月 10 日、2020 年 7 月 14 日、2021 年 8 月 20 日、2022 年 9 月 26 日、2023 年 11 月 3 日、2024 年 12 月 7 日、2026 年 1 月 10 日、2027 年 2 月 11 日、2028 年 3 月 12 日、2029 年 4 月 12 日、2030 年 5 月 13 日。图 7.9 为作者在 2012 年 12 月 3 日傍晚木星冲日时星空所摄。

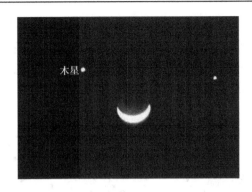

图 7.9 2012 年 12 月 3 日傍晚木星冲日观测三星照片

土星冲日现象，即地球、土星在各自轨道上运行到太阳、地球和土星排成一条直线或近乎一条直线，从地球上看，土星与太阳方向正好相反，它们的黄经相差 180° 的现象。每隔 378 天便会出现一次，即每隔 88 年看到 84 次。土星在 21 世纪头 30 年冲日发生的时间：2001 年 12 月 03 日、2002 年 12 月 17 日、2003 年 2 月 31 日、2004 年 1 月 1 日、2005 年 01 月 13 日、2006 年 01 月 27 日、2007 年 02 月 10 日、2008 年 02 月 24 日、2009 年 03 月 08 日、2010 年 03 月 22 日、2011 年 04 月 03 日、2012 年 04 月 15 日、2013 年 04 月 28 日、2014 年 05 月 10 日、2015 年 05 月 23 日、2016 年 06 月 03 日、2017 年 06 月 15 日、2018 年 06 月 27 日、2019 年 07 月 09 日、2020 年 07 月 20 日。2021 年 8 月 2 日、2022 年 8 月 14 日、2023 年 8 月 27 日、2024 年 9 月 8 日、2025 年 9 月 25 日、2026 年 10 月 4 日、2027 年 10 月 18 日、2028 年 10 月 30 日、2029 年 11 月 13 日、2030 年 11 月 27 日。土星冲日元旦来临(如 2004 年)，平均三百年才有一次。

观测行星最好在冲日(对于外行星)或大距(对于内行星)前后。如 2020 年 7 月，木星和土星双双达到冲位，是观测它们的好时机。2021 年 11 月末至 12 月初，此时金星位于东大距，人们在日落后西边很容易观测到闪烁的金星。

2. 行星相对于恒星的视运动

把一个行星在一年中的不同时刻的视位置标在星图上，就得到了行星的视运动路线。图 7.10 是 1980 年水星的视运动路径。

由图 7.10 可以看到，水星视运动路线在黄道附近，是带有圈或折线的复杂曲线，其他行星也有类似情况，概括行星相对恒星的视运动特点如下。

① 行星有时向着赤经增加方向运动，与太阳周年视运动方向一致，叫做"顺行"，而有时又向着赤经减少的方向运动，称为"逆行"。

② 顺行的时间长，而逆行的时间短。

③ 由顺行转为逆行或由逆行转为顺行，要经过"留"，行星在视运动路线上

的速度是不匀的，在留的前后移动较慢，似乎是相对静止不动的。

④ 行星视运动的不同特点的出现都具有周期性，各行星的周期长短不等。

行星的视运动是地球和行星绕太阳公转而出现的表面现象，哥白尼的日心体系揭示了行星视运动的实质。

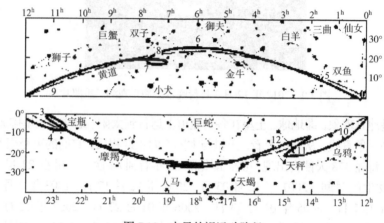

图 7.10　水星的视运动路径

(1) 地内行星的视运动　　　地内行星离太阳比地球离太阳近，它们的轨道比地球的轨道小。按照开普勒定律，行星运动的平均角速度 $\omega=360°/T$，所以地内行星公转的角速度比地球的公转角速度大，在地内行星绕太阳公转一周的时间内，地球只走过一段弧。从地球上看去，由于地内行星和地球都在绕太阳公转，并且轨道面有一定的夹角，地内行星在天球上恒星中间就走了一个打圈的路线，出现了顺行、留、逆行、留、又顺行的视运动现象，而且，地内行星逆行发生在下合前后。见图 7.11(a)：1—2—3 顺行，3 为留，3—4—5 为逆行，5 为留，5—6—7 为顺行。

(2) 地外行星的视运动　　　地外行星比地球离太阳更远，它们的轨道在地球轨道的外面按照开普勒定律，地外行星的公转周期比地球长，当地球在轨道上公转一周时，地外行星只在轨道上走一段弧。

由于地球比地外行星公转周期短，地球轨道速度比地外行星轨道速度大，所以从地球上看去在冲日前后地外行星逆行，顺行与逆行之间转变阶段称为"留"，这样地外行星的视运动就出现了顺行、留、逆行、留、又顺行的有规律的现象。见图 7.11(b)：1—2 为顺行，2 为留，2—3—4—5 为逆行，5 为留，5—6—7—8 为顺行。

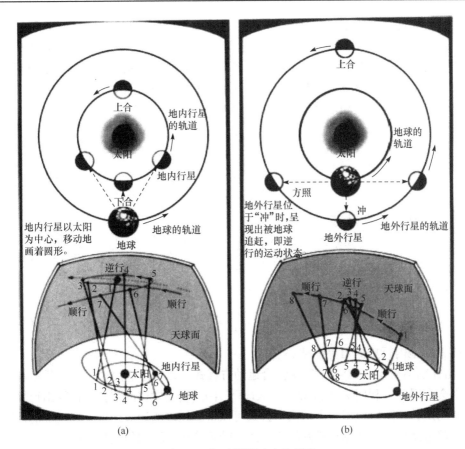

图 7.11 行星的视运动示意图

3. 行星的会合运动

所谓**会合运动**，是针对地球、行星与太阳的相对位置而言的。行星的连续两次合(或冲)所经历的时间称为**会合周期**。如果知道行星和地球的公转周期，我们就可以算出行星运动的会合周期。地球和一个地外行星的轨道，见图 7.12。

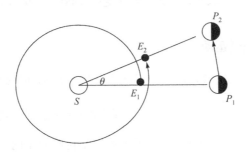

图 7.12 行星会合运动周期的推算示意图

　　为简化起见，假定两个轨道都是正圆。设某次冲日时地球在 E_1，地外行星在 P_1，经过一个会合期后，又发生冲，这时地球公转一周后再转过 θ 角到达位置 E_2，而地外行星只转过 θ 角到达 P_2。以 E 和 T 分别表示地球和地外行星的恒星周期，S 表示行星的会合周期，则地球与地外行星的平均公转角速度 360°/E 和 360°/T，那么在 S 时间内地球和地外行星转过的角度为

$$\frac{360° + \theta}{S} = \frac{360°}{E} \tag{7.11}$$

$$\frac{\theta}{S} = \frac{360°}{T} \tag{7.12}$$

由上两式消去 θ，便得到

$$\frac{1}{S} = \frac{1}{E} - \frac{1}{T} \tag{7.13}$$

对于地内行星可以得到类似公式

$$\frac{1}{S} = \frac{1}{P} - \frac{1}{E} \tag{7.14}$$

式中 P 为地内行星的恒星周期。

　　式(7.13)和式(7.14)叫做**行星会合运动方程式**。在实际应用中，常常是由观测定出会合周期，利用 $E = 365.2564$ 天(恒星年)。按上述这两个公式计算出行星的恒星周期，在简单应用中由这两个公式可以得到较好的近似结果，在精确的计算中，需考虑行星和地球在椭圆轨道上的公转角速度的不均匀变化问题。

　　1982 年 5 月的九星会聚；1999 年 8 月的"十字"联星天象；2000 年 5 月的五星会聚；2020 年 12 月的木星与土星"大合"等。虽属罕见，但这些都是行星会合运动的现象，不仅历史上曾有过，而且将来还会出现。

7.2　太阳系天体的运动和结构特征

一、行星和卫星的轨道运动

　　行星绕太阳运行的轨道是椭圆，设此椭圆的半长轴和半短轴分别为 a 和 b，则其偏心率为 $e = \dfrac{\sqrt{a^2 - b^2}}{a}$，当 $e = 0$ 时，则椭圆变为正圆。轨道面对于黄道面的倾角为 i 来表示，如果 i 小于 90°，就表示运动是自西向东的。这在讨论太阳系演化时，常用到不变平面这个概念。所谓不变平面，就是大行星的平均轨道面，行

星的主要轨道要素见表7.1。

表 7.1 大行星的 i 和 e 要素

行星	$i/(°)$	e
水星	7.0	0.206
金星	3.4	0.007
地球	0.0	0.017
火星	1.9	0.093
木星	1.3	0.048
土星	2.5	0.055
天王星	0.8	0.051
海王星	1.8	0.006

1. 大行星的轨道运动特点

① 由于 i 都很小(除水星行星轨道面对不变平面的倾角大些约为 7°,其余都小于 3°30′),表明大行星的轨道面几乎位于同一平面上,这表现了轨道运动的**共面性**。

② 行星绕太阳转动的方向都一样,自西向东,这体现了轨道运动的**同向性**。

③ 大多数行星的轨道偏心率都很小,除水星为 0.206 外,其余行星的轨道偏心率都小于 0.1,这表明了轨道运动的**近圆性**。

④ 1766 年德国的数学教师提丢斯在研究了六大行星与太阳距离的分布规律的基础上,提出取一个数列 0,3,6,12,24,48,96,…,然后将每个数加上 4,再除以 10 就可以近似地得到以天文单位表示的各行星到太阳的平均距离。1772 年,德国天文学家波得进一步研究了这个问题,并发表了一个定则,后人称为"**提丢斯-波得定则**",它可以写成下面的经验公式:

$$a_n = 0.4 + 0.3 \times 2^{n-2}(天文单位) \tag{7.15}$$

式中,n 为行星的序号,对于水星 n 不取 1,取 $-\infty$ 才与实际符合。

对于这个定则,也可以写成下面形式:

$$\frac{a_{n+1}}{a_n} = \beta \, (\beta 为常数) \tag{7.16}$$

"提丢斯-波得定则"曾被称为"行星轨道运动特征的**遵距性**"。

依式(7.15)和式(7.16)计算得到的值与观测值进行比较,见表 7.2,除海王星外,其余比较吻合。

表 7.2　大行星与太阳的距离(天文单位)

行星	n	a_n 的计算值	a_n 的观测值
水星	$-\infty$	0.4	0.387
金星	2	0.7	0.723
地球	3	1.0	1.00
火星	4	1.6	1.52
(小行星)	5	2.8	(2.77)
木星	6	5.2	5.24
土星	7	10.0	9.50
(天王星)	8	19.6	19.19
(海王星)	9	38.8	30.07

注：表中括号内是当时未知的行星和小行星。

2. 卫星轨道运动

卫星绕行星运动的情况比较复杂，据统计，2019 年共发现的太阳系的卫星有 160 多颗，除在大小、质量等方面相差悬殊，运动特征也很不一致。一般把轨道具有共面性、同向性和近圆性的卫星叫做**规则卫星**，反之称为**不规则卫星**。有些卫星的轨道面同行星的轨道面倾角大于 90°，它们绕行星运动的方向和行星绕太阳运动的方向相反，称**逆行卫星**。总之，太阳系的卫星既有规则又有不规则，既有顺行又有逆行。太阳系主要卫星的特征稍后再介绍。

二、太阳系天体的自转

自转在天体中是很普遍的现象。天体的自转指的是天体绕着自己内部的一条假想的轴线所作的旋转运动，它是研究天体演化的重要资料。表 7.3 列出大行星的自转周期和自转轴对公转轴的倾角 ε，行星自转周期用恒星周期来表示，即以春分点来量度的某一行星自转一周的时间，例如，地球自转的恒星周期(恒星日)为 23 小时 56 分 4.1 秒。行星自转方向以行星自转轴对公转轴的倾角 ε 来表示，例如，地球的 ε 为 23°26′；ε 大于 90°者称为反向自转，例如，金星是反向自转，而天王星几乎是躺在它的公转轨道上作侧向自转。

表 7.3　大行星自转数据

行 星	自转的恒星周期	赤道和轨道倾角 ε
水星	58.65 天	<28°
金星	243 天	177°
地球	$23^h56^m4^s.1$	23°26′
火星	$24^h37^m22^s.6$	23°59′
木星	$9^h50^m.5$ (赤道)	3°05′
土星	10^h14^m	26°44′
天王星	$(24\pm3)^h$	97°55′
海王星	$(24\pm3)^h$	28°48′

在卫星中，有些自转周期与公转周期相同，这种自转称为**同步自转**，这种现象出现是行星和卫星之间的长期潮汐作用的结果。例如，月球、木卫一、木卫二、木卫三、木卫四、海卫一、火卫一和火卫二都是同步自转。

三、太阳系角动量的分布

一个物体在做直线运动时，它具有动量，动量等于物体的质量和速度的乘积，若做曲线运动的物体则具有角动量。行星绕太阳运动是一种曲线运动，所以行星都具有角动量。如果轨道是正圆，则角动量 j 等于行星的质量 m、线速度 v 和轨道半长轴 a 的乘积，即

$$j = mva \tag{7.17}$$

可以证明，行星天体在椭圆轨道上公转时，式(7.17)仍然适用。同理，行星自转也有角动量，叫做自转角动量。

假如一个天体系统在一段时期内同外界没有物质交换，没有相互作用，则这个系统的角动量将保持不变。在系统的内部，某一部分的角动量可以全部或部分地通过某种方式转移给另一部分，但系统的总角动量不增也不减，这就是角动量守恒定律。然而，计算表明，太阳占太阳系质量的 99.865%，其角动量只占太阳系总角动量的 0.6% 不到，而只占太阳系总质量 0.135% 的行星、小行星、卫星等，它们的角动量却占了太阳系总角动量的 99.4% 以上，这就是**太阳系的角动量分布异常现象**。

在卫星系统的角动量分布情况同行星系统不一样，只有月球轨道的角动量比地球的自转角动量大四倍，对于其余卫星系统，都是作为天体的行星的自转角动量比卫星绕行星的轨道角动量大 10 倍到 100 多倍。所以，太阳系起源理论必须能够说明太阳系角动量分布异常才会有说服力。

7.3 太 阳

太阳是太阳系的中心天体，也是银河系中的一颗普通恒星，太阳是典型的主序星。太阳和我们的关系极为密切，是地球上光和热的主要来源，是地球上生命的源泉。地球上的许多现象和太阳的变化过程是紧密联系着的。研究太阳，对于空间科学和地球物理学都有重要意义。此外，由于太阳是离我们最近的一颗恒星，我们有可能对它进行较详细的研究，以此作为一个典型样本，帮助我们探讨恒星的演化和结构以及运动规律。

一、太阳的概况

太阳的一些基本数据见附录 2，日地距离测定方法在第 6 章已谈及。现在国际上采用的日地平均距离为 $1.4960×10^8$ 千米，准确说是 149 597 892 千米，天文学上用这个距离作为一个天文单位，光行一个天文单位的时间为 499.00479 秒，即 8 分 19.00479 秒，相应的太阳的地平视差为 8″.79418。

由一个天文单位观测太阳的视半径，就可以计算太阳的线半径为 $6.9599×10^5$ 千米，约为 70 万千米，是地球半径的 109 倍。由此可以算出太阳表面积是地球表面积的 12 000 倍，体积是地球体积的 130 万倍，是木星体积的 1 千倍，是太阳系所有行星体积总和的 600 多倍。

由开普勒第三定律可以算出太阳的质量是地球质量的 33 万倍，约为 $1.989×10^{33}$ 克。由此可以得出太阳的平均密度为 1.409 克/厘米^3。实际上，太阳的密度不均匀，越靠近中心，密度越大，中心密度约为 160 克/ 厘米^3。

目前，太阳是一颗中年的恒星，其内部具有极高的温度和极大的压力。通过对太阳的光谱分析，可以知道它的化学成分。据研究，目前太阳大气中氢和氦占绝大部分。按质量计算，氢约占有 71%，氦约占 27%，且其他元素只占 2%，主要为碳、氮、氧和各种金属元素。

通过光度测量可以求出太阳的总辐射能(E)为 $6.284×10^{12}$ 尔格。由斯特藩-玻尔兹曼定律可知，恒星表面单位面积总量与温度的 4 次成正比。即

$$E = \sigma T^4$$

其中斯特藩常数

$$\sigma = 5.67×10^{-8} \text{瓦} \cdot \text{米}^{-2} \cdot \text{开}^{-4} \tag{7.18}$$

根据式(7.18)，可求出太阳表面温度 T=5770K。我们知道太阳本身也在不停地转动，通过黑子的观测及光谱研究可以求出太阳自转的速度。研究结果发现，太阳的自转方式十分特殊，就是它并不像固体那样转动，而是日面不同纬度处以不

同速度转动，称为**较差自转**。在赤道区，大约 26 天转一周，在两极区，大约为 37 天，这是恒星周期。那么，相对于地球的自转周期叫太阳自转的会合周期。太阳赤道地区会合周期约为 27 天，而极区会合周期约为 41 天。太阳自转方向与地球自转方向相同，自转轴与黄道面的垂线成 7°15′ 的倾角。太阳为什么会存在较差自转？目前天文界尚无十分满意和公认的理论解释。

在第 5 章中，我们已经介绍太阳的辐射可分为电磁波辐射和粒子辐射两种。前者包括红外线、可见光、紫外线、X 射线等；后者主要是质子、电子和粒子等，也称动态日冕或"太阳风"。

20 世纪 90 年代，人类发射的太阳探测器在地球大气之外巡视 X 射线太阳、远紫外太阳和远红外太阳，环绕太阳的飞行器还能俯瞰人类未知的南北极区。现在，人类对太阳空间观测已取得较大的成果(参见第 5 章"空间探测"部分)。

二、太阳的基本结构

太阳的质量很大，在它自身的重力作用下，太阳物质向核心集中，中心的密度可达 160 克/厘米^3，中心压力可达 $3.4×10^{12}$ 达因/厘米^3，中心温度为 $1.5×10^7$K，这样的条件使其中心区可以发生氢核聚变，这是目前太阳的能源。其所产生的能量以辐射的形式向空间发射。由于能量的产生和发射基本上达到平衡，目前，就整体而言，太阳处于稳定平衡状态。根据各种间接和直接资料表明，太阳的整体结构可分为太阳内部和太阳大气。从中心到边缘可以分为核心区、辐射区、对流区和太阳大气几个组成部分，见图 7.13。

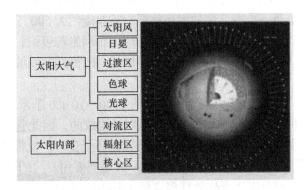

图 7.13 太阳的整体结构

1. 核心区

从太阳中心至大约 0.25 太阳半径的区域，它是太阳的产能区。在这里，进行着 4 个氢核聚变成 1 个氦的热核反应，在反应中损失的质量变成了能量，这样才能连续不断地维持着太阳辐射。

2. 辐射区

在核心区的外面是辐射区，它的范围从 0.25～0.86 太阳半径的区域，辐射从内部向外部转移过程是多次被物质吸收而又再次发射的过程。因此，从太阳核心到表面的行程，就逐步降低它的频率，变为硬 X 射线、软 X 射线、远紫外线，最后以可见光的形式和能量更低的其他形式向外辐射。从太阳内部向外部的温度变化必须保证各层次的辐射压强和重力的平衡，才能维持太阳整体的平衡和稳定。

3. 对流区

在辐射区的上面至太阳表面附近是对流区(也叫对流层)，能量主要靠对流向外传播。在这里，由于外层氢的电离造成此层内气体比热增加，破坏了辐射平衡所要求的温度梯度，从而破坏了流体静力学平衡，产生流动，进而发展为湍流，湍流区会产生噪声，即低频率的声波。

对流区及其下面部分(无法直接观测的)，合称为太阳内部或太阳本体。它们的性质过去由理论推断，现在根据日震观测数据分析可以了解太阳的内部结构。对于太阳大气，其性质主要由观测来确定。

4. 太阳大气

太阳大气由里向外大致可分为光球、色球、日冕三个层次，各层的物理性质有显著区别。

(1) 光球层　　　太阳大气最下层称为光球层，就是我们平常用肉眼看到的太阳圆盘，它实际上是一个非常薄的发光球层，其厚度约为 500 千米，我们接收到太阳辐射几乎全部是由这一薄层发射的。光球中布满米粒组织，这些米粒实际上就是对流层里上升的热气团冲击太阳表面形成的，在光球的活动区,有太阳黑子、光斑。

(2) 色球层　　　位于光球层之上，厚度约 2000～10 000 千米。从 2000 千米往上实际上是由一种细长的炽热物质(称为针状体)构成的，因此色球层很像燃烧的草原。色球的亮度只有光球的万分之一，只有在日全食时，观测者才能用肉眼看到太阳视圆面周围的这一层玫瑰色的光辉，平时观测要用专门的仪器(所谓色球望远镜)才能看到。人们习惯于天体外层温度低于其内层温度，但在太阳这里却不同，在厚约 2000 千米的色球层内，温度从光球顶部的 4600K 增加到色球顶部的几万度。由于磁场的不稳定性，色球经常产生激烈的耀斑爆发，以及与耀斑共生的日珥等，色球层随高度增加，密度急剧下降。

(3) 日冕　　　太阳大气的最外层称为日冕。日冕是极端稀薄的气体层，日冕的亮度比色球更暗，平时也看不见，必须用特殊仪器(称为日冕仪)或者在日全食时才能看见。日全食时看到的日冕呈银白色，见图 7.14。从最好的日冕照片上能够看到它可以延伸到大约 4～5 个太阳半径的距离。但是实际上它可以延伸到超过日地距离。它主要是由高度电离的离子和高速的自由电子组成，日冕物质(基本上是质子、α粒子和电子组成的气体流)可以很快的速度向外膨胀，形成所谓的"太阳风"。换句话说，太阳风就是动态日冕，它的运动温度在 100 万度(K)以上。

图 7.14　日冕

据观测表明，日冕不是静态平衡的，在地球附近，太阳风速度约为 450 千米/秒，平均密度约为 5 个粒子/厘米^3，温度为 5×10^4～5×10^5 K，磁场为 6×10^{-9} 高斯，其方向十分接近太阳的径向，太阳风经过地球区域以后，继续向外传播，一直到太阳系外面很远的地方，并与恒星风互相混合。

太阳风径向外运动，起源于太阳本体的磁力线，其外端被太阳风等离子体带出，并随太阳本体一起转动，在太阳赤道面上有典型的阿基米德旋臂形式，形成行星际磁场的扇形结构，卫星观测结果证实，行星际磁场成双地分成若干区域，一般分为四个区域，在同一区域内磁场极性相同，而在相邻的区域中磁场极性相反。太阳磁场的研究对人们理解太阳活动规律有一定的帮助。

三、太阳的能量来源

太阳每秒钟的总辐射为 3.845×10^{33} 尔格，如何来想象这个能量有多大呢？如果在整个太阳表面覆盖上一层 12 米厚的冰壳，那么只需要一分钟，太阳发出的热量，就能将这层冰壳完全融化。令人惊异的是，太阳在长时期内消耗如此巨大的能量到底从什么地方得到补充呢？这就是太阳的能量来源问题，它也是自然科学中的重要问题之一。直到 20 世纪 30 年代末，由于原子核物理的巨大进展，这个问题才获得解决。

目前的太阳，其日核进行着热核反应是由 4 个氢核聚变为 1 个氦核。原子核都是带正电的，要想让它们接近，就必须克服静电斥力而做功。因此，必须使原子核具有较高的速度，也就是必须具有较高温度，氢原子核的核电荷较小，因而使氢原子核间发生反应时所需的温度就较低。根据理论计算，氢原子核在几百万度时就可以发生反应，太阳内部的温度高达 $1.5 \times 10^7 K$，在太阳内部进行大量的热核反应是完全可能的。

4 个氢核聚变为 1 个氦核的过程可以写成下列方程式：

$$4^1H \rightarrow {}^4He \tag{7.19}$$

氢核的质量为 1.00728 原子质量单位，氦核的质量为 4.0025 原子质量单位，4 个氢核聚变成 1 个氦核以后，会出现质量亏损

$$\Delta m=4 \times 1.00728-4.0025=0.02662 \text{ 原子质量单位}$$

根据相对论，质量和能量之间相互转化的关系为 $E=mc^2$，其中 E 表示能量，m 表示质量，c 表示光速。根据亏损的质量，容易算出，1 克氢完全聚变为氦，会造成0.0069 克质量的损失，从而产生 6.2×10^{18} 尔格的能量。

氢是太阳上最丰富的化学元素，按质量计，氢约占 70%，那么当全部氢聚变为氦时，所放出的能量将为

$$6.2 \times 10^{18} \text{尔格} \times M \times 70\%=6.2 \times 10^{18} \text{尔格} \times 2 \times 10^{33} \times 0.7=8.68 \times 10^{51} \text{尔格}$$

因为目前太阳每秒钟辐射出的总能量约为 3.8×10^{33} 尔格，那么，太阳的全部氢燃烧可维持太阳辐射的时间长达

$$\frac{8.68 \times 10^{51}}{3.8 \times 10^{33} \times 86400 \times 365} = 7.2 \times 10^{10} \text{(年)}$$

即可以在约 100 亿年时间内供应全部所需的能量。地球形成至今大约已 46 亿年，也就是说大约 50 亿年后，太阳的氢即可消耗完毕。到那时，太阳内部将形成氦核，从而太阳的面貌也将发生新的巨大变化。太阳的演化途径主要取决于它的能量变化。太阳是一颗典型的主序星。关于主序星的产生及其演化过程，天文学家已做了大量的研究，并且已经得到比较一致的看法(详见第 10 章)。太阳的一生大体上可以分为 5 个阶段——主序星前阶段、主序星阶段、红巨星阶段、氦燃烧阶段和白矮星阶段。事实上，氢聚变不是 4 个氢直接合成为 1 个氦核，现在认为主要有两种核反应系列：一种叫质子-质子链反应，另一种叫碳氮氧循环。具体内容请参看第 10 章"恒星起源和演化"。

四、太阳活动

太阳活动是太阳大气中局部区域各种不同活动现象的总称。总的说来，太阳是一个稳定、平衡、能发光的气体球，但它的大气却常处于局部的激烈运动之中，最

明显的例子是黑子群的出没和耀斑的爆发等，这些现象同太阳磁场的变化关系很密切。太阳磁场强弱导致了耀斑、日珥、日冕物质抛射等，强烈的太阳活动对地球的磁场、气候和人类空间活动有重要影响。现阶段太阳的主要特征是大功率的稳定辐射叠加上小功率的周期性的太阳活动。太阳活动的明显标志是太阳黑子、太阳耀斑以及日冕物质抛射(或太阳风)。

1. 太阳黑子

黑子是光球上经常出没的暗黑斑点，一般由较暗的核(本影)和围绕它的较亮的部分(半影)构成，中间凹陷约 500 千米。黑子看起来是暗黑的，但这只是明亮光球反射的结果，见图 7.15。一个大黑子能发出像满月那么多的光，黑子的温度低于光球，本影有效温度约 4240K，半影有效温度为 5680K。

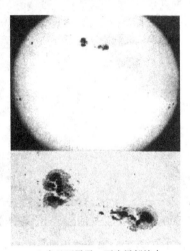

上为日面黑子，下为局部放大，
可见本影和半影

图 7.15 太阳黑子

太阳活动的程度，通常用太阳黑子的多少来表示。日面上太阳黑子多时表示太阳活动较强，太阳黑子少时表示太阳活动较弱。国际上的标准则用太阳黑子相对数 R 表示太阳黑子的多少，公式为

$$R=k(10g+f) \tag{7.20}$$

式中 R 称为太阳黑子相对数，g 是太阳黑子群数，f 是可见日面上太阳黑子的总数，k 为换算系数。其中 k 取决于观测时所用的仪器、观测方法、天气情况和观测者的熟练程度、划分太阳黑子群的方法等。世界各天文台、站、馆把自己的观测结果与国际太阳黑子相对数进行比较求得自身的换算系数。黑子观测是太阳观测的一个基本项目。

黑子常成双或成群出现，复杂的黑子群由几十个大小不等的黑子组成。黑子的大小从 1000 千米到 20 万千米不等。通常的黑子群包括两个较大的黑子，称为双极黑子群。一般"前导黑子"较"后随黑子"为大，其寿命也较长，黑子的寿命从几小时到几个月不等。

在日面上黑子出现的情况不断变化，根据太阳黑子相对数统计表明，平均具有 11 年的周期变化(最长 13.6 年，最短为 9 年)，叫做太阳活动周。黑子活动周是 1843 年由德国药剂师施瓦布发现的。国际上统一约定，从黑子数最少的 1755 年开始至 1766 年为第 1 个太阳活动周，延续到现在。图 7.16 给出了第 22～24 个太阳黑子活动周的情况。2020 年进入第 25 个太阳黑子活动周，根据太空气象预报中心的预测 2024 或 2025 年进入峰值。

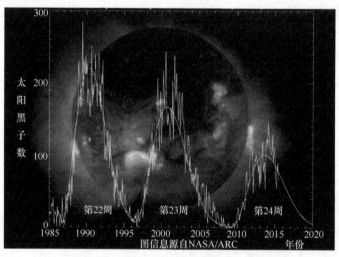

图 7.16　第 22～24 个太阳黑子活动周

黑子常出现在日面赤道两边从纬度 5°～25°的区域，很少出现在高于纬度 45° 以上的区域。在每一个新的太阳活动周开始时，黑子多出现日面南、北纬30° 左右，随后，黑子的平均纬度随时间减小，在活动周之末，黑子出现在赤道附近，但赤道附近黑子未消失之前，新的黑子又出现在较高纬度地带，由此周而复始，成为规律。如果把一个太阳周内，南北半球黑子出现的纬度随时间变化画成散布图，可反映黑子在日面上的分布，其形状很像蝴蝶的两个翅膀，被称为**孟德尔蝴蝶图**，见图 7.17。

黑子具有很强的磁场，大致在 1000 高斯到 5000 高斯之间，磁场强度同黑子面积有关，面积越大其磁场强度也越大，成双出现的黑子具有相反的磁性，磁力线从一个黑子表面出来，又进入另一个黑子，当太阳北半球前导黑子具有 N 极，后随黑子具有 S 极时，南半球的黑子对前导黑子具有 S 极，后随黑子具有 N 极，在每个太阳活动周内，每个半球黑子磁极情况保持不变，但在下一个太阳活动周内，磁性情况颠倒过来，即北半球前导黑子为 S 极，后随黑子为 N 极，南半球前导黑子为 N 极，后随黑子为 S 极，因此，黑子磁性的变化等于两个太阳活动周，为 22 年左右，叫**磁周**。

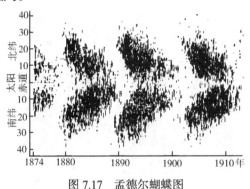

图 7.17　孟德尔蝴蝶图

2. 光斑和谱斑

光斑是与黑子相反的一种光球现象，具有各种不同形式的纤维结构，比光球的温度高。在日面边缘部分，可以见到微弱亮片。光斑和黑子的密切联系，常常相互伴随，它比黑子先出现，平均寿命约 15 天。光斑的纬度分布同黑子类似，但稍比黑子带宽些，光斑亮度比光球背景亮 11%左右。

谱斑出现在色球中，位于光斑之上，它延伸的区域一般与光斑符合，也称"色球光斑"，大多数谱斑也同黑子有联系，氢谱斑和铅谱斑的面积和亮度都随黑子 11 年周期而变化。

3. 日珥

用色球望远镜单色光观测时，常常在其边缘看到明亮的突出物。它们具有不同的形状，有的像浮云，有的似喷泉，还有圆环、拱桥、火舌、篱笆等形状，统称为日珥，见图 7.18。日珥的大小不等。一般说来长约 200 000 千米，高约 30 000 千米，厚约 50 000 千米，其寿命维持几个月，日珥主要存在于日冕中。但下部常与色球相连，根据形态和运动特征，日珥可分为若干类型。投影在日面上的日珥称为"暗条"，在日面的高纬度区和低纬度区都会出现日珥，但最亮的日珥常出现在低纬度区，太阳黑子带内的日珥也具有 11 年周期变化，两极地区日珥的周期不明显。

4. 耀斑

耀斑是太阳活动区中最剧烈的活动现象，耀斑中涉及的物理过程非常复杂，非常丰富。当用单色光(氢的 H_2 线和电离钙的 H、K 线最突出)观测太阳时，有时会看到一个亮斑点突然出现，几分钟或几秒钟内面积和亮度增加到极大，然后比较缓慢地减弱，以至消失，这种亮斑点叫做"耀斑"，这种现象常叫"色球爆发"。

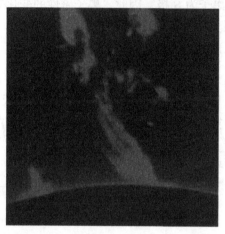

图 7.18　日珥

耀斑很少在白光中看到，其强度常增至正常值的 10 倍以上，最大发亮面积可达太阳圆面的千分之五。耀斑的寿命很短，平均约 4~10 分钟。当耀斑近于消失时，在其上或附近常出现暗黑的纤维状物，以很高的速度上升(300 千米/秒)，当达到一定的高度(可达 10 万千米)之后，又快速地返回落向太阳，这种现象就是"日浪"，也叫"回归日珥"。

耀斑出现的概率与黑子有很大的关系，在黑子的极大年代，耀斑活动最为强烈，大多数耀斑出现在黑子群的生长阶段，主要发生在双极黑子群附近，尤其是在磁性复杂的多极黑子群附近。

耀斑爆发时，发出大约 $10^{30} \sim 10^{32}$ 尔格的能量，它抛射出的粒子流达 1000 千米/秒的速度，到达地面时，常引起磁暴和极光。耀斑发出的强紫外辐射和 X 射线，会对地球产生很大的影响(稍后再介绍)。

5. 日冕凝聚区

用日冕绿线 5303 埃和红线 6374 埃可以观测到低日冕区等离子体和温度的局部增强区域，叫日冕凝聚区，它位于很发达的黑子群及光斑之上，用黄线 5694 埃也可以观测到。在结构复杂的黑子群的上面也有这种凝聚区，这种用光学方法观测到的凝聚区，称为光学凝聚区，它的大小在经度方向的伸展约为 15°～35°，高度为 25 000～170 000 千米，寿命约几个月，电子密度比周围的日冕区大 2～10 倍，温度约为 4×10^6 K。

日冕凝聚区发出的 X 射线十分强，比它周围非扰部分大约强 70 倍。

6. 太阳活动区

太阳活动的更普遍含义，是指发生在光球、色球和日冕上的许多不同活动现象。这些活动现象是：①黑子、光斑、谱斑、日珥、耀斑和日冕凝聚区的结构；②在太阳光谱的远紫外辐射、X 射线和射电辐射的缓慢和爆发式的增强；③太阳等离子体的运动和抛射，以及快速电子和质子的加速等。所有这些现象都是密切相关并集中在太阳的一定区域里，故常称这种区域为**太阳活动区**，它是太阳活动现象的主要载体。

一个太阳活动区的主要物理状态的变化，反映了太阳磁场强弱的状况。磁场通过不同的方式控制甚至产生被观测到的现象。例如，在光球层磁场强度大于1200 高斯的磁通量的聚集就可能出现黑子；穿过色球和日冕的几十到几百高斯的延伸磁场，对于谱斑，日冕凝聚区的产生是重要的；磁场支持并形成日珥，同时也提供了耀斑成因的线索，可以说"活动区"的另一恰当的含义是磁区，储存了大量的磁能。

7. 太阳活动起源

宏观上稳定的太阳为什么会出现太阳活动现象？太阳活动周以及太阳磁场是如何形成的？太阳活动现象产生的物理机制如何？目前大多数科学家认为：太阳活动起源于太阳的原有弱磁场与太阳自转较差相互作用的结果。理论研究表明，太阳较差自转可以把太阳内部微弱的原始磁场拉伸放大，极向转环状环流，形成管状的强磁场，称为**磁流管**。这些磁流管因具有磁浮力而上升，当它们与太阳表面碰撞时，磁力线穿越太阳表面，成为局部强磁场区，这就是太阳黑子，见图 7.19。而形形色色的活动现象，则是活动区的强磁场与太阳大气中电离气体相互作用的结果。

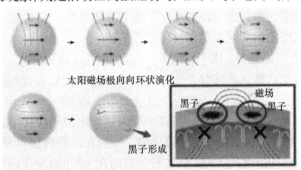

图 7.19　太阳黑子形成示意图

解决太阳活动起源这一难题需要多学科多方面综合研究。尤其是首先对日震学的研究；其次是一系列空间观测对日冕等离子体的诊断；第三是理论和数值模拟的研究。

五、日地关系

太阳活动同一些地球物理现象关系的研究，形成了日地关系这门边缘学科。早在 1850 年就发现地球磁场的变化同太阳活动的 11 年周期有关，太阳活动同极光的出现以及地球大气电离层的变动等也有密切关系。产生地球物理效应的太阳电磁辐射和粒子辐射，有下列几种：①电磁辐射，特别是 X 射线；②太阳的高能粒子；③低能量的太阳等离子体流。

下面主要介绍太阳活动对地球磁场、电离层以及中性高层大气等的影响。

1. 太阳活动的地磁效应

地球的磁场方向和大小都在不断地变化起伏，一种是非常缓慢的长期变化，其原因是地核内部电流系统的变化；另一种是瞬间变化，这是外界对地磁场的干扰所致。

来自太阳和宇宙空间的质子、重离子和电子到达地球附近时，有许多就被地球磁场所俘获而成为地球的"范艾伦辐射带"(详见第 9 章)。根据人造卫星上的盖革计数器，可以获得整个辐射带的资料，由日冕发出的太阳风使地磁场畸变，引起昼夜不对称性而形成了"磁层"。关于地球磁场的两个重要特点磁层和辐射带在第 9 章"地球及其运动"中说明。

(1) 磁暴　　　在典型的磁暴发展中，突然开始之后是初相，初相的特性是地磁水平强度增高，起因是太阳风对地磁的压力增加；在几小时后是主相，其特性是地磁水平强度比干扰前的正常值减少许多，常达 5×10^{-3} 高斯，到达极小值后，又慢慢地恢复到正常值。

早在 1850 年就发现地磁的变化与太阳活动的 11 年周期有关，一百多年来，太阳活动和地磁的关系，成为许多天文、地学工作者的研究对象。例如，在 1943 年发现，较大耀斑的出现同地球磁暴的发生有密切关系。耀斑出现时，在其附近向外发射高能粒子(如电子、质子、粒子、大原子序数的原子核)。带电的粒子运动时产生磁场，因此它到达地球时，便以自己的磁场来扰乱原有的磁场，引起了地磁的变动。

从耀斑出现和磁暴发生的时间间隔，可以估算出粒子在日地之间的平均运动速度。据统计：80%的四级耀斑有磁暴伴随，一般在这种耀斑出现 22 小时发生磁暴，这样粒子的平均速度为 1900 千米/秒，有的在 17 小时发生磁暴，相应的速度为 2400 千米/秒；20%的三级耀斑有磁暴伴随，相隔时间平均 34 小时，相应的速度为 1200 千米/秒。有磁暴伴随的耀斑或黑子出现时，也发生射电爆发；有射电爆发的黑子群，也总有突然发生的磁暴伴随着；没有射电爆发伴随的黑子群，则不引起磁暴。

据统计，较微弱的磁暴大多数同耀斑没有关系，但却有一个 27 天的重复周期。27 天正是太阳自转的会合周期。有人认为，太阳上面，某些活动区，用光学方法看不到，但辐射高能粒子，需要 1~4 天才能到达地球，因而引起磁暴，但是这些活动区必须在日轮中心 10°~15°的范围内，才有磁暴伴随着。在太阳活动峰年，剧烈的太阳爆发事件也逐渐增加。例如 1989 年 3 月 13 日，在太阳活动 22 周峰年期间的强磁暴曾使加拿大魁北克的电网受到严重冲击，致使魁北克供电系统瘫痪，600 多万人在无电的冬天度过了 9 个小时；不仅如此，强磁暴同时还烧毁了美国新泽西州的一座核电站的巨型变电器，以及大量输电线路、变压器、静止补偿器等电网设备跳闸或损坏。

(2) 极光　　地球的极区，在晚上甚至在白天，常常可以看见天空中闪耀着淡绿色或红色、粉红色的光带或光弧，叫做"**极光**"，见图 7.20。在极区的漫漫长夜里，这种光彩夺目的现象在几分钟或几小时内变化不定。

图 7.20　极光

在北半球磁极区出现的极光叫"北极光"，在南半球的叫"南极光"。地球南北极相隔万里，却观测到了完全相同的现象，南北极光出现的频数有很好的相关性。不同的极光出现于不同高度，红光的(6300Å)中性氧辐射主要产生在 200~400千米高度，绿色的(5577Å)和紫色的(3900Å)产生在 110 千米高度。

有人认为，太阳发出高能量的电子和质子进入地球附近，地球磁场迫使它们沿着地球的磁力线运动，这样，粒子便集中到地球的两个磁极，它们和地球大气中的分子、原子碰撞，所以。在高纬地区可见极光现象。

观测表明，极光出现的日数与太阳黑子年平均数值有密切关系，强极光也与强磁暴一样，也有 27 天的循环周期。

2. *太阳活动的电离层效应*

从距地面 60 千米左右起，一直到几千千米的大气外缘，存在着能反射无线电波的电离介质，这个区域叫**电离层**。电离层的起因主要在于太阳的远紫外线和 X

射线的作用，使大气的中性气体分子或原子电离成电子、正离子和负离子。电子浓度随高度而变化，又可分为几个分层：60~90 千米高度为 D 层，电子浓度很低，每立方厘米约 10^3 个电子，但中性分子浓度大；85~140 千米高度为 E 层；140 千米以上为 F 层(可见图 9.4 "地球大气层")。

太阳活动的长期变化对电离层的影响不太明显，但是大耀斑会很快使电离层中产生一系列现象，称为"电离层突然骚扰"，突出表现为下面几种现象。

(1) 短波衰退　　无线电短波是靠电离层的反射才能从某地传到地球上遥远的地方的。太阳耀斑的 X 射线使 D 层的电离度突增，这时射向 E 层和 F 层并反射回地面的短波(10~15 米)经过 D 层时受到强烈吸收，这是因为 D 层大气密度比 F 层大几万倍以上，电子和中性粒子碰撞的次数就多得多；电波经过 D 层时把能量传达给电子，然后电子因同中性粒子碰撞而失掉能量，这样电波就因损失能量而衰减，因而引起信号减弱甚至完全中断，D 层电子数的密度增加越大，受衰减的频率就越高。

(2) 信号突增　　耀斑发生时，短波被吸收，中波不变，而长波信号反而增强。这是因为耀斑发生时，D 层电子浓度突然急剧增大，电波射入 D 层的深度很小，因而被吸收的少，这样，来自远方电台的靠 D 层反射传播的长波和超长波信号的强度便得到加强。

(3) 太阳耀斑效应　　耀斑出现时，太阳远紫外线和 X 射线增强，对地磁也发生影响，使地磁强度和磁偏角的连续记录出现了变幅不大的振动。由于在记录器变化部分的形状如同棉绒，因此这种现象常称为"磁绒"。这是由于 D 层电离度增加，使电导率也增加，因而使大气的电流增强，对地磁产生影响。磁绒一般在耀斑发展到极大以前 6 分钟左右突然产生，并迅速增强，在耀斑极大后两三分钟达到极大，以后逐渐消失。

另外还有其他一些现象发生，如宇宙噪声突然吸收、位相突异、频率突然偏差等，在这里就不介绍了。

3. 太阳活动对于中性高层大气的影响

(1) 密度变化　　太阳的远紫外线和太阳风的变化对于在 500~800 千米高度的地球中性大气的密度有着重要的影响。人造地球卫星的观测结果表明，太阳活动的短期变化与大气密度有明显的相关性。大气密度的长期变化周期为 11 年，显然与太阳活动有关。大气密度的变化引起人造地球卫星轨道衰变率的变化，它直接影响到卫星的寿命。

(2) 温度的变化　　根据外围大气圈温度资料的分析，温度的短期变化小于长期变化(11 年周期)。一般说来，温度变化的原因在于太阳远紫外线(小于 1000 埃)的变化，它使 120 千米以上的大气电离和加热。这种温度的变化，对航天卫星也是有影响的。

4. 太阳活动对地球的其他影响

太阳活动对地球气候的影响，则是许多科学家长期以来关心的课题，但由于研究资料尚不够丰富，因而目前取得的进展不快，存在的争论较多。一般认为，太阳的瞬时活动可能影响地球天气，太阳能量输出长期变化或日地空间物质改变能影响地球气候。资料显示，太阳活动(瞬间活动)周期与地球上水旱灾害和寒暖变化有关，但对其相关的物理机制尚不甚清楚。随着人类对日地关系认识的深入，必将揭示太阳活动与天气和气候的相关机制，从而为天气预报提供有效参考。

太阳活动与地球上空的臭氧层变化也有一定关系。现代研究认为，太阳紫外线的改变，可导致地球大气臭氧层在分布与密度上的变化，进而影响平流层温度，改变大气环流状况，直接影响的天气和气候。臭氧层变化还可能引起其他效应，如皮肤癌患病率增加，农作物产量变化，自然生态系统遭破坏等。

现在人们已经注意到天文因素与人类健康和行为有关，过去曾被人认为这是奇谈怪论。但近几十年来，许多统计事实表明，太阳活动和行星际扇形磁场的极性变化区影响，确实与某些疾病、血液系统、神经系统(表现为城市交通事故和犯罪率增多或减少)的变化有明显的相关性。因此，国际天文组织(IAO)建议有条件的国家，应该像预报天气那样，进行太阳活动及行星际扇形磁场区交替的预报，以提醒人们防患。

5. 太阳活动的预报

随着航天技术和无线通信技术的发展，人们意识到空间环境状态的变化，影响和制约着这些技术的实验和实施。而空间环境扰动的驱动源主要是太阳。太阳活动影响的面很广，太阳活动现象与人类生存环境关系密切。因此，研究太阳活动，特别是太阳黑子、耀斑发生的规律，并设法对其进行预报，就有重要的应用价值。通常太阳活动预报分为短期预报(提前几天)、中期预报(提前半个月至几个月)、长期预报(提前一年以上)以及提前几分钟至几个小时的警报。

(1) 短期预报 主要是预报未来几天内是否会发生具有强烈 X 光、紫外光和粒子流发射的太阳耀斑。

(2) 中期预报 主要是预报半个月至几个月的时间里日面上是否会出现大的太阳活动区，因为大的活动区最容易发生强烈的地球物理效应。

(3) 长期预报 是估计太阳活动年平均水平的变化趋势，实际上就是预报太阳黑子相对数年均值的变化，包括下一个太阳活动周的极小年和极大年出现的时间。

太阳活动与人类关系密切，尤其是航天部门、无线电通信部门、气象、水文研究和管理部门应特别关注太阳活动。首先，航天部门需要短期和中期太阳活动预报，以便选择合适的航天时间，避免高能粒子流对宇航员和航天器的损害。在估计人造卫星运行寿命时，需要知道卫星轨道附近大气密度的分布状况，而大气密度分布与太阳活动水平有关，因此需要知道太阳活动长期预报的信息。其次，无线电通信部门也对太阳活动密切关注。由于太阳耀斑产生的短波和粒子辐射均会破坏电离层的正常状态，导致无线电通信信号衰减甚至中断，因此他们需要各种时段的太阳活动预报，以便选择最有利的通信频率。再次，气象、水文研究和管理部门，需要太阳活动中期和长期预报，作为天气和水情预报的重要参考。此外，由于太阳耀斑发射的大量低能粒子流引起的感应电流造成磁暴的同时，会严重损坏高纬地区的电力系统和输油管道，干扰导航、航测和矿物探测等部门的正常工作，因此这些部门也需要太阳活动信息。最后，太阳物理研究和地球物理研究本身也需要太阳活动预报，特别是太阳耀斑预报。这样，人们就能够掌握耀斑发生的时间，以便及时进行观测，以及安排国际科学协作等，从而可以取得丰富的观测资料，探讨太阳耀斑及其对地球影响的物理过程，进而改正对它们的预报方法。

当然，要想准确预报太阳活动事件，人类必须弄清太阳活动起源与日地关系机理。关于太阳活动的研究也是 21 世纪科学难题之一。

7.4　行星及太阳系小天体概况

太阳系是人类最早认识的恒星系，除太阳以外，主要成员还有：一是大行星，二是矮行星，三是卫星，四是太阳系小天体。

大行星，按其距太阳的远近次序是：水星、金星、地球、火星、木星、土星、天王星、海王星。这些行星的大小和质量相差很大，但都比太阳小得多。它们的总质量是太阳的 1/718，总体积只有太阳的 1/600，行星一般不发射可见光，而以表面反射太阳光显得明亮，我们才能够看到它们的外貌。近年来，发现了木星和土星都有射电辐射，改变了人们对行星的传统看法，行星在以恒星组成各个星座的天空背景上，有明显的相对移动。我们借助于天文望远镜，可以看到行星有一定的视圆面，所以在大气抖动下，行星不像点状恒星那样有星光闪耀的现象。如果仔细对比，还可以发现各行星有其颜色特征。在不同的时候，亮度也有变化。在晴朗无月的夜晚，我们不难把它们同恒星区别开来。

依据不同，行星的分类也不同，目前主要有三种：①以地球轨道为界，以内的叫地内行星，以外的叫地外行星；②若以小行星带为界，以内的叫内行星，以外的叫外行星；③根据行星物理性质，分成两类，即"类地行星"和"类木行星"。

前者包括水星、金星、地球和火星，后者包括木星、土星、天王星和海王星，也有人把土星和木星称为"巨行星"。

17 世纪初期，光学望远镜的诞生为行星和卫星物理状况的研究提供了条件。19 世纪中叶以后，照相术、分光术、测光术广泛地应用到行星的研究和观测中来，20 世纪射电天文学诞生以后，又扩大了行星和卫星的研究手段，雷达方法不仅可以测定行星的表面特征，甚至可以测绘表面图。随着空间技术的发展，20 世纪行星际飞船发射成功，人类已经实现了就近考察水星、金星、火星、木星、土星、天王星和海王星 7 个大行星及其一些卫星；无人实验装置已在火星表面着陆并落向金星和木星的大气深处。行星际飞船还飞掠并就近探测了小行星和彗星。人类已获得一定量的资料和数据，大大增加了对行星各方面的了解，也使太阳系起源演化理论的研究进入了一个新的时期。21 世纪人类将对太阳系中的冥王星、彗星等又有新的探测计划。近半个世纪以来，太阳系的探索发现已进入黄金时代。

2006 年 8 月国际天文学联合会决议中提到：对太阳系行星和其他天体按下述方法定义为三个不同的类别。

(1) "行星"是一个具有如下性质的天体：①位于围绕太阳系的轨道上；②有足够大的质量来克服固体应力以达到流体静力平衡的形状(近于球体)；③已经清空了其轨道附近的区域。

(2) "矮行星"是一个具有如下性质的天体：①位于围绕太阳的轨道上；②有足够大的质量来克服固体应力以达到流体静力平衡的形状(近于球体)；③还没有清空了其轨道附近的区域；④不是一颗卫星。

(3) 其他所有围绕太阳运动的不是卫星的天体应被通称为太阳系小天体。

根据上述定义，行星指八大行星，它们是水星、金星、地球、火星、木星、土星、天王星和海王星。冥王星是一颗"矮行星"，并且被视为海王星外天体(简称"海外天体"，记为：TNO)的一个新族的标志。

一、太阳系的大行星

1. 水星

水星，又叫辰星，见图 7.21，是太阳系中离太阳最近的大行星，与太阳的距离为 0.387AU，即约 5791 万千米，它与太阳的最大角距不超过 28°，因此，它经常被黎明或黄昏的太阳光辉所淹没，很难被人们看到，最亮时的视星等−1.9^m。

水星以较扁的椭圆轨道绕太阳运转，是太阳系中运动最快的行星。轨道偏心率 $e=0.206$，其轨道面与黄道面的夹角约为 7°，公转周期为 87.969 天，水星的半径为 2440 千米，约为地球半径的 38%，它的质量为 $3.3×10^{23}$ 克，水星的大小在八

图 7.21　水星

大行星中是最小的。水星的平均密度为 5.44 克/厘米^3，比地球的平均密度 5.52 克/厘米^3 略小些，其化学组成和内部结构也与地球相似，用大望远镜可以看到水星的位相变化和一些暗区。1960 年用雷达测出自转周期约 59 天，现在更准确值为 58.646 天，自转周期为公转周期的 2/3。水星赤道面与轨道面交角小于 28°，观测发现轨道不稳定，科学家已用爱因斯坦广义相对论解释了 "水星轨道有每百年快 43″的反常进动" 的现象。

人类发射的行星探测器已拍摄到详细的水星表面照片，貌似月球。水星上有上千个直径 100 千米以上的环形山，大的直径达 1300 千米。水星上还有许多高 1 千米以上，长几百公里的悬崖，这是月球上所没有的。水星上有同月球上一样的山脉、平原和盆地，也有像月球上的哥白尼和第谷环形山那样的辐射纹，有的还有中央山峰。水星上还有冲击流出的熔岩，与地球不同，水星上没有断层，显然是没有板块构造运动的发生,水星上的环形山是在它形成晚期由陨星撞击形成的。水星周围有偶极磁场，强度约为几百伽马，而且有磁层。

水星上有极稀薄的大气，大气压小于 $2×10^{-9}$ 毫巴，还不到地球表面大气压的一千亿分之一，原因是水星的重力小，只有地球的 1/5，其逃逸速度只有 4.3 千米/秒。白天温度很高，可达到 600K，最高可达 700K；夜晚降至 150K，子夜时可达 100K；水星表面温度差很大。水星大气中含有氢、氦、氧、碳、氖、氩、氙等元素。水星大气没有水汽已得到公认，但近来有人报道观测到水星上有冰山的存在，水是水星原来就有的，还是后来由陨星和彗星带来的？目前看法有分歧。至于水星有水的说法还有待证实。

2. 金星

金星，中国古称 "太白"，因为它有时出现在日落后的西方，有时出现在日出前的东方，因此在中国就有东有 "启明星"，西有 "长庚星" 之说。见图 7.22，金星是肉眼所见最亮的行星，视星等最大可达−4.4 等，比最亮

图 7.22　金星

时的木星还高 5 倍，比天狼星还亮 14 倍，有时甚至白天都能看见它，因此，它给人们留下的印象是很深刻的，于是古希腊人称它为"爱与美的女神"，罗马人则称它为"美神(维纳斯)"。

金星是离太阳第二近、离地球最近的行星。它的轨道接近正圆($e = 0.007$)，与太阳的平均距离为 0.723AU，即 1 亿 8 百多千米，公转周期为 224.7 天，公转轨道面与黄道面夹角为 3°23′40″，公转会合期为 584 天。金星有位相变化，它同太阳的最大角距为 48°，因此，我们可以在日出前或日落后地平高度 48°以内作为"晨星"或"昏星"看到它，金星是太阳系内唯一逆向自转的大行星，它的自转周期为 243 天，且自转慢，所以一个金星日相当于地球上的 117 日，而在金星的一年中只有两个金星昼夜，从金星上看太阳，太阳从西方升起，在东方落下。

金星的大小、质量和平均密度都与地球接近，其半径为 6070 千米，只比地球小一点，质量为 $4.87×10^{27}$ 克，平均密度为 5.2 克/厘米^3，金星是一个有大气层的固体球，理论推算其化学组成以及内部结构都与地球相似，有一个半径为 3100 千米的铁镍核，中间一层是主要由硅、氧、铁、镁等化合物组成的"幔"，外面一层由硅化物组成的很薄的"壳"。

金星有浓密的大气，表面大气压约为地球的 100 倍。大气中二氧化碳含量在 90%，低层甚至可达 99%，其次是氨占 2%～3%，水汽和氧占不到 1%，由于水汽含量少，金星的浓云不是由水汽形成的，而是由浓硫酸雾形成的，金星表面完全被这种云雾遮住，其云量达 100%，金星的云的反照率可达 70%，因而金星看起来白亮。由于金星上浓厚的大气层及大气环流，金星上也有天气变化。在金星云里，时常有大规模放电现象，空间探测器曾记录到一次持续 15 分钟的大雷电，金星大气也有自己的电离层。

金星大气的二氧化碳产生非常强的"温室效应"，就是太阳的可见光和紫外线可以穿透二氧化碳和水汽而加热金星，而金星向外辐射的热能(主要是红外辐射)，则因二氧化碳和水汽的吸收和阻挡不能辐射出去，这就使金星表面的温度上升，高达 465～485℃，已达到了熔化铅的温度，而且基本上没有地区、季节的区别。现代地球上也有温室效应，只不过目前不如金星的强烈。但是，人类应引起高度的重视。

雷达测量及金星探测器在金星着陆研究获得的资料表明，金星表面是灼热干燥的，到处怪石嶙峋，有类似于月海的很大的平坦区，也有坎坷不平的山区。金星雷达图就展现出一条宽阔的断裂峡谷(深 1.5 千米，宽 120 千米，长达 1300 千米)和隆起的环形火山口。金星表面的风速约 3.5 千米/小时，足可以刮起灰沙，可以部分掩埋或剥蚀岩石块，探测器在金星表面既发现了古老的风化岩石，又发现很年轻的、充满棱角锐利的浮砾。有人推测，在金星断层上，火山可能仍在活动，它的表面仍处在巨大变迁中。近来探测表明金星基本没有磁场，也没有发现辐射带。21 世纪初发射的"金星快车"探测器发现金星自转变慢的现象。

3. 地球

地球是人类的家园，见图 7.23。关于"地球的运动以及地球运动产生的地理意义"我们将在第 9 章中专门介绍。这里仅就地球是一颗行星以及它与其他大行星的比较进行讨论。

图 7.23　地球

地球是太阳系的一颗普通行星，按顺序，它是第三颗行星，从 1968 年宇宙飞船在 36000 千米高空拍摄了第一张显示地球完整面貌的照片以来，人类对地球在宇宙中位置有了新的认识。从宇宙飞船上看到的地球——悬在空中，是一个大气包裹着的蓝色星球。就大小和质量而言，地球在太阳系大行星中是很不显眼的。虽然还有 3 颗大行星比地球小，但和巨行星相比，它就小得多了，然而在八大行星中，唯独地球是一个繁荣昌盛、生机勃勃的有生命的世界。"阿波罗 8 号"的宇航员说："地球是混沌广漠的宇宙中一片壮丽的绿洲。"直到今天人类所知，地球是太阳系中唯一有生命的星球，这与地球在太阳系中所具有一些独特的优越条件有关。

第一，地球与太阳的距离适中，加上自转与公转周期适当，使得地球能接收适量的太阳辐射。整个地球表面平均温度约为 15℃，适于万物生长，而且，能使水在大范围内保持液态，形成水圈。这是生命存在所必需的条件。水星和金星离太阳太近，它们接受的辐射能分别为地球的 6.7 倍和 1.9 倍，表面温度很高。而距太阳较远的木星和土星所获得的太阳能仅为地球的 40% 和 1%。更远的天王星、海王星所接收的太阳辐射就更微弱了，它们表面的温度都在零下二百多摄氏度。显然，除了地球之外的其他行星，因表面温度过高或过低，都不利于生命的形成和发展。只有地球表面具有适宜的温度，成为孕育生命和繁衍生命的场所。

第二，地球的质量较合适。首先地球与太阳的质量比较。太阳的质量是地球质量的 33 万倍，太阳的这个质量使它可以享有 100 亿年的寿命，这不仅足以使地球上完成其生命的演化，而且可以使地球上的人们今后能再享受 50 亿年的温暖和光明。如果太阳的质量比现在大 15 倍，则它的寿命只有几千万年。地球也就演变不到现今这样。反之，假如太阳的质量只有现在的 1/5，则其寿命虽然可延长至 1 万亿年，但它的温度则会太低，将不能满足地球上生物生长的需求。其次，地球与行星的质量比较，地球质量虽不大，但密度较大，由重元素组成，具有一层坚硬的岩石外壳，能储存液态水。岩石上层经风化，发育形成土壤层，能为动、植物的生长发育提供良好的基地。其他类地行星虽然也有固态的外壳，但没有液态水储存其上，同时由于其上的温度过高或过低，水汽含量很少。在金星的大气中只有1%的水汽，又因温度高，水不能成为液态。火星上由于温度低，少量水集结在两极上形成冰层。至于类木行星则密度低，只有中心是由岩石或冰、铁组成的核，球体大部分都呈气态和液态。这样的环境，高等动植物是无法生存的。

第三，在地球引力作用下，大量气体聚集在地球周围，形成包围地球的大气层。大气层对地面的物理状况和生态环境有决定性影响。而水星的质量只有地球的1/8，即使它在形成初期有大气，但由于引力小，空气分子的运动速度超过了它的逃逸速度，气体都散失了；由于没有大气，故即使有水，也会蒸发成水汽，并逐渐逃逸掉。地球的大气经过长期的演化，现代大气主要成分是氮和氧，与早期的大气成分截然不同，而金星和火星的大气主要成分是二氧化碳，巨行星和远日行星的大气主要成分是氢、氦、氨和有毒的甲烷。地球的大气除了提供生物呼吸的氧外，还能调节地表温度，促进水分循环。大气存在还能保护地面不受陨星的直接撞击。

第四，地球大气中含氧丰富，高空氧在太阳紫外线作用下形成臭氧层，臭氧层吸收太阳紫外辐射，使之不能到达或少到达地表。这种情况在八大行星中也是少有的(近来在火星上空也有发现少量臭氧分子)。

第五，地球有磁场且极性会发生倒转。已知宜居星球除水、适宜温度和大气外，磁场也是必要条件。地球磁场在太阳风的作用下形成了磁层，它对太阳风带来的高能粒子具有阻挡及捕获作用，使地球上的有机体免受或少受侵害。而太阳系中的其他"类地行星"磁场弱或无，"类木行星"磁场较强，极性也会演化。

第六，在类地天体上存在多种地质过程，它们有普遍的相似特征，又很大区别。地球是大行星中唯一发生板块构造运动的星体。

第七，在月地系统中，月球对地球旋转轴的倾斜度起着稳定作用，有人认为这也是目前地球上允许生命存在的许多重要因素之一。

综上所述，可以看出在太阳系大行星中，只有地球才具备为生命的形成和发展所必需的自然条件。地球表面形成的岩石圈、大气圈和水圈，无机质逐渐转化为有机质，进而演化成原始生命，原始生命经过长期演化，又发展形成庞大的生物圈，这四个圈层互相作用，互相制约，组成一个复杂的自然综合体，这是其他行星所没有的。所以可以说，地球携带了生物所需的一切物质，地球是人类的摇篮。地球是太阳系中一个既普通又特殊的行星，它是太阳系的绿洲。

4．火星

火星，中国古代叫"荧惑"，是地球的又一颗近邻行星，距太阳约1.5AU，见图7.24。火星比地球小，半径为3395千米，是地球的53%，质量为6.42×10^{23}

克，是地球的 10.8%，平均密度 3.96 克/厘米³。火星自转周期为 24 小时 37 分 22.6 秒，与地球的自转和地球昼夜交替也很相似。其公转周期为 686.980 日，它的赤道面与轨道面交角为 23°59′，因而火星上也有四季变化，但每季约有地球上两季那样长。

图 7.24　火星

火星上存在着大气，但比地球大气稀薄得多，大气压只有 5～7.5 毫巴，大气主要成分是二氧化碳，其次有水汽、氮、氩、一氧化碳和氧共占 0.2%，因此，火星表面是十分干燥的。

火星单位面积上接收到的太阳辐射仅为地球的 43%，因此表面温度比地球低 30 多摄氏度，而且昼夜温差变化很大，达 120℃。其中赤道附近最高温度约 20℃，极区的最低温度可达–120℃，极冠(火星两极地区的白色的覆盖物称为极冠)随季节而变化，冬季可扩展到北纬 50°，夏季缩小甚至完全消失。火星表面的平坦区布满了沙尘和岩块，沙尘由红色硅酸盐、赤铁矿等铁的氧化物组成，因而显出明显的橙红色，故有"红色行星"之称。火星表面也有许多环形山，但数量比月球和水星的少，坡度也较缓慢，一般不超过 10°，一些环形山是火山活动的结果，另一些环形山则是陨星撞击形成的。火星上还存在着弯曲的河床状地形，主要分布在中低纬地区，最大的长 1500 千米；从水手探测器拍到的照片看，大河床和它的支流系统结合，形成脉络分明的水道系统，还可以看到呈泪滴状的岛，沙洲和辫状花纹。这表明它们曾受到过侵蚀。但现在的火星显然是一个荒凉的世界，表面不存在液态水，对这种河床结构，人们自然感到诧异。关于这些现象的解释，也有不同的看法。有人认为火星历史早期，频繁的火山活动排出大量的气体，这种浓厚的火山大气会产生很强的温室效应，从而使火星表面温暖起来，造成有液态水存在的条件。后来火山活动减少，火山气体分子逐渐分解，火星大气变得稀薄、干燥、寒冷起来，就成为现在的样子了。

火星的内部也有核、幔、壳的圈层结构。火星的核中含有硫，几乎全部的铁都成为硫化铁，火星的外壳厚约 50 千米，是由较轻的岩石组成的。

人类最关心的是火星上的生命问题，这个问题曾引起很多争论。1877 年，意大利天文学家斯基帕雷利首先注意到，火星表面亮区里有许多向各方延伸的细长交叉线，呈暗黑色，他把这些线叫做"运河"，从此关于火星运河和生命的问题就展开了议论，美国的一位天文学家还专门为此建造了一座天文台，从 19 世纪末到 20 世纪初对火星做了大量的观测，他认为自己看到了几百条运河而且竭力主张火星上有高级动物，认为火星上的黑线是这些高级动物所造成的。还有些人主张火星上可能有低等生物等。据最新探测结果表明火星上大气稀薄，严重缺氧，非常寒冷，又没有液态水，火星上存在巨大的波动暴，表面高低起伏，有微弱的磁场，处于紫外线、太阳高能粒子和陨星的轰击下，这样的环境，显然不适于高等生命的存在和发展。火星表面有大量的河谷遗迹，天文学家推断在 30 亿～10 亿年前可能有过洪水，这个谜团一直困扰着地球人。到了 21 世纪，火星探测又掀起以找水为核心的探测高潮。人类之所以对火星感兴趣，是因为火星与地球最为相似。通过对火星的研究，可以进一步了解太阳系的起源和演化，弄清生命的起源和进化，也有利于认识地球环境的形成过程。实现人类登陆火星，甚至在火星定居的千年梦想。

5. 木星

木星，我国古代也叫"岁星"，距太阳约 5AU，公转周期约为 12 年。它的体积和质量都是八大行星中最大的，它同它的众多卫星构成了一个小型的"太阳系"，见图 7.25。

木星的质量是地球的 318 倍，体积是地球的 1316 倍，但平均密度只有 1.33 克/厘米^3。它自转速度快，且是较差自转，赤道部分自转周期为 9 小时 50 分 30 秒，两极地区自转周期稍长一些。

根据现代最新的观测资料研究，确认木星没有固体表面，是一个流体行星。木星的主要成分是氢和氦，类似于太阳大气中这两种元素的比例，此外还有氨和甲烷。木星的中心有一个固体的核，由铁和硅组成，中心温度可

图 7.25 木星及伽利略卫星

达 30 000K，核外面是以氢为主要元素组成的木星幔，分为两层，第一层向外延伸到 46 000 千米处，在这一层里，氢处在液态金属氢状态，其中的分子离解成独立的原子，形成导电的流体。第二层延伸到 70 000 千米处，由液态分子氢组成。在这之上是木星大气，延伸 1000 千米直到云顶。

近来研究还确定了木星自己有红外热辐射能源(约为它接受太阳能量的 2 倍)。对此现象目前也有不同看法。有人认为它的热能可能是木星形成时，由引力势能转变而来的，被液态氢的大规模对流传递到表面上。木星的多余热量不可能是核反应产生的。因为它的质量不到太阳质量的 0.1%，而这正是恒星与行星的最本质的区别。有人认为木星不是严格意义上的行星，更不是严格意义上恒星，而是处

在两者之间的特殊天体。

木星有浓密的大气,用望远镜观测木星,可以看到大气中一系列与赤道平行的明暗交替的云带,其中最显著的特征就是大红斑。早在 1665 年,意大利天文学家卡西尼就发现了它,至今已有 300 多年,大红斑长两万千米,宽约 1 万 1 千多千米。从宇宙飞船发回的照片看,大红斑呈深红色,像一团巨大的旋风,逆时针方向转动。大气平均温度是 130K,暗带比亮区高,赤道区比极区高。近期还发现木星有极光现象,这表明木星大气也受到很多高能粒子的轰击,同时还发现木星有磁场和辐射带,且比地球更强。木卫一至木卫五都在木星的磁层内运行。

木星也有一个环,这是"旅行者 1 号"于 1979 年通过照相发现的。木星环离木星中心约 128 300 千米,宽约数千千米,由黑色碎石组成。环约 7 小时绕木星旋转一周。

1994 年 7 月 17 日～22 日,太阳系发生了一次罕见的天体撞击大事件——**彗木相撞**,后文详细介绍。虽然撞击发生在背着太阳的木星半球,从地球上不能直接观测到,但由于木星自转很快,大约十几分钟后,在地球上的地面天文望远镜就能看到撞击后的情形。空间望远镜也做了很多观测,并发送回大量数据、照片到地球。科学家估计撞击木星的总能量相当于 40 万亿吨 TNT 炸药爆炸的能量。当时木星上的"疤痕"成为仅次于大红斑的第二个明显的标志。

6. 土星

土星,我国古代叫"镇星"或"填星",是太阳系的第二大行星,它的最显著特点是具有一个特别引人注目的美丽光环,见图 7.26。

土星的体积是地球的 745 倍,质量是地球的 95.18 倍,但土星的平均密度在八大行星中是最小的,比水还轻,约为 0.7 克/厘米³。土星公转轨道半径 9.54AU,即 142 700 万千米,轨道面与黄道交角为 2°19′,赤道面与轨道面交角为 26°44′,公转周期为 29.46 年。土星自转比较快且也是较差自转,土星赤道区的自转周期为 10 小时14 分,中纬度地带为 10 小时 38 分钟。

土星大气以氢、氦为主,并含有甲烷及其他气体,大气中飘浮着由晶体组成的云。它们像木星的云一样,排成彩色的亮带和暗纹。云顶温度为 –170℃,行星表面温度为 –140℃,一

图 7.26　土星

般认为土星的化学组成像木星,只是比木星含氢量少。关于土星的内部结构,一般认为土星有一个直径为 20 000 千米的岩石核,核外包围着约 500 千米冰壳,由冰壳向外是 8000 千米厚的金属氢层,由金属氢层再向外是分子氢。土星内部也有

红外热源。

土星也有磁场，但比木星的磁场小比地球的磁场大，土星也有辐射带但强度远不如地球辐射带。

土星环在 1659 年就被惠更斯确定了，它位于土星的赤道面上，当时观测到土星环有 5 个。1979 年"先驱者 11 号"又探测到 2 个新环。这些环若就近观测多是由直径 4~30 厘米的冰块构成的。对这些环的形成有人认为是洛希极限(见第 8 章"天文潮汐")的作用，即很久以前，某颗卫星靠得太近，在土星巨大引力作用下，而变得粉碎，从而形成光环。在地球上看到土星光环有倾斜变换，甚至成一条线，这是由于土星公转过程中，其光环不断地改变形状，它们也有 30 年的周期变化，例如，2009 年 3 月 9 日和 9 月 4 日观测土星光环，就有明显的变化现象，见图 7.27。

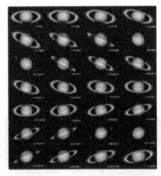
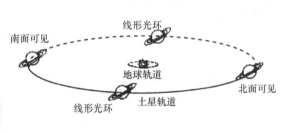

(a) 2001年至2029年天文软件模拟土星光环的变化　　(b) 土星光环在轨道不同位置所见的图像

图 7.27　土星光环的变化

1997 年 10 月发射的"卡西尼"号探测器，已于 2004 年 7 月进入绕土星运转的轨道，计划用 4 年时间完成对土星、土星光环和土星卫星的多项考察任务。

木星与土星同属巨行星，是太阳系内两颗庞大的气态行星，它们与太阳系行星系统的形成、演化和稳定性密切相关。同时，作为气态巨星的典型案例，对它们的研究可以帮助科学家理解和认识太阳系外别的恒星周围类似的行星系统。

7. 天王星

天王星是人们早就观测到的一个天体，因显得很黯淡，人们一直把它当作恒星，直到 1781 年 3 月 13 日被天文爱好者威廉·赫歇尔发现，见图 7.28。

天王星的体积为地球的 65 倍，仅次于木星和土星，质量约 8.74×10^{28} 克，相当于地球的 14.63 倍,密度较小，约为 1.24 克/厘米^3。公转轨道半长轴为 19.18AU，公转一周需 84 年，天王星的赤道面与轨道面夹角是 97°55′，它自转比较特殊，是躺着旋转，横着打滚。

图 7.28　天王星

天王星存在浓密的大气，主要成分是甲烷和氢，还有大量的氦、水和氯等。我们看到显示蓝色，是因甲烷吸收了红光的结果。据推测，天王星有一个岩石和金属铁的核，核外是一个很厚的冰幔，主要由水冰组成，故有"冰巨星"之称。冰幔外面是分子氢气层，再向外就是很厚的大气。

在 1977 年，天文学家利用天王星掩食恒星的机会，发现天王星也有环带，现在确认有 11 个环，但却非常暗淡。它也有多颗卫星环绕。1986 年"旅行者 2 号"曾到过天王星，发现大卫星后还有小卫星，而且天王星的磁场十分奇怪。

8. 海王星

如果说天王星是偶然发现的，那么，海王星可以说是笔尖上发现的行星。它是先由天体力学计算出位置，再于 1846 年找到的(它的发现过程参见本章前面)，见图 7.29。

海王星是太阳系第八颗行星，也是距离太阳最远的一颗行星。它最亮时，视星等只有 8 等星，视直径不到 4″，肉眼看不到它，在大望远镜里，它也不过是个淡绿色的小小圆盘状。西方人据此按罗马神话中的海神尼普顿(Nepture)的名字而命名。

海王星公转轨道半长径为 30.06AU，轨道与黄道交角为 1°46′，公转周期 164.8 年，从发现至今它绕太阳转了一圈多。由于离地球遥远，人类至今对它了解较少。海王星体积是地球体积的 57 倍，质量为 $1.029×10^{29}$ 克，是

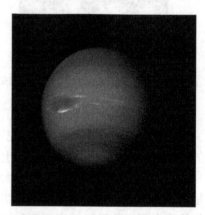

图 7.29　海王星

地球的 17.22 倍，平均密度为 1.66 克/厘米^3。海王星自转周期为 22±4 小时，赤道与轨道面的交角为 28°.6。

海王星也被浓云包围，大气层中以氢和氦为主，还有甲烷和氨。海王星有太阳系最强烈的风，测量到的时速高达 2100 公里。1989 年航海家 2 号飞掠过海王星，对海王星南半球的大黑斑和木星的大红斑做了比较。海王星云顶的温度是 −218℃(55K)，因为距离太阳系较远，是太阳系寒冷的地区之一。但海王星却有着一个炽热的内部，海王星核心的温度约为 7000℃，可以和太阳的表面比较，也和大多数已知的行星相似。

海王星有环带。一般认为它有一个和地球差不多的核，由岩石组成，核外是质量较大的冰包层，外面是分子氢，海王星温度很低，在−200℃以下，它也有多颗卫星环绕。

二、太阳系的矮行星

矮行星(dwarf planet，亦称侏儒行星)是 2006 年 8 月 24 日国际天文联合会重新对太阳系内天体分类后新增加的一组独立天体，此定义仅适用于太阳系内。简单来说矮行星介乎于行星与太阳系小天体这两类之间，围绕太阳运转，质量足以克服固体应力以达到流体静力平衡(近于圆球)形状，但没有清空所在轨道上的其他天体，同时也不是卫星。目前确认公布的矮行星有冥王星、谷神星、厄里斯(又名齐娜)等。

1. 冥王星

冥王星曾是第九颗大行星，2006 年降级为矮行星。它是在 1930 年 2 月 18 日由汤博从美国亚利桑那 Lowell 天文台拍摄的大量星象中发现的，当时天文界把它命名为 "冥王星"，冥王星质量是地球的 0.0024 倍，密度 1.8~2 克/厘米³。冥王星公转轨道的长半径为 39.44AU，但偏心率比太阳系其他行星大(为 0.256)。它与海王星的轨道形成立体交叉，它的近日距比海王星离太阳还要近些，例如，在 1979~1999 年的 20 年里就是处于这种情况。轨道面与黄道面交角也比其他行星大(约 17°10′)，冥王星自转很快(转动周期 6.3872 日)，但公转周期为 248 年，从发现至今还没公转半圈。冥王星的内部有岩石核和水冰幔，表面是甲烷、氮和一氧化碳的冰壳，它的表面温度变化于 47~60K。冥王星半径 1150 千米，亮度为 14 等，人类须用巨型望远镜才能观测到。

1978 年 6 月 22 日，克里斯蒂发现冥王星的像上有个突出部分，经分析，认为那是冥卫一，且后来也被观测证实并命名为卡戎，冥王星和卡戎的合照见图 7.30(a)。

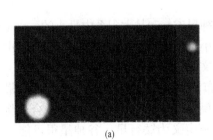
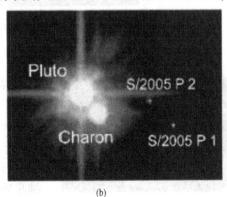

(a)   (b)

图 7.30 冥王星及其卫星

2005 年 5 月，哈勃太空望远镜的高级巡天摄像机(ACS)又拍摄到冥王星和冥卫一旁有两颗星，目前证实的冥王星已有五颗卫星，见图 7.30(b)。

由于冥王星的特征比较特殊，发现后它就是一颗最有争议的行星。2006 年 8 月国际天文学联合会已通过决议，把冥王星定义为"矮行星"，以区别其他八大行星。2006 年 NASA 发射的"新视野号"探测器的主要任务是探测冥王星及其最大的卫星卡戎(冥卫一)和位于柯伊伯带的小行星群。在 2015 年它近距离考察拍摄到冥王星，发现有一块心形的暗斑，陨石坑环绕巨大冰原……让无数地球人激动不已。天文史上的一次次探索与突破都给人类带来惊喜。

2. 厄里斯

2003 年人类发现厄里斯，它距离太阳 90 亿英里(140 亿公里)，处于海王星轨道之外的"柯伊伯带"区域的圆形冰态残留物的星体。它比冥王星大，也有卫星，见图 7.31。自从发现厄里斯之后，天文学家就对行星的定义产生争辩。如果冥王星归属行星，那么，就大小而言，厄里斯也算是行星。因冥王星已遭降级，所以目前把厄里斯归为"矮行星"。

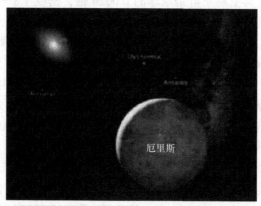

图 7.31　厄里斯及卫星

3. 谷神星

图 7.32　谷神星

谷神星(Ceres)是太阳系中最小的、也是唯一位于小行星带的矮行星(见图 7.32)。它由意大利天文学家皮亚齐发现，并于 1801 年 1 月 1 日公布。谷神星曾被认为是太阳系已知最大的小行星。2006 年，国际天文学联合会将谷神星重新定义为矮行星。谷神星很可能是一个分化型星球，具有岩石内核，地幔层包含大量冰水物质，现探测到星球表面有大量载水矿物质。生命存在需要 3 个基本条件——液态水、能量来源和某些化学成分(碳、氢、氮、氧、磷和硫磺等)，谷神星均占一定优势。21 世纪，人类将更注重对它的研究。

三、太阳系大行星的卫星

太阳系大行星中除水星和金星外，其余均有自然卫星，且随着人类探测水平的提高，各大行星卫星数汇总将会与日俱增。据资料统计(截至 2020 年)探索发现的太阳系卫星数(不同统计口径，数目有差异)，见表 7.4。

表 7.4　太阳系的卫星数

	1899 年前	1900~1949 年	1950~1999 年	2020 年至今
月球	1	1	1	1
火卫	2	2	2	2
木卫	5	11	16	79
土卫	9	9	18	62
天卫	4	5	16	27
海卫		1	6	14
合计	21	29	59	>160

太阳系卫星大小、轨道特征等见附录 8，其中几颗有特色的卫星介绍如下。

月球是地球的天然卫星，主要参数见附录 3。关于月球的特点见第 8 章"地月系"。

火星有 2 个卫星(图 7.33)。火卫一和火卫二是美国天文学家霍尔在 1877 年 8 月火星大冲时发现的，从"水手 9 号"拍摄的照片来看，两颗卫星的外形，很像两块马铃薯，若用三轴椭球体来描述它们的形状，火卫一 3 个主直径分别为 27 千米、21 千米和 19 千米，火卫二 3 个主直径是 15 千米、12 千米和 11 千米；表面布满了陨星坑。它们自转与公转周期相同，是同步卫星。

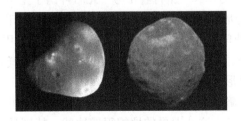

图 7.33　火星卫星

木星的卫星很多，至今已确认达 79 颗，木卫 1 至木卫 4(图 7.34)，是伽利略 1610 年用自制望远镜发现的，所以也叫"伽利略卫星"。

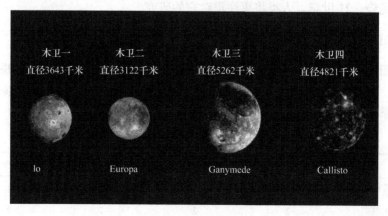

木卫一
直径3643千米
Io

木卫二
直径3122千米
Europa

木卫三
直径5262千米
Ganymede

木卫四
直径4821千米
Callisto

图 7.34　伽利略卫星

探测器"旅行者 1 号"对伽利略卫星进行了近距离观测，取得了许多新资料。木卫一近球体，直径有 3340 千米，是一颗干燥的星球，有广泛的平原和起伏不平的山脉。它的最大的特点是有一些活火山，有的火山以每小时上千千米的速度向外喷射物质，高度达到好几百千米，它是在太阳系内观测到的火山活动最为剧烈的天体。木卫二是颗由厚厚的冰层覆盖着的岩石球体，直径为 3920 千米。木卫三不仅是木卫中最大的卫星，也是太阳系卫星中最大的一颗，它的直径 5100 千米，密度较小，很可能是冰和岩石的混合物，亮度相当于 5 等星。木卫四直径为 4720 千米，表面布满环形山。木卫十三，直径只有 10 千米，被目前认为是太阳系中最小的卫星。木卫一至木卫五是规则卫星，其余的木星卫星都不是规则卫星。其中木卫八、木卫九、木卫十一、木卫十二是逆行卫星，有人认为它们可能是被木星俘获的小行星。

土星卫星目前确认 62 颗，除了土卫八、土卫九和土卫十一以外，其他都是规则卫星，且公转周期等于自转周期。在这些土星卫星中，最引人注目的是土卫六(图 7.35)。"先驱者 11 号"和"旅行者 1 号"先后拜访了土卫六。它比我们月球还大，是太阳系中目前所知的唯一有大气的卫星，直径 4880 千米。大气层的厚度达 2700 千米，超过了地球。大气的主要成分是氮，占 98%，甲烷只占 1%，另外还有少量的乙烷、乙炔、乙烯等；大气温度只有−200℃，氮气有可能冷凝成微小的液滴，在土卫六表面形成液体氮的湖泊。

天王星周围目前确认有 27 颗卫星，都不很大，已知天王一至天王五属于规则卫星，但逆行(图 7.36)。这些卫星的地貌很像地球，特别是天卫五的地貌非常丰富，既有悬崖峭壁，又有高山峡谷。

海王星目前确认有 14 颗卫星，其中海卫一和海卫二很特别，它们一近一远，一大一小，一逆行一顺行，一个轨道圆一个轨道扁，这在行星的卫星系统中是十分特殊的，也是很引人注意的。

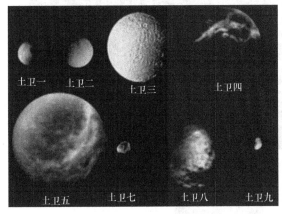

图 7.35　土星的九颗大卫星

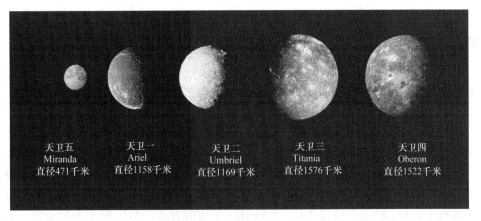

图 7.36　天王星的五颗大卫星

海卫一直径比月球略小，为 4000 千米，是太阳系中 4 个有大气的卫星之一。1989 年"旅行者 2 号"发现它几乎具有行星的一切特征：不仅有行星所有的天气现象，具有类似行星的地貌和内部结构，它的极冠比火星极冠还大，上面的火山也在活动，惊奇的是它还具有只有行星才有的磁场。海卫一沿着近圆形轨道逆行旋转，是一颗 14 等星。海卫二直径只有海卫一的 1/20，沿着非常细长的椭圆轨道顺行旋转，是一颗 19 等星。人类至今还没弄明白为什么海王星会有这样两颗完全不相同的卫星。海卫八在海王星的卫星中也很引人注目，因为它的直径达 416 千米，而形状却不规则，是太阳系最大的不规则卫星。它们都必须用大口径的天文望远镜才能看到。哈勃镜头下的海王星及卫星截图见图 7.37。

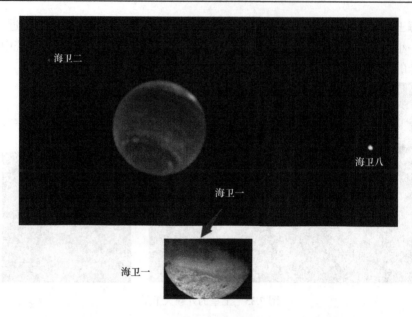

图 7.37　海王星及卫星

四、太阳系的小天体

据 2006 年国际天文学联合会对"太阳系小天体"界定,包括绝大多数的太阳系小行星、绝大多数的海外天体(TNO)、彗星和其他小天体。

1. 小行星

自从 1801 年元旦之夜发现的第一颗小行星——谷神星(现为矮行星)以来,至今已获永久编号的小行星有一万多颗。估计小行星的总质量约为地球质量的万分之四,小行星大多数分布在火星和木星轨道之间,构成**小行星带**。它们绕太阳沿椭圆轨道运行,轨道半径为 2.17～3.64AU,平均值为 2.77AU,位于小行星带上的 Gasprs 见图 7.38。

图 7.38　小行星 Gasprs

一般说来,小行星轨道的偏心率和与黄道的交角都比大行星大,而比彗星小,平均值是:偏心率为 0.15,轨道倾角为 9°.4。但也有一些小行星的轨道比较特殊,如在木星轨道以外,甚至在天王星轨道附近也有小行星的踪迹;在地球轨道附近也有小行星,称为**近地小行星**。目前国际上在小行星发现领域的热点是对近地小行星的探索,尤其是要对地球有潜在危险的小行星进行监测。小行星表见附录 6。

小行星的大小和质量都是很小的，至今能用直接测量法求出其直径的小行星不多。半径大于 40 千米的小行星约有 150 个。大多数小行星不是球形，而是呈不规则形状，小行星除公转外还有自转。这样它的亮度会发生变化。利用小行星在接近时相互引力对轨道的影响，可以算出它们的质量，但大多数小行星的质量是由其半径值和假定的密度算出的。有趣的是，近年来发现有几颗小行星也有卫星，如(136617)1994 CC、(153591)2001 SN263、3122 Florenc 等小行星就发现了卫星。

由于小行星的组成物质不同，它们表面的反照率有很大的差异，使得我们在地球上对它们进行观测时，看到它们的亮度悬殊很大。一般石质的反照率比较大；碳质的反照率比较小，是太阳系中最黑的天体之一。小行星除石质的、碳质的外，还有金属含量比较高的一类。因小行星的质量小，不会发生地球那样大的地质变化过程，因而保留了太阳系形成初期的原始状态，它们对于人类研究太阳系起源有重要价值。

国际约定：从 1925 年起，新发现的小行星先给予临时命名，即在发现年代之后加两个英文字母，第一个表示发现的时间，以半个月为单位按字母顺序排列；第二个则表示在这段时间内发现的次序，也按字母顺序排列，其中字母 I 不用。例如小行星 1949MD，就表示它是 1949 年 6 月下半月发现的第四颗小行星。新发现的小行星算出轨道后，再经过两次以上的冲日观测，就由小行星中心机构赋予永久编号和专有名称，有的小行星以古希腊、罗马的神话人物命名，有的则由发现者给予其他名称，获得永久编号的小行星已超过 1 万多颗。

中华小行星是第一颗以我国的名称命名的小行星，1928 年 11 月 22 日由天文学家张钰哲在美国留学时发现，临时编号 1928UF，为了表示对祖国的怀念，张钰哲把这颗小行星取名为"中华"。由于当时没有较大的望远镜作长期跟踪观测，后来便一直找不到它的下落，致使 1928UF 被列入"丢失了的小行星"表中。1949年新中国成立后，增加了不少新设备，天文事业不断发展，使得当时已是紫金山天文台台长的张钰哲及其亲自领导下的行星研究室，有可能全面展开对小行星的各项研究工作，其中自然也包括对那颗久久不能忘怀的"中华"小行星的搜寻。终于在 1957 年 10 月 30 日，从众多的繁星中找到 1 颗与 1928UF 轨道相似的小行星，正式编号为 1125，并取名为"中华"。以后中国学者又观测到许多小行星。1978 年国际小行星组织为了表彰张钰哲的杰出贡献，决定把美国哈佛天文台于1976 年发现的正式编号 2051 小行星命名为"张"。在已编号的小行星中，富有中国特色的名字很多。例如，1802 张衡、1888 祖冲之、1972 一行、2012 郭守敬、2027 沈括、2045 北京、2505 河北、2184 福建、2185 广东、2077 江苏、2215 四川、2078 南京、7072 北京大学星、6741 李元星、6742 卞德培星、19872(Chendonghua)星，等等。

　　目前人类在观测研究小行星规律的同时,更关心近地小行星的运行状况。按其轨道不同特点,可以把它们分成三类:①阿坦型,其轨道半长径小于 1.0 天文单位;②阿波罗型,其轨道近日距小于 1.0 天文单位;③阿莫尔型,其近日距小于 1.3 天文单位。目前已知距地球最近的小行星是 1994XM1,1994 年 12 月 9 日与地球擦肩而过。据资料统计:全世界共发现近地小行星近千颗,包括潜在危险小行星(轨道与地球轨道最近距离小于 0.05 天文单位且绝对星等亮于 22 等)近百颗。

　　我国早期的小行星工作是由已故的天文学家张钰哲在中国科学院紫金山天文台创建并主持观测研究的。目前国内小行星观测和发展项目是使用在国家天文台兴隆观测基地的施密特 CCD 系统的望远镜进行的。1997 年 1 月 20 日由北京天文台施密特 CCD 小行星项目组发现的阿波罗型近地小行星 1997BR 是我国天文学家发现的第一颗近地小行星,现在他们已经发现了十几颗近地小行星,其中有的属于人类关注的有潜在危险的小行星。

　　2009 年 10 月 8 日,一颗小行星在印度尼西亚上空爆炸,爆炸威力相当于广岛原子弹的数倍。这颗小行星也是十多年来目标直指地球的最大太空岩石。

　　2019 年 7 月 25 日,一颗 57～130m 尺寸的小行星(命名 2019OK)以相对地球24.5km/s 的速度与地球擦肩而过。距离地球仅 7.3 万 km,与那些长期被记录在案和时刻受到"监测"的小行星不同,它是在飞临地球前一天才被人们发现。如果它真撞击地球,那造成的破坏无疑是灾难性的。所以人类对小行星的监测任重道远。

　　2. 彗星

　　彗星由太阳系外围行星形成后所剩余的物质(如冰冻的气体、冰块、尘埃)组成。在科学不发达的古代和中世纪,彗星的偶然出现和它的奇特外貌,常使人们感到惊慌和恐怖,以致有人把它与战争、饥荒、洪水、瘟疫等灾难联系起来,称彗星为"灾星"。纵观历史,虽然有些彗星碰巧出现在灾难事件前后,但实际上,彗星的出现完全是一种自然现象,跟地球上的天灾人祸毫无关系。古人对彗星的观测和记录有不少资料,中国则是世界上最早记录彗星和记录资料最丰富的国家之一。

　　宇宙中的彗星,一般肉眼看不到,只能通过望远镜才能观测到。据统计,迄今人类观测到的彗星,除去重复出现的,约有 1600 多颗,太阳系实际存在的彗星远比这要多。人们在算出轨道的 600 多颗彗星中统计:接近抛物线的占 49%,为椭圆的占 40%,为双曲线的占 11%。我们把轨道是椭圆的称为周期彗星,抛物线和双曲线的称为非周期彗星,三种轨道见图 7.39。一般公转周期大于 200 年的叫长周期彗星,它们要几百年、几千年甚至更长时间才走近太阳一次,彗星轨道面与黄道面的交角一般都比行星大很多，一半彗星是逆行的。

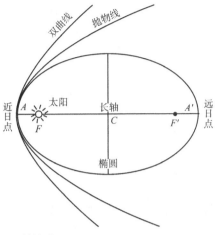

图 7.39 彗星及其轨道

新发现的彗星命名：起初是用发现年份加上英文小写字母表示发现的顺序，轨道确定后再改为近日点年份加上罗马数字表示的顺序，此外，也会用发现者的姓氏命名，或用发现团队、机构的名称命名。由于近年来彗星发现的数目猛增，国际天文学联合会从 1995 年起采用新的命名规则，即用发现年份加上英文大写字母(除 I 和 Z)表示的发现之半月份，再加上数字表示的半月内发现顺序，并且用前缀来标明彗星情况，如 P/为周期彗星(周期在 200 年内)，C/为非周期彗星或周期超过 200 年的彗星，而 D/为不再回归或已消失的周期彗星等。例如，编号 C/2020 F3，表示是 2020 年 3 月下半月发现的第三颗长周期彗星。

当彗星离太阳很远时，呈现为朦胧的星状小暗斑，较亮的中心部分叫"彗核"，由固体质点碎块和冰物质组成。彗核外面的云雾状的包层叫"彗发"，它们是在接近太阳的过程中在太阳的辐射作用下，由彗核蒸发出来的气体和微小尘粒组成的。彗核和彗发合称"彗头"。现在还发现彗发周围还有氢原子云，氢原子云的直径为 100 万～1000 万千米。当彗星走到离太阳相当近的时候(一般在两个天文单位以内)，太阳的粒子辐射和光压力把彗发里的气体分子和小固体质点推向背着太阳的方向，便形成了彗尾，越接近太阳，彗尾越长，当它过近日点后离开太阳时，彗尾也逐渐减小或消失。气体丰富的彗星彗尾很长，如 1843I 彗星的彗尾长约 3.2 亿千米，超过了火星轨道半径，宽度近万公里。彗星物质是极稀薄的，彗尾密度只有地面上空气的十亿分之一，比地球上人造的高真空密度还小得多。1910 年哈雷彗星回归时，彗尾扫到地球，地球上毫无异常现象，彗星的质量绝大部分集中于彗核，大彗星的质量为 10^3 亿～10^4 亿吨，小的只有几十吨，彗核的平均密度约等于水的密度。

　　彗星的彗尾是只有在它接近太阳时才有的短暂现象，据观测记录彗尾形状多种多样，一般总是向背离太阳方向延伸，通常只有一条尾巴，但也不是绝对。有的就没有尾巴，比如恩克彗星；有的却有2条、3条，甚至4条；有的彗尾较直，由离子气体组成，呈蓝色，称为"离子彗尾"；有的彗尾弯曲，弯曲程度不一，由微尘组成，呈黄色，称为"尘埃彗尾"。此外，还有一种看上去好像朝太阳方向延伸的扇状或长钉状彗尾，称为"反常彗尾"。反常彗尾的成因目前还没有定论，一种观点认为反常彗尾是由一些大质量的颗粒组成的，它们不像大多数尘埃粒子一样受太阳的斥力作用而形成背向太阳的正常彗尾，反而在太阳的引力作用下沿轨道平面伸展形成反常彗尾；另一种观点则认为反常彗尾只是正常彗尾视觉上的效果。

　　彗星在运动中不仅不断散失质量，而且彗核也会分裂成几块，甚至全瓦解的情况也常见到，如比拉彗星，周期为6.6年，1852年这一彗星又一次回归，但彼此间的距离更大了，以后的两个周期没有看到它们。在第三个周期的1872年11月27日夜晚，在彗星轨道与地球轨道相交的地方，天空出现了一场大流星雨(有关"流星雨形成"见本章后面)，显然这些流星群是比拉彗星瓦解的物质。

　　1994年7月16～22日，被木星引力撕裂的苏梅克-列维9号彗星的多达二十几块碎片撞击木星，让人类首次目睹了太阳系天体撞击事件(图7.40)。据天文学家观测在2009年夏木星再遭撞击(图7.41)。太阳系小天体与大行星相撞事件确实存在，我们地球人可不能大意。不过现代的人类科学技术完全有可能制止小天体撞击事件的发生。科学家通过天文观测，可以提前几个月甚至一年，观测到来路不明、直径几百米以上的小天体的行踪，并能准确地预报出它的运行轨道；一旦发现它有与地球相撞的可能时，可在适当的时机向它发射导弹，改变它的运行轨道，使它远离地球而去。为了防止这种撞击事件的发生，先决的条件是天文观测，这就需要全世界天文台的联合作业才能更为有效。

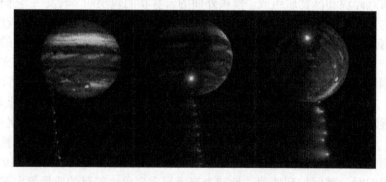

图7.40　1994年夏彗木相撞图示

图 7.41　2009 年夏木星再遭撞击

　　1908 年 6 月 30 日黎明时分,在俄国西伯利亚通古斯地区的居民目睹了罕见的天空奇观:一颗比太阳还要耀眼夺目的大火球突然闯入并在上空爆炸,在通古斯河谷附近的原始森林之上,升腾起一股黑色的烟柱,半径在 450 千米范围均可见到。在 1000 千米左右的范围内,能听到爆炸巨响。大片原始森林被毁。当时大爆炸是在人烟稀少的地方,并没有引起人们的注意。直到 1927 年,苏联科学家首次进入森林考察,以后科学家又进行了多次考察,认为是天外来客——陨星或彗星的撞击所致。但证据不足,从此,通古斯事件成为不解之谜。

　　关于彗星的起源问题,目前看法很多,比较流行的有 "奥尔特的原云假说" 和 "柯伊伯彗星带学说",简介如下。

　　奥尔特的原云假说　　荷兰天文学家奥尔特认为太阳系边缘 3 万~ 10 万个天文单位有一巨大的彗星储存库——"彗星云",又称奥尔特云,云中有上千亿颗彗星,绕太阳一周要几百万年。它被认为是球层,呈球状分布的彗星可以从空间的任何方向,与太阳系平面成任何角度,顺向或逆向进入太阳系。在他们远离太阳时,受其他天体的摄动有的进入太阳系,有的被抛射出太阳系。

　　柯伊伯彗星带学说　　爱尔兰裔天文学家艾吉沃斯认为太阳系在海王星轨道不远处存在一个彗星仓库——柯伊伯彗星带,短周期彗星来自这个彗星库。2019 年新视野号飞船开始探索神秘的柯伊伯带。

　　彗星起源问题至今仍未解决。但大多数天文学家认为:彗星是太阳系形成之初剩下的一些 "边角料" 聚集形成的,保留了太阳系最原始的物质。由于彗星本身是一个 "冰球",温度极低,彗星内有可能保留着太阳系原始物质且在几十亿年中没有发生什么变化,它们有可能告诉人类太阳系是怎样形成的。另外,在太阳系形成的最初 10 亿年内,彗星对地球的频繁撞击可能给地球带来了丰富的水和有机物，因此，研究彗星可以为研究生命起源找到一些契机(详见第 12 章"生命的起源")。最著名的就是欧洲宇航局的罗塞塔任务，在经过 10 年的漫长太空旅行后，罗塞塔于 2014 年年底抵达了一颗叫做 67P/丘留莫夫-格拉西缅科的短周期(6.45 年)彗星。这颗彗星目前位于太阳系内部，每周期运动都受到很多天体摄动，天文学家推算很有可能它很早之前源于柯伊伯带。罗塞塔释放了菲莱登陆器，最终登上了这颗彗星，目前的研究结果表明，这颗彗星在不断蒸发水蒸气，而且在其上探索到了可能的有机物存在证据。彗星世界丰富多彩，它们不仅运行轨道各不相同，而且形态也多种多样，每一颗都有它自己的特点。研究彗星的物理性质、化学性质、彗星的形成、彗星的归宿以及彗星与太阳风的相互关系等，对研究天体演化意义重大。

近 30 年，引起人们关注、肉眼可见的著名亮彗星有三颗。一是 2020 年的尼欧怀兹(NEOWISE)彗星(C/2020 F3，中文名：新智彗星)；二是 2011 年的洛夫乔伊彗星(C/2011 W3)；三是 1997 年的海尔-波谱彗星(C/1997 O1)。近百年来，有特色的彗星有：哈雷彗星、恩克彗星、比拉彗星、科胡特克彗星、阿伦德-罗兰彗星、莫尔豪斯彗星、掠日彗星、威斯特彗星、艾拉斯-荒贵-阿尔科克彗星、苏梅克-利维 9 号彗星、百武彗星、海尔-波普彗星、鹿林彗星等。

哈雷彗星　　　　周期彗星。它是人类计算出轨道并且准确预报回归周期的第一颗彗星。当它在 1682 年出现后，英国天文学家哈雷注意到它的轨道与 1607 年和 1531 年出现的彗星轨道相似，认为是同一颗彗星的三次出现，并预言它再经过 76 年以后，即在 1758 年底或 1759 年初再度出现，虽然哈雷死于 1742 年，没能看到它的重新出现，但在 1759 年它果然又回来，这是天文学史上一个惊人的成就。这颗彗星因而命名为哈雷彗星。在我国史书中有这颗彗星的丰富记载，记录了 31 次，最早的记载是公元前 613 年，比西欧最早记录(公元 66 年)还早 670 年。哈雷彗星轨道偏心率为 0.967，为逆行。哈雷彗星原始质量估计小于 10 万亿吨，它每公转一周质量减小 20 亿吨。

哈雷彗星在 20 世纪回归了两次——1910 年和 1986 年。1910 年回归时达到了极其壮观的程度，彗尾在天空中的张角达 140°，亮度比金星还亮。地球在彗尾中穿过，但地球和人类却安然无恙。不过，当哈雷彗星即将回归地球的消息传开后，有些人恐怕这颗彗星的到来会与地球相撞，惊呼"世界末日到了"。当然不信邪的也大有人在，人们举办了集会、舞会等各种形式迎接它的回归，还拍摄了许多以彗星为题材的电影，盛况空前。哈雷彗星在 1986 年回归的时候不如 1910 年壮观，但是人类已经掌握了航天技术，派出了 6 艘宇宙飞船到空间进行观测，首次拍到了哈雷彗星的核，证实彗核像个"脏雪球"的说法是正确的。

人类通过跟踪观测研究，获得大量最新资料，证明哈雷彗星彗核是一个体积为 $15\times10\times8\text{km}^3$、形状不规则的椭球体，外壳是一冰层，表面覆盖着一薄层由碳和尘埃构成的绝缘层，那里存在由碳、氧、氢、氨等元素组成的非生命有机物，从组成分析，彗核可能是原始星云的碎块。

通过大量照片分析，发现哈雷彗星核表层构造差别很大，有许多隆起、坑窝、裂隙和洞穴。表层共有 7 个喷射口，气体和尘埃由此喷出，当彗星接近太阳时，其中的物质受热而挥发，使原表面形成坑窝，致使整个表层面貌不平。乔托号探测器还测出哈雷彗星彗核自转周期为 53 小时，这样，向阳面日照时间长，温度高达 42℃，使表层爆裂，形成新的裂隙，突然喷发出物质，形成地球上观测到的"火山突喷"现象，背阳面温度为 –70℃，内部温度更低，达到 –70~–123℃。乔托号还进入了彗尾，测量出构成彗尾的物质 80% 为水汽，其余的大部分为二氧化碳，其密度为地球大气密度的几千亿分之一，彗尾中微粒运动速度为每秒 3 千公里，彗核每秒钟供给彗尾 25 吨气体和 3 吨尘埃。

下次回归要等到 21 世纪 60 年代初，即 2061 年前后。

恩克彗星 它绕太阳一周为 3.3 年，以周期短而闻名。亮度微弱(相当于 5 等星)，只是一团不亮的雾斑拖个短彗尾或无尾巴；轨道偏心率为 0.847，近日距为 0.34 天文单位。自 1786 年发现以来已观测 60 多次，它的绝对亮度没有多大变化，它的轨道运动有加速现象，而且有突然变化。19 世纪 10 年代末，德国天文学家恩克最早算出它的轨道，并预言它将在 1822 年回到近日点。预言应验了，因此得名恩克彗星。它是继哈雷彗星之后，第二颗按推算时间重新出现的彗星。目前，这颗彗星的轨道越来越小，每回归一次，周期要缩短 3 个小时，有人估计，总有一天它会跌入太阳或自行碎裂。

比拉彗星 1772 年就有这颗彗星记录，现已经消失。这颗彗星于 1826 年被奥地利人比拉发现，因而得名。它以瓦解后形成流星群倍受天文学家们的重视。现在仙女座流星雨的出现就与比拉彗星解体后的物质分布有关。

科胡特克彗星 1973 年 3 月 7 日由捷克天文学家科胡特克发现。它在 1973 年 12 月 28 日过近日点，当时距离太阳约 2100 万千米，亮度不大，仅有短短几天肉眼勉强可见，因而不少人感到失望。但射电观测发现，这颗彗星上存在着 CH_3CN 和 HCN 的射电，这是第一次在彗星上发现这种复杂分子。天空实验室的宇航员还看到它有长钉状的反常彗尾。这颗彗星的公转周期为 75 000 年，由于受其他天体的摄动，可能一去不返了。天文学家估计它是一颗很年轻的彗星。

阿伦德-罗兰彗星 它是一颗非周期彗星，1957 年 4 月 8 日过近日点以后出现了一条很明显的反常尾巴，肉眼可见达一个星期之久。反常彗尾的方向指向太阳，也叫"逆彗尾"。它的形状先是短粗的扇形，几天后变为细长的针形，然后又恢复成扇形。

莫尔豪斯彗星 它是莫尔豪斯于 1908 年 9 月 1 日发现的，同年 12 月 25 日过近日点，轨道是双曲线，属非周期彗星。肉眼可见，出现在北部天空半年之久。它的最大特点是等离子彗尾变化多端，在短短的几十天内就出现种种不同的形状。如此活跃的大彗星，是比较罕见的。一般来说，等离子体彗尾的各种结构和现象都是和太阳风有关的。但是，莫尔豪斯彗星的彗尾多变原因究竟是什么呢？是物质的运动还是波动的转播？目前天文学家们还在探讨之中。

池谷-关彗星　　　非周期彗星。它是典型的掠日彗星，由日本业余天文学家池谷和关勉于 1965 年 9 月 4 日同时独立发现。该彗星在空中异常光亮，其视星等达-11 等，比满月的光度还要高 60 倍，在白天也能看见它在太阳隔邻，因此它是近千年来最光亮壮观的彗星之一。

威斯特彗星　　　非周期彗星。1975 年 11 月由丹麦天文学家威斯特首先发现。1976 年 2 月 25 日过近日点以后达到最亮，亮度约-3 等，它的彗尾又宽又大，宛如一只洁白的孔雀在夜空中张开了它那妩媚动人的羽屏，令人惊奇。1976 年 3 月 8 日，人们发现它已一分为二，12 日，又变成 4 块。天文学家算出它的回归周期长达 30 万年。

艾拉斯-荒贵-阿尔科克彗星　　　它是 1983 年 5 月 3 日由日本人荒贵和英国人阿尔科克分别独立发现的。红外线卫星"艾拉斯"早在一个月前就记录到这颗彗星，只是当时人们误认为它是一颗近地小行星。这颗彗星的轨道为抛物线形，5 月 21 日过近日点，近日距 0.9913AU，5 月 11 日最接近地球，距地球 0.031AU，即 464 万千米。人称"险些与地球相撞的彗星"。由于距地球近，肉眼看到的呈圆形云雾状比月亮还大两倍。

苏梅克-利维 9 号彗星　　　它是撞击木星的彗星，于 1993 年 3 月 24 日由美国天文学家苏梅克夫妇和加拿大业余天文学家利维在美国帕洛马山天文台一起发现。发现时的亮度为 14 等，已经分裂成 20 多块，形成了一串"珍珠项链"。科学家预告这串项链彗星将于 1994 年 7 月 17～22 日陆续撞向木星。"彗木相撞"如期的发生，使地球轰动，也给人类留下了无尽的思考。全世界上百个天文台以及哈勃太空望远镜和伽利略号空间探测器等都将这惊心动魄的壮观场面记录下来了。

百武彗星　　　首次探测到有 X 射线的彗星。这颗彗星是 1996 年 1 月 30 日由日本天文爱好者百武裕司发现的，周期约为 200 年。同星 5 月 1 日过近日点。刚发现时它位于火星轨道附近，亮度很低，到了 3 月份，它的亮度急剧增加，一直增到 1 等左右，肉眼清晰可见。组成彗尾的物质主要是高能粒子流，蓝色离子彗尾横跨夜空六七十度，蔚为壮观。更引人注目的是，3 月 26～28 日，美国和德国的天文学家发现它有 X 射线发出。这是人类第一次探测到发射 X 射线的彗星，而且它的强度也是天文学家没有预料到的。1996 年 4 月发现它的彗核分裂为 5 块。

海尔-波普彗星　　　长周期彗星，几千年一遇。1995 年 7 月 22 日由美国天文学家海尔和天文爱好者波普分别独立在人马星座发现,被发现时,它据太阳约 10.7 亿千米,距地球约 9.3 亿千米。1997 年 4 月 2 日它通过近日点,距太阳约 1.36 亿千米,出现四条彗尾,即尘埃彗尾、等离子体彗尾、钠原子彗尾和反向彗尾。海尔-波普彗星与其他彗星相比还有着特殊的轨道特征。它的轨道面与黄道几乎垂直,其夹角为 89.43°。对这样的彗星进行大尺度观测和研究,有助于了解高日纬太阳风的情况。1997 年 3 月 9 日观测日全食时,出现罕见天象"彗日同辉",作者有幸赴我国漠河地区观看到此次天象。

鹿林彗星 非周期彗星。由国际天文学联合会将中国中山大学本科生天文台合作发现并命名为"C/2007 N3(Lulin)"彗星。2009 年 2 月 24 日,这颗彗星与地球之间的距离达到最小值(亮度估计在 4～5 等),约 6000 万千米,然后逐渐远去。3 万年一遇的鹿林彗星这次降临内部太阳系,也是它第一次接触非常强烈的太阳光。根据观测,鹿林彗星的大气圈跟木星一样大,但对地球不会造成影响。在构成这颗彗星的大气中,氰含量丰富,这是导致它呈现绿色的关键。

新智彗星 长周期彗星,6800 年一遇。编号 C/2020 F3,英文名为 NEOWISE,中文名为新智彗星。该彗星在一个接近抛物线的轨道上绕太阳逆行,轨道面与黄道面的夹角很大,接近 129°,近日点不到 0.3AU。根据目前的观测和推算,它的远日点在 500AU 以上,很有可能是源自太阳系最外围的彗星大本营——奥尔特云。它可能拥有一个直径约 5 千米的较大彗核,这使其能在接近太阳的过程中幸免于解体,这也可以解释它的高亮度;随着 2020 年闯入内太阳系并再次远去,轨道周期 6800 年。据当时预测,2020 年 7 月是观测新智彗星的千载难逢的大好时机,作者在福州于 2020 年 7 月 12 日黎明看到启明星的同时,有幸观测到新智彗星(图 7.42)。

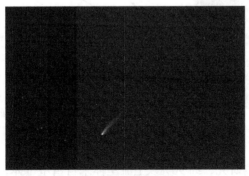

图 7.42 新智彗星

在互联网上寻找小行星和彗星近来比较热,例如,利用 SOHO 探测器发回的图片寻找 SOHO 彗星;在网上利用一些自动巡天系统的图像资料与已经拥有的早期资料进行比较而发现小天体等,如我国业余天文工作者、已故的周兴明先生在这方面探索贡献很大,总之网络时代的天文学正在掀起。

3. 流星体

在行星际有很多绕太阳独立公转的小天体,除已发现的小行星和彗星之外,其余的统称"流星体"。流星体的质量一般小于百吨,大多数流星体只是很小的固体颗粒。有些流星成群地沿着相似轨道绕太阳公转,只是过近日点先后不同它们组成"流星体(群)",有些流星体则呈自由、单个绕太阳公转。当流星体在轨道运行中经过地球附近时,受地球引力的影响,就会高速闯入地球大气。跟大气摩擦而把动能转化为热能,使流星体燃烧发光,呈现为"流星"现象。这就是人们有时会看到一道亮光划破夜空,飞驰而去。若是成群流星体闯入地球大气,则出现"流星雨"(图 7.43)。在地球上观测流星雨好似从一辐射点射出,这个辐射点位于某一星座,我们就以这个星座命名,比如狮子座流星雨就是辐射点在狮子座里。若流星体与地球大气摩擦燃烧未尽,落入地面则成为陨星,而地面坑称为"**陨石坑**"。著名的美国亚利桑那州的巴林杰陨石坑,宽约 1264 米,深约 174 米,是世界目前保存下来最大的一个撞击坑。科学家认为:巴林杰陨石坑是约在 5 万年前,由一颗直径 40 米、重达 30 万吨的小行星,以每秒 25 公里的高速冲进地球大气层的流星撞击而成的。2008 年作者利用在美访学的机会亲临目睹了这个天外来客的杰作,见图 7.44。在墨西哥、南极洲、澳大利亚和西伯利亚也有类似的陨石坑。

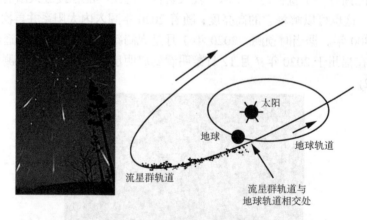

图 7.43　流星雨及成因示意图

据天文学家观测研究,约 90% 以上流星体来自彗星母体,也有小部分是小行星碎屑,所以在很小的彗星及小行星跟大的流星体之间并没有严格界限,只是传统习惯的称呼不同而已。从观测资料已经证实猎户、宝瓶流星雨与哈雷彗星有关,英仙座流星雨与斯威夫特-塔特尔彗星有关,仙女座流星雨与比拉彗星有关,狮子座流星雨与坦布尔-塔特尔彗星有关等。

图 7.44　美国亚利桑那巴林杰陨石坑局部照片(a)和整体照片(b)

　　一般认为流星群内的质点本来是聚集在一起的，由于太阳和行星的引力，太阳辐射效应和质点之间的彼此碰撞等因素影响，这些密集的质点渐渐散开。由于遵循开普勒定律，那些靠近太阳的质点速度较快，就跑到前面去了，这样，经历较长时间，流星体就均匀地散布在整个轨道里，最后加入到偶发流星的行列之中。因此，越年轻的流星群，流星体越密集，如狮子座流星群。主要流星群特征及流星雨可见时间、在天区的位置见附录9。

　　1998 年和 1999 年狮子座流星雨是最引人注目的天象。因为与坦布尔-塔特尔彗星有关的狮子座流星群，曾在 1833 年发生过盛况空前的狮子座流星雨，流星群的绕日周期约是 33～34 年，此后的 1866 年则出现过有史以来最大的流星雨，记录到流星数每小时多于 144 000 颗。1899 和 1933 年，天文学家们很失望，这主要是由于受到木星和土星摄动的影响，流星轨道发生了偏移，预期中的大规模流星雨并没有发生。1966 年 11 月 17 日夜，狮子座流星雨盛况再现。1998、1999 和 2000 年狮子座流星雨又如期发生，但峰值出现的精确时间预测很准，有的偏差几个小时，有的偏差比较大。所以准确预测流星雨的发生则是人们今后努力的目标。

　　虽然，流星雨的质量都很小，在进入大气后大部分被烧掉，流星暴雨对生活在地面上的人不会造成直接危害，不会影响人们的日常生活。但是，流星暴雨对太空中的航天飞行器的安全构成威胁，同时对地球大气高层的电离层和其他物理状态也会产生影响。流星暴雨的观测研究，对于近地空间环境监测、航天灾害性事件预防、电离层通信安全以及深入了解太阳系天体相互关系和起源、演化，都具有巨大的实用价值和理论价值。

　　陨星一般分为三类，石陨星、铁陨星和石铁陨星。石陨星也叫陨石，主要由硅酸盐组成，还有少量铁、镍金属，密度为 3.0～3.5 克/厘米^3。铁陨星也叫陨铁，主要由铁、镍金属组成，含少量铁的硫化物、磷化物和碳化物，密度为 7.5～8.0 克/厘米^3。石铁陨星也叫陨铁石，硅酸和铁镍金属各占一半，密度为 5.5～6.0 克/厘米^3。这三类陨星中，陨石约占 92%，它又分为球粒陨石和非球粒陨石。球粒陨石内部一般都散布着许多球状颗粒，直径从零点几到几毫米，这种球粒结构是特殊的，地球上还没有见到。在一些陨星中找到了水，一些陨星中含有钻石；还在一些碳质球粒陨石中找到了多种有机物，现在已发现 60 多种有机化合物。一般认为，陨星的母体可能是小行星、行星、大的卫星、彗核或在行星形成前就存在的星子，陨星就是这些母体碰撞产生的碎块，或瓦解的产物。对不同大小陨星的防御策略有很大不同。小型陨星很难被发现和预测，落地后对地球不会造成大影响。而那些大尺度、能够造成巨大破坏的陨星，虽然可以监测到，但一旦撞击，目前人类能做的还是非常有限。

　　陨星都是来自太阳系的天外来客，包含着大量丰富的太阳系天体形成演化的信息，对它们进行实验分析将有助于探求太阳系形成的奥秘。

　　陨星是在地球上可以直接化验的天然的天体样品，由于其质量小，演化慢，仍保持太阳系形成初期的原始状态，因此，陨星像地球上的甲骨文一样，是太阳系的考古样本。通过陨星内放射性物质相对含量的测定，可以推算出陨星的年龄，测定陨星的年龄对太阳系演化的年代学研究有重要意义。比如根据分析和计算，认为太阳星云开始凝聚的时间是距今 47 亿年前，太阳系各类陨星凝结的年龄，大约是 45 亿至 46 亿年，这也可以作为太阳系各行星形成的年龄；再比如地球上最古老的岩石只有 38 亿年的寿命，而陨星有 46 亿年的高龄，跟地球同岁。研究陨星，对于探索地球的起源和奥秘也有帮助；还有，通过陨星分析可以研究太阳系形成初期的元素组成情况，可以得知一些行星、月球和某些陨星形成的温度等。陨星中有机化合物的发现说明在地球形成之前，已经有一些构成生命物质的链条，为探索生命前期的化学演化进程开拓新的前景。

　　近百年来，人类运用现代的科学方法，对陨星开展了多学科的研究，获得了大量的新资料，从而有力地促进了太阳系起源和演化的研究。

　　陨星一般形态不规则，具有黑色的熔壳，致密，比地球上普通石头重，有磁性，表面能看到金属斑点。鉴定陨星方法可从形态特征、熔壳、密度、磁性特征、成分与结构特征等加以区别，对于一些难以辨别的样品，可以借助仪器区别。

地球上最大的陨星是 1920 年发现的陨落在非洲纳米比亚的戈巴(Hoba)陨铁，重 60 000 千克，大部分埋藏在地下，其基本上是方形(295×284)的表面几乎与地面持平，地下的一头深 100 厘米。另一头深 50 厘米，因为它较重，至今未被从陨落地移动过。其次是格陵兰的约克角 1 号陨铁，重约 34 000 千克；第三是中国的新疆大陨铁，重约 30 000 千克，现陈列于乌鲁木齐展览馆。

1976 年 3 月 8 日，在我国吉林省吉林市西郊发生了一次世界上罕见的陨星雨。这次陨星雨形成估计与有块重约 10 000 千克的陨星闯入大气层有关，燃烧未尽，落入地面的陨星碎片估计有三四吨之多，其中"吉林 1 号"陨星重 1770 千克。由于陨星雨下落时正是白天，又在人口较为稠密的地区，因此，至少有百万之众耳闻目睹了当时惊心动魄的壮丽场面。图 7.45 是吉林 1 号陨星。

2010 年 2 月 10 日下午约 15 点，有一农民报告在福州连江马鼻镇发生陨星(雨)事件。事后福建省天文学会组织专家前往考察鉴定。其中落地最大的陨星重约 3200 克，地面出现的陨星坑大小直径约有 30 厘米，深约半米。经过专家鉴定，是属于十分罕见的"顽火辉石球粒陨星"，用金属探测器来探寻还找到一些黄豆大小的陨星碎片。专家称此事件五百年一遇。陨星本身就稀少，许多陨星在进入地球大气层时已经被大气

图 7.45　"吉林 1 号"陨星

层摩擦燃烧而化为灰烬了。偶尔残存落到地面的，又多掉在海洋中和荒无人烟的沙漠、高山上，能被人找到的为数就更少了。

7.5　太阳系的疆域

20 世纪 70 年代以来，人类已经成功发射多个重要的行星探测器(附录 7)，已获得众多的探测成果，特别是发现不少"类木行星"的卫星，探测到大行星及小天体的不少特征。人类就近观测和就地考察也取得不少成就，空间时代的太阳系比早期人们所认识的太阳系日益丰富。我们已经知道太阳质量占太阳系总质量 99% 还多，其余成员合起来还不到 1%。现把木星、土星、天王星和海王星的质量、卫星数列表于 7.5。

表7.5　类木行星的质量比较

	与地球比较	与太阳比较	卫星数(至2020年止)
木星质量	317.9	1/1047	79
土星质量	95.2	1/3498	62
天王星质量	14.5	1/22800	27
海王星质量	17.2	1/19300	14

我们可能会考虑为什么质量只及太阳千分之一到几万分之一的类木行星会有那么多卫星？太阳周围的类地行星为什么无卫星或少卫星？为什么太阳系的行星都挤在40AU以内？海王星之外还可能存在行星吗？太阳系范围究竟有多大？

一、太阳系疆域的界定

根据万有引力定律和天体力学定律，可以估算太阳系的范围。有人计算：

太阳系最小边界约4500AU；

太阳系最大边界约23万AU；

太阳系稳定边界约10万AU。

但是，我们已知的太阳系包括大行星、小行星、彗星等在内，除了部分彗星有可能运行到离太阳好几百天文单位的地方，大行星都"缩"在太阳附近的空间。

人类从认识金、木、水、火、土五大行星到先后发现天王星、海王星，太阳系的疆域就一直在扩大，当然，太阳系存在不存在其他大行星，并非现在才提出来。人们对未知行星的寻找一直还在努力。

关于太阳系的疆界半径范围界定：

① 若以冥王星轨道为界，约40AU；

② 按彗星起源假说中的柯伊伯彗星带是：约50～1000AU。依奥尔特云(Oort Cloud)是：约10万AU～0.5l.y.；

③ 依太阳风层顶，约100～160AU；

④ 根据万有引力理论计算得到的太阳系范围为15万～23万AU。

根据上述讨论，我们认定：不同的依据，得出的太阳系范围是不一样的。

二、太阳系大家族

太阳系包括太阳、大行星、矮行星、卫星、小天体以及尘埃颗粒等。

目前，公认的太阳系有八大行星，曾为第九大行星的冥王星已降为"矮行星"。但曾有一些人一直热衷在太阳系寻找第十颗行星。据现代天文观测资料表明：水星轨道以内确定没有大行星了。那么，冥王星轨道以外是否有呢？我们知道作为太阳系的大行星，起码要同时具备三个条件：①单独绕太阳公转；②天体内部已发生分化；③形状为球体。所以，就目前一些媒体报道或声称发现了"第十大行星"，我们只有与这三个条件对比，就可以发现都不具备。

国际天文学联合会 2006 年 8 月对太阳系行星已下定义，对照此定义，可以认为 1930 年发现的冥王星不够行星的资格。因为它除了跟其他八大行星相比质量较小(质量约为地球质量的千分之二)，轨道面与黄道面倾角($i=17°10'$)较大、轨道偏心率($e=0.25$)较大外，在冥王星轨道附近还存在着许多小天体构成的柯伊伯带，而且它们都在动力学上比较类似的轨道上绕太阳运动，冥王星只是其中最早被发现的，而且还不是里面最大的。如果冥王星不是在当时人们对太阳系的了解还远不充分的时候被发现，而是在现在被发现，那它完全不可能被称作"大行星"。

7.6 太阳系的起源和演化

天体演化是自然科学的三大基本理论问题之一。研究天体的演化，不仅在自然科学上有重要意义，而且在哲学上也将产生重大影响。

随着科学技术的发展，人类在太阳系的探索过程中，已有许多的发现和启示。各种太阳系起源的假说也相继产生，据不完全统计，至今已有四千余种，但还没有一种学说是比较完整和能被普遍接受的。因为研究太阳系的演化要比研究恒星的演化更加困难，至今能直接观测到的行星系统只有太阳系这么一个"样品"，不像恒星世界中有亿万颗处于不同的演化阶段的恒星供我们研究。我们研究太阳系的演化，只能根据现有的资料，推测过去近 50 亿年的演化过程，这无疑是一项十分困难的工作。但人类始终不断地努力探索自己在宇宙中的位置和运动状况，对太阳系有关资料的丰富积累，以及研究水平的不断提高，这个"难题"一定会逐步得到解决的。特别是现代星际航行开始以来，有关太阳系起源的资料不断增加，太阳系起源的研究也进入了一个新的时期，即从一般的定理假说到定量分析，从探讨个别问题到对大量资料全面系统地综合研究的时期。

一、太阳系起源学说的分类

行星物质的来源和行星的形成方式，是太阳系起源的两个基本问题。根据对行星物质来源的看法，可以把各种学说归为三类。

1. 灾变说

认为行星物质是因某一偶然的巨变事件从太阳中分出的。

2. 俘获说

认为太阳从恒星际空间俘获物质形成原始星云，后来星云演变成行星。

3. 共同形成说

认为整个太阳系所有天体都是由同一个原始星云形成的。星云中心部分的物质形成太阳，外围部分的物质形成行星等天体。

上述俘获说和共同形成说常合称为"**星云说**"。

对行星形成方式问题概括起来，大致有以下五种看法：

① 先形成环体，然后由环体形成行星。

② 先形成很大的原行星，然后演化成行星。

③ 先形成中介天体，然后由中介天体结合成行星。

④ 先形成湍流的规则排列，在次级旋涡流中形成行星。

⑤ 先凝聚成大大小小的固体块——星子，星子再聚集成行星。

二、18 和 19 世纪康德和拉普拉斯星云说

康德于 1755 年在《自然通史和天体论》中发表了关于太阳系起源的星云说。这是最早的天体演化论。在人类历史上第一次提出了一个关于自然界不断发展变化的学说。

自从哥白尼日心说被确立后，唯物主义的宇宙观得到了科学的论证，这是认识论上的一次飞跃。但是这个时期对宇宙的认识还存在严重的形而上学观点，认为太阳系行星、卫星等的运动，自古以来就是如此，不发生变化，而且理解为只是机械运动。按照牛顿力学定律，无法解释行星绕太阳运动的初始原因。根据牛顿力学体系，没有一个外力的推动，行星是不可能运转起来的。于是，牛顿就引入了"第一次推动"的概念，公然宣称："引力可以使行星运动，但是没有神的力量就绝不能使它们做现在这样绕太阳而转的运动"。不幸的伟大，最终又滑到了唯心主义的一边。这样，在 17、18 世纪，自然科学可以说都具有了机械论的性质，与之相适应的是一个僵化的形而上学的自然观。在这僵化的自然观面前，康德星云说能阐明"地球和整个太阳系表现为某种在时代进程中逐渐生成的东西"是不简单的，可以说"在这个僵化的自然观上，打开了一个缺口"。

康德认为：太阳系的所有天体是由一团由大小不等的固体尘埃微粒所构成的弥漫物质。万有引力使得微粒互相接近，天体在吸引力最强的地方开始形成，较大质点把较小的质点吸引过去，逐渐形成大的团块。团块在运动中互相碰撞，有的碰碎了，有的则合成更大的团块。在引力最强的中心部分吸引的物质最多。先形成中心天体——太阳。外面的微粒在太阳吸引下，向中心下落时与其他微粒碰

撞，便斜着下落，绕太阳转动起来。开始有不同的转动方向。后来，有一个方向占了上风。于是在太阳周围形成了一个转动着的固体微粒云。这些转动着的微粒又逐渐形成几个引力中心，这些引力中心最后形成了朝同一方向绕太阳公转的行星。行星的自转是由于落在行星上面的微粒把角动量加到行星上而产生的。卫星的形成过程与行星类似。同时康德还认为：离太阳越远的行星，密度越小，因为重的质点比较容易克服下落时遇到的阻力，所以越靠近太阳质点越重。康德对行星轨道偏心率和倾角的特征、行星的质量分布、卫星的形成、彗星的形成、土星的光环的形成等，都提出了看法，比如他认为土星光环是由于土星过近日点时，太阳的热使其轻物质上升，后来这些轻物质形成了土星环。

在康德时代，由于所掌握的太阳系的知识是很不充分的。当时只发现了六颗大行星，小的卫星、小行星都还没有发现。离太阳越远的行星，密度越小，这在当时只发现前六颗行星时比较符合，但在远日行星发现之后，事实与结论就有出入了。对中心天体太阳，还不知道能源来自氢核聚变，只认为它是一团火。一些看法根据不足，或就是错误。但在当时有限知识的基础上，康德能得出这样的太阳系起源假说是很不容易的。就康德星云说的主要观点来看，认为太阳和整个太阳系是由一团弥漫物质遵循力学规律，由内部的矛盾运动逐渐形成的，这个基本观点是正确的。在今天看来仍是一个有科学根据的设想，仍然是今天天体演化学说的出发点，但康德对行星公转成因的论点则是错误的。由于碰撞的随机性，很难出现公转一个方向占优势的倾向。即使有一个方向占一些优势，获得的速度也一定很小。它的离心力不足以克服中心吸引力，而这个问题在拉普拉斯的星云学说中解决得比较自然。

法国数学家、力学家拉普拉斯于 1796 年发表《宇宙体系论》，其中提出了他的太阳系起源的星云假说。拉普拉斯认为：太阳系是由一个气体星云收缩形成的。星云最初体积比现在太阳系所占的空间大得多，大致呈球状。温度很高，缓慢地自转着。由于冷却，星云逐渐收缩，根据角动量守恒，星云收缩时转动速度加快。在中心引力和离心力的联合作用下，星云越来越扁。当星云赤道面边缘处气体质点的惯性离心力等于星云对它的吸引力时，这部分气体物质便停止收缩。停留在原处，形成一个旋转气体环。随着星云的继续冷却和收缩。分离过程一次又一次地重演。逐渐形成了和行星数目相等的多个气体环。各环的位置大致就是今天行星的位置。这样，星云的中心部分凝聚成太阳。各环内，由于物质分布不均匀，密度较大的部分把密度较小的部分吸引过去。逐渐形成了一些气团。由于相互吸引，小气团又聚成大气团，最后结合成行星。刚形成的行星还是相当热的气体球，后来才逐渐冷却、收缩、凝聚成固态的行星。较大的行星在冷却收缩时又可能如上述那样分出一些气体环，形成卫星系统。土星光环是由没结合成卫星的许多质点构成的。

拉普拉斯在发表他的星云学说时，并不知道康德已于 41 年前提出过一个类似的学说。尽管康德的学说侧重于哲理，而拉普拉斯学说则从数学、力学上加以论述，但他们的星云假说基本观点是一致的，都认为太阳系所有天体都是由同一原始星云按照客观规律逐步演变形成的。在拉普拉斯发表了他的星云说以后，康德的星云说才得到再版和广泛流传。后来，人们往往把两个学说并提，称为"康德-拉普拉斯星云说"。

由于拉普拉斯的论述加上他当时在学术界的威望，使星云说在 19 世纪被人们普遍接受。但因时代的局限，他们的观点也有不少的缺点和错误。他们都没有说明太阳系角动量分布异常的问题。另外，拉普拉斯假定星云开始是热的也与现在的观测事实不符。今天，知道星际云并不热，温度只有 10～100K 左右，因而星云的收缩不是由于冷却而应是由于自引力发生的。

按照今天的理解，从星云到太阳系形成的过程，首先是在银河星云中产生太阳星云，然后太阳星云变成星云盘，最后是星云盘中产生太阳和行星，见图 7.46。

图 7.46　星云说示意图

三、灾变说

康德-拉普拉斯星云说出现后，由于无法解释太阳系角动量的异常分布，使得各种灾变说在 19 世纪末到 20 世纪 40 年代一度兴盛起来，虽多达十几个学说，但有一共同点。他们都认为：太阳系这样一个天体系统是宇宙间某一罕有的、巨大变动的产物。

第一个灾变说出现在星云说之前，是法国的动物学家布丰于 1745 年提出的，在 1751 年就放弃了。该学说认为太阳形成后，有一巨大彗星掠碰到太阳边缘，使太阳旋转起来，同时碰出一些物质也绕太阳旋转，最后形成行星。这个学说否认上帝创世，有进步的一面，但它的科学内容是错误的。

大多数的灾变说都出现在康德和拉普拉斯星云说之后，这些灾变说提出者企图以外来因素来解决太阳系角动量的特殊分布问题。比较著名的学说有 1900 年美国地质学家章伯伦提出的"星子说"，同年，美国天文学家摩尔顿发展了这一学说。他们认为：以前有一颗恒星运行到离太阳几百万公里的地方，使太阳正面和反面激起两股巨大的潮，正面抛出的物质沿恒星离去的方向偏转，反面抛出的物质则相反方向偏转，它们逐渐演化成环绕太阳的星云盘，然后凝聚成许多固态质点，再聚成星子，最后形成行星。1916 年，英国天文学家金斯提出了著名的"潮汐说"。他假定有一巨大的恒星接近太阳，在它的作用下表面产生了很大的潮。反面潮比正面潮小得多，很快衰落。当正面潮相当大时，物质被经过的恒星拉出来，逐渐脱离太阳，形成了个雪茄烟形的长条。在恒星离开太阳的时候，它对长条的吸引使长条朝恒星离去的方向弯曲，并获得了角动量，以后这些物质就一直绕太阳转动，长条内气体凝聚，集结成各个行星，长条中部较粗，所以由中部物质形成的木星、土星就较大。

金斯以后，又有不少灾变说提出，而且每一个都是为了说明观测事实，假设了许多偶然因素。例如，①1929 年捷弗里斯的"碰撞说"认为，另一颗恒星与太阳擦边相碰，这使太阳自转起来，碰出的物质形成了行星。②1936 年里特顿发展了美国罗索的想法，提出了"双星说"，认为太阳的伴星被第三颗恒星碰撞后，伴星和那个恒星朝不同的方向弹开了，中间拉出一长条物质，被太阳俘获，形成行星系。③1945 年霍意尔提出"超新星说"，认为太阳的伴星是超新星，爆发后由于反弹作用离开了太阳，它抛出的一部分物质被太阳俘获后形成了行星，超新星抛出的物质包含许多重元素，这样可以说明地球和行星里重元素的来源。

人类现在知道，银河系里的恒星空间密度很小，平均每 35 立方光年体积才有一颗恒星，所以两颗恒星接近到能起潮的机会是很小的。有人计算大约每两千亿年才有一次接近，但能够碰撞的机会就更少了。可是，发现银河系内的行星系统现在可不是罕见的现象，观测表明，在离太阳相当近的恒星中，就已经发现了十来颗恒星的周围有看不见的伴星。其中一部分伴星很可能是行星，因为它们质量小，与行星差不多，而灾变学说只以概率很小的偶然因素解释行星系统的产生是普遍规律。事实上，这些灾变说也不能解释太阳系角动量特殊分布问题，从太阳分出的物质很容易扩散，不可能凝聚成行星。因此，这些学说都逐渐被否定了。

四、20 世纪的各种星云说

20 世纪前 40 年中，在太阳系起源的研究上，灾变说曾一度占绝对优势。到 40 年代，情况发生了变化，虽然前半期提出了 4 个灾变说，但很快就衰落下去。星云说一跃占据了统治地位。20 世纪提出的各种各样的星云说多达 20 几个，这里只对其特点做些简要的介绍。

1. 俘获说

1944 年，苏联地球物理学家施密特提出一种"俘获说"，即"陨星说"。他认为几十亿年前，太阳在银河系转动时，进入了一个直径为 10 光年与太阳相对速度为每秒 5 公里的星际云。太阳俘获了约为太阳质量 3%的星际物质，这些物质慢慢形成了一个扁平的、由尘粒组成的星云盘，行星和卫星就是在这个盘内形成的。还有一些人提出了其他一些俘获假说，如爱尔兰的埃奇沃斯、英国的彭德雪和威廉斯以及印度的米特拉等，其主要目的都是说明太阳系角动量分布异常问题。但计算表明，这种俘获的概率是极其微小的。

2. 共同形成说

共同形成说观点：主要认为太阳和太阳系天体是由同一个星云形成的，但侧重点不同。在 20 世纪最先提出的几个星云说中，则强调了电磁力在太阳系形成中的作用。例如，瑞典的磁流体力学家阿尔文继挪威的伯克兰和荷兰的贝拉格之后，于 1942 年提出了 "电磁说"，他认为，太阳系内所有天体都是由一个高度电离的气体云形成的，太阳一形成就有很强的磁场。离太阳 0.1AU 处的高温电离气体云因冷却而还原成中性状态，并因太阳的吸引而下落，根据各元素的电离电位，他算出在离太阳不同距离处先后形成大小不等四个物质云，太阳系中的行星、卫星都分别由这四个物质云凝聚而成。阿尔文最先提出了磁耦合机制来解释太阳系角动量的特殊分布问题。他假定原始太阳有很强的偶极磁场，其磁力线延伸到电离云并随太阳转动，电离质点只能绕磁力线做螺旋运动，不能跨过磁力线，它们被磁力线带动着随太阳转动，因而从太阳上获得角动量，太阳则因为把角动量转移给电离云而自转变慢了。

1962 年沙兹曼提出了另一种通过磁场作用转移角动量的机制，称为沙兹曼机制。他认为，太阳演化早期经历了一个金牛座 T 型变星时期，由于内部对流很强和自转较快，出现比现今耀斑强得多的磁活动，并且大规模地抛出带电粒子。这些粒子只沿着磁力线随着太阳一起转动，这就迫使抛出物质的角动量被迫增加，而以太阳角动量减小为代价，这就相当于太阳通过磁场把角动量转移给抛出的物质，抛出的物质绝大部分离开了太阳系，只有一小部分进入星云区。这一机制足以有效地把太阳的角动量转移走，因而沙兹曼机制被很多学者引用。

3. 其他星云说

康德-拉普拉斯的星云说，虽影响很大，但只考虑问题的力学方面，即万有引力的作用，所以，在说明太阳系天体形成时还有不足之处。

其他星云说：①强调湍流在太阳形成中的作用。例如德国物理学家魏扎克于 1944 年提出 "旋涡说"，认为太阳形成后，环绕太阳的全体尘埃云转动而变为扁的星云盘，盘中出现湍流，形成旋涡的规则排列。盘分为几个同心环，每个同心环中有五个旋涡，行星就在相邻两环之间的次级旋涡里形成。当然现已证明，星云中没有足够的能量来维持湍流，旋涡会很快扩散而消失，因此，这种学说难于成立。②特别注意太阳系形成和演化中的化学过程。如美国化学家尤里于 1952 年提出了演化说，认为星云盘物质先集聚成平均质量为 10^{28} 克的中介天体，再由中介天体形成行星。尤里着重讨论了中介天体形成行星和陨星的化学过程。他根据在陨石中发现了钻石，而钻石需要在持久的高温、高压条件下才能产生，另外观测中发现月球和各行星的密度不一样。比较靠近太阳的气体球，它们外部的挥发性物质逐渐跑掉，较重的非挥发性物质在气体球内凝聚成为质点逐渐沉入球的中心，形成固体核心的天体，这些天体互相吸引、碰撞，有的就会成为类地行星，碰撞形成的碎块就是陨星。离太阳较远的气体球，它们直接合成为类木行星。月球和其他的卫星、大的小行星，都是留存下来的气体内部形成的固体核。现在也有人对该学说假设的根据不充分持批评的态度。

至于行星的形成方式，由上述可以看出不同。主要观点：一是拉普拉斯学说和阿尔文学说中提及的先形成环体；二是魏扎克学说提出的先形成湍流的规则排列；三是尤里学说中说的先形成中介天体。此外，还有一个说法是 1949 年美国天文学家柯伊伯提出的“原行星说”。他认为星云盘中发生引力不稳定性，瓦解一些大气体球——“原行星”，例如，原地球质量为现在地球的 500 倍，原木星质量为现在木星的 20 倍。原行星中心部分的气体凝固成固体。离太阳较近的类地原行星外部气体被太阳辐射蒸发掉，只留下固体部分。离太阳较远的类木行星因质量大和温度低，能够保留一部分气体形成类木行星。但也有人认为，由于原行星质量大，逃逸速度必然大，因而，在几十亿年内，太阳的辐射就能把原行星多余的气体全部赶跑是不可能的，而持否定意见。

近 60 年来发表的主要星云说有：1962 年法国沙兹曼的学说和美国卡梅伦的学说；1969 年苏联萨夫尤诺夫的学说；1970 年日本林忠四郎的学说和英国霍伊尔的学说；以及 20 世纪 70 年代以后中国戴文赛的学说。他们共同的特点都能定量地、较详细地论述行星形成的过程，在国际上比较受重视。他们中的绝大部分主张行星是由星子集聚而成的，也就是认为星云盘的小尘粒和小冰粒，先沉降到赤道面附近形成薄的尘层，然后尘层瓦解为许多粒子团，各粒子团集聚成星子，星子再集聚成行星。

五、戴文赛关于太阳系起源的学说

我国著名天文学家戴文赛在 20 世纪 70 年代开始注意太阳系起源演化问题，并收集了大量的太阳系演化资料，对外国 40 多种星云学说进行了分析和评价，对太阳系起源问题作了较全面系统的研究，并提出了一种新的星云说。

1. 原始星云

戴文赛教授认为，远在 47 亿年前一个质量比太阳大几千倍的气体尘埃云——银河星云，靠自引力而收缩，收缩到每立方厘米 10^{-15} 克时，内部出现了旋涡流，便使这个原始的星云碎成上千个小云，其中的一个就是形成我们太阳系的原始星云——太阳星云。因为太阳星云在旋涡中产生，所以一开始就自转着。

据观测，在银河系内有许多温度和密度都很低的气体和尘埃云，还观测到许多从云到星的过渡性天体，现已经发现不少恒星周围有气体尘埃盘，说明那里可能正在形成行星系。另外，根据测定，太阳、地球和其他行星的放射性元素的相对含量基本一致。这说明整个太阳系是由同一星云形成的。

2. 星云盘

原始星云一面自转，一面因自吸引而收缩，在收缩过程中由于角动量守恒，自转逐渐加快，使星云逐渐变扁，当原始星云赤道处自转速度大到惯性离心力等于中心部分的引力时，这部分物质便不再收缩，而留在该距离处绕中心部分转动，原始星云的其他部分在继续收缩，不断有物质留在赤道附近，于是形成了扁扁的、内薄外厚的连续的星云盘。原始星云在收缩中密度变大，最后演化为太阳，并且发出辐射。见图 7.47 和图 7.48。

图 7.47　原始星云的收缩和扁化

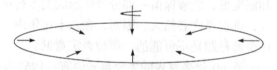

图 7.48　星云盘的垂直截面

原始星云的前期收缩很快，后来由于星云物质的引力势能转化为热能，物质的热运动产生压力，使收缩逐渐变慢，同时星云物质的温度也逐渐升高。太阳形成以后，星云盘结果得出，内边缘约为 2000K，外边缘约为 10K。

关于星云盘的化学组成，从碳质球粒陨石分析得出，它们的重元素相对含量与太阳大气基本相同，这表明星云盘初期物质混合比较均一。因此，可以认为，星云盘初期的化学组成，与今天太阳大气的化学组成基本相同，可以把星云盘的物质分为三类：一类叫"土物质"，主要由铁、硅、镁及其氧化物组成，质量约占 0.4%；第二类叫"冰物质"，主要由碳、氮、氧及其氢化物(如水、甲烷、氨)等组成，质量约占 1.4%；第三类叫"气物质"，主要是氢、氦等，气物质量多，质量占 98.2%。

3. 行星的形成

当星云盘中的固体微粒很小时，随着气体分子一起做布朗运动，相互碰撞，结合成较大的颗粒，这个过程叫碰撞吸积，作用在颗粒上的力主要有太阳引力、惯性离心力、气体压力和气体阻力，这些力可以分解为平行于赤道面的径向分力和垂直于赤道面的法向分力。在径向，太阳的引力的径向分力与惯性离心力平衡，气体的压力和阻力的影响很小；在法向，较大的颗粒在太阳引力的法向分力作用下，可以克服气体阻力向赤道沉降。经计算表明，颗粒向赤道面沉降大约要经过$10^4 \sim 10^6$年，才可以在星云盘内形成薄薄的尘层，尘层也是内薄外厚，厚度只有$10^6 \sim 10^8$厘米，颗粒大小为0.01~3毫米，与陨石球粒大小一致。

当尘层物质密度增加到足够大时，就会出现引力不稳定性，尘层分裂瓦解为许多粒子团，粒子团可以经过自吸引而收缩，很快形成星子。星子的质量为$10^{18} \sim 10^{20}$克，星子吸取周围物质而继续长大，大小不同的星子因彼此引力相互作用，使星子绕太阳转的轨道改变而互相交叉，这又增加了碰撞机会，当星子之间相对速度很大时，彼此被碰碎，速度较小时，星子结合成大的星子，最大星子就成为行星胎，再进一步吸积小星子及残余物质而形成行星，见图7.49。近年来，人们在水星、火星以及火星卫星上发现许多相同于月球上的环形坑，该理论解释就是行星形成晚期经历星子碰撞的痕迹。

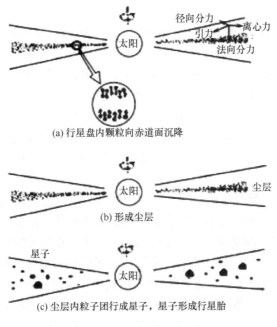

(a) 行星盘内颗粒向赤道面沉降

(b) 形成尘层

(c) 尘层内粒子团行成星子，星子形成行星胎

图 7.49　行星形成的示意图

4. 对太阳系主要特征的说明

(1) 行星轨道运动和自转　　行星绕太阳公转轨道的共面性、同向性和近圆性是它们在转动着的茫茫的尘层中形成的必然结果。

在尘层内刚形成的星子,起初绕太阳在近圆形的轨道上做开普勒运动。后来,由于星子自引力摄动和碰撞,使星子轨道改变,偏心率 e 和倾角 i 变大,由于星子集聚成行星胎的过程是随机的,根据必然的统计规律性,行星胎在生长过程中轨道 e 和 i 被平均化,e 和 i 本应等于零;然而,由于偶然性,平均化不会很彻底,仍保留下来很小的 e 和 i 值,一般说来,质量大的行星是由更多的星子集聚而成的,平均化较好,因而 e 和 i 值更小些;而质量小的水星 e 和 i 值较大。

因太阳和行星是由同一星云组成的,所以太阳自转与行星公转方向必然相同。但太阳的赤道面与不变平面有 $5°56'$ 的交角,这是因为太阳形成早期曾有过一个不稳定阶段,即大量抛射物质。计算表明,只要有千分之一太阳质量的物质是非径向抛射的,其反冲力矩就足以使太阳赤道面改变上述角度。

行星自转起源于星子的撞击,即星子把角动量带给行星,一般说来,许多星子撞击的统计结果是行星顺向自转。但是,如果行星形成晚期,有个质量为金星3%的大星子,从它原自转的反方向掠碰它的赤道面,就可使金星产生逆向自转,对于天王星,若有质量为其5%的大星子在它形成晚期掠撞它,就可使其变为侧向自转。

(2) 行星的大小、质量和密度的分布　　三类行星,即类地行星、巨行星和远日行星的特征,反映了它们形成条件上的差别。类地行星靠近太阳,温度高,星云盘中冰物质都挥发掉了,只有土物质凝聚,因此该区形成的行星密度大,质量小。巨行星区温度比较低,只有一部分气物质挥发,土物质和冰物质都凝聚,固体核吸积周围大量的气物质,由于形成巨行星的原料多,且行星区宽度大,因此其密度最小。远日行星区离太阳最远,温度低,气体逃逸速度小,气物质很容易跑掉,导致远日行星的主要是土物质和冰物质,所以它们的质量和密度都属于中等。

(3) 太阳系角动量分布的说明　　戴文赛认为沙兹曼机制说明太阳角动量分布比较有利。太阳在慢引力收缩阶段大量抛射带电粒子,这些物质在原太阳质量中虽占小部分,然而却能带走绝大部分角动量。太阳抛射出的物质,绝大部分并未进入星云盘,此外,磁耦合机制对太阳角动量的损失也可能有些作用。

(4) 距离规律的说明　　提丢斯-波得定则在本章已叙述过,即 $A_{n+1} / A_n = \beta$,它是行星卫星分布遵距性经验法则,很多人试图说明它,但没有得出令人信服的结论。利用上述由星子聚集成行星的论点,可以对这规律作一说明。

星子集聚形成行星过程中,星云盘内某区域的星子聚集成该区的行星,这区域叫做行星区。由于星云盘的面密度自内向外减小，所以外边的行星区的宽度要比里边大才能有足够的物质来形成行星。提丢斯-波得定则 β 值正反映了行星区离太阳越远宽度越大这一事实。戴文赛教授认为行星区的边界应当选取两邻近行星的起潮力相等处为边界。行星引力范围的含意是，在这个范围处，太阳引力影响大于行星的引力影响。计算表明，行星的引力范围半径是

$$X = \left(\frac{m}{3M}\right)^{\frac{1}{3}}r \tag{7.21}$$

式中 r 表示行星到太阳的距离，m 和 M 分别为行星和太阳的质量。星子被行星胎吸积，就是它从太阳引力为主的范围进入以行星胎引力为主的范围，从绕太阳公转到绕行星转动，最后落到行星胎上。因为星子间被此引力摄动而改变其轨道 e、i 值，使更大范围的星子进入行星胎引力范围，所以行星胎的吸积范围即行星区宽度是引力范围的 10 倍左右。此外，行星区的宽度还与行星质量有关，不仅仅取决于 r 值，当相邻两个行星的质量相差不大时，β 值接近于常数，但当相邻两行星的质量相差较大时，如海王星和冥王星，β 值就不是常数，就不符合提丢斯-波得定则了。这样，用星子聚集成行星的论点就能较满意地说明行星与太阳的分布规律。

有关卫星和行星环的形成、小行星的起源等问题，戴文赛教授都做了较详细的讨论，这里就不多叙述了。

？ 思考与练习

1. 托勒密的宇宙地心体系的要点是什么？现代人如何评价？
2. 哥白尼的宇宙日心体系的要点是什么？现代人如何评价？
3. 太阳的基本结构如何？有何特点？
4. 根据大行星的特性，简述行星有几种分类。
5. 举几例太阳系中有特色的卫星。
6. 太阳系小天体有哪些？有何特性？
7. 说明狮子座流星雨的成因。
8. 试说明地球与太阳系其他行星比较有哪些独特的地方。
9. 康德-拉普拉斯星云说的要点是什么？现代人如何评价？
10. 灾变说为什么不能正确地说明太阳系的起源问题？
11. 戴文赛的新星云说的要点是什么？他如何解释太阳系的主要特征？

第7章思考
与练习答案

 进一步讨论或实践

1. 回顾人类对太阳系天体的认识过程。你怎样看待太阳系的起源问题？

2. 随着空间探测技术的发展,21世纪人类对太阳系还有哪些重大研究课题？

3. 根据天文日历或天文软件，选取当内行星大距日或前后(外行星冲日或前后)观测行星。

第8章 地 月 系

【本章简介】

本章首先介绍了地与月所构成的天体系统，以及月球的物理性质；接着介绍了月球圆缺变化的现象及成因，最后，介绍了日食、月食、潮汐现象，为人类认识地与月的关系提供基础知识。

【本章目标】

➢ 了解月球和地月系。

➢ 掌握月相的形成和变化规律。

➢ 了解最新月球探测技术。

➢ 了解日月食的形成条件、种类、过程和出现周期。

➢ 了解天文潮汐及地理意义。

8.1 月 地 绕 转

一、月与地绕转

天空中的天体，除了太阳，就数月亮最亮了，满月时亮度可达-12等，因此，月亮也叫太阴。月球造成的日食现象远比水星、金星的凌日现象鲜明；月球造成的潮汐现象比太阳造成的潮汐现象明显，致使潮汐的变化规律主要体现了月球的运行规律；月相变化给人的印象远远超过金星位相变化给人的印象……所有这些都是因为月球是地球最近的自然天体，是地球的卫星，它与地球共同组成一个绕转系统——**地月系**。

月球和地球共同围绕着它们的公共质心运转不息。地月系质心离地心约4671千米，因此，环绕质心与环绕地心的椭圆轨道相差不大。月球在环绕地球作椭圆运动的同时，也伴随地球围绕太阳公转。月球不但处于地球引力作用下，同时也受到来自太阳引力的影响，还受到某些大行星的摄动，所有这些，使月球的运动变得复杂，因此，月球具有十分复杂的轨道运动，天文台在编制《月球运动表》时就要考虑多项因素。这里介绍最主要的运动——月地绕转。

1. 轨道

月球绕地球公转的轨道是一个椭圆(地球位于椭圆的焦点之一)，偏心率是0.0549，近地点为 363 300 千米，远地点为 405 500 千米，二者相差 42 200 千米，由于这种距离上的变化，月球的视半径在 16′46″～14′41″之间变化；近地点时月轮较大，远地点时月轮较小。月地平均距离为 384 400 千米。

月球围绕地球公转的轨道是椭圆，但它的轨道平面并不是固定的，其椭圆的拱线(近地点和远地点的连线)沿月球公转方向向前移动，约每 8.85 年移动一周。中国早在汉代，贾逵就提出月球视运动的最疾点每九年运动一周，这实际上正是拱线运动的结果。

月球轨道投影到天球上称为白道，白道对黄道的倾角称为**黄白交角**，在4°57′～5°19′之间变化，平均值为 5°09′。由于黄白交角的存在，月球在绕转地球的同时，往返于黄道南北；同时，由于黄白交角的存在，月球在绕转地球时，其赤纬也在不断改变，变化幅度±23°26′～±5°9′，即在地球上的月球直射点可达赤道南北 28°35′。

2. 周期

月球绕转地球的周期，笼统地可以说是一个月，但由于选用基准点不同，周期长度定义有区别。常见的几种解释如下。

(1) 朔望月　以视太阳中心为基准，月球在天球上连续两次通过视太阳中心的时间间隔的长度，是反映月球盈亏变化的周期，平均为 29.5306 日。这个周期很久以前就是中国古代历法的基础。

(2) 恒星月　以恒星位置为基准，月球在天球上连续两次通过同一恒星所经历的时间间隔的长度，是月球绕转地球的真正周期，平均为 27.3217 日。中国早在西汉的《淮南子》一书中就已得到恒星月周期为 27.32185 日，可见当时已达到很高的精度。根据恒星月的长度，可以计算出月球绕转地球的平均角速度为每日 13°10′，或每小时 33′。这个 33′的角度大体上与月球本身的视直径相当。换句话说，月球每小时在天空中移动约等于月轮的视圆面。但由于地球的自转，天体在天球上有周日视运动，所以月球以每小时 15°的速度向西随天球作周日运动，又以每小时 33′的速度向东运动。

(3) 交点月　以黄道和白道的交点为基准，月球在天球上连续两次通过同一黄白交点的时间间隔的长度，平均为 27.2122 日。在我国南北朝时代，祖冲之推算的交点月周期(27.21223 日)与近代数值(27.21222 日)相当接近。交点月日数的精确测定使得准确的日月食预报成为可能。

(4) 近点月　以近地点为基准，月球在天球上连续两次通过近地点的时间间隔的长度，平均为 27.5546 日。在中国东汉时代，贾逵就发现近点月周期，并由刘洪首次测定它的长度为 27.5548 日，与今日测值相差无几。

(5) 分点月(又称回归月)　　以春分点为基准,月球在天球上连续两次通过春分点所需的时间间隔的长度,平均为 27.3216 日。

3. 同步自转

月球在绕转地球的同时,也有自转。月球的自转与它绕转地球的公转,有相同的方向(向东)和相同的周期(恒星月),这样的自转称为**同步自转**。正是由于这个原因,地球上人们所见到的月球,大体上是相同的半个球面,见图 8.1。

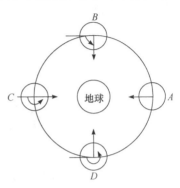

同步自转并非月球所独有,太阳系行星中有些卫星也有相同的情形(详见第 7 章"太阳系的卫星"部分)。月球自转周期恰好是月球绕地球转动的周期,这种现象是地月系潮汐长期作用的结果。

图 8.1　月球的同步自转

二、月相

人们观测月球,很容易发现月球的视形象有圆缺的变化,我们把月球圆缺的各种形状称为月相。它是人们最常见的、也是最熟悉的一种天象(图 8.2)。

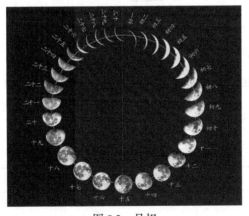

图 8.2　月相

1. 月相的成因

由于月球、地球本身都不发光,它们只能反射太阳光。在太阳照射下,它们总是被分为明亮和黑暗两部分。从地球上看,这明暗两部分的对比,时刻发生变化,但有章可循。这种变化视日、月、地三者的相对位置而定。当月球黄经和太阳黄经相等称为"朔",从地球上看,此时月球是全暗的。此后,月球逐渐沿着它自己公转的轨道向东运动，月球黄经逐日与太阳黄经有差值，当月球黄经比太阳大 90°时，称为"上弦"，这时从地球上看，则见到月球的西半面被太阳照亮，约在日落时位于中天附近。当月球黄经比太阳黄经大 180°时，由地球上看到满月，称为"望"，太阳在西方落入地平时，月球从东方升出地平。当月球黄经比太阳黄经大 270°，称为"下弦"，下弦月要在后半夜才能看到，这时从地球上看到月球东半面被照亮，随着月球黄经再次与太阳黄经相等，又是"朔"。从一次朔到另一次朔所经历的时间叫"朔望月"，平均长为 29.5306 日，朔望月是月球盈亏的周期，也是月球同太阳的会合周期(详见第 7 章"会合运动")。图 8.3 是月相成因的示意图。

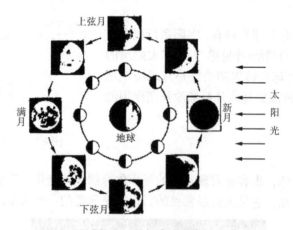

图 8.3　月相成因示意

2. 月球对于太阳的相对运动

由于月球绕地球旋转的同时又与地球一起绕太阳运动，月球在天球上的视位置有逐日东移现象，所以，月球每天升起的时间比前一天推迟约 50 分钟。月球的出没与中天的大致时刻见表 8.1。

表 8.1　月球的出没与中天的大致时刻

月相	距角	同太阳出没比较	月出	中天	月落	夜晚
新月(朔)	0°	同升同落	清晨	正午	黄昏	彻夜不见月
上弦月	90°	迟升后落	正午	黄昏	半夜	上半夜西天
满月(望)	180°	此升彼落	黄昏	半夜	清晨	通宵可见月
下弦月	270°	早升先落	半夜	清晨	正午	下半夜东天

从表 8.1 中可以看出月球越圆，夜晚见月时间越长；月牙越窄，见月时间越短。满月通宵可见，弦月半夜可见，新月则不可见。

若站在月球表面上遥望地球时，所看到的地球始终都是高悬在天空中，也没有东升西落现象，见图 8.4。但地球在月球天空中什么方向，以及高悬在"月平面"上有多高，那是随观测者所站的位置不同而不同。如果是在月球正面的正中看地球，那么地球便是始终高悬在天顶附近。

由于月球的同步自转，在月球上"赏地"，高悬在月球上空的地球位置虽然没有变化，但是，地球的形状一直在变化着，这种变化与月相变化相仿，可叫它"地相变化"——"新地""娥眉地""上弦地""凸地""满地""下弦地""残地"。因地球比月球大，"满地"时的亮度比"满月"亮 80 倍。可谓"一盏明月照月夜"。

图 8.4　月球上看地球

8.2 月　　球

一、人类对月球的认识

从"嫦娥奔月"到"阿波罗登月"，是人类探索认识月球的过程。月球是离地球最近的自然天体，是地球的亲密伙伴。通过对月球的研究有助于我们认识地球的过去、现在和将来，对促进一系列新技术的发展和科学领域的开拓都具有重要的深远意义。

月球俗称月亮，也称太阴，是地球唯一的天然卫星。自古以来，各个民族都有关于月球的神话和传说，这些都反映了月球与我们人类的生活和思想文化有密切的关系。20 世纪 60 年代末以来，"人类的一大步"——"阿波罗"飞向月球，揭开了月球的许多秘密。

由于月球的同步自转，在地球上的人类长期只能观测到大致半个月面，月背秘密是在 1959 年由苏联"月球 3 号"宇宙火箭绕到月球背面上空，才拍得了历史上第一幅月球背面照片，从此，千古哑谜开始有了答案。根据宇航员的登月考察以及无人驾驶的飞船先后几次在月球上软着陆和采集样品，在"阿波罗时代"的探测结果表明：月球上没有空气，没有水，没有生命，没有声音，日温差变化极大，受流星体撞击。面对这样的恶劣环境，人类是难以在上面生存的。正是这个有关人类如何才能置身于月球的问题一时无法解决，致使一度辉煌和热闹的月球热，在"阿波罗计划"之后，长时间销声匿迹。然而，因 20 世纪末科学家利用遥感技术分析发现月球有冰，在 21 世纪各国又再度兴起月球热。

月球正反面照片见图 8.5 和图 8.6。月球形状是南北极稍扁、赤道稍许隆起的扁球。它的平均极半径比赤道半径短 500 米。南北极区也不对称，北极区隆起，南极区洼陷约 400 米。但在一般计算中仍可把月球当作三轴椭球体看待。物理天平动的研究有助于解决月球形状问题。通过天平动研究表明，月球重心和几何中心并不重合，中心偏向地球 2 千米。这一结论已为"阿波罗号"登月获得的资料所证实。1969 年人类登月成功，宇航员在月球上做科学实验(图 8.7)。据资料记载，至今已发射约 70 多艘月球探测器和登月载人飞船，其中有失败，有成功……中国的探月工程，发射探月卫星嫦娥 1～5 号、神舟系列的载人飞船以及天宫号的实验室……所有这些努力，为人类进一步研究月球、合理利用月球资源提供了有利条件。

(a)月球正面照片　　　　　　　(b)月球背面照片

图 8.5　人类 20 世纪 60 年代获取的月球照片

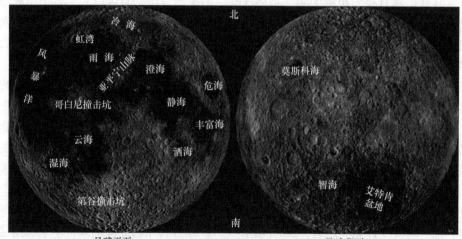

月球正面　　　　　　　　　　　月球背面

图 8.6　人类 21 世纪初获取的月球照片

（a）　　　　　　　　　　　　　　　　（b）

图8.7　1969年人类首次登月成功

　　月球表面高低起伏不平，既有山岭起伏，峰峦密布，又有低洼区域。在月球上还有"洋、海、湾、湖"等各种特征名称，现在我们清楚，月面上并没有像地球上的江、湖，只是早年观测者凭借想象，借用地球上的名称而已，一般低的地方叫"月海"，比较暗黑；高的地方叫"月陆"，比较明亮。月面上最明显的特征是有众多的环形山(图8.8)。

　　月球正面月海与月陆约各占一半，背面月陆面积大些。月球上的山脉，大多以地球上的山脉命名，如亚平宁山脉、高加索山脉、阿尔卑斯山脉等。最长的山脉长达1000千米，往往高出月海3～4千米。最高的山峰在月球南极附近，高达9000米，比地球上最高的珠穆朗玛峰还高。除山脉外，还有长达数百里的峭壁，最长的是阿尔泰峭壁，以及月面辐射纹，典型的有第谷环形山(图8.9)和哥白尼环形山周围的辐射纹。

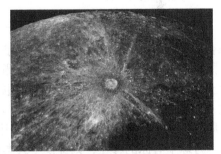

图8.8　月面环形山　　　　　　　图8.9　第谷环形山辐射纹

　　根据长期天文观测与登月的直接考察证实(如2019年中国嫦娥4号在月球背面软着陆)，月球周围没有明显的磁场(月球磁场强度不及地球磁场的1/1000)，月球上更没有像地球和木星那样的辐射带。通过登月探测还查明：月球正面有称为"重力瘤"或"质量瘤"的重力异常区，多达12处；月球表面大部分地区被一层厚度不等的月尘和岩屑所覆盖，月面物质的导热率极低，约为 6×10^{-6} 卡/(厘米·秒·度)。背面未发现"质量瘤"，背面的月壳比正面厚。在月球上没有像地球大气那样的保护层，月面直接受到流星体的猛烈冲击，因此在一定程度上会影响月岩的化学成分、岩屑大小、玻璃含量以及再结晶的程度。据考察，月球早期曾广泛发生火山爆发，喷出大量熔岩，从而形成月面上广阔的熔岩平原。21 世纪初，NASA 的科学家们采用最新技术重新审视 20 世纪 70 年代获取的月震数据(这些数据由 1971 年放置于月面上的仪器获得)。研究结果显示，月球拥有一个固态的富铁内核，以及一个液态外核，与地球圈结构(核、幔、壳)类似，见图 8.10。

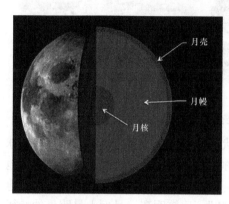

图 8.10　月球结构

月球是地球的近邻，月地平均距离约 38 万千米，用宇宙尺度来衡量的话，可以说是近在咫尺。月球表面积大约是地球表面积的 1/14，比亚洲面积稍小。月球体积只相当于地球体积的 1/49。月球质量约等于地球质量的 1/81.3。月球的平均密度为 3.34 克/厘米³，只相当于地球密度的 3/5。月面上自由落体的重力加速度为 1.62 米/秒²，为地面重力加速度的 1/6。月球上的逃逸速度约为 2.4 千米/秒，相当于地球上的逃逸速度的 1/5 左右。关于月球物理的详细数据可查看附录 3。

二、月球探测的新动向

1996 年，美国"克莱门汀号"探测器探测到月球南极艾特肯盆地地区可能沉积有大量的冰物质，这给人类要在月球上寻找生存空间带来了新的希望。1998 年美国科学家又通过"月球勘探者"探测器发回的图像分析证实，月球南极存有与沙土混结的冰，而且还发现月球北极也存有与沙土混结的冰，估计总的水储量可达 1 千万吨到 3 亿吨。对月球探测的新动向，人们又开始月球热。21 世纪，欧洲航天局、美国 NASA，以及日本、印度、中国等国的相关机构都开展对月球的探索。

月球上有冰的存在，则提供了人类建立一个月球基地的长期可能性，同时将冰分解成氢气和氧气作为火箭推进剂的可能性也增加了。另外，从资源来看，月球上目前有极其丰富、宝贵、可供人类利用的资源。尤其是当代地球资源日趋枯竭，开发利用月球资源会给全人类带来巨大的利益。21 世纪，富有远见的人类再谈登月，将是考虑如何开发利用的问题，以及如何将人类移居太空的问题。

未来的月球究竟是一个怎样的世界，科学家们提出了不少宏伟蓝图。具有代表性的规划方案介绍如下。

1. 提出建造月球基地的计划

1987 年 10 月，在国际宇航科学会议上，科学家提出了建造月球基地的计划。目前在月球上已建造载人月球轨道航天站和研究实验站，人类将继续建造、扩大月球上的设备、设施，计划在 21 世纪末建成月球基地。

2. 规划月球空间城

为人类能顺利登月生活，21 世纪科学家还规划在月球上建造空间城，外形呈轮状或圆筒状，直径为 1~2 千米，重量数万吨。城市内将有山脉、河流、森林、草原等"密封"的生态系统，以用来维持人们的生活。

3. 研制 21 世纪"宇宙旅行"计划

你是否想到过，有一天在吟诵"月到中秋分外明"时，却置身在月宫中遥望人类家园——地球，这绝不是狂人说梦，也不是科学幻想，而是美、日和西欧等国家正在研制中的 21 世纪"宇宙旅行"计划。可以预料："宇宙旅行"计划一旦成为现实，月球旅行将成为全世界最为热门的"黄金线路"。

8.3　日食和月食

古人不了解日、月食的道理，曾产生过各种迷信和传说，什么"天狗食日""蟾蜍食月"等。有的则把日、月食看成是不祥之兆，甚至极大地扰乱过人们的社会生活。然而，就是在今日，一些天文知识缺乏的人，对日、月食现象还是有恐慌和惧怕的心理。实际上，日食和月食是一种自然天象。日月食不但是可以观赏的美妙天象，同时也是对公众进行科普宣传，激发其天文兴趣的好机会。

一、日、月食的成因

日、月食的发生与日、月、地三者运动有关，为了把其中原理弄清，在此先从天体投影谈起。

太阳能够发光，而地球和月球不会发光。当阳光照射到地球或月球上时，其身后会有一个投影，投影的结构可分为三部分：①投影的主体，指顶端背向太阳的会聚圆锥，这叫**本影**；②本影延伸，是一个与本影同轴而方向相反的发射圆锥，这叫**伪本影**；③在本影和伪本影的周围是一个空心发散圆锥，这叫**半影**。在本影里，阳光全部被遮；在伪本影里，太阳中间部分的光辉被遮；在半影里，部分阳光被遮。天体的影子类型见图 8.11。

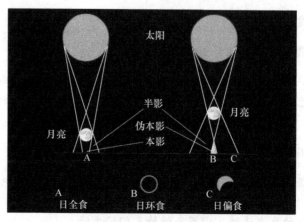

图 8.11　天体的影子类型

天体投影的大小和长短是变化的，它取决于发光天体和投影天体的大小以及它们之间的距离。由于日、地、月三者的大小是基本固定的，所以，月、地投影的范围主要由日地距离以及月地距离所决定。一般来说，两者的距离越大，投影就越长。

地球比月球大得多，若地球处在日地平均距离上，它的本影长达 1 377 000 千米，而月地平均距离只有 384 400 千米，月球要是始终在这个平均位置上，地球本影的截面比月球大圆的截面大得多。因此，月球完全有可能整个进入地球的本影和半影，发生月全食和月偏食。月影笼罩在地球上，发生日偏食或日全食或日环食。而实际上，日地有近日点和远日点，月地有近地点和远地点，所以月球不可能老进入地本影；月影不可能笼罩整个地球，只能在地球上的部分地区扫过，但月球的影子也不可能老笼罩在地球上。又因为，无论日、地、月之间的距离怎样变化，地球的本影总比月地距离长得多，所以月球不可能进入地球的伪本影。

当日、月合朔时，月球本影的平均长度为 374 500 千米，比月地平均距离略短。因此，在通常情况下，只有月球的伪本影或半影可能会扫过地球。当月球处在近地点和地球处在远日点(此时月球离日亦较远)，又日、月合朔时，月球的本影就可能落到地球上。从另一个角度讲，太阳的平均视半径为 $15'59''.6$，月球的平均视半径为 $15'32''.6$，在通常情况下，月轮不可能全部遮住日轮，只有当月球离地近和离日远且又日、月合朔时，月球的视半径才会略比太阳的视半径大，月轮便可全部遮掩日轮。

根据上述讨论，也可以概括为当地球上部分地区进入月影时或月球的影子落在地球部分区域时，那里的人就可以看到日食；当月球进入地影时或地球的影子遮掩月球时，地球上向月半球的人就会看到月食(图 8.12)。

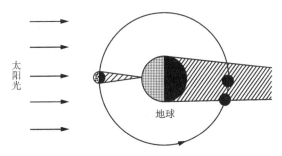

图 8.12　日食和月食的形成

　　我国在很早以前就用文字记载了日食和月食。据考，在殷墟出土的甲骨文中已有关于日、月食的记载。《尚书·胤征》中就有"乃季秋月朔，辰弗集于房"一句话，据考证，这是发生在公元前 2165 年或公元前 1948 年的一次日食，这是世界上现存关于日食的最早记录。《逸周书》中所记的一次月食，考证是发生在公元前 1137 年的 1 月 29 日。《诗经·小雅》中有一次较详细的日食记录："十月之交，朔日辛卯，日有食之……彼月而食，则唯其常，此日而食，于何不臧"，据考证，这次日食发生在周幽王六年(公元前 776 年)，但也有人认为发生在周平王三十六年(公元前 735 年)。据统计，除甲骨文外，从古到清的正式史书就记载了 1000 多次日食。

二、交食的条件

　　我们把日食和月食统称为**交食**。下面我们再进一步探讨发生日、月食的具体条件。

1. 朔望条件

　　在朔日，月球运行到日地之间，且日、月、地三者大致成一直线，日、月黄经差为 0° 或接近 0°，只有在这样的时候，月影才有可能落到地球上。在望日，月球运行到日、地的同一侧，且日、地、月三者也大致成一直线，日、月黄经差为 180° 或接近 180°，此时，月球才会进入地影。所以，日、月食发生的起码条件是朔望条件。以日期来说，就是农历月初一才有可能发生日食，农历月十五前后可能发生月食。巴比伦人早在公元前 9 世纪就已经知道日食必发生在朔，月食必发生在望的规律。

　　然而，朔日和望日，每个月都有，但日食和月食并非每个月都发生，原因是黄道平面与白道平面不重合，而且有黄白交角(4°57′～5°19′)，平均为 5°09′。因此，当日、月合朔时，从正面看，日、月、地三者成一直线，但从侧面看，三者不一定成直线(即日、月黄经虽一致，但日、月黄纬却不一定相同)，所以，月球的影子不一定能扫到地球上。同理，当日、月相冲(望)时，从正面看，日、月、地三者已成一直线,但从侧面看,却不一定成直线(即日、月黄纬不一定相同),所以,月球不一定能进入地影(图 8.13)。由此可知,要发生日、月食,必定还有更严格的条件。

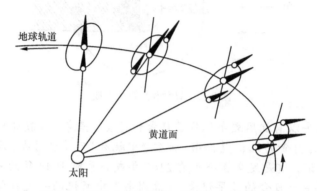

图 8.13 因黄白交角存在,"朔望"不一定成食

2. 交点条件

黄道与白道有两个交点,其中一个叫升交点(在我们人眼看来,月球在白道上运行过此交点后便升到黄道平面之上),另一个则叫降交点(月球过此交点后便降到黄道平面之下)。太阳在黄道上运行,一个食年经过升、降交点各一次;月球在白道上运行,一个朔望月(略比交点月长)经过升降交点各一次。当太阳和月球不在黄白交点及其附近时,无论从哪个角度上看,日、月、地三者都不会成一直线。只有当太阳和月球同时运行到黄白交点或附近时,无论从什么方向看,日、月、地三者才有可能都成一直线或基本成一直线,地影或月影才有可能落到对方的身上,从而构成交食,这就是交点条件。

总之,日食发生条件是日、月相合于黄白交点或其附近;月食发生条件是日、月相冲于黄白交点或其附近。

三、日、月食的种类

1. 日食的种类

通过上述影锥讨论,我们已明白日月食有不同种类,而且主要与日、月、地三者的位置以及它们之间的距离变化有关。

(1) 日全食　　月球的本影在地球上扫过的地带称**全食带**,宽度几十千米至二三百千米,当地球远日和月球近地时,全食带最宽。在全食带内,可见整个日轮被月轮遮掩,发生日全食。一次日全食所经历的时间仅 2～7 分钟。这是因为月影在地球上扫过的速度很快。

1997 年 3 月 9 日作者带学生赴漠河观测日全食,图 8.14 是在零下 30 多摄氏度严寒环境下所拍摄的日全食过程组合照片,其中全食前出现短暂的贝利珠现象。白天发生日全食时,犹如黑夜骤然降临,天幕漆黑,星光灿烂,飞鸟投林,鸡犬不宁,有时还觉得阴风四起,其景象使人惊心动魄。1997 年在漠河观测日全食时,因雪的反光作用,未感受到天突然变暗,而在 2009 年 7 月 22 日上午在长江流域中下游地区的高淳县再次观测日全食时就体验了这种终生难忘的经历。2020 年 6月 21 日,北半球白昼最长的夏至日,正好遇上了日环食,作者赴环食带中的厦门市区守候,终于如愿以偿观测到这场天文盛宴——日环食。日食是肉眼可见的最壮观的天象。

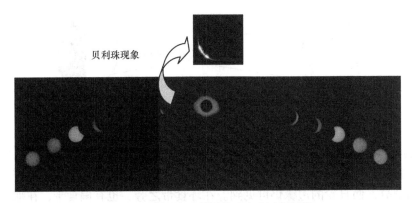

贝利珠现象

图 8.14　漠河地区观测的日全食过程图像

当月轮与日轮大小相当且月、日重叠时,月轮边缘的缺口(实为月表的山谷和“月海”)露出日光,会形成一圈断断续续的光点,像珍珠项链,奇妙绝伦。天文界把此称为“贝利珠”,因为英国天文学家贝利首先科学地解释了这一现象,故名之。

日全食还是进行科学探测的好时机。在日全食时,可很好地观测太阳的色球和日冕,并进一步了解太阳大气的结构、成分、活动情况及日地间的物理状态;可以搜寻近日的彗星和其他天体。英国的爱丁顿就是在 1919 年发生在巴西的一次日全食时,观测到星光在射经太阳近空时因太阳吸引而发生偏向的;因而得出光线在引力场中会发生弯曲的结论。值得一提的是,太阳元素的“氦”也是在 1868年一次日全食时所摄的光谱中发现的。所以,每当发生日全食时,天文工作者们总是携带大量天文仪器,不惜长途跋涉,赶往日全食地点进行各种学科的观测和研究。

(2) 日偏食　地球上被月球的半影所扫过的地带称**偏食带**,见图 8.15 和图 8.16。偏食带比全食带宽,在偏食带内,可见日轮的一部分被月轮遮掩,发生日偏食。在全食带的旁边,必有偏食带,在那里也可见日偏食。在日偏食时,各地所见的食分不一样。在偏食带内的人可以从不同的角度看到太阳的不同部位。

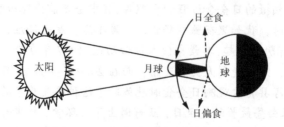

图 8.15 日全食和日偏食成因示意图

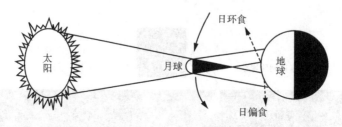

图 8.16 日环食和日偏食成因示意图

(3) 日环食 地球上被月球的伪本影扫过的地带称**环食带**，见图 8.16。当地球近日和月球远地时，环食带最宽。在环食带内，可见较小的月轮遮掩了日轮的中间部分，而日轮的边缘仍可见到。在环食带之旁，也有偏食带，在那里可见日偏食。有时，月球的本影锥与伪本影锥的交点正好落在地球上，如果日、地、月三者之间的距离稍有变动，使地球上某一小块或一小带地方既可见到日环食又可见到日全食，这叫日全环食。

2020 年 6 月 21 日下午上演日环食现象。日环食开始于非洲，穿过中东、南非，而后进入我国境内，在我国境内穿越西藏、四川、贵州、湖南、江西、福建、台湾。在福建只有龙岩、漳州、厦门可以看到日环食，省内其他地区只可以看到食分很大的日偏食现象。在厦门观测的日环食和在福州观测的日偏食主要过程照片合成见图 8.17。

(a) 在厦门观测日环食

(b) 在福州观测日偏食

图 8.17 2020 年 6 月 21 日发生日食过程图

2. 月食的种类

如前所述，月球不可能进入地球的伪本影，月球进入地球半影叫半影月食，还可见到月，不是真正的食，所以月食只有月全食和月偏食两种(图 8.18)。

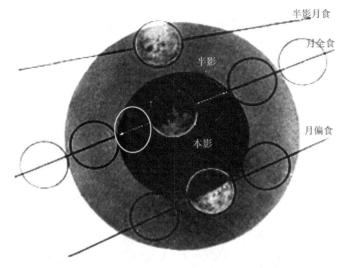

图 8.18 月食种类

(1) 月全食 月球进入地球本影，此时，地球上向月半球上的人几乎都可见到月轮整个被地影遮掩，为月全食。在月全食时，由于地球大气对阳光的散射和折射作用，月面尚能接收到一点光，所以呈古铜色。由于地影大，月球又是以它的公转速度在地影中穿行，所以一次月全食所经历的时间较长，最长可达 1 小时 40 分钟。

(2) 月偏食 月球部分进入地球本影，可见月轮的一部分被遮，为月偏食。在发生月偏食时，不同地方的人所见到的食分是相同的，因地影是紧贴月面的，无论在哪里看都一样。若月球进入地球的半影(名为半影食)，但部分阳光仍可照到整个月面，仅是月色稍暗，因月色本来有明有暗，故不为人所注意，所以不把它看作真正的月食。

四、日、月食过程

在日、月食的过程中，全食最为完整。一次全食，它必然经过初亏、食既、食甚、生光和复圆五个阶段。

1. 日全食过程

太阳在黄道上自西向东运行,每天运行约 59′;月球在白道上也自西向东运行,每天运行 13°10′。它们运行的方向基本一致(交角约 5°09′)，但月球运行的速度快得多，因此，日食总是以月轮的东缘遮掩日轮的西缘开始，被遮部分总是逐渐向东推移。所以，日全食的五个环节是在日轮上自西向东出现的。

初亏——月轮东缘与日轮西缘相外切，即日食开始。

食既——月轮东缘与日轮东缘相内切，即日全食开始。

食甚——月轮中心与日轮中心最接近或重合。

生光——月轮西缘与日轮西缘相内切，即日全食结束。

复圆——月轮西缘与日轮东缘相外切，日食结束。

日全食过程示意图见图 8.19。

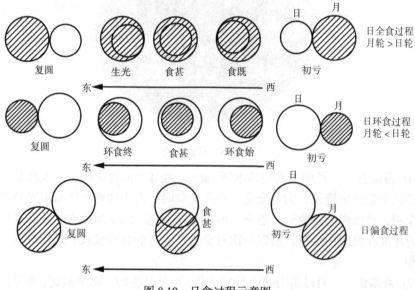

图 8.19　日食过程示意图

2. 月全食过程

由于月球是自西向东进入地影的，因此，月全食的五个环节是在月轮上自东向西出现的，图 8.20 是月全食过程示意图，图 8.21 是月全食照片图。

初亏——月轮东缘与地本影截面西缘相外切，即月偏食开始。

食既——月轮西缘与地本影截面西缘相内切，即月全食开始。

食甚——月轮中心与地本影截面中心最接近或重合。

生光——月轮东缘与地本影截面的东缘相内切，即月全食结束。

复圆——月轮西缘与地本影东缘相外切，月食结束。

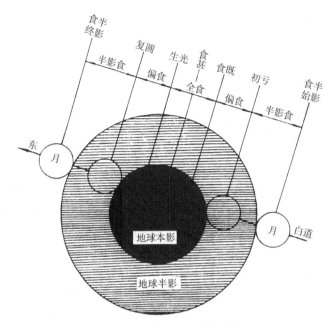

图 8.20 月全食过程示意图

图 8.21 月全食过程的照片

到此,我们可以知道,日食和月食除日轮被食与月轮被食这一根本性区别之外,在现象上也还有不少区别,如:

① 日食有环食,月食无环食。

② 日食从日轮的西缘开始，在日轮的东缘结束；月食从月轮的东缘开始，在月轮的西缘结束。

③ 一次日全食所经历的时间短；月全食时间长。

④ 日、月食时，看到的月面光不同(因大气的折光作用)，日全食有贝利珠现象，月全食时月面呈古铜色。

⑤ 日偏食时，各地所见食分不一样；也就是不同地方看到不同的日食景象。而月偏食时，各地所见食分一样；就是说半个地球上的人见到的月食情景是一样的。

⑥ 日食时，见食的地区窄，见食的时刻也不同，较西地区先于较东地区；月食时，见食的地区广，面向着月亮的那半个地球上的人可以同时看到月食。由于日食带的范围不大，日食时地球上只有局部地区可见。对于全球范围，日食次数多于月食；对于具体观测地点，所见到的月食次数多于日食。

在日食和月食的预报中，我们常常会看到"食分"这样一个词，它是用来表示食甚时日轮或月轮被遮掩的程度。对于日偏食，食分是指日轮被遮部分和日轮直径之比。以太阳的直径作为1，如果食分为0.5，就表示太阳的直径被遮去了一半。对于日全食或环食，食分是指月轮直径与日轮直径之比。日偏食的食分必定>0且<1，全食的食分>1，环食的食分<1。对于月全食，食分指月球直径进入地球本影最大深度与月轮直径之比，所以月全食食分≥1，月偏食的食分<1。同一次日食，各地所见食分和见食时间，可以是不同的；但同一次月食，只要能见到全过程，各地所见食分和见食时间皆相同。

五、食限与食季

1. 食限

如上所述，当日、月相会于黄白交点附近时就可能成食，这个"附近"用定量表达称为"日、月食限角"，简称"**食限**"。

(1) 食限定义　　人们对食限是这样规定的：当黄道上的日轮与白道上的月轮接近到互相外切(这种情况一定发生在朔日)时，日轮中心与黄白交点之间的角距离为日食限。这就是太阳与黄白交点的黄经差，也是日轮中心至黄白交点的黄道弧长，见图 8.22。

同理，当黄道上的地球本影和白道上的月轮相外切(这种情况一定发生在望日)时，地球本影中心与黄白交点之间的角距离就是月食限，这就是地球本影中心与黄白交点的黄经差，亦是地影中心至黄白交点的一段黄道弧长。

(2) 影响食限大小的因素 食限的大小取决于黄白交角(4°57′～5°19′)、日地距离(1.471 亿～1.521 亿千米)和月地距离(363 300～405 500 千米)等因素。一般来说,黄白交角愈大,日食限愈小;月地距离愈大,月轮的视半径愈小,日食限

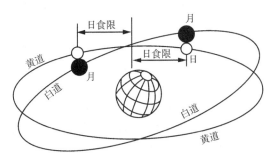

图 8.22 日食限

和月食限也愈小;日地距离愈大,则日轮的视半径愈小,日食限也愈小,而地影截面的视半径却增大,因而月食限也变大。2018 年 7 月 28 日凌晨出现较长的一次月全食,历时 1 小时 44 分(北京时间 2 时 24 分发生初亏 6 时 19 分复圆),主要是当时月球在近地点,地球在远日点,月食限较大,加上月中心与地影中心较接近的缘故。

因为影响食限因素是变化的,所以食限大小也有一定的变幅。我们只要运用球面三角边的正弦定律计算可以得出食限的量值,见表 8.2。

表 8.2 食限的量值

食限	日食		月食		
	偏食	全食和环食	半影食	偏食	全食
最大食限	17°.9	11°.5	18°.3	11°.9	6°.0
最小食限	15°.9	10°.1	16°.2	10°.1	4°.1

表 8.2 中的最大食限是指条件最好时的食限。以日食为例,若月球位于近地点,地球远日点和黄白交角最小时,月影就长些,日、月、地三者也容易成一直线,所以食限可大一些。相反,最小食限就是条件最差时的食限。从表 8.2 中还可看出,月食中半影食的食限最大,但一般不把半影食作为月食。所以,除了半影食,月食限反而比日食限小,这就意味着发生月食的可能性比发生日食的可能性小。

规定了食限以后,是不是说凡太阳运行到日食限里总会发生日食,凡地球本影进入月食限就总会发生月食呢?不一定。这要看具体情况。因为日月食发生要同时具备交点条件和朔望条件。

2. 食季

食季指有可能发生日食和月食的一段时间。有日食季和月食季之分。

(1) 日食季　　是指太阳在黄道上运行在日食限里的那段时间。比如，日偏食的最大食限是 17°.9，太阳运行在黄白交点两侧各 17°.9 的范围内都是在食限里，所以，日食限就是太阳在黄白交点两侧运行共35°.8(即 17°.9×2=35°.8)所需的时间。因太阳每天在黄道上平均运行 59′，运行 35°18′约需 34.88 日，这就是日食季。在这个日食季里，只要月球来会合，就会发生日食。日食季 34.88 日比朔望月 29.5306 日长，所以，在一个食季里，月球起码可以来会合一次，也可能来会合两次。即在一个日食季里，至少会发生一次日食，也可能发生两次日食。无疑，发生日偏食的机会比发生日全食的机会要多一些。

(2) 月食季　　是指地球本影在黄道上运行在月食限里的那段时间。除了半影食，月偏食的最大食限是 11°.9，于是，月食季的长度为 24.2 日(即 11°.9×2÷59′=24.2 日)，这比朔望月 29.5306 日短，所以，在一个月食季里，即地本影在黄道上运行到黄白交点前后11°.9 的那段时间里，月球最多只能来会合一次，也可能不会来会合。因此，在一个月食季里，最多只能发生一次月食，也可能不会发生月食。

六、交食的概率

前面已述，日、月食统称日月交食，简称**交食**。一年内会发生几次交食呢? 据统计，对全球而言，一个回归年内最多发生 7 次交食，最少发生两次日食。常见是日、月食各 2 次。

回归年长度是 365.2422 日，食年是 346.6200 日，回归年比食年长 19 日左右。在一个食年里有两种食季(日食季和月食季)，因此，在一个回归年里就可能产生两种情况:其一，两个完整的食季加一个不完整的食季;其二，两个不完整的食季(一个在年头，一个在年尾)和一个完整的食季。于是，一个回归年内，可能发生交食的几种情形分析如下。

1. 一年发生 5 次日食和 2 次月食

在第一种情况下，就有可能发生 5 次日食和 2 次月食。

如果回归年与食年基本同时起步，差不多年初就遇到食季，这样，一个回归年中就有两个完整的食季和 1 个不完整的食季。如上所述，每个食季有可能发生 2 次日食，两个完整的食季有可能发生 4 次日食。还有一个不完整的食季，碰得巧，也可能发生 1 次日食。这样的年份，排得巧，在两个完整的食季里，也可能各发生 1 次月食。所以，一年可能发生 5 次日食和 2 次月食，共交食 7 次。例如，

1935 年就是这种情况,具体见表 8.3。

表 8.3 1935 年发生的日食和月食

1月5日	1月19日	2月3日	6月30日	7月16日	7月30日	12月25日
日偏食	月全食	日偏食	日偏食	月全食	日偏食	日环食

2. 一年发生 4 次日食和 3 次月食

在第二种情况下,就有可能发生 4 次日食和 3 次月食。

如果食年与回归年不是同时起步,结果,年初和年末各遇一个不完整的食季,年中有一个完整的食季。碰得巧,年中完整的食季中发生 2 次日食,两个不完整的食季各发生一次日食;两个不完整的食季和一个完整的食季都各发生 1 次月食。一年就发生 4 次日食和 3 次月食,共交食 7 次。如 1919 年和 1982 年都发生 4 次日食和 3 次月食。

3. 日月食各 2 次

上述两种情况是特例,即条件最好,又凑巧时,一年发生交食的次数最多(7 次)。但一般的年份所发生的日、月食的次数不会这么多。就日食而言,一年发生 2～3 次者居多,最少是一年发生 2 次,如 1980 年则只有两次日食,没有月食。就月食来说,如果不算半影月食,每年发生 2 次的概率最大,约占 70%;有的年份 1 次都不会发生;如果连半影月食也算在内,一年最多可发生 5 次,最少也是 2 次,仍以一年发生 2 次本影月食的概率为最大,约为 60%,其次是一年发生 4 次半影月食,约占 8%;一年发生 3 次半影月食,也约占 8%;一年发生 1 次半影月食和 1 次本影月食,亦约占 8%。我们从公元 1901～2500 年已经发生和推算发生的日食看,每个世纪平均发生日全食 67.2 次,日环食 82.2 次,日偏食 82.5 次,日全(环)食 14.8 次,合计 236.7 次,即平均每年发生日食约 2.37 次。再从公元前 1500 年至公元 2500 年发生和推算将要发生的月食来看,每世纪平均发生半影月食 89 次,月偏食 83.8 次,月全食 70.4 次,合计 243.2 次,即平均每年发生月食 2.43 次。综合考虑:平均每年发生交食 4.8 次。

总之,发生 7 次交食的年份极少,常见是日、月食各两次。2020～2030 年我国可见日、月食情况见附录 19 和附录 20。

七、日、月食的周期

从日食和月食的发生原理中可以看出,交食的出现与月球的会合运动密切相关,这种会合运动具有周期性,因此,日月食的出现自然也应有周期性。交食的周期性是古巴比伦人发现的，叫做**沙罗周期**。沙罗即重复的意思，周期为 18 年 11.32 天或 18 年 10.32 天，也就是经过 6585.32 天之后出现下一次类似的交食。

沙罗周期主要包括以下四种天文周期。

(1) 朔望月　　　周期长度为 29.5306 日，这是日月会合的周期。

(2) 交点月　　　周期长度为 27.2122 日，这是月球过黄道交点的周期。

(3) 近点月　　　周期长度为 27.5546 日，这是月球过近地点的周期，月球近地时，月球本影可落到地球上，从而可能发生日全食。

(4) 食年　　　周期长度为 346.6200 日，这是太阳过黄白交点的周期。

沙罗周期近似地是这四个周期的最小公倍数，大致相当于 223 个朔望月、242 个交点月、239 个近点月、19 个食年。在一个沙罗周期的时间内，大体上都有相同的日食和月食数，这期间将产生 70 次食。包括 41～43 次日食，其中有 28 次中心食(全食和环食)；27～29 次月食，其中有 16 次月全食。

但是沙罗周期并未包括全部交食因素，其最小公倍数也只是近似，各次交食的具体情况并不是完全一样的，因而沙罗周期不能代替日月食的具体推算工作，准确的交食时间和发生的情况，需要专门去严格推算。

8.4　天 文 潮 汐

因月球和太阳对地球各处引力不同会引起的水位、地壳、大气的周期性升降现象。海洋水面发生周期性的涨落现象称为**海潮**，地壳相应的现象称为陆潮(又称固体潮)，在大气则称为**气潮**。这三种潮汐中海潮最为明显。中国古代对海潮早就作过细致的观测。汉代哲学家王充在他的《论衡》一书中提出"涛之起也，随月盛衰"，就指明潮汐与月相变化有关。17 世纪，牛顿用引力定律科学地说明海潮是月球和太阳对海水的吸引所引起的。至于陆潮和气潮，都是相当小的，一般必须用精密仪器才能测出。所以潮汐现象并不局限海洋，但是最明显的潮汐现象发生在海洋。海洋潮汐有多方面的因素，其中最基本的因素是天文因素。

一、潮汐现象

1. 海面的潮汐涨落

运动是物质的存在方式。地球上的一切物质都在不断地运动着。海水的运动，就是十分显著的，因为海水是液体，具有流动性，所以它对外来的变形力的作用显得特别敏感。没有这种流动性和敏感性，单纯的外力是不可能在海洋上引起潮汐的。

海水的运动通常分为三类，即**洋流、潮汐和波浪**。一般来说，洋流是海水的水平流动，潮汐是海面的垂直运动，波浪在外表上是海面此起彼伏，实质上是水分子的振动，本书重点介绍潮汐。潮汐并不是一般的海面升降，而是周期性的海面升降，而且，它不是单纯的升降运动，而是包含着周期性的水平流动和此起彼伏的运动。我们考察潮汐现象时，应该把地球看成一个整体。

在海洋潮汐现象中，海面的上升叫**涨潮**；海面的下降叫**落潮**。涨潮和落潮互相交替。涨潮转变为落潮时，水位最高，称**高潮**。落潮转变为涨潮时，水位最低，称**低潮**。涨潮和落潮，高潮和低潮，都是周期性地出现的，其周期是半个太阴日，即 12 时 25 分，因此，一般地说，对地球局部地区，一天有两次涨潮和两次落潮，两次高潮和低潮。

每一次海面升降运动都不是前一次的重复，而具有一些新的特点，例如，高潮不是同样的高；低潮不是同样的低。高潮和低潮的水位差，称为**潮差**。潮差也有周期性的变化。在一个周期内，潮差由大变小，然后又由小变大，潮差最大时的海面升降叫**大潮**，潮差最小时的海面升降叫**小潮**，从大潮到大潮或从小潮到小潮的周期是半个朔望月，即 14.77 日，因此，每月有两次大潮和两次小潮(图 8.23)。

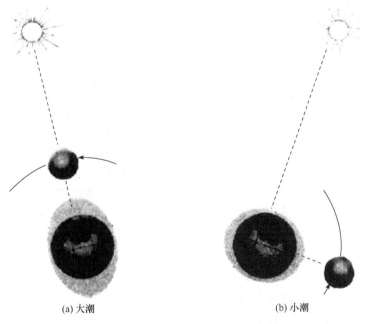

(a) 大潮   (b) 小潮

图 8.23 大潮和小潮示意图

其实，潮汐还是一种全球性现象，这里需要简单说明两点：第一，海水的量不会突如其来地增加，也不会莫名其妙地减少。既然有些地方发生海面上升的现象，在另外一些地方，则必须发生海面下降的现象。反之，一些地方的海面下降，正好证明另外一些地方的海面在上升。这一种此起彼伏的运动称**潮波**。第二，海面的升降是通过海水的流动来实现的。海水的流入造成涨潮，海水的流出造成落潮。海水不断从正在落潮的海域，流向正在涨潮的海域，这样的水流叫**潮流**。总之，从全球范围来看，潮汐现象实际上是一种波动，但与一般质点波动不同；它既有垂直的升降，也有水平的流动。

2. 地球的潮汐变形

海洋潮汐是全球性的现象，当然具有全球性的因素。但是，具体海域在特定时间的潮汐现象，都具有局部的和暂时的特点，当然也有局部和暂时的因素。在这里所要讨论的是潮汐的全球性的因素。

从全球范围来看，潮汐现象首先是地球变形的现象，地球是一个球体。在这里，球体泛指正球体、扁球体和长球体。正球体是严格的球体，可以看成是正圆以任意直径为轴回转而成的球形体，长球体是椭圆以长轴为轴回转而成的球体，扁球体和长球体都是球形体，而不是真正球体。假如地球本来是一个正球体，它要在自转过程中由一个正球体变成明显的扁球体，又要在公转过程中由正球体变成轻微的长球体。这时，暂时忽视前者，着重说明后者，因为前者是永久性变形，而后者是周期性变形，称**潮汐变形**，见图 8.24。

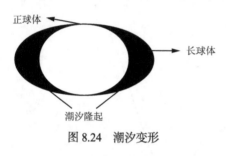

图 8.24　潮汐变形

潮汐变形是在天体相互绕转的过程中发生的，没有绕转就无所谓潮汐变形，也就无所谓潮汐现象。在这里，天体相互绕转是指地球和太阳环绕日地共同质心的运动，以及地球和月球环绕月地共同质心的运动，对地球上的潮汐现象来说，以后者为主。但是，为了说明简单起见，这里首先考虑的是地球和太阳的相互绕转。

地球和一切其他天体都在运动着。在这个前提下，地球和太阳的相互吸引使这两个天体发生绕日地共同质心的运动。这种运动可以简单地看成地球环绕太阳的公转，因为日地共同质心十分接近太阳的中心。

对地球的绕日公转来说，中心天体太阳的引力是绝对必要的。没有这个引力，地球将在自己的直线轨道上前进。有了这个引力，地球就不断地从当时的直线轨道(实际是切线轨道)向太阳降落(图 8.25)。在目前的具体条件下，地球并没有因为不断向太阳降落而最后坠入太阳的火窟，而是不断地由当时的直线轨道落入环绕太阳的椭圆轨道。尽管这样，仍然应该把地球环绕太阳的公转看成既是向前运动的

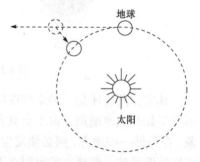

图 8.25　地球不断地从切线轨道向太阳降落

过程，又是向太阳降落的过程，否则，很难理解地球在绕日公转过程中，为什么

发生潮汐变形，为什么会由正球体变成长球体？太阳对地球的吸引是差别吸引，所谓差别吸引，就是地球的不同部分，对太阳有不同的距离和不同的方向，因而受到不同的吸引。它包括引力大小的不同和方向的不同。距离近，所受引力就大；距离远，所受引力就小。方向正，所受引力就正；方向偏，所受引力就偏。不同大小和不同方向的太阳引力，使地球在绕日公转的过程中由正球体变成长球体。同理，在地月系中，因月球的作用，地球的形状向长球体或扁球体发展。

二、引潮力(应力)

1. 引潮力及其分布

地球中心所受月球或太阳引力，无论大小或方向，都是整个地球的平均值，同这个平均值相比较，各地所受月球或太阳引力都有一个差值。这个差值是地球变形和潮汐涨落的直接原因，称**引潮力**，也称长潮力或起潮力。这样，各地所受太阳引力可以分解为两个分力，即平均引力和引潮力，见图8.26。引潮力=实际引力-平均引力；平均引力使地球环绕太阳公转，引潮力使地球发生潮汐变形。

引潮力之所以使地球发生变形，是因为引潮力本身因地点而不同。我们知道，大小相等方向相同的力，或者大小和方向都不同的力，都能使一个物体发生变形。通过月地(或日地)中心的直线

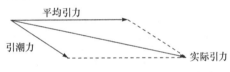

图 8.26　实际引力、平均引力和引潮力

同地球表面相交的两点叫垂点，即正垂点和反垂点。正垂点是地球上距离月球或太阳最近的一点；反垂点是地球距离月球或太阳最远的一点。在以正垂点为中心的半个地球上，所受的月球或太阳引力大于全球平均值，这就是说，那里的引潮力是向月球或太阳的。在这个力的作用下，这半个地球在向月球或太阳降落的运动中总是超前的，也就是向前突出的。反之，在以反垂点为中心的半个地球上，所受的月球或太阳引力小于全球平均值；这就是说，那里的引潮力是背月球或太阳的，在这样力的作用下，这半个地球在向月球或太阳降落的过程中，总是落后的，也就是向后突出的。向月球或太阳的半个地球向前突出，背月球或太阳的半个地球向后突出。这样，整个地球就由正球体变成长球体。正反垂点的引潮力是全球最大的；正反垂点的连线，就是长球体的长轴所在。引潮力及其分布见图8.27。

用地球上的上下方向来说，正反垂点的引潮力都是正向上的。随着对正反两垂点的距离的增加，引潮力的方向先由向上逐渐变成水平，再由水平逐渐变成向下。在引潮力终于变成向下的地方，正是距正反两垂点最远的地方，也就是以正、反两垂点为两极的大圆。两头的引潮力向上，中间的引潮力向下；引潮力的水平分力都指向正反两个垂点，并在那里形成两个隆起，从而使地球由正球体变成长球体，见图8.28。

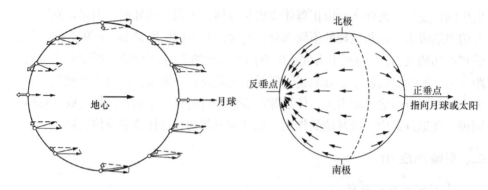

图 8.27　引潮力及其分布　　　　　图 8.28　地球由正球体变成长球体

总之，由于太阳对地球上不同部分的差别吸引，地球在同太阳一起环绕日地共同质心公转的同时，由正球体变成长球体。同理，由于月球对地球不同部分的差别吸引，地球在同月球一起环绕月地共同质心公转的同时，由正球体变成长球体，在前一过程中，地心不断地向日地共同质心降落，在后一过程中，地心不断地向月地共同质心降落。

地球上的岩石具有很高的刚性，而海水是可以流动的。因此，地球由正球体变成长球体，主要意味着：在正反垂点的周围，形成两个水位特高的地区，称潮汐隆起，其中的一个始终朝向月球(或太阳)，形成**顺潮**；另一个始终背向月球(或太阳)，形成**对潮**。

这里必须注意的是：两个潮汐隆起虽然存在于地面上，却跟着天上的月亮(或太阳)运行。从全球范围看起来，地球向东旋转过去，而潮汐隆起始终停留在月下点或日下点；从一个特定的地点看起来，随着月球或太阳的东升和西落，海面周期性地发生**涨潮**和**落潮**。

2. 引潮力的因素

各地的引潮力和地球所受的平均引力(即地心所受引力)的合力是各地所受的实际引力。因此，为了求得各地所受的引潮力，必须知道地面和地心所受的天体引力；为了求知地面和地心所受的天体引力，必须知道天体的质量 m 和距离 d；为了求知地面上某一点所受的天体引力，至少还要知道地球的半径 r。这样，影响引潮力的因素至少有三项：天体质量 m、天体距离 d 和地球半径 r。

如果考虑到地面上的点是天体的两个垂点，那么，只要知道这三项因素，就能求得引潮力加速度。在垂点上，地球半径和天体距离都在同一直线上；天体对地面和地心的引力没有方向上的差别。

在正反两个垂点上，天体对地面的距离分别是 $(d-r)$ 和 $(d+r)$，这样，天体对于正垂点、地心和反垂点的单位质量的引力分别为 f_1，f_0 和 f_2，那么，可按下列公式求得(式中 G 是万有引力常量)：

在正垂点

$$f_1 = \frac{Gm}{(d-r)^2} \tag{8.1}$$

在地心

$$f_0 = \frac{Gm}{d^2} \tag{8.2}$$

在反垂点

$$f_2 = \frac{Gm}{(d+r)^2} \tag{8.3}$$

把 f_1 和 f_2 两公式的分子和分母，都乘以 d^2，上列三个公式就变成

$$f_1 = \frac{Gm}{d^2} \cdot \frac{d^2}{(d-r)^2} \tag{8.4}$$

$$f_0 = \frac{Gm}{d^2} \tag{8.5}$$

$$f = \frac{Gm}{d^2} \cdot \frac{d^2}{(d+r)^2} \tag{8.6}$$

正垂点上引潮力就是 f_1-f_0；反垂点上的引潮力就是 f_2-f_0；比较这三个公式就可以知

$$f_1 - f_0 = \frac{Gm}{d^2} \cdot \left(\frac{d^2}{(d-r)^2} - 1 \right) \tag{8.7}$$

$$f_2 - f_0 = \frac{Gm}{d^2} \cdot \left(\frac{d^2}{(d+r)^2} - 1 \right) \tag{8.8}$$

考虑到 r 的值远远小于 d，可以把式(8.7)和式(8.8)中的后面项加以简化。经过简化，前者近似等于 $1+2r/d$，后者近似的等于 $1-2r/d$。于是，我们得出在正、反垂点上的引潮力公式如下：

$$F = \pm \frac{2Gmr}{d^3} \tag{8.9}$$

式中，取天体引力的方向为正。因此，在正垂点上，引潮力的方向与天体引力方向相同；在反垂点上，引潮力的方向与天体引力的方向相反。如果取地球引力的方向为正，在两个垂点上，引潮力的方向都同地球引力的方向相反，都是向上。

3.太阴潮和太阳潮

在式(8.9)中，G、r 都是常数，因此，不同天体的引潮力的大小取决于引潮天体的质量 m 和距离 d，而主要的引潮天体有太阳和月球。太阳所造成的潮汐叫做太阳潮；月球所造成的潮汐叫太阴潮。在二者之中，究竟哪一种潮汐为主，我们可引用式(8.9)的计算说明。

值得注意的是，式(8.9)的引潮力公式不是引潮力的一般公式，不能用来比较任意两个地点引潮力大小，因为它没有包含引潮力天体的天顶距这个因素，通常，在比较太阳潮和太阴潮的相对大小的时候，我们只需要比较太阳和月球在各自的垂点的引潮力的大小，无须涉及地点因素。因此，引用上述的公式就可以说明太阳潮和太阴潮的相对大小。

根据式(8.9)的引潮力公式，太阳和月球对于各自垂点的引潮力，同各自的质量成正比，同各自的距离的立方成反比。我们知道太阳质量是地球质量的 333 000 倍，而地球质量又是月球质量的 81.3 倍，由此可见，太阳的质量约是月球质量的 27 154 000 倍，日地距离是月地距离的 390 倍(即 149 600 000÷384 400≈390)。因此，如果太阳的引潮力是 1，那么，月球的引潮力是

$$\frac{390^3}{27\,154\,000} = \frac{59\,319\,000}{27\,145\,000} = 2.189$$

约略地说，月球在地球上的引潮力是太阳的 2 倍多；或者说，太阳潮不及太阴潮的一半。太阳潮通常难于单独观测到，它只是具有增强或减弱太阴潮，从而造成大潮和小潮的作用。

三、海洋潮汐的规律性

1. 海洋潮汐的周期性

由上可知，潮汐的周期性首先就是垂点向西运动的周期性，特别是月球垂点向西运动的周期性。月球垂点的西移，其主要原因是地球的向东自转，次要原因是月球的向东绕转。

地球的自转使月球垂点每恒星日西移 360°(约 15°/时)，因此，如果把地球的流体部分看成动的，那么月球两个垂点及其周围的海水，以太阴日为周期在地球上的中低纬度地带向西运行。它们向哪接近，那里就是涨潮，从哪里离开，那里就是落潮。同理，它们到达哪里，哪里就是高潮；离开哪里最远，那里就是低潮。这样，在一个太阴日以内，某地就有涨潮和落潮，高潮和低潮各两次。

同理，由于地球的自转和公转，太阳在地球上的两个垂点以太阳日为周期，在地球南北回归线之间的地带向西运行，从而使得聚集在两个垂点及其周围的海水发

生周期性的运动。但是，由于太阳的引潮力远远不如月球，所以，这两部分海水的运动并不特别明显。因此，太阴潮是海洋潮汐的主体；太阴日是海面升降的基本周期。

太阳潮汐的作用表现为对太阴潮的干扰。这种干扰同太阳和月球的会合运动有关。因而以朔望月为周期，在朔日和望日时发生大潮。因为那时月球、太阳和地球几乎在同一直线上，太阳和月球的垂点最为接近，以致太阳潮的高潮最大地加强了太阴潮的高潮，太阳潮的低潮最大地加强了太阴潮的低潮，也就是造成了特大的潮差，这就是**大潮**。在朔日和望日，如果月球又经过近地点，涨潮和落潮的高度差异就更大。上、下弦的时候发生小潮，因为那时月球和太阳的黄经相距90°或270°，太阳和月球的垂点相距最远，以致太阳潮的低潮大大地削弱太阴潮的高潮，太阳潮的高潮最大地削弱太阴潮的低潮，也就造成特小的潮差，这就是**小潮**。

每个太阴日两次的高潮和低潮和每个朔望月两次的大潮和小潮是海洋潮汐的基本周期。据此，人们就能推算和预告高潮和低潮的约略日期，其中特别重要的是预告大潮期间的高潮时刻。由于太阴日相当于太阳时24时50分，所以，发生高潮的太阳时每日推迟50分钟。

2. 海洋潮汐的复杂性

海洋潮汐的两个基本周期体现了潮汐现象的主要规律性。除此以外，海洋潮汐还有许多次要的规律性。这里，我们把它们看成潮汐现象的复杂性。

海洋潮汐复杂性，有四个方面的表现。具体如下。

(1) 海洋潮汐现象有明显的周期性 掌握半太阴日、朔望月这两个周期，海洋潮汐的周期就基本上掌握了，但是，潮汐的周期远不止这些，因为不仅地球和月球的运动(自转和公转)，而且月球和太阳的赤纬和距离的变化，都是海洋潮汐的因素，其中月球的赤纬直接造成以太阴日为周期的**日潮不等现象**。所谓"日潮不等"是指一日以内的两次高潮之间的差异。其原因是：月球白道平面和地球赤道平面相斜交，地球的两垂点一般总是分居南北半球，以至顺潮(面向月球)和对潮(背向月球)总是有所不同。具体的日潮不等现象，因月球赤纬而不同，而月球赤纬又有多种周期性的变化，因此，日潮不等的周期性特点是海洋潮汐中极其复杂的问题。再加上距离变化的因素，情况就更加复杂了。

(2) 除天文因素外,海洋潮汐还有气象因素和水文因素 天文因素总是周期性的，是可以预告推算的。气象因素是指气流情况，水文因素是指水流情况，二者都是非周期性的，只有在做好天气预报的基础上潮汐要素才是可以预告的。

(3) 海洋潮汐还有地文因素(也就是海盆因素,包括海水深度和海盆形状等) 潮汐现象大体上存在于一切海域。但是，特别显著的潮汐，只发生在沿海。我国的钱塘潮之所以特别壮观，就同它所处的喇叭形河口位置有关。天文潮汐有各种不同的周期，其中特定的海盆条件就表现得特别明显。

(4) 摩擦力因素　　海水本身具有一定的黏滞性,存在着摩擦力,在海水的运动过程中,海底也有一定摩擦作用。因此,一日间的高潮一般都落后于月球的上中天和下中天的时刻。其数值称高潮间隔,它因地点而不同。同理,一月间的大潮,一般都落后于日、月相合或相冲的日期,其数值一般是差1~3日。

以上所述仅限于海洋潮汐,其实,地球上的其他水体、气体和固体,也有潮汐现象。但是,同单纯的海洋潮汐比较起来,包括一切潮汐现象的整体是更加复杂的。

通常所说潮汐都是月球对于地球的潮汐作用,其实,地球对于月球的潮汐作用是更加强大的。正是由于地球的潮汐作用,目前月球的自转表现为同步自转,即与公转同步的自转。

太阳系其他行星的几个较大的卫星,如火卫一、木卫一至木卫四和海卫一等,情况也是这样的。

3. 潮汐摩擦

由于地球向东自转,潮汐长球体的两个潮峰在地面上以太阴日为周期向西运行,形成潮波,在这过程中,海水对于海底具有摩擦作用,这就是**潮汐摩擦**,这种情况之所以会发生,是因为如果把月球对于地球的引力看成是集中于一点的,那么这一点总是偏高于地心的。

偏离地心原因有二。第一,如果把地球分成近月半球和远月半球,那么它总是偏向近月半球的。这是因为,天体的引力同距离的平方成反比,近月半球所受的引力总大于远月半球。第二,如果按照月球绕转的东西方向,把地球分成偏东半球和偏西半球,那么地球中的这一点总是偏向偏东半球。这是因为,由于海水的黏性,潮汐隆起的向西运行总是落后于月下点。总之,月球对地球的引力,既偏向近月半球,又偏向偏东半球。所以潮汐摩擦不是单纯的海水问题,而是地球整体的问题。

既然地月间的作用力是偏离地心的,它就会产生力矩,就会影响地球和月球转动,具体地说,月球对于地球的引力有一个向西的分量;地球对于月球的引力有一个向东的分量。前者对于地球的向东自转起着减速作用;后者对于月球的公转起着加速作用。通常所说的潮汐摩擦,强调地球自转的减速,而自然界本身则包括地球自转减速和月球绕转加速两个方面。

值得特别注意的是,月球绕转的速度是同月地距离相适应的,因此,月球绕转加快的结果,必然使月地距离加大;而月地距离加大的结果,必然使月球绕转速度的减慢,这样看来,潮汐摩擦的结果是地球自转和月球绕转的速度变小,即周期变长,比较起来,地球自转周期变长加快,而月球公转周期变长减慢。今天月球绕转周期(恒星月)是地球自转周期(恒星日)的27倍。随着潮汐摩擦的持续进行，二者之间的差值将会逐渐减小。在遥远的未来，总有一天，二者会变得完全相等，到那时，地球上的恒星日和恒星月是相等的；月球和地球保持相对静止，当然，那时的一天和一月，不同于今天的一天和一月。同时，这种情况不会维持很久的，因为地球和太阳并不是相对静止的。

根据古代日、月食记录的分析研究表明，由于潮汐摩擦，地球的自转周期每个世纪变长 0.0016 秒(约1~2毫秒)。这个变化虽然很小，可是经过长期积累，便变化明显。根据这个数据，目前的日长比两千年前的日长要长 0.032 秒(0.001 6×20=0.032 秒)。从对古珊瑚化石生长线(环脊)的研究得知，在 37 000 万年前，每年约有 400 天左右，即当时地球的自转周期约为目前地球的自转周期的 9/10。如果在两千年前有一个严格同当时的地球自转同步的理想钟表，一直保持当年走时的速度不变，那么，到今天，它的走时要比现代钟表快 11 688 秒(0.016×365.25×2000=11 688 秒)，即约为 3 时 15 秒，如果不考虑这差值，据现代的天文数据推算远古天文事件，不可能十分准确的，因此，从长远的观点来看，潮汐摩擦的作用，是不可忽视的。

4. 洛希极限

海水具有流动性，如果它只受地球的吸引，那么地表各处的引力应是均匀的，海水分布也应具有均匀性，但如考虑月球的引力作用，情况就不同了。地表各部分受到的引力与地球中心同样质量部分受到引力差称为引潮力。引潮力有使天体瓦解的作用。从对海潮分析的情况来看，一天体施与另一天体上的引潮力在正、反两个方向把天体拉长，引潮力与距离的三次方成反比，当绕中心天体旋转的小天体(如卫星)的距离小到一定限度以内，引潮力可能超过小天体内物质间的引力，使小天体瓦解。当然这个极限距离与小天体的密度也有关系。如果小天体内物质松散，在较远一些的距离上就会瓦解，法国天文学家洛希 1848 年首次求得了这个极限距离，称为**洛希极限**。如果用 A 表示这个距离，则有

$$A = 2.45539\left(\frac{\rho}{\rho'}\right)^{1/3} R \tag{8.10}$$

式中 R 为中心天体半径，ρ 为中心天体密度，ρ' 为绕转小天体的密度。如果卫星落在行星的洛希极限内，就会被行星的引潮力拉碎。太阳系中土星、木星、天王星、海王星都有光环，具有一定的普遍性，一般认为行星环是原来外面的卫星落入洛希极限内被引潮力瓦解形成的，或是在演化初期残留在洛希极限内无法凝聚成卫星的物质。

在天文学中，潮汐这一概念已被引入到其他天体的研究中来，成为研究某些天体的形状、距离、运动和演化等不可缺少的因素。如密近双星由于彼此间引潮

力作用，常常发生物质交流，银河系对星团的引潮力是导致星团逐渐瓦解的重要因素之一，河外星系的物质桥也被认为可能是彼此之间的引潮力引起的，等等。

潮汐对天体的作用

一个小天体(伴星)围绕一个大天体(主星)运行，若伴星的轨道逐渐缩小到临界半径以内，伴星就会被主星的引潮力分为碎片。月球以它的同一半球对着地球，其他行星的几个卫星也有同样的情况。这可以解释为是由主星作用于伴星上的长期潮汐摩擦所造成的。

许多双星都有潮汐干扰的迹象。双星成员的形状一般是椭球，而不是正球。通常用扁率定量地表示这种椭球体的形状。一般说来，一颗星绕另一颗星运动的周期愈短，扁率愈大。这种现象至少一部分是由双星之间的引潮力造成的。密近双星，彼此间由于潮汐作用，常常还会发生质量交流。对于星团而言，银河系的较差自转(见第 11 章中的"银河系自转")和银河系对星团的引潮力，是导致星团逐渐瓦解的重要因素。

有些河外星系是双重星系或多重星系(见第 11 章中的"多重星系")。在距离很接近的双重星系之间往往存在着物质"桥"，天文学家认为这可能是彼此之间的引潮力引起的。通过中性氢 21 厘米谱线的射电观测，已经发现有伴星系的旋涡星系形状不对称，一个显著的例子便是旋涡星系 M101(NGC 5457)；反之，对无伴星系的旋涡星系来说，则未发现形状上的畸变。前者很可能是由于潮汐造成的。

四、潮汐的地理意义

潮汐对地球自转有一种制动作用，能使地球自转逐渐变慢，这在上述已经提及。潮汐现象在国民经济中具有重要的意义，各种海洋事业、海岸带发展都与潮汐涨落密切相关。

人们根据潮汐涨落规律，张网捕鱼，引水晒盐，发展滩涂养殖业。

潮汐发电，是沿海无污染、廉价的电力来源。它也是最早被人们认识并利用的是潮汐能。1913 年，德国在北海海岸建立了世界上第一座潮汐发电站。1961 年建成的法国朗斯潮汐发电站是世界著名的海洋能发电工程。2016～2018 年在苏格兰艾莱岛西部一个崎岖不平的半岛上又建一座具有开创性的潮汐发电站，它可以向英国的国家电网供电。这是潮汐能首次得到商业利用。

中国从 20 世纪 80 年代开始，在沿海各地区新建了一批中小型潮汐发电站并投入运行发电。其中最大的潮汐发电站是 1980 年 5 月建成的浙江省温岭县江夏潮汐试验电站，它也是世界上已建成的较大双向潮汐电站之一，坐落在浙江南部乐清湾北端的江夏港。中国另一座较大规模的潮汐发电站，是福建平潭幸福洋潮汐发电站。

潮汐作用的范围也影响到港口建设、海运发展。

潮汐还影响旅游业的发展。我国最大最壮观的潮汐是钱塘江潮,潮头高达 8 米左右,潮头推进速度每秒达近 10 米,其壮观景象,汹涌澎湃,气势雄伟,犹如千军万马齐头并进,发出雷鸣般的响声,实为天下奇观。钱塘江在杭州湾流入东海,河口外宽内窄,宽处达 100 千米,狭处只有几千米。每年钱塘江大潮来临时,都吸引了大量游客来此观潮旅游。

确定一个国家的领海,也与潮汐现象有关。如国际规定领海以海水落得最低时候的海岸线为准。

在中国开拓固体地球潮汐形变研究,建成具有国际先进水平的中国重力潮汐基准,发展顾及侧向不均匀性、椭圆、滞弹性、自转地球的潮汐理论,为在国际和中国建立大地测量学与地球物理学的交叉新领域——动力大地测量学做出重要贡献。

中国历史上,最著名的涌潮有三处:山东青州涌潮、广陵涛和浙江的钱塘潮。其中钱塘潮最为壮观。除了潮汐因素,还与杭州湾喇叭口的特殊地形,以及沿海一带常刮东南风,风向与潮水方向大体一致有关。每年农历八月十八,钱江涌潮最大,潮头可达数米。海潮来时,声如雷鸣,排山倒海,犹如万马奔腾,蔚为壮观。观潮始于汉魏(1~6 世纪),盛于唐宋(7~13 世纪),历经 2000 余年,已成为当地的习俗。

思考与练习

1. 地月系绕转有何特征?
2. 月球表面的环境有何特点?月球的结构如何?
3. 什么是恒星月?什么是朔望月?二者有何区别?
4. 月相如何形成?不同月相时月球东升西落和中天时刻有何不同?
5. 日食和月食是怎样形成?二者有何不同?
6. 什么叫涨潮和落潮、高潮和低潮、大潮和小潮?
7. 如何解释潮汐变形现象?
8. 什么叫引潮力(起潮力)?为什么月球引潮力大于太阳引潮力?
9. 何谓日潮不等现象?解释半日潮、全日潮和混合潮的成因。
10. 什么叫洛希极限?它对天体的形成有何作用?
11. 潮汐的地理意义有哪些?
12. 食、凌、掩有何区别与联系?

第8章思考
与练习答案

 进一步讨论或实践

1. 实地观测月相变化，为什么月亮每天周日运动有东移现象?

2. 地处沿海地区的学校(如山东、江苏、浙江、福建、广东等)可组织学生观看潮汐，并了解当地潮汐涨落的规律。

3. 结合天文部门日、月食预报，组织学生观看日、月食现象。

第9章　地球及其运动

【本章介绍】

　　本章主要介绍地球及其在宇宙中运动的状况。地球是宇宙中一个普通的、不断运动的天体，由于地球的运动，又产生了一系列的地理效应。地球形成至今大约有 46 亿年的历史，不管是地球的整体，还是它的大气、海洋、地壳或内部，从形成以来就始终处于不断变化和运动之中。在一系列的演化阶段中，它保持着一种动力学平衡状态。当今，人类认识地球可以说经历了三次大飞跃，第一次"地理大发现"对地球是球体的认识；第二次"哥白尼的日心说"对地球绕日运动的认识；第三次"数字地球"的认识，则有助于人类监控地球，人们对地球科学的认知走过了艰难的历程。

【本章目标】

➢　了解宇宙中的行星地球。

➢　掌握地球主要运动及其规律。

➢　掌握地球运动的地理意义。

➢　理解极移和地轴进动。

9.1　地　　球

一、地球概述

1. 质量、大小和形状

　　地球的质量为 $5.976×10^{27}$ 克，这是根据万有引力定律测定的，它的平均密度为 5.52 克/厘米^3。地球是个球体，但不是一个正球体。现代地球测量得出其大小的数据是：赤道半径 a=6378.140 千米，极半径 b=6356.755 千米，扁率为

$$\frac{a-b}{a}=\frac{1}{298.257} \tag{9.1}$$

人造地球卫星的观测结果表明，地球赤道也是一个近椭圆，可认为地球是一个三

轴椭球体，或精确些可描述地球是一个不规则的扁球体。

人类对于大地形状的认识，有十分悠久的历史。在古代科学不发达年代，人们只能猜测，或者仅仅根据表面现象提出见解，例如，认为地球是天圆地方；登高望远，又认识到地面是曲面。又如，生活在海边的人经常看到，远去的船先是船身看不见，最后是船的桅杆看不见；驶来的船则相反，先是桅杆露出水面，最后是船身。他们必然会想到大地不可能是平的，否则就不会出现这种现象。再根据月食时看到月球面上地影是个圆，所以古人早有论证地球是个球体。1522 年，葡萄牙航海家麦哲伦通过环球航行，确证地球为球形。后来，科学家牛顿根据地球自转和万有引力理论，提出地球实际上是一个赤道稍隆起，两极略扁平的椭球体。现代人利用人造地球卫星精确测出它的赤道半径为 6378.14 千米，极半径比赤道半径短约 21 千米。登上月球的宇航员眺望地球，看到的则是美丽的蓝色星球。地球物理主要数据可参见附录 1。

2. 重力及重力异常

在地球重力学中把"重力加速度"简称为"重力"，它指地球对其附近物体所吸引的力。同以物体在地球上不同地点，所受的重力稍有不同，离地面愈远的物体，所受的重力愈小。广义上说，宇宙间任何天体使某物体向该天体表面降落的力，均称为"重力"，这样不仅有地球重力，还有月球重力、金星重力、火星重力等。

通俗地说，地球上的任何质点，都受到地球的引力，也都受到地球自转所产生的惯性离心力。这两个力的方向和大小是互不相同的，两者的合力就是重力。在精度要求不高的情况下，地球的重力基本是地球引力。

地面重力因纬度而不同。赤道与两极的重力比约成 189 : 190，由于这个原因，同一物体如果在赤道上重 189 千克，那么，到两极将是 190 千克。

地面重力不仅因纬度而不同，还因地点而不同。某些地点的重力大小，同所在地区的正常值比较起来，存在着明显的差异，这叫重力异常。其原因是地内物质分布不均，往往同地质构造和矿床的存在有联系，因此，重力异常的研究，有助于地质构造的了解和矿床的勘探。

重力不仅因纬度而不同，而且还因高度和深度而不同。重力与高度关系比较简单：引力大小同距离平方成反比。惯性离心力可以略去。重力同深度的关系，一般认为：从地面到地下 2900 千米深处，重力大体上随深度而增加，但变化不大，并且在地下 2900 千米深处达到极大值，从地面下 2900 千米到地球质心，重力急剧减小，在地球质心，重力为零。

3. 地球的结构

地球结构的一个重要特点，就是地球物质分布，形成同心圈层，这种**圈层结**

构的特点是地球长期运动和物质分异的结果。

地球的外部主要有岩石圈、水圈、大气圈、生物圈，还有磁场层。

地球表面由岩石圈构成，其上还有一层具有肥力、能生长植物的土壤层。在地表及地表以下一定深度还有不同形态的水，构成一层水圈。在岩石圈和水圈之上，整个地球被一层大气所包围，叫大气圈。岩石圈、水圈和大气圈，既是彼此分离和独立的，又是相互渗透和作用的。这样，地球上就出现了一个既有矿物质、又有空气和水分的地带，加上适宜的温度条件，就成为生物衍生的地带，叫做生物圈。它包含岩石圈的上部、大气圈的底部和水圈的全部，是地球上一个独特的圈层。

目前关于地球内部的知识，主要依靠来自对地震波的研究。在地震学里把地球深处地震波传播速度发生急剧变化的地方，称为不连续面。根据地内三大不连续面，把地球内部分成三个圈层，见图 9.1。

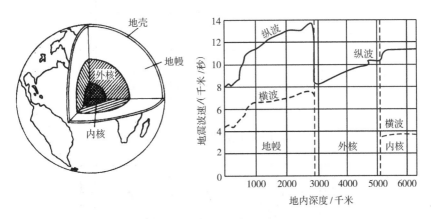

图 9.1　地球内部结构和地内深度

地球的内部结构由外向内依次为地壳、地幔和地核。各层物质的成分、密度、温度是不同的。

(1) 地壳　　陆上地壳比海洋壳厚，平均厚度约 30 多千米，密度为地球平均密度的一半，地壳与地幔的界面叫**莫霍面**，在那里横波和纵波都急剧升高。地壳物质的主要成分是花岗岩和玄武岩。

(2) 地幔　　由地表下约 30 千米到 2900 千米深的范围称地幔，地幔的平均密度由近地壳处的 3.3 克/厘米^3 增至 5.6 克/厘米^3，地幔物质的主要成分可能是同橄榄岩相类似的超基性岩，地幔与地核之间的界面叫**古登堡面**，在那里，纵波急剧下降，横波停滞不前，突然消失。

(3) 地核　　指古登堡面以下直到地球中心的圈层。地核又分为外核和内核，中间的界面叫**利曼面**，在这个界面上，纵波又急剧加速，横波重出现(由纵波转换而来)。

因此,地下2900千米至5150千米范围叫外核,由地下5150千米直到地心则为内核。地核虽只占地球体积的16.2%,但其密度相当高(地核中心物质密度达13克/厘米³,压力超过370万个大气压),它的质量超过地球总质量的31%。地核主要由铁和镍为主的金属物质组成。内地核是固态,外地核可能是液态。

　　地球内部压力、温度均随深度而增加(图9.2和图9.3)。一般地下100千米处温度为1300℃,地下300千米处温度为2000℃。据最近估计,地核边缘温度为4000℃,地心的温度为5500~6000℃。现在,地球内部热能主要来源于地球天然放射性元素的衰变。

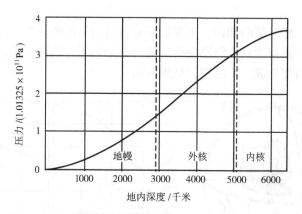

图 9.2　地球内部压力示意图

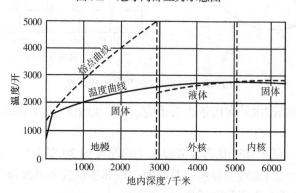

图 9.3　地球内部温度的示意图

　　水圈的主要部分"海洋"和地壳露出水面的部分"陆地"构成地球表面的基本轮廓,即**海陆分布是地球表面结构的基本形态**。其中约70.8%为海洋所覆盖,陆地面积约占29.2%。海洋不仅面积广大,而且相互连通,组成统一的世界大洋(包括太平洋、大西洋、印度洋和北冰洋),而陆地却相互隔离,被海洋包围、分割,世界大陆主要由欧亚大陆、非洲大陆、美洲大陆、澳洲大陆、南极大陆以及大大小小的岛屿构成。

4. 大气特性

地球大气质量为 5.3×10^{21} 克，约占地球总质量的百万分之一，大气密度随高度的增加按指数下降。大气总质量的 90% 集中在地表 15 千米高度以内。在 2000 千米以上，大气极其稀薄，逐渐向星际空间过渡，而没有明显的上界。

地球大气分层按大气运动状况以及温度随高度分布可以分为对流层、平流层、中间层、热层和外大气层。按大气的组成状况，可把大气分为两层，**均匀层和非均匀层**。一般 120 千米以上是非均匀层，平均分子量随高度增加而减少。按大气的电离程度可以分为两层，地表 50 千米以下，大气中的分子和原子都处于中性状态，称为**中性层**；50~100 千米，大气中的原子在太阳辐射(主要是紫外线辐射)作用下电离，构成电离层(包括 D 层、E 层、F_1 层、F_2 层)，见图 9.4 和图 9.5。

(1) 对流层　　靠近地表，赤道区 16~18 千米，中纬度区 10~12 千米，极区 7~8 千米。这层对流运动明显，大气中的水分大部分集中在这一层，形成云和降水现象，是天气变化最复杂的一层。对流层温度几乎随高度的上升而直线下降，到对流层顶约为 -50℃。

(2) 平流层　　从对流层顶到距地表 50 千米处，大气主要是平流运动，温度随高度增加略为上升，50 公里高度处达 -10℃~+20℃。

(3) 中间层　　高度离地表 50~85 千米处，温度随高度增加而下降，到 85 千米处温度约 -80℃。

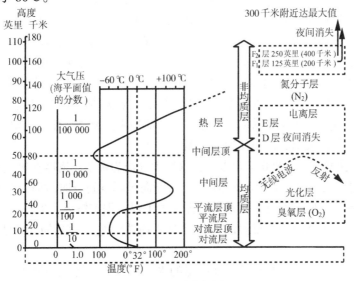

图 9.4　地球大气层

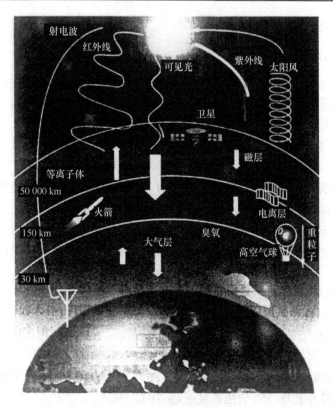

图 9.5　地球空间环境示意图

(4) 热层　　中间层之上至 800 千米，温度随高度增加而上升，在 500 千米高度处的热层顶达 1100℃左右，这是因为所有波长小于 0.175 微米的太阳紫外辐射都被该层气体所吸收，故称暖层或热层。气体处于高度电离状态，所以又称电离层。它能反射无线电波，这里还有极光现象出现。其中电子密度极大处又形成为 D、E、F_1、F_2 四层，这四层的高度、电离情况都随一天中不同时刻、一年中不同季节和太阳活动程度而发生变化，电离层能发射无线电短波，以实现无线电短波通信，当太阳发生剧烈活动时，电离层相应地发生剧烈变化——电离层骚扰，这时会发生短波衰退，甚至使通信中断。

(5) 外大气层　　800 千米以上，这里大气极为稀薄，密度在每立方厘米 10^7 个原子以下，气温高，质点运动速度快，不断向星际空间散逸，所以也称散逸层。它是大气圈与星际空间的过渡地带，即大气上界。据宇宙火箭资料，由电离气体组成的非常广阔而又极其稀薄的大气层(称为地晕)，它一直延伸到离地面 22 000 千米高空。

地球大气是由许多种气体以及少量的水汽和微尘等混合组成的，近地表的大气化学组成见表 9.1。

表 9.1　近地大气主要成分

成　分	体积百分比
氮(N_2)	78.08
氧(O_2)	20.95
氩(Ar)	0.934
二氧化碳(CO_2)	0.033
氖(Ne)	0.00182
氦(He)	0.000524
甲烷(CH_4)	0.00018
氪(Kr)	0.000114
其他	0.0001

　　水汽是大气中含量变动最大的组成部分,在夏季温热地方,水汽含量可达4%,在冬季严寒地方,水汽含量降到 0.01%。水汽主要集中在离地表 2 千米以下的大气层中,云、雾、霜都是水汽凝结物,因此,水汽与天气变化有密切关系。

　　微尘是悬浮在空气中的固体微粒。它的成分有被风吹起的尘埃、花粉、细菌等,有地面燃烧物的灰渣,有火山爆发的灰尘,有海流卷入空中蒸发留下的盐粒,以及从空间落入大气的宇宙尘等。微粒含量随高度增加而减少,在离地面 3 千米以上就很少了。微尘成为水汽凝结核,能增快大气中云的形成,因而它们对天气变化有很大影响。

5. 地球磁场

　　地球是一个磁化球体,地球和近地空间都存在磁场。有磁力线,含南、北两个磁极,连接南北两磁极的线称为地磁轴。地磁轴与地球自转轴并不重合,有约11°的交角。磁针在地球上受到磁力的作用,指向磁力线方向,磁力线方向因地点而不同。图 9.6(a)是理论的地球磁场示意图。理论上,磁北极、磁南极与磁赤道成90°,地磁两极所在的地理子午线为无偏线,无偏线分全球东偏半球和西偏半球。地磁强度和地磁倾角都随地磁纬度的增高而增大,构成理论偶极磁场。然而地球实际磁场与理论磁场有偏差,表现为磁北极和磁南极并不互为对跖点。磁赤道不是大圆,实际无偏线并不与子午线重合,它只分全球的东偏和西偏两大部分,而不是两个半球。

　　由于地球不是均匀的磁化球体,个别地区的地理要素的量值,可以大大不同于周围地区的正常数值，这叫**地磁异常**。造成异常的原因与地下蕴藏着丰富的磁铁矿以及太阳活动强弱有关。所以，地磁异常的研究，对矿藏的勘探工作具有重要意义。

在高空太阳风的影响下，地磁场的磁力线都向后弯曲，在朝太阳方向的最前沿形成一个包层，在背太阳方向延伸到很远的空间，这个被太阳风包围的、彗星状的地磁场区域叫做**地球磁层**，见图 9.6(b)。

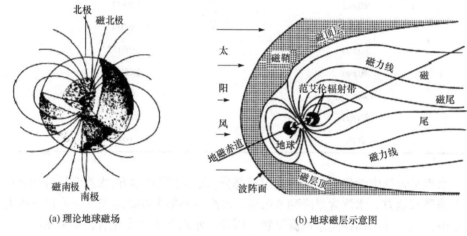

(a) 理论地球磁场　　　　　　　　　　　(b) 地球磁层示意图

图 9.6　地球磁场

理论计算及卫星观测表明，在朝向太阳的一面，磁层边界——磁层顶离地心约 8～11 个地球半径，当太阳激烈活动时，太阳风增强，磁层顶被压缩到距地心 5～7 个地球半径，背着太阳的一面，磁层在空间可以延伸到几百个甚至一千个地球半径以外，形成一个磁尾，磁尾截面宽约 40 个地球半径，在磁尾中，磁力线拉得很长，反方向的磁力线取平行走向，波阵面与磁层顶之间过渡区域称磁鞘，厚度为 3～4 个地球半径。

地球磁场俘获的带电粒子带称为**地球辐射带**，也叫"范艾伦辐射带"。这些高能粒子在地磁场作用下，被地球磁场拘留在大气的一定区域中，沿磁力线做螺旋运动并不断辐射出电磁波，辐射带分为内辐射带和外辐射带，内辐射带中心在离地心 1.5 地球半径处，主要是高能质子和高能电子，外辐射带中心为 3.5 个地球半径处，主要是能量较低的质子和电子，外辐射带比内辐射带宽得多。

辐射带的形状和范围受地磁场的制约，也与太阳活动有关，辐射带内的带电粒子数多少与太阳活动也有关系。

在第 5 章"天体观测与手段改进"曾介绍过获取天体信息的渠道有：电磁辐射、宇宙线、中微子和引力波等，其中电磁波是最主要的，但由于受大气窗口效应影响，地面只能接收可见光和射电波段的信息，其余波段的信息获取必须到大气层以外的空间去探索。

6. 冲出地球，探测宇宙

银白色的月光，闪烁的星星，既充满诗情画意，又给人神秘的感觉。在很远的古代，人们就向往太空，探索太空是人类的美好的理想。四百多年前，人们用望远镜把眼睛武装起来，探索工作进入了一个新的台阶，取得了越来越多的成果。1957 年，人类的第一颗人造地球卫星发射成功，为科学技术的发展和人类历史的进程，树立了一块光辉的里程碑。从此，人类进入了太空时代，人造地球卫星、宇宙飞船、载人登月飞行、行星探测器、彗星探测器，以及在地面上所进行的大规模活动，取得了过去任何年代都无法相比的成果。

首先提出用现代火箭实现飞出地球的设想，是苏联科学家齐奥尔科夫斯基，那是在 1903 年，他把地球比作是人类的摇篮，并说"人类不能永远生活在摇篮里"，今天人类探索宇宙的第一步就是冲出"地球摇篮"。

大家知道，地球对地面的物体有引力，要把卫星或探测器送出地球应达到一定的速度。如果火箭的任务只是把一个绕地球运动的人造卫星送上天去，它就应该至少有 7.9 千米/秒的速度，这叫第一宇宙速度，如果火箭或者宇宙飞船想脱离地球，飞到其他天体上去，它的速度就不能低于 11.2 千米/秒，即第二宇宙速度，也叫逃逸速度。所谓第三宇宙速度，指的是火箭或其他任何物体，想脱离太阳系、飞出太阳系而必须具备的最低速度，即 16.7 千米/秒。

曾介绍，地球外围有磁层和辐射带，它们由带电的物质组成，它们会使飞行器的太阳能电池和它所携带的半导体器件、光学材料等仪器设备造成损伤，导致飞行器寿命的缩短；在严重的情况下，甚至破坏元器件，危及宇航员的生命。从这个角度来说，辐射带无疑是位于地球高层大气中的一个陷阱，任何载人和不载人的空间飞行，都必须考虑并采取防护措施。

20 世纪 50 年代初，一些国家酝酿发起和组织世界性的联合观测和研究，其中的一个合作项目确定为发射人造地球卫星，观天测地。人类历史上第一颗人造地球卫星是苏联在 1957 年 10 月 4 日发射成功的，名为"斯普特尼克 1 号"，它绕地球转一圈的时间要 96 分钟多一点，轨道是椭圆的，所以离地球最近的时候是 228.55 千米，最远的时候达到 946.1 千米。它绕地球转了刚好 3 个月，于 1958 年 1 月 4 日坠落。这颗卫星重达 83.6 千克，所带的仪器设备也不是很多，但对人类来说，它的意义却很重大。它把多少年来人类征服太空，飞出地球去的理想开始变成现实。

苏联的这颗卫星坠落之后不久，1958 年 2 月，美国发射成功了它的第一颗人造卫星，取名为"探险者 1 号"。卫星很小，重量只有 8.2 千克。它在空中存在了

12 年多，到 1970 年 3 月坠落。

后来，另外一些国家也先后发射了人造卫星。我国的第一颗人造卫星"东方红 1 号"，是在 1970 年 4 月 24 日发射成功的，轨道也是椭圆形的，重达 173 千克，它一边飞行，一边奏出悦耳的"东方红"乐曲，此乐曲响彻空间，特别引人注意。据观测资料，2009 年 2 月，"东方红 1 号"还运行在近地点 430 千米、远地点 2075 千米的轨道上。由于运行轨迹在 430 千米到 2400 千米之间，已属于太空，没有空气阻力，"东方红 1 号"理论上可一直绕地球转动。

比起火箭等观测工具和手段，人造卫星可以携带比较多的仪器设备，且能长时间在空间运行，观天测地，收集到大量的宝贵科学资料和信息，使得我们对宇宙空间和地球环境等的认识大大地前进了一步。

人造卫星上天给人类提供了许多太空环境的信息，为人类飞天做好准备。人类在认真研究和考虑太空因素后，就需要设计太空服，同时还要考虑失重现象。如果一个人较长时间处于失重状态，他将如何生活和工作? 会引起生理、心理上的变化吗? 人类在失重状态下能坚持多久? 所以在把一个宇航员送上太空之前，不管是让他绕着地球转圈子，进行计划规定的观测和研究工作，还是要飞到别的天体上去，进行现场考察和探索，都要先经过长时间的训练。他们不仅要有科学知识、各种专业技能，更要具备对空间环境的适应能力，这样才能在窄小飞船的船舱里，在失重的条件下，保持旺盛的精力，保持身体健康，才能很好地、独立地去完成给他们的各种任务(关于"空间站"详见第 5 章)。

在解决了飞向太空的运载工具——多级火箭以及在采取了一切防御和保护措施之后，特别是在训练出了具有飞向太空素质的宇航员之后，科学家们很自然地就想到把人送到离地球最近的自然天体——月球，这是人类的一大步。后又有许多宇宙飞船奔向更遥远的目标。它们飞往金星和水星，飞往火星、木星、土星、天王星和海王星，目前已飞出了太阳系。宇宙探测器对太阳系的新探，可以说是硕果累累; 宇宙的奥秘也不断被揭破。人类实现了冲出家园，探索宇宙的梦想，然而这仅仅是开始，21 世纪人类将有更加宏伟的探索宇宙计划。

二、地球的运动

世界上一切物质都是在运动的，地球在宇宙中也是不断地运动着的。

1. 自转

地球绕着自己内部的一条假想的线——地轴转动一周，这叫做地球的自转，是地球的第 1 种运动，它使地球上产生昼夜更替。

2. 公转

地球以一年为周期围绕太阳做公转运动，这是地球的第 2 种运动，它使我们地球上产生以一年为周期的季节循环。

3. 月地绕转

因为有月球的存在，它随地球一起绕太阳运行的轨道，但地球和月球是围绕它们的共同质心运动的(关于"地月系"详见第 8 章)，这是地球的第 3 种运动，例如，在地球上可观测到月相的变化。

4. 地轴进动

天极在众星中的位置不是固定不动的，经历大约 25800 年，天极将绕着黄极自东向西转过一个圆圈，这是地轴进动的结果，它会造成二分点的西移，北极星变迁速度是每年 $50''.29$，也叫做总岁差，总岁差是由日月岁差和行星岁差共同形成的，其中日月岁差是自东向西的，速度为每年 $50''.42$(关于"地轴进动"详见本章后面)，而行星岁差是自西向东的，每年为 $0''.13$，二者合起来叫做总岁差，每年 $50''.29$，这种运动是地球的第 4 种运动。

5. 极移

地球的自转轴在地球的本体内并非固定，它不断地做微小的摆动，从而造成地球的两极在地表位置的移动，叫做极移。从地球本身来看，极移是瞬时极绕平均极的转动，但从空间位置来看，瞬时轴永远指向北天极，瞬时极是不动的，而是平均极绕瞬时极的转动，因此极移的结果使地球各地表面经纬度发生变化。极移是由于地球表面及内部物质的运动造成的，这是地球第 5 种运动。

6. 章动

一般认为转动的物体发生进动时，自转轴与进动轴之间的夹角也会发生变化，这种角度的变化称为"章动"。在天文学上，把地球自转轴绕黄道轴旋转时伴随的许多短周期的微小变化称为"章动"。月球轨道面(或白道面)位置的变化，是引起章动的主要原因。由于黄白交点的西移，大约每 18.6 年绕行一周，因而月球对非球形的地球的引力作用也有相同周期的变化，在天球上，在天极绕黄极的同时，月球对地球赤道突出部分的吸引随之作周期性的变化。使得天极在星空中移动，和岁差相似。在天球上表现为真天极在绕黄极运动同时，还绕其平均位置做周期 18.6 年的运动；同样，太阳等其他对地球的引力作用也具有周期性的变化，并引起相应周期(如 1 年、0.5 年、28 天等)的章动，但数值更小，表现为章动的一个分量。

这是地球的第 6 种运动。

7. 轨道偏心率的变化

地球绕太阳运行的轨道是个椭圆，太阳在其中的一个焦点上，这个椭圆随着不同的世纪，时多时少地接近正圆，这种运动叫做轨道偏心率的变化，这是地球的第 7 种运动。

8. 黄赤交角的变化

地球自转产生赤道面，公转产生黄道面，这两个平面不相重合，现在约相交成 $23°26'$ 的夹角，叫黄赤交角。黄赤交角不是固定不变的，它有缓慢的变化，目前正在逐渐地变小，将来又会大起来，这种长期的摆动叫做黄赤交角的变化，这是地球的第 8 种运动。

9. 近日点的长期变化

在地球的椭圆轨道上，和太阳最接近的一点叫做近日点，长期这个近日点以每年 $11''$ 的速度向东移动。现在是大约 1 月 4 日地球经过近日点，但在公元前 31000 年，地球在 9 月 23 日经过这一点，公元前 1300 年，在 12 月 22 日经过这一点，今后在公元 28000 年 3 月 21 日、公元 58000 年的 6 月 22 日经过这一点，最后在公元 87000 年，近日点才回到公元前 31000 年的位置，这个周期大约为 1200 个世纪，这种运动叫近日点的长期变化，这是地球的第 9 种运动。

10. 摄动

有关"摄动"指的是一个天体绕另一个天体按二体问题规律运行时，因受到别的天体吸引或其他因素(如粒子流等)的影响，其轨道所产生的偏离。太阳系的行星，尤其是地球的近邻——金星和庞大的木星与地球的距离在周期性的变化，引起对地球的引力的变化。这种变化干扰了地球的公转轨道，从而造成各种各样的摄动，这是地球的第 10 种运动。

11. 环绕太阳系的共同质量中心旋转

太阳系的天体并不是围绕太阳的中心旋转，而是环绕太阳系的共同质量中心旋转，地球也是环绕太阳系的共同质量中心旋转，因此使得地球偏离了公转的中心，这是地球的第 11 种运动。

12. 太阳系相对于邻近恒星的运动

太阳在银河系中绕着银心以 220 千米/秒的速度旋转，因此，地球和别的行星随着太阳一起越过星空。地球的公转轨道对于太阳来说，是一个封闭的椭圆，可是对于星空来说，却是一条曲线，地球从来没有两次在相同的位置上，它绝不会再回到我们现在所处的位置上来，地球在星空中循着无穷无尽而时常变化的螺旋曲线而运行，这是地球的第 12 种运动(图 9.7)。

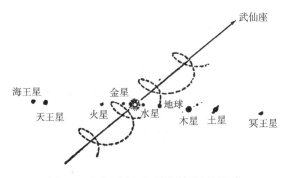

图 9.7　太阳系相对于领近恒星的运动

13. 地球的地质运动

宇宙中的地球内部本身也在不断地变化着，历经沧海桑田的变化，太阳系八大行星中只有地球发生板块构造运动。这一点是使它作为一颗行星在不断运动中所产生的必然结果，这是地球的第 13 种运动。

地球的运动方式还有许多，但主要的是上述这些运动。在主要运动中特别突出的是地球自转和公转，我们将在后面重点介绍。

三、地球的宇宙环境

1. 概况

从天文学角度来看，地球是太阳系的一颗普通的行星，按离太阳由近及远的次序为第三颗行星。它有一个天然卫星——月球，现代地球上空还有许多各种用途的人造卫星和探测器。太阳系是银河系的一个成员，银河系也只是无数星系中的一个，地球在已知宇宙中是渺小的，只不过是沧海一粟。然而对我们来说，地球是人类赖以生存、发展的家园，是人类谋求进一步向宇宙进军的大本营。

2. 受近地天体的影响

地球在宇宙中不停地运动着，它必受邻近天体的影响，尤其是太阳、月球对地球的作用。日月引潮力，引起海水周期性的涨落，潮汐摩擦影响地球自转速度的变化，日、月、地系统产生日、月食现象等。太阳的光和热是地球上万物生长的能量源泉。地球表面在得到太阳能量的恩惠同时，还时常受到太阳活动的影响。

来自太阳的高能带电粒子流与地球磁场作用，地球磁场俘获了来自太阳的部分带电物质，并把它们"关"在地球高空的特定区域里，经过地球的部分太阳粒子流在闯入地磁场后，粒子沿着磁力线做螺旋运动，其中有许多粒子可由地球极区上空向地表运动，它们与大气中的分子或原子相互作用(碰撞)而产生光辉，形成五彩缤纷的极光现象。此外，宇宙小天体，尤其近地小行星对地球有潜在威胁。

人们在夜空中时常会看到一闪而过的流星或流星雨，它们原本是太阳系中的流星体，这些碎块在经过地球附近时，受地球引力作用下，坠入地球大气层，因与空气摩擦生热而燃烧发光。一些较大的碎块未燃尽撞到地上成为"陨石"，而地表出现陨坑，最引人注目的是美国亚利桑那州的巴林格陨星坑。通古斯事件尽管是谜，但目前比较流行的解释还是认为地外天体碰撞引起的。据科学家计算若直径1000米的小行星对地球产生的撞击就足以产生宇宙浩劫，人类不能掉以轻心。

1996年6月，地球侥幸地脱离了一颗近地物体的撞击，有颗直径约0.333英里、名为1996JA1号小行星进入地球28 000英里的太空，只比月亮稍稍远一点。

1908年6月，一颗直径约为50码的陨星或彗星在西伯利亚的通古斯河边半空中爆炸，将总共1000平方英里的森林夷为平地(图9.8)，它所引起的震撼甚至波及到了伦敦，这就是有名的通古斯事件。

据历史资料记载，大约15 000年以前，一颗流星撞击了美国亚利桑那州，形成了著名的巴林格大峡谷，凿出了一个大的陨石坑(详见第7章)。

图9.8　1908年6月通古斯区域地面

3. 从地球的演化进程来看

目前，地球总体还是比较稳定的，但是从它形成到现在运动的速度、地轴的倾斜度、地球内部等也是有变化的，这些对地球环境的演变也是有影响的。地球是一个天体，它一定也遵循量子物理定律，也有"生死问题"。人类目前对太阳系天体的演化问题研究比较多，认为地球的演化受太阳这颗恒星演化的影响(关于"恒星的演化"问题将在第10章介绍)，但是，人类不必过分的担忧，因为太阳正常发光、发热从现在起至少还有 50 亿年的时间。随着科学技术的不断发展以及太空计划的实施,人类登陆别的恒星系的天体完全是可能的,但这是很遥远的事。人们普遍关注的探索地外文明信息的努力始于 20 世纪 60 年代初期,大多数科学家相信宇宙其他地方还有各种智能生命存在,至于他们是否到过地球,则存在不同看法,但至今尚无可靠的科学依据能予以证实外星人的到来。尽管如此,地球人还在努力寻找地外文明(详见第 12 章)。

4. 从太阳系在银河系中的运动角度来考虑

太阳系位于银河系的一个旋臂中,在不停地运动着。我们知道天体吸引、天体碰撞在宇宙中是时常发生的,而我们的太阳系在银河系中的环境对地球的作用有长期的效应。据专家研究表明:地球上地质时期的冰期与间冰期变化可能与太阳系在银河系中的运动有关(详见第 1 章和第 11 章)。

5. 从现在地球的环境来看

当今人类所有的宇宙探测结果表明,还没有发现和证实哪里有一个像地球这样适于生命栖息的星球,地球是太阳系中唯一适合生命演化和人类发展的"得地独厚"的星球。

在宇宙中的地球虽渺小,但对于我们人类来说,它却是最亲密和生命攸关的天体,地球上有水和有氧的空气,又有比较合适的温度,我们居住的地球是一颗充满生机的行星。因此,地球是宇宙中目前已知适合人类居住的唯一家园。当今,人类正面临一些紧迫的地理环境恶化问题。例如,温室效应、土地沙漠化、酸雨、水质污染、空气污染、能源危机、臭氧洞出现、野生生物惨遭危害或灭绝等。更严重的是,人类发展了核武器,使地球表面具有潜在的放射性,使生命受到威胁。保护现在地球环境势在必行,在开发利用地球资源的同时要有可持续发展的观点。

从现在起,人类必须全球协作,采取有效的措施保护我们的家园,必须更加关心这个值得我们珍爱的世界。因为,我们人类现在只有一个地球。

9.2 地球自转及其地理效应

天体周日运动是有目共睹的,"地心说"认为这是真运动,而"日心说"则认为这是视运动,是地球自转运动的反映。现代人对此问题的认识已经很清晰了。

一、地球自转的证明

科学家已经通过落体偏东现象和傅科摆偏转现象证明了地球自转，本书在此作些介绍。

1. 落体偏东

落体偏东是指：在地球表面由高处下落的物体总是偏落在铅垂线的东侧的现象。这种现象主要是由于地球自西向东自转，使得地面上同一地点的自转线速度随高度增加而增大。

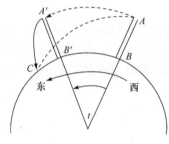

图 9.9　落体偏东现象示意图

如图 9.9 所示，设有一物体从塔顶 A 下落，由于惯性致使它仍保持着塔顶的自转线速度 v_A。根据运动的不相干原理，物体除了做自由落体运动外还以速度 v_A 做东向的水平运动。经 t 秒后物体着地的东向水平位移为 $v_A t = AA' = BC$，而塔底 B 的东向水平位移则为 $v_B t = BB'$。由于 $BC > BB'$故物体的落点总是位于垂点 B 的东侧，落体东偏的实际水平位移 S 为

$$S = v_A t - v_B t = BC - BB' = B'C 。$$

若考虑到纬度因素，落体东偏的水平位移应为

$$S = \omega_\oplus \cos\varphi \sqrt{2h^3 / g} \tag{9.2}$$

式中，$\omega_\oplus$ 为地球自转的角速度(单位须用弧度/秒)，φ 为测点的纬度(北正南负)，h 为物体下落前的高度，g 为重力加速度，位移 S 的方向为东正西负。

从公式可知：①在赤道 $\varphi = 0°$，有 $\cos\varphi = 1$，即落体东偏的位移为最大值——偏东现象最明显；②在极点 $\varphi = \pm 90°$，均有 $\cos\varphi = 0$，故极点无落体偏东现象；③无论 φ 取正值或负值均有 $\cos\varphi \geqslant 0$，故恒有 $S \geqslant 0$，即水平偏离位移 S 恒指东方。由此说明无论在北半球或南半球落体总是偏东的。

事实上落体偏东的水平位移值是很小的。例如在纬度 40°，高度 200 米处下落的物体东偏位移只有 4.75 厘米。由于落体偏东的水平距离是大圆弧，再加上有水平运动的物体必定受到地转偏向力的影响，导致在北半球落体偏东略微偏南；而在南半球落体偏东略微偏北。来希在德国佛来山的矿井中的试验表明：从 520 英尺下落的物体，平均东偏 1.12 英寸，平均偏南 0.17 英寸。

2. 傅科摆的偏转

傅科摆的偏转，是地球自转最有说服力的证据之一。1851 年，法国物理学家

傅科在巴黎保泰安教堂，用一个特殊的单摆让在场的观众亲眼看到地球在自转，从而巧妙地证明了地球的自转现象。后人为了纪念他，把这种特殊的单摆叫做"傅科摆"。傅科摆的特殊结构，都是为了使摆动平面不受地球自转牵连，以及尽可能延长摆动维持时间而设定的。因而，傅科摆须有一个密度大的、有足够重量的金属摆锤(傅科当年用了一个 28 千克金属锤)，以增大惯性并可储备足够的摆动机械能；傅科摆还须有一个尽可能长的摆臂(傅科当年用了一根 67 米长的钢丝悬挂摆锤)，使摆动周期延长——降低摆锤运动速度，以减小其在空气中运动的阻力；傅科摆结构的关键一环是钢丝末端的特殊悬挂装置——万向节，正是这个万向节使得摆动平面能够超然于地球自转。这样有了一个能摆脱地球自转牵连，并能长时间惯性摆动的傅科摆，人们就可以耐心地观察地球极为缓慢的自转现象。

　　当傅科摆起摆若干时间后，在北半球人们会发现摆动平面发生顺时针偏转(图 9.10)，而在南半球摆动平面则发生逆时针偏转。

　　傅科摆的偏转现象可以通过图 9.11 予以解释。假设当傅科摆起摆时，摆动平面(双箭头所示)与南北方向(或东西方向)重合。过若干时间后由于地球的自转导致该地的南北方向线(或东西方向线)发生偏转，但又因运动的惯性和摆动平面不受地球自转的牵连，故南北方向线(或东西方向线)与摆面发生了偏离。

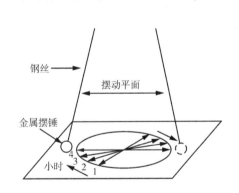

图 9.10　北半球摆面偏转方向

图 9.11　傅科摆的偏转

摆动平面的偏转角速度ω是与纬度的正弦成正比的，即

$$\omega = 15° \sin\varphi /小时$$

　　如图 9.12 所示，设傅科摆在 A 地起摆时摆动平面与 A 地经线的切线(AC)重合，经若干时间(t)后，因地球自转，傅科摆随地球自转到达空间 B 点，这时原经线的切线(AC)方向在空间的指向也发生了变化，即变为 BC 方向(与 AC 方向的夹角为θ)。但因摆动平面不受地球自转牵连及其保持运动惯性之故，其空间方向保持不变，即 BC'方向(与 AC 方向平行)。这样，摆动平面 BC'就与 B 点经线的切线方向产生了偏角(θ)。于是，θ角用弧度表示有$\theta = \dfrac{AB}{AC}$；时角 t 用弧度表示有$t = \dfrac{AB}{AO}$，

则摆面偏转的角速度ω应为

$$\omega = \frac{\theta}{t} = \frac{AB/AC}{AB/AO} = \frac{AO}{AC}$$

因为$\sin\varphi = AO/AC$，所以$\omega = \dfrac{\theta}{t} = \sin\varphi$，若将$\theta$化为角度，$t$化为时间，则有

$$\omega = \frac{\theta \times 360°/2\pi}{t \times 24^{\text{h}}/2\pi} = 15°\sin\varphi \, /\text{小时}$$

即

$$\omega = 15°\,\sin\varphi\,/\text{小时} \tag{9.3}$$

式中ω为正值时是表示摆面顺时针偏转，如为负值时则表示摆面逆时针偏转；纬度φ的取值为北正南负。从式中可知，当$\varphi = \pm 90°$时，$\omega = \pm 15°$/小时，即在极点摆面偏转角速度最大；当$\varphi = 0°$，$\omega = 0$，即在赤道摆面无偏转；北半球$\varphi > 0°$，$\omega > 0$，摆面顺时针偏转；南半球$\varphi < 0°$，$\omega < 0$，摆面逆时针偏转。

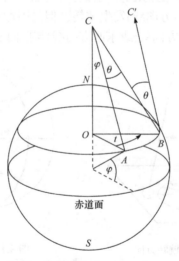

图 9.12　傅科摆偏转的角速度与纬度的正弦成正比

二、地球自转的规律

1. 地球自转的方向

地球的东西方向是以地球的自转方向来确定的，所以正确识记地球的自转方向是十分必要的。地球的自转方向可以通过右手法则认记：设想右手握住地轴，大拇指竖直指向北极星，四手指的方向则代表地球的自转方向。事实上，无论是地球上的东西方向或是天球上的东西方向都是从地球的自转方向引申出来的：人们把顺地球自转的方向定义为——自西向东方向，把逆地球自转的方向定义

为——自东向西方向。由于天球的运动方向与地球的自转方向相反，因而日月星辰周日视运动的方向为自东向西方向。通过右手法则我们不难判定：在北极上空看地球自转是逆时针方向的；而在南极上空看地球自转则是顺时针方向的。显然这与傅科摆的偏转方向是恰恰相反的，这是由于选择不同的参考系以及运动的相对性原理所致。

2. 地球自转的周期

地球的自转周期统称为一日。然而，考察地球自转周期时，在天球上选择不同的参考点，就有不同的自转周期，它们分别是恒星日、太阳日和太阴日(关于"时间"参见第 3 章)。

(1) 恒星日　以天球上的某恒星(或春分点)作参考点测定的地球自转周期叫恒星日，或是指某地经线连续两次通过同一恒星(或春分点)与地心连线的时间间隔。时间为 $23^h56^m4^s$，这是地球自转的真正周期，也就是地球恰好自转 360°所用的时间。如果把地球自转速度极为微小的变化忽略的话，恒星日是常量。

(2) 太阳日　以太阳的视圆面中心作参考点测定的地球自转周期叫太阳日。太阳日是指日地中心连线连续两次与某地经线相交的时间间隔。太阳日的平均日长为 24^h，是地球昼夜更替的周期。太阳日之所以比恒星日平均长 3^m56^s，是由地球的公转使日地连线向东偏转导致的。见图 9.13，当 A 地完成 360°自转(一个恒星日)后，日地连线已经东偏一个角度，待 A 地经线再度赶上日地连线与之相交时，地球平均多转 59′。也就是说一个太阳日，地球平均自转 360°59′。因地球公转的角速度是不均匀的，故太阳日不是常量。1 月初地球在近日点，公转角速度大(每日公转 61′)，太阳日较长，为 24^h+8^s(地球自转 361°01′)；7 月初地球在远日点，公转角速度小(每日公转 57′)，太阳日较短，为 24^h-8^s(地球自转 360°57′)。

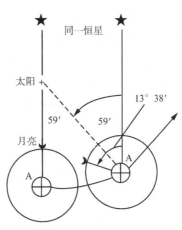

图 9.13　地球自转周期

(3) 太阴日　以月球中心作参考点测定的地球自转周期叫太阴日。太阴日是指月心连续两次通过某地午圈(即该地经线的地心天球投影)的时间间隔。太阴日平均值为 24^h50^m，这是潮汐日变化的理论周期。太阴日长于恒星日，是由于月球绕地球公转使月地连线东偏所致。一个太阴日，地球平均自转 373°38′，比恒星日多转 13°38′(图 9.13)。同样，因月球轨道为椭圆，其公转角速度也是不均匀的，故太阴日为变量。

视太阳日长短不等原因分析

地球的公转不是匀速的，在一年中，近日时公转较快，远日时公转较慢；因此，与地球公转相对应的太阳周年视运动同样不是匀速的。再者，时间是在天赤道上计量，而太阳是在黄道上作周年视运动，赤道平面与黄道平面并不重合，存在大约 23°26′的交角，所以，即使地球公转是匀速的，太阳每日在黄道上的视运动的赤经增量也不会匀速。概括起来影响视太阳日长短不等有两个主要原因：一是椭圆轨道，二是黄赤交角。实际上，两个因素是同时作用并相互干扰的。前者使视太阳日长度发生±8 秒的变化，后者使视太阳长度发生±21 秒的变化。二者之中，后者为主。

前者使视太阳日长度最长为 24 时 0 分 8 秒，发生在近日点时(1月左右)，最短为 23 时 59 分 52 秒，发生在远日点时(7月初)；后者使视太阳日长度最长达 24 时 0 分 21 秒，发生在冬夏二至；最短约为 23 时 59 分 39 秒，发生在春秋二分。因此，视太阳日长度变化，总体上是二至最长，二分最短；且夏至日略短于冬至日，秋分日比春分日更短些。

3. 地球自转的速度

(1) 地球自转的角速度 地球自转可视为刚体自转，若在无外力作用的情况下，刚体的自转必为定轴等角速度自转。由此可知：地球自转的角速度是均匀的，既不随纬度而变化，又不随高度而变化，是全球一致的。地球自转的角速度($\omega_\oplus$)可以用地球自转一周实际转过的角度与其对应的周期之比导出，即

$$\omega_\oplus = 360° / \text{恒星日} = 360°59' / \text{太阳日} = 15°.041 / \text{小时} \tag{9.4}$$

或

$$\omega_\oplus = 2\pi / \text{恒星日} = 2\pi / 86164 \text{秒} = 7.2921235 \times 10^{-5} \text{弧度/秒}$$

在精度要求不高时，为了方便记忆，角速度约为
$$\omega_\oplus \approx 15° / \text{小时}。$$

(2) 地球自转的线速度 地球自转的线速度是随纬度和高度的变化而不同的。这是由地点纬度高度不同，其绕地轴旋转的半径不同所致。见图 9.14，假设地球为正球体，A 地的纬度为φ，海拔高度为 h，地球半径为 R，该地绕地轴旋转的半径为 r，有

$$r = (R+h)\cos\varphi \tag{9.5}$$

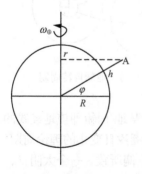

图 9.14 地球自转的
线速度

则 A 地自转的线速度为

$$v_\varphi = \frac{2\pi r}{T} \tag{9.6}$$

式中 T 为恒星日。将式(9.5)代入式(9.6)，有

$$v_\varphi = \frac{2\pi}{T}(R+h)\cos\varphi \tag{9.7}$$

$$\omega_\oplus = 2\pi/T$$

$$v_\varphi = \omega_\oplus(R+h)\cos\varphi \tag{9.8}$$

从式(9.8)可知，纬度越低，自转线速度越大。在赤道海平面上的自转线速度已超过音速，为 465 米/秒。因此，顺地球自转方向发射人造天体，可以大大减少发射能量，降低发射成本。

(3) 地球自转速度的变化　　如果不受外力作用，处于惯性自转的地球是刚体的话，其自转的角速度必然是恒定均匀的。然而，地球事实上不是刚体，地表和地内物质的运动(如洋流、潮汐、大气环流、地幔对流、火山爆发等)都会导致地球转动惯量(J)的变化，进而引起地球自转角速度的变化。根据动量矩守恒的原理，在无外力(矩)作用的情况下

$$地球的动量矩 = J\omega_\oplus = 恒量 \tag{9.9}$$

因此，当 J 变大时(即地球物质迁移分布远离地轴时)，地球的角速度 $\omega_\oplus$ 将减小；相反，当 J 变小时(即地球物质迁移分布靠近地轴时)，地球的角速度 $\omega_\oplus$ 将增大。

但纵使 J 不变，也因地球受到外力作用(月球对其产生的潮汐摩擦)导致地球动量矩不守恒引起 $\omega_\oplus$ 的变化。从理论上这些变化在牛顿时代已经是早有预见的。但由于潮汐摩擦十分微弱，地球物质的迁移量与地球总质量之比可谓微乎其微，故地球自转周期(恒星日)的变化(为毫秒量级)，在早期根本无法测定。直到 20 世纪 30 年代后，由于石英钟、原子钟等精确计时系统的相继发明，再配以精密的天文观测手段，人们才确认了地球自转的不均匀性。地球自转速度的变化可分为三类：长期变化、季节变化和不规则变化。

地球自转的长期变化主要表现在自转变慢，现代观测表明恒星日每百年增长 1~2 毫秒。根据古生物学家对珊瑚化石的年轮"带"的研究表明：3.7 亿年以前的泥盆纪中期，一年约有 400 天。在年长稳定的情况下，每年日数的减少，只能是日长增长的结果。由此推知，从那时到现在平均每百年日长增加 2.4 毫秒，这与现代测量结果也在同一数量级上。

地球自转长期变化的主要原因是：①单调性的长期变化(变慢)，是由于潮汐摩擦以及潮峰滞后引起月球转动加速，进而消耗地球自转能(使地球的动量矩减小)所致。②非单调性的长期变化，是由于极地冰川的消长，地幔与地核的角动量交换造成的。大冰期时，大量的冰川在极地集结，海平面下降(可达 130 米)，地球自转变快；间冰期时，极地冰川消融海平面上升，地球自转变慢。

20 世纪以来频繁的闰秒事件接连发生(例如,1972～1989 年共有 14 次闰秒),这是极地冰川大量消融的结果,而直接的影响因子则是人类排放的二氧化碳。闰秒事件已向人类敲响了警钟——治理地球环境,杜绝滥伐森林,减小二氧化碳排放,防止温室效应,刻不容缓!

地球自转的季节变化,主要由气团的季节性移动引起的。季节性的日长变化约为±0.6 毫秒,表现为春慢秋快;年变幅为 20～25 毫秒。

地球自转的不规则变化表现为:自转角速度时而变快,时而变慢。平缓的不规则变化可能与地内物质的角动量交换有关;突然变化的物理机制尚不清楚。

三、地球自转的地理效应

1. 天球的周日运动

天球的周日运动是地球自转的反映。人们把天球上的日月星辰自东向西的系统性视运动叫做天球的周日运动。若对准北天极拍摄(利用地球自转跟踪装置或后期叠加技术处理),可获取星轨照片,见图 9.15。"天旋"只是假象,实质就是"地转",而现象与本质却有很好的对应关系(图 9.16)。

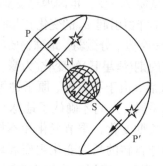

图 9.15　北天极区恒星的周日视运动轨迹　　　　图 9.16　"天旋"与"地转"

天球周日运动特点如下。

(1) 天球周日运动的转轴(天轴)　是地轴的无限延长。天轴与天球的两交点 ——北天极(P)与南天极(P′)是地球两极在天球上的投影。

(2) 天球周日运动的方向　是地球自转方向的反映。正是由于地球自转方向是自西向东的,才导致天球相对地球发生自东向西的周日视运动。

(3) 天球周日运动的周期　是地球自转周期的反映。恒星周日运动的周期就是恒星日——它是地球自转的真正周期;太阳周日运动的周期就是太阳日,它是地球昼夜更替的周期。恒星周日运动的角速度的大小，反映了地球自转角速度的大小(方向不同)，地球自转角速度的变化就是通过精密测量恒星周日运动的角速度的天文手段确认的。

不同纬度的天体周日运动可参见第 2 章。

2. 地球的昼夜交替

地球是不发光、不透明的球体，在太阳的照射下，向着太阳的半球处于白昼状态称"昼半球"，背着太阳的半球处于黑夜状态称"夜半球"，昼半球和夜半球的分界线称为"晨昏线"(图 9.17)。

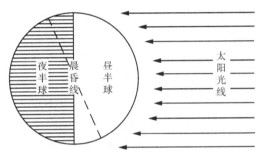

图 9.17　昼半球和夜半球

由于地球不停地自西向东旋转，使得昼夜半球和晨昏线也不断自东向西移动，这样就形成了地球的昼夜交替。在地球上越东的地方时间越早(有关"地方时"的问题在第 3 章"时间与历法"中已讨论)。

有了昼夜的更替，使太阳可以均匀加热地球，为生物创造了较好的生存环境，也使地球上的一切生命活动和各种物理化学过程都具有明显的昼夜变化。如生物活动的昼夜分化、植物光合作用与呼吸作用的昼夜交替、气象要素的日变化等。

3. 地球坐标的确定

在地球上，越东的地方时间越早。地球表面地理坐标的确定，是以地球自转特性为依据的。在地球表面自转线速度最大的各点连成的大圆就是赤道，而线速度为零的两点则是地球的南北极点；在地球内部线速度为零的各点连成的直线就是地轴，那么两极和赤道就构成了地理坐标的基本点和基本圈，在此基础上就可以确定地表的经纬线，从而建立地理坐标系统，见图 9.18。

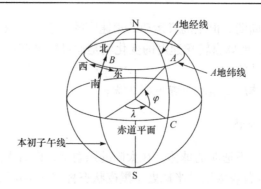

图 9.18　地理坐标的建立

(1) 经纬线与地球上的方向　　通过地球南北两极(N, S)的大圆叫经圈，被极点分割的经圈半圆叫经线，又称子午线。其中通过格林威治天文台旧址的经线是0°经线，也叫本初子午线，它所在的平面是经度的起算平面；所谓纬线就是赤道的平行面与地球相交的圆，所有纬线均与赤道平行。

经线是地球上的南北方向线——沿经线指向北极(N)为正北方向，指向南极(S)为正南方向。南北方向是有限方向：北极点是北向的终极点，于是站在北极点上面向任何方向均为南方；同样地，南极点是南向的终极点，在此处面向任何方向均为北方。

纬线是地球上的东西方向线——沿纬线顺地球自转方向为正东方向，而逆地球自转方向则为正西方向，东西方向是无限方向。但为了避免混乱，在同一纬线上的两点(如图 9.18 的 A、B 两点)相对的东西方向是以两点之间的劣弧来确定的，即 A 点位于 B 点的东方，B 点则为于 A 点的西方。

(2) 地理坐标的经纬度　　地球上的所有经纬线都是垂直正交的，于是地表上的任意点都可以由两条正交的经纬线确定(如图 9.18 的 A 点)，而这两条经纬线的经纬度就是交点的经纬度。

经度是指某地的经线平面与本初子午面的夹角。经度是以本初子午面作起算平面的，向东量度 0°~180°为东经，向西量度 0°~180°为西经，经度的记号为"λ"(图 9.18)。国际通用的经度表示方法是：用"E"代表东经，用"W"代表西经，例如，东经 120°35′，记作 120°35′E。东西经 180°是同一条经线，它与本初子午线共一个经圈，但习惯上不以该经圈划分东西半球。为了照顾欧洲和非洲大陆的完整性，地图上是以 20°W 与 160°E 这两条经线划分东西半球的。

纬度是指过某地(如图 9.18 中的 A 地)的铅垂线与赤道平面的夹角；如果在精度要求不高的情况下，把地球当作正球体，某地的纬度就是该地的球半径与赤道面的夹角。赤道面是纬度的起算平面，自该面向北量度 0°~90°为北纬，向南量度 0°~90°为南纬，纬度的记号为"φ"，国际通用的纬度表示方法是：用 N 表示北纬，用 S 表示南纬，例如，北纬 23°30′，记作 23°30′N。

　　(3) 地球上的距离　　常用的距离单位有海里、千米 。地球表面上的距离计算可用大圆曲线或球面上两点距离的一般公式求得。

　　地球上两点距离公式为

$$\cos AB = \sin\varphi_A \sin\varphi_B + \cos\varphi_A \cos\varphi_B \cos(\lambda_B - \lambda_A) \tag{9.10}$$

式中，φ: 北纬取正，南纬取负；λ: 东经取正，西经取负。地球面上两点之间的距离以大圆为最短(两点距离就是 AB 大圆弧的度数)。一般情况，若已知两点地理坐标 $A(\varphi_A, \lambda_A)$，$B(\varphi_B, \lambda_B)$，利用公式就可算出两地距离。

　　海里(n mile)——人们将地球上一角分大圆弧的长度定义为一海里，即地球上每度大圆弧为 60 海里。船在海上航行的速度以"节"表示，1 节=1 海里/小时。

　　千米(km)——法国人把地球上大圆弧周长的四万分之一定义为 1 公里，中国人使用的华里则为公里长度的二分之一。每度大圆弧之长=40 000 千米/360°=111.11 千米/1°。

　　因 1°大圆弧=60 海里=111.11 千米，故 1 海里=1.85 千米，或 1 千米=0.54 海里。

　　4. 地球上水平运动物体的偏转

　　由于地球的自转，导致地球上做任意方向水平运动的物体，都会与其运动的最初方向发生偏离。若以运动物体前进方向为准，北半球水平运动的物体偏向右方，南半球则偏向左方。造成地表水平运动方向偏转的原因，是物体都具有惯性，力图保持其原有运动的速率和方向。下面以发射弹体为例，讨论水平运动物体的偏转。

　　首先必须明确的是：水平运动物体的偏转是对原定目标方向的偏转，而非笼统的对地面经纬线的偏转。例如，在北半球向东西方向发射弹体时，由于弹道是大圆弧，其必定偏离该地纬线。此时，若以代表东西方向的纬线作偏转参考线，就会得出：向东发射的弹体偏于纬线的右方，而向西发射的弹体则偏于纬线的左方的错误结论。

　　(1) 南北向运动的偏转　　见图 9.19，假设在赤道的 B 点向北半球的 A 点(正北方向)发射弹体的同时，在南半球 C 点向赤道 B 点(正北方向)也发射弹体。两弹体除了从弹膛获得向正北飞行的初速外，它们还保持了原纬线的自转线速度向东飞行。在弹体飞行的期间，ABC 经线转至 $A'B'C'$ 处，由于地球自转线速度由低纬向高纬递减，B 地发射的弹体着地时向东的水平位移：$AA'' = BB'' > AA'$；而 C 地发射的弹体着地时向东的水平位移：$BB'' = CC' < BB'$。因此，以地球作参考系，顺着发射目标的方向看，北半球运动的弹体偏右($B'A$ 实线箭头为地面观察者所见的偏离轨迹)；南半球运动的弹体则向左偏转($C'B''$ 实线箭头——向西偏转)。但以星空作参考系，两弹体均向东北方向飞行(图 9.19 中虚线所示)。

(2) 东西方向运动的偏转　　见图 9.20，假设在北半球 O 地向正东方或正西方发射弹体。由于弹道大圆弧与 O 地纬线相切，O 点的自转线速度与弹体发射速度相重合，因此自转线速度对发射方向不产生任何影响。只是向东发射时线速度与发射速度相叠加，使弹体射得更远(图 9.20 中弹着点 A)；而向西发射则线速度会抵消部分发射速度使弹体射得近些(图 9.20 中弹着点 B)。在弹体飞行期间，O 地转至 O' 点，随之原固定在地面的目标 A 及 B 均转至 A' 及 B' 处，即原定的目标方向线(图 9.20 中虚线)发生了偏转。但由于弹体在空中的惯性飞行是超然于地球自转的，故弹着点 A 与 B 均在原目标 A' 与 B' 的西方。顺着目标方向看：北半球运动的弹体无论向东或向西发射均偏向目标的右方。

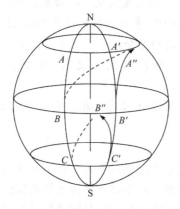

图 9.19　南北向弹体的偏向

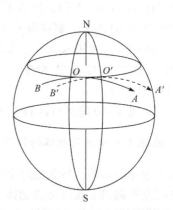

图 9.20　东西向弹体的偏向

(3) 水平地转偏向力　　法国数学家科里奥利(1792～1843 年)研究确认：在地球表面运动的物体受到一种惯性力的作用。后人将之称为科里奥利力，科里奥利力的水平分量为水平地转偏向力(A)，其数学表达式为

$$A = 2mv\omega\sin\varphi \tag{9.11}$$

式中，m 为物体的质量，v 为物体的运动速度，ω 为地球自转的角速度，φ 为运动物体所在的纬度。

地转偏向力的存在，对许多自然地理现象产生深远的影响。

9.3　地球的公转及地理效应

在地球公转运动中，地球环绕太阳的运动叫做地球的公转运动。在地球的公转运动中，一般是把太阳看作是居中不动的，地球环绕日心旋转。但严格地说，地球并不是环绕日心旋转，太阳也不是居中不动的。而是地球和太阳都环绕着它们的共同质心旋转，根据计算，这个质心位于距日心 450 千米处，显然，它在太阳的内部。因此粗略地说地球的绕日旋转，也是合理的。太阳系中的绕转天体不只是地球，还有其他天体，尤其还有大行星在绕太阳旋转，因此，实际上，它们都同太阳一起绕太阳系的共同质心旋转，因此，这种旋转是很复杂的。

一、地球公转的证明

1543 年哥白尼在《天体运行论》中也没有为地球的公转提出直接的证据。此后天文学家在 1725 年和 1837 年分别用**恒星的光行差位移现象**以及**恒星的视差位移现象**证明了地球的公转运动。

1. 恒星的视差位移

(1) 恒星的视差位移现象　　是指在地球上观察近距离的恒星时，由于地球的公转运动导致该恒星相对天球背景发生视位移的现象(图 9.21 的 $A'B'$ 位移)。地球在半年的空间位移(AB)虽然十分巨大(近 3 亿公里)，但相比之下恒星的距离更为遥远(最近的比邻星其距离为地球轨道半径 27 万倍)，因此恒星的视差位移是极为微小的难以观察的。

(2) 恒星的周年视差　　是指地球轨道半径(α)对于某恒星的最大张角叫该恒星的周年视差(即图中的 π 角)。这在本书第 6 章 "恒星的距离" 已介绍。

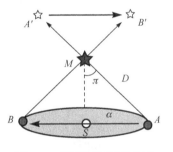

图 9.21　恒星周年视差位移

1837 年德国天文学家贝塞尔率先测出天鹅座 61 的周年视差值为 0.3″(实为 0.29″)，次年 12 月便向世人宣布了他的测量结果，从而证实了地球的公转运动。这是第 1 个物理证据。

2. 恒星的光行差位移

1725 年英国格林威治天文台台长布拉德雷，在试图测定恒星的周年视差时，发现天龙座 γ 星每年有 20″微小位移，便以为测到了恒星周年视差。经认真核查，其所测到该星视位移的方向与理论上周年视差位移的方向不同，反复琢磨后，他终于认定这种视位移是由于星光速度与地球公转速度合成后产生的。这是人类为地球公转找到的第 2 个物理证据。

(1) 恒星的光行差　　是指由于地球的公转运动，地球上的观察者看到恒星的视方向与其真方向产生的差角(用 K 表示)，见图 9.22。光行差现象是不容易理解的，但它和生活中的 "雨行差" 现象十分类似。见图 9.23 所示，在无风的情况下，雨线垂直降落(雨速为 v_y——真方向)，然而，此时在运动的列车上(车速为 v_c)看到车窗外的雨线却是倾斜的(视方向)。雨线的真方向与运动观察者看到的雨线视方向的差角(θ)就是所谓的雨行差。这是由于在列车上看，雨滴除了垂直速度(v_y)外，还获得一个水平向后的相对速度($-v_c$)，两速度合成后雨线就发生了倾斜。显然，倾角(θ)由雨速(v_y)和车速(v_c)决定

$$\tan\theta = \frac{v_c}{v_y} \tag{9.12}$$

同样道理，恒星发出的光线(速度为 c——真方向)在运动的地球(速度为 v_e)参考系上看，也会出现向着地球前进倾斜的现象(视方向)，见图 9.22。倾角(K)的大小由光速 c 与地球公转速度 v_e 决定。

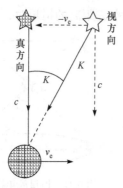

图 9.22　恒星光行差

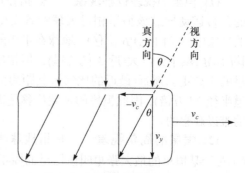

图 9.23　列车窗看到的"雨行差"

$$\tan K = \frac{v_e}{c} \tag{9.13}$$

当 K 角很小时，可用 K 角的弧度值代替其正切值，有

$$K = \frac{v_e}{c} = 0.0000994(弧度)$$

化为角秒得

$$K = 0.0000994 \times 206265 = 20''.49$$

这个差角与恒星的距离无关，可称作**光行差常数**，对于标准公元 2000 年，K 值为 $20''.49552$。恒星光行差与周年视差的显著区别之一是：前者与恒星距离无关，而后者的大小则取决于与恒星的远近(只有较近的几千颗星可测到周年视差)。但两者之间最重要的区别是它们位移方向不同。

(2) 恒星视差位移与光行差位移的方向区别　　见图 9.21 与图 9.24，在半年间，恒星视差位移($A'B'$)与地球在轨道上的空间位移(AB)相互平行，方向相反(互成 180°)；而光行差位移的方向($A''B''$)则与地球的空间位移方向(AB)相互垂直(互成

90°)。当年布拉德雷测到光行差时，就发现它的位移方向与视差位移方向不同。

3. 多普勒效应

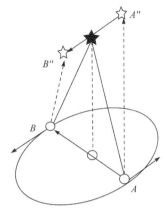

地球绕太阳公转，使地球于恒星发生相对运动。对于特定的时间来说，地球向一部分恒星接近，而从另一部分恒星离开；对于特定的恒星来说，地球半年向它接近，半年从它离开。总之，地球公转使恒星谱线以一年为周期，交互发生着紫移和红移。这是多普勒效应在地球公转中的表现，也是地球公转的第 3 个物理证据。

图 9.24　光行差位移的方向

二、地球公转的规律

1. 地球公转的轨道

受地心说均轮偏心圆理论的影响，哥白尼认为五大行星与地球，都是沿着各自的偏心圆轨道自西向东绕日公转的。后来，开普勒发现火星的实测位置与偏心圆轨道的理论位置有 8′的误差，反复研究才认定行星绕日公转的轨道是椭圆形的，而太阳则位于其中的一个焦点上。地球自西向东绕日公转的椭圆轨道参数如下。

半长轴(a)——149 597 870 千米

半短轴(b)——14 576 980 千米

半焦距(c)——2 500 000 千米

偏心率：$e = c/a = 0.016\ 711\ 4$

扁　率：$f=(a-b)/a =0.000\ 14$

日地平均距离为 1.496 亿千米，在近日点(一月初)时，日地距则为 1.471 亿千米，在远日点(七月初)时，日地距为 1.521 亿千米。由于受太阳系其他行星引力摄动的影响，近日点(或远日点)会移动，即每年东移 11″。因此，地球过近日点(或远日点)的日期，每 57.47 年推迟一天。

地球的轨道平面与其赤道平面交角为 23°26′21″.448(公元 2000 年)，反映在天球上就是黄道面与天赤道面交角，简称"黄赤交角"(详见第 2 章)。

2. 地球公转的周期

地球绕日公转的周期统称为"年"。在天球上选择不同的参考点就有不同的年，如**恒星年、回归年、食年、近点年**等，它们对应的参考点分别为恒星、春分点、黄白交点、近日点等。下面以日心天球为例，讨论地球公转的周期。

(1) 恒星年　　平太阳周年运动绕天赤道完整一周所经历的时间，或视太阳中心连续两次通过黄道上同一恒星的时间间隔为恒星年。由于恒星参考点是天球上的固定点，因此恒星年是地球公转的真正周期，视太阳中心也恰好转过 360°。也是地球绕太阳公转的平均周期。1 个恒星年等于 365.2536 平太阳日。

(2) 回归年与春分点西移　　回归年指"平太阳中心连续两次通过春分点所经历的时间"，或"视太阳中心连续两次通过春分点所经历的平均值"，年长为 365.2422 个平太阳日。回归年之所以比恒星年短(它们之差古人称为岁差)，是因为春分点每年沿黄道西移 50″.29，使平太阳或视太阳与春分点会合实际只公转了 359°59′9″.71，回归年是季节更替的周期。春分点西移是地轴进动的结果之一。

(3) 食年与黄白交点西退　　在第 8 章曾提及白道与黄道的平均交角为 5°09′，黄道与白道的交点称为"黄白交点"。食年是指"视太阳中心连续两次通过同一个黄白交点的时间间隔"(食年也称"交点年")，年长为 346.6200 日。食年比恒星年短 18.6364 日，这是由于太阳对地、月的差异吸引产生的外加力矩，导致地月系的动量矩的指向发生自东向西进动，以及黄白交点每年西退 19.344°。食年与日月食的周期有密切关系。

(4) 近点年及近日点东移　　视太阳中心连续两次通过天球上近日点投影所经历的时间间隔为近点年。地球的近日点由于长期摄动，每年东移约 11″，所以近点年比恒星年约长 5 分钟；其长度为 365.25964 日，即 365 日 6 时 13 分 53.6 秒，主要用于研究太阳运动。

　3. 地球公转的速度

　　日地系统在无外力作用的情况下是一个保守系统。因此，地球在椭圆轨道绕日公转时，满足机械能守恒定律。当日地距离增大时，地球克服太阳引力做功，即消耗地球动能，增加系统位能；当日地距离减小时，太阳引力对地球做功，即增加地球动能，消耗系统位能。于是地球在近日点时公转线速度最大(30.3 千米/秒)，角速度最大(61′10″/日)；地球在远日点时公转线速度最小(29.3 千米/秒)，角速度最小(57′10″/日)。

　　地球公转的平均线速度为 29.78 千米/秒，平均角速度为 59′08″/日；只有地球向径单位时间扫过的面积速度始终不变。

三、地球公转的地理效应

　1. 太阳的周年视运动

　　古人根据黄道上夜半中星(在黄道上与太阳成 180°的恒星，如图 2.14 所示)自西向东的周年变化($M_1 \rightarrow M_2 \rightarrow M_3$)，推测太阳在黄道上的位置($S_1 \rightarrow S_2 \rightarrow S_3$)是自西向东移动的，并且大致日行一度。事实上，太阳的周年视运动是地球公转在天球上的反映。

(1) 太阳周年视运动的轨迹(黄道)　　是地球轨道在日心天球上的投影，黄赤交角也正是地球轨道面与其赤道面夹角在天球上的反映。

(2) 太阳在黄道上的不同位置　是地球在轨道上不同位置的反映(见图 2.14)，太阳视圆面最小时，表明地球恰好位于远日点上；反之，则位于近日点上。

(3) 太阳周年视运动的方向($S_1 \rightarrow S_2 \rightarrow S_3$)　是地球公转方向($E_1 \rightarrow E_2 \rightarrow E_3$)在天球上的反映，二者均为自西向东。

(4) 太阳周年视运动的角速度　是地球公转角速度在天球上的反映。在近日点附近地球公转角速度大，太阳周年视运动的角速度也大；反之，在远日点附近，二者角速度则变小。地球公转的角速度，可以通过每天测定太阳的黄经差导出(精确值须用中星仪测定夜半中星的黄经差导出)。

(5) 太阳周年视运动的周期　是地球公转周期在天球上的反映。在地心天球上，日心连续两次通过黄道上的同一恒星或春分点或同一个黄白交点的时间间隔，所对应地球的公转周期分别是恒星年、回归年和食年。

为便于记忆黄道十二星座可以用下的几句话：

白羊金牛道路开，双子巨蟹跟着来，狮子室女光灿烂，天秤天蝎共徘徊，

人马摩羯弯弓射，宝瓶双鱼把头抬，春夏秋冬分四季，十二宫里巧安排。

或者：双鱼白羊到金牛，双子巨蟹狮子头，室女天秤天蝎尾，人马摩羯宝瓶收。

或者：一羊二牛三双子，四蟹五狮室女连，七秤八蝎九人马，摩宝双鱼十二全。

2. 四季的变化

(1) 太阳回归运动与四季形成　由于黄赤交角的存在，太阳在天球上自西向东沿黄道的周年视运动，必然导致太阳在南、北天球($\delta = \pm 23°26'$)之间，以回归年为周期做往返运动；与天球上太阳的南北运动相对应的则是：地球上太阳直射点在回归线之间($\varphi = \pm 23°26'$)的南北往返运动；人们把这两种南北向的往返运动统称太阳的回归运动。太阳的回归运动是形成地球四季交替最根本的原因。本章所讨论的四季是指：**在地球大气上界南、北半球范围内，太阳辐射的时间分配**。这种四季是不考虑地球的大气与下垫面对太阳辐射的反射、透射、吸收作用，以及大气与洋流的运动对太阳辐射能在空间、时间上的重新分配作用的。因此，这种四季的性质纯属**天文四季**。天文四季的形成，主要是由地球上太阳直射点的回归运动，进而引起太阳高度角以及昼夜长短两大天文因素的周年变化所导致的。下面就分别讨论太阳高度和昼夜长短的周年变化。

(2) 太阳高度的周年变化　太阳直射点的回归运动，必然导致地表太阳高度的季节变化，而太阳高度的大小直接影响到地表获得太阳能的多少。地面单位

面积单位时间获得的太阳能(I)与太阳高度角(h)的正弦成正比

$$I = I_0 \sinh h \tag{9.14}$$

式中，I_0 为太阳常数，由球面三角边的余弦公式可以推出任意时刻太阳高度 h 的计算公式。

由图 9.25(a)得出关系式

$$\cos(90° - h) = \cos(90° - \varphi)\cos(90° - \delta_\odot) + \sin(90° - \varphi)\sin(90° - \delta_\odot)\cos t$$

三角变换后为

$$\sinh h = \sin\varphi \sin\delta_\odot + \cos\varphi \cos\delta_\odot \cos t \tag{9.15}$$

当太阳直射时($h=90°$)，入射辐射通量最大 $I=I_0$；诚然，太阳高度(h)除了有季节变化(由太阳赤纬$\delta_\odot$变化引起)外，还随纬度(φ)变化。上式当 $t = 0$ 时，则有

$$\sinh h = \sin\varphi \sin\delta_\odot + \cos\varphi \cos\delta_\odot \tag{9.16}$$

$$\sinh h = \sin(90° - (\varphi - \delta_\odot)) \tag{9.17}$$

为了简化讨论问题，用图示也可推导正午太阳高度表达式，以定量说明太阳高度的纬度变化与季节变化。

从图 9.25(b)我们不难导出正午太阳高度(h)的数学表达式为

$$h = 90° - (\varphi - \delta_\odot) \qquad \text{(此式半球范围适用)} \tag{9.18}$$

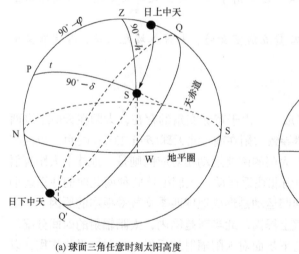

(a) 球面三角任意时刻太阳高度   (b) 正午太阳高度

图 9.25   太阳高度示意图

为使式(9.18)在全球全年都适用则有

$$h = 90° - |\varphi - \delta_\odot| \tag{9.19}$$

使用式(9.19)时应注意：φ、$\delta_\odot$的取值均为北正南负；当 $h>0$ 时表示太阳在地平之上；当 $h<0$ 时表示右太阳在地平之下(实为极夜现象)。

从公式我们可以推知正午太阳高度的纬度变化及季节变化有如下规律：

① 无论任何季节，在纬度 φ 等于太阳赤纬 $\delta_\odot$ 处的正午太阳高度 h 为最大值($90°$)，自该纬度向南北两方降低。

② 在半球范围内同一时刻,任意两地正午太阳高度之差等于这两地的纬度之差，这一点，利用半球适用的正午太阳高度角公式是很容易证明的。

$$在 A 地正午太阳高度为：h_A = 90° - (\varphi_A - \delta_\odot) \tag{9.20}$$

$$在 B 地正午太阳高度为：h_B = 90° - (\varphi_B - \delta_\odot) \tag{9.21}$$

式(9.20)和式(9.21)相减得

$$h_A - h_B = \varphi_B - \varphi_A \tag{9.22}$$

③ 任意地点正午太阳高度的年平均值等于该地纬度的余角，即

$$h_{平均} = 90° - \varphi \tag{9.23}$$

读者可以利用正午太阳高度公式自行证明。

④ 在 $|\varphi| \geqslant 23°26'$ 的地方，正午太阳高度的年变化呈单峰型，极大值和极小值分别出现在二至日(北半球夏至最大，冬至最小；南半球反之)。

⑤ 在南北回归线之间，正午太阳高度的年变化呈双峰型。有两个极大值 $h = 90°$，两个极小值：主极小值和次极小值分别为 $h = 66°34' - |\varphi|$ 和 $h = 66°34' + |\varphi|$。

(3) 昼夜长短的周年变化　　昼夜长短的变化是导致地表获得太阳辐射能产生季节变化的重要因素之一，下面首先讨论有关昼夜现象的基本概念。

晨昏线　　是指昼夜半球的分界线(图 9.26)。如果不考虑大气的折射作用，把阳光当作平行光的话，理想的晨昏线是一个大圆；而实际上阳光不是平行光，再加上大气的折射作用，这样实际的晨昏线是一个往夜半球平移了大约 100 千米的小圆。当然，在精度要求不高时为了简化讨论问题，我们完全可以把晨昏线看成一个大圆。

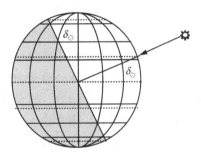

图 9.26　晨昏线与昼夜弧

昼弧和夜弧　　是由昼弧、夜弧的长短决定的。在**地球上**所谓的**昼弧**是指处在昼半球的纬线弧段，**夜弧**则是处在夜半球的纬线弧段(图 9.26)。而在**天球上**(图 9.27(a))所谓的**昼弧**是指太阳的周日圈在地平圈上的弧段(ABC 弧段)，**夜弧**则为太阳的周日圈在地平圈下的弧段(CDA 弧段)。

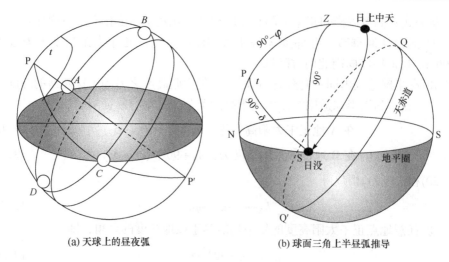

(a) 天球上的昼夜弧　　　　　　(b) 球面三角上半昼弧推导

图 9.27　天球昼夜示意图

利用球面三角的余弦定理，由图 9.27(b)得出关系式

$$\cos 90° = \cos(90° - \varphi)\cos(90° - \delta_\odot) + \sin(90° - \varphi)\sin(90° - \delta_\odot)\cos t$$

通过三角变换、移项整理，我们不难导出昼长表达式为

$$\cos t = -\tan\varphi\tan\delta_\odot \tag{9.24}$$

式中，t 为半昼长，$2t$ 才是昼长。

当 $(-\tan\varphi\tan\delta_\odot) \le 1$ 时为极夜现象。

当 $(-\tan\varphi\tan\delta_\odot) \ge -1$ 时为极昼现象。

从昼长表达式可推知**昼夜长短的纬度变化和季节变化有如下规律：**

① 当太阳的赤纬$\delta_\odot$为正值时(春分→秋分)，越北昼越长，越南昼越短(图 9.26)；当太阳的赤纬$\delta_\odot$为负值时(秋分→春分)，越南昼越长，越北昼越短。

② 春秋二分全球昼夜平分——无纬度变化(因为此时$\delta_\odot=0°$→$\cos t = 0$，有 $t = 90°$，即 $2t = 180° = 12^h$，故全球昼夜平分)；冬夏二至昼夜长短达到极值：夏至日北半球昼最长，南半球昼最短；冬至日南半球昼最长，北半球昼最短。

③ 在赤道上终年昼夜平分——无季节变化，这是因为赤道与晨昏线均为大圆，无论它们交角如何变化始终都是相互平分的(从公式推亦然，因$\varphi = 0°$→$\cos t = 0$，有 $2t = 180° = 12^h$，故终年昼夜平分)。

④ 无论何时，极昼极夜总是出现在$\varphi = \pm(90° - |\delta_\odot|)$的纬线圈之内；从图 9.26 我们不难发现，这两个圈划极昼极夜范围的纬线圈，恰好就是与晨昏线相外切的两个纬线圈：一南一北，一个处在极昼另一个必为极夜。

⑤ 昼长的年较差(一年中某地最长的白天与最短的白天的差值)随着$|\varphi|$的增

大而增大(中国主要城市和世界主要城市的经纬度见附录 17 和 18)，见表 9.2。

表 9.2　不同纬度年较差

纬度	0°	30°	50°	66.5°	90°
较差	0^h	4^h	8^h	24^h	半年

⑥ 任意纬度的昼长年平均值均为 12^h。

除上述讨论的影响昼夜长短的主要因素外，还有大气的折光、太阳的视半径和人观测时所处的高度对昼夜长短都有影响，这些次要因素作用使在主要因素作用下的理论昼弧扩大了。

(4) 四季的划分　　对于天文四季的划分我国与西方略有不同。我国天文四季是以四立为季节的起点，以二分二至为季节的中点，因而，夏季是一年中白昼最长、正午太阳高度最大的季节；冬季是一年中白昼最短、正午太阳高度最小的季节；春秋二季的昼长与正午太阳高度均介于冬夏两季之间。我国大部分区域地处中纬度，四季的天文特征甚为显著。

西方天文四季的划分，较强调与气候四季的对应，以二分二至为季节的起点，四立为季节的中点。与气候四季颇为相合，但其性质仍属于天文四季。

3. 五带的划分及特征

(1) 五带的含义、性质与意义　　地球上的热带，南、北温带和南、北寒带总称五带。地球上到处都有季节，但是，具体的季节因地而异。季节的变化主要有两个方面：天文方面和气候方面。前者就是昼夜长短和正午太阳高度的季节变化；后者主要是气温高低的变化。这里说的五带完全根据它们的天文特点，是天文地带。

太阳回归运动是地球五带形成的最根本原因。这里所讨论的五带含义是：**在地球大气上界，太阳辐射的纬度分布**。同样这种五带的划分是不考虑地球大气与下垫面对太阳辐射的反射、透射和吸收作用，以及大气与洋流的运动对太阳辐射能在时间空间上的重新分配作用的。因此，这种五带的性质纯属**天文热量带**——是以太阳回归运动这一天文现象反映在地球上的回归线(太阳直射点南北移动的纬度极限)、极圈(极昼极夜现象的纬度极限)作为划分界限的，是整然划一的。天文热量带的地学意义在于：它是所有自然地理要素纬度地带性的根本原因。

(2) 五带的划分与特征　　五带的划分参见图 9.28，在南北回归线之间有直射阳光，此处为热带；在南、北极圈之内有极昼极夜现象，分别为南、北寒带；在南、北半球的极圈与回归线之间既无直射阳光，又无极昼极夜现象，分别为南、北温带。

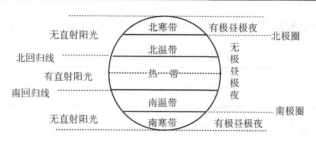

图 9.28　五带的划分

五带具有以下特征。

① 热带：它占全球面积的 39.8%，此处正午太阳高度是五带中最大的，每年有两次极大值和两次极小值——极大值均为 90°，极小值介于 43°08′与 66°34′之间，平均年变幅小(赤道最小为 23°26′)；昼长年较差不大于 2^{h}50^m。由于终年获热最多且时间分配均匀，气候季节不显著——长夏无冬。

② 南、北温带：它占全球面积的 51.9%，此处既无直射阳光又无极昼极夜现象，正午太阳高度年变化呈单峰型，平均年变幅最大为 46°52′，昼长年较差最大值可达 24^h。由于终年获热不多且时间分配不均匀，气候四季甚为分明。

③ 南北寒带：它占全球面积的 8.3%，此处有极昼极夜现象，终年正午太阳高度角很低，甚至出现负值，是全球获热最少的地方，气候季节不显著——长冬无夏。

9.4　极移和地轴进动

一、极移

地极的移动叫做极移。1765 年德国欧拉在假定地球是刚性球体的前提下，最先预言极移的存在。观测北极星的高度可定出观测地点的纬度。对相隔 180°的两地精密地测定它们的纬度，发现一地的纬度增加，则相对的另一地纬度有同量的减少，这表明地极产生了移动。不过极移范围很小，不超过±0″.4，相当地表面积 15×15 平方米左右，见图 9.29。我们把这个小的极移区域近似地看成一个平面，它与地球表面的切点，就是极移轨迹线的中心，该中心称为平均极点 P_0，地球的瞬时轴与地球表面的交点，叫做地球的瞬时极 P。如果把地球作为绝对刚性球体看待，则瞬时极 P 绕着平均极 P_0 作圆周运动，运动的周期是 305 个恒星日，这就是欧拉周期，但事实上，地球并不是绝对刚性球体，液体和其固体表面都有潮汐现象，而且地球内部的地质活动，也不停进行着。1891 年，美国天文学家张德勒分析了 1872～1891 年世界上 17 个天文台站的 3 万多次纬度实测值，表明：瞬时极的轨迹是一组弯曲的螺旋曲线，它要由两种周期组成，一种是周期为一年的，变幅约为 0″.1；一种是周期为 432 天(近于 14 个月)左右的，变幅约为 0″.2。此外还有一些短周期的变化。其中周期近于 14 个月的地极摆动事实，称为钱德勒摆动，相应的周期称为钱德勒周期。钱德勒周期比欧拉周期约延长 40%，这种延长与地球的内部构造、物理性质、地球表面的物质运动有密切关系。因此，为了深入研究钱德勒摆动，便在国际上成立了纬度服务机构，这个机构于 1899 年开始工作，参加的天文台站都位于北纬 39°08′上，国际极移服务部门是 1962 年成立的，我国的天津纬度站于 1964 年开始极移服务工作。

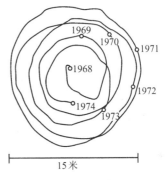

图 9.29　极移轨迹

地球的瞬时轴永远指向北天极，因此，从空间看出，瞬时极在地面上是固定不动的，平均极绕着瞬时极转动。但从地球上看去，由于观测者与平均极都固定在地球上，所以认为平均极是固定不动的，而瞬时极围绕着平均极转动，这种瞬时极的运动，实际上是一种视运动，它是由于平均极的转动造成的。其结果是，天极的高度和当地地理纬度的数值在发生微小的变化。伴随而来的是，地理经度和方位角也发生微小的变化。

地极除上述长周期的(还有一些小周期的)移动之外，科学工作者还测出它有长期向西移动的现象。苏联根据观测资料得出地球北极以每年 0″.004 的速度向 69°W 方向移动，我国的天津纬度站测得的结果是每年 0″.0035 速度，方向为 75°W，二者相差不大，如果地极确是长期朝一个方向移动，则可推算过五千万年左右，北极将移于美国大西洋岸，五千万年前，北极就应在我国的华北，目前发现在印度、南非和巴西等热带地区，有大面积的二叠纪、石炭纪冰川沉积，而北冰洋在侏罗纪是温带软体动物繁殖之地，这些现象是否说明地极向一个方向长期移动呢？这个问题已引起了古地理学家和其他科学工作者的注意。

二、地轴进动(或岁差)

1. 地轴进动(或岁差)的成因

地轴进动的原理与陀螺的进动类似(图 9.30)。它的发生同地球形状、黄赤交角和地球自转有关。地球具有椭球体的形状，即两极稍扁，赤道略鼓。月球和太阳对地球在赤道鼓的部分施加引力，同时地球又在自转，这样便产生了岁差。

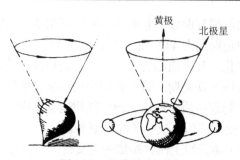

图 9.30　地球进动原理

见图 9.31，假如把地球分为三部分，中间的圆球部分质量中心在地球中心 O，而 C_1 和 C_2 是赤道鼓出部分物质的质量中心，为了讨论简化，假定月球位于黄道上，显然，月球对较近部分 C_1 的吸引力 P_1 比对较远部分 C_2 的吸引力 P_2 要大些。P_1 将产生一个以 O 为中心的力矩 M_1，它使地轴和黄轴相重合；P_2 也产生一个力矩 M_2，它使地轴倒向黄道面。

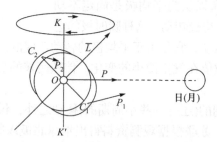

图 9.31　地轴进动的原因与方向

但是因为 P_1 大于 P_2，而 $OC_1=OC_2$，所以 M_1 大于 M_2。如果地球没有自转运动，则这个合力矩就使地轴和黄轴重合，然而，地球是具有自转运动的，那么，这个合力矩就使地轴朝着垂直于合力矩的方向移动，地轴产生顺时针的移动。这种现象可以从一个侧身旋转的陀螺观察到，它在地心引力的作用下产生合力矩，使其轴线围绕着垂直于地面的直线画出一个圆锥体的表面，地轴的这种运动，称为地轴的进动。

不仅月球对地球的作用力矩使地轴发生进动，同样，太阳对地球的作用力矩也会使地轴发生进动。但是，因为月球离地球比太阳离地球近得多，所以在地轴进动上，月球的引力作用要比太阳大得多。理论上，其他行星也都应对地球有作用力矩，但是，因为它们离地球较远，质量又较小，以致使它们的作用力矩在实际上对地轴的进动作用很微小。因此，可以得出结论：地轴的进动首先是月球，其次是太阳对地球赤道隆起部分产生的力矩造成的。没有地球的自转运动，地轴进动也是不可能发生的。因此，地轴进动也是地球自转的证据之一。

2. 地轴进动的周期

地轴的延长线指向天极，由于地轴的进动，天极和天赤道在恒星间的位置不停地发生改变，天赤道与黄道的交点——二分点将不停地按顺时针方向沿着黄道向西移动，见图 9.32，中心是北黄极，北天极以 23°26′为半径按顺时针方向围绕北黄极转动。假定黄道在恒星间的位置不改变，当北天极在 P_1 的位置时，天赤道和黄道交于 Υ_1 和 Ω_1 两点，见图 9.32(a)，Υ_1 有标出；当它在 P_2 位置时，相交于 Υ_2 和 Ω_2 两点，见图 9.32(b)，Υ_2 也已标出。就是说，由于北天极的移动，春分点从 Υ_1 移到 Υ_2，秋分点从 Ω_1 移到 Ω_2，弧 $\Upsilon_1\Upsilon_2$ 的数值为 50″.42，称为日月岁差。

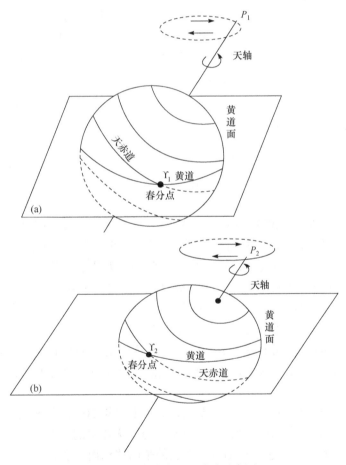

图 9.32　春分点向西移动示意图

行星的引力作用对地轴进动虽作用小，但是，它们对地球的公转运动有摄动的影响，使地球轨道平面即黄道面的位置有所改变，这也会使春分点的位置发生移动,这叫行星岁差,它的数值仅有 0″.13,而且移动方向是向东的。在日月岁差 50″.42 中减去行星岁差 0″.13 剩下的 50″.29 是春分点每年向西移动的数值,称为**周年总岁差**。

春分点和秋分点每年沿黄道西移 50″.29,大约 71 年多一点向西移动一度,或者需要经过约 25 800 年在黄道上移动一周,这个周期就是地轴进动的周期。

公元 330 年前后,晋朝虞喜发现岁差,测定冬至点每 50 年西移 1°,他的发现虽然晚于希腊天文学家喜帕恰斯于公元前 125 年的发现,但却比喜帕恰斯估计春分点每 100 年西移 1°要精确。隋朝刘焯确定岁差为 75 年西移 1°,更接近于实际数值,而当时西方仍有用喜帕恰斯的数值。

上面的讨论是假定月球在黄道平面上的简化情况,事实上,月球在白道上运行,黄白交角平均为 5°9′,也就是说,月球经常位于黄道的上面或者下面,这就使得岁差现象变得复杂,由于这个原因,北天极在绕着北黄极转动时,不断在其平均位置的上下做周期性的微小摆动,振幅约 9″,这种微小摆动叫章动,周期 1806 年。

3. 地轴进动的结果

地轴进动首先造成天极的周期性圆运动,例如,在北半球看,北天极以北黄极为圆心,以 23°26′为半径,自东向西做圆运动,每年移动 50″.29,完成一周约 25 800 年。

地轴进动还造成北极星的变迁(图 9.33),这是因为北极星就是北天极附近的亮星,它必然因为北天极的移动而有更替的现象,北极星在公元前 3000 年曾经是天龙座α,目前是小熊座α,到公元 14 000 年将是天琴座α(织女星),可以预计,天龙座α将在公元 22800 年再度成为北极星,公元 27800 年时的小熊座α同北天极的关系将同目前一样。今天,南天极附近没有明亮的恒星,但是到公元 16000 年时,船底座α(老人星)则将成为明亮的南极星。

地轴的进动还造成地球赤道平面和天赤道面的空间位置的系统性变化。这是因为地球赤道平面永远垂直于地轴,当然随着地轴进动而进动,周期同样是 25 800 年。

地轴进动还表现为二分点和二至点在黄道上每年 50″.29 的速度向西移动,历经 25 800 年完成一周。这是因为二分点是黄道同天赤道的交点,二至点是黄道上距天赤道最远的两点,它们都随着天赤道的平面移动而移动。

地轴进动使得地球上的季节变化周期——回归年,它稍短于太阳沿黄道运行一周的时间——恒星年。这是因为回归年的度量是以春分点为参考点的,而春分点因地轴进动而持续西移。正是由于地轴进动的这种表现,我国天文学把它叫做“岁差”。

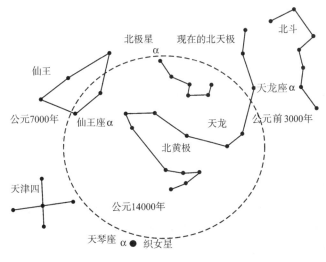

图 9.33 北极星变迁示意图

因为设定春分点作为第二赤道坐标和黄道坐标系的原点，由于它向西移动，对于赤道坐标系恒星的赤经和赤纬，会有变化的；对于黄道坐标系，只有恒星的黄经每年增加 $50''.29$ 而黄纬则不变。

三、极移和岁差的区别

极移和岁差都是地球自转轴的运动，但是，它们的运动形式，运动周期和运动结果有根本性不同，不能互相混淆。

极移是在不受外力作用下，自转轴在地球体内的自由摆动，瞬时极 P 围绕着平均极 P_0 运动，运动轨迹很复杂，是一条弯曲的非闭合曲线，主要周期是近 14 个月的张德勒周期。瞬时极 P 的运动实质上是一种视运动，是地球本体相对于自转轴运动造成的，因此，极移不改变天极和天赤道在恒星间的位置，对天体的赤道坐标和黄道坐标没有影响，只能使地理坐标产生微小的变化。

岁差是在外力矩作用下，自转轴的空间受迫运动，天极围绕着黄极，以 $23°26'$ 为半径做圆周运动，周期约为 25 800 年。天极的运动是真实的运动，使得天极、天赤道和春分点在恒星间的位置都不固定，结果造成回归年的长度短于恒星年，天体的赤经、赤纬和黄经都要受到影响，但却不能改变地理经度和地理纬度数值。

总之，变是绝对的，不变是相对的，"变"达到一定的程度，我们定义的地理坐标或天球坐标体系就要变换，若"变"只在限定的范围内，我们可以当成不变，我们定义的坐标体系还是可以适用的。

思考与练习

1. 地球的宇宙环境如何？

2. 简述地球的内部结构和外部结构，地球的大气圈是如何分层的？

3. 地球的自转有哪些特点？

4. 地球主要运动有几种？

5. 地球的自转产生哪些结果？

6. 什么叫恒星日？什么叫太阳日？它们之间有何区别？

7. 视太阳日长短为何不等？何时最长？何时最短？为什么？

8. 地球自转线速度和角速度的分布有何规律？

9. 地球的自转线速度有哪些变化？是怎样产生的？

10. 地面上水平运动的方向为何能够偏转？有何规律？

11. 什么叫地球公转？有何特点？

12. 地球公转产生哪些结果？

13. 什么叫极移？产生什么结果？

14. 什么叫地轴进动？是怎样产生的？产生哪些结果？

15. 极移和地轴进动有何区别和联系？

第9章思考
与练习答案

进一步讨论或实践

1. 利用三球仪演示地球的自转、公转以及四季的产生。

2. 利用日晷测量当地不同季节的太阳影子长度及太阳高度。

3. 将望远镜对准北极跟踪半小时曝光拍摄因地球自转产生天体周日运动现象。

第 10 章 恒 星 世 界

【本章介绍】

　　本章首先简要介绍恒星的运动状态、物理性质、化学组成等的观测结果以及 21 世纪以来的观测和研究成果，接着通过太阳作为研究恒星的样本，借助赫罗图说明恒星的一般特征，尤其对恒星的多样性以及恒星形成演化的问题进行了讨论。

【本章目标】

➢ 了解恒星概况。
➢ 重点掌握恒星的光谱、质量和温度等基本特征。
➢ 掌握"赫罗图"及其应用。
➢ 了解恒星的能源和形成演化机制。

10.1　恒 星 概 况

　　宇宙是一个统一体。原子级别的微观世界与恒星、星系级别的宏观世界之间相互联系。恒星是这个联系纽带的关键节点，是宇宙中有趣和重要的基本天体，是天文观测的重要对象。要认识宇宙，就必须首先了解恒星的特性及其演化规律。关于恒星的亮度和光度、大小及距离等一般物理特性本书在第 6 章中已讨论过，这里不再作详细叙述。

　　人类对恒星的长期观测已获得了大量丰富的资料，比如不同类型恒星的质量、恒星的光度、恒星表面温度、恒星光谱及化学组成、恒星视差、恒星距离，对太阳和某些恒星已测到 X 射线辐射，对少数恒星的磁场也进行了测定。由观测还总结出恒星质量与光度的关系以及质量与半径的关系。这些观测资料在研究恒星结构和演化中起着非常重要的作用。有关恒星的主要参数范围见表 10.1(或查阅附录 10～16)。

表 10.1　关于恒星的主要参数范围

参数	变化范围
质量 M	$10^{-1}M_\odot \leqslant M \leqslant 10^2 M_\odot$
半径 R	$10^{-3}R_\odot \leqslant R \leqslant 10^3 R_\odot$
表面温度 T	$10^3\mathrm{K} \leqslant T \leqslant 10^5\mathrm{K}$
光度 L	$10^{-4}L_\odot \leqslant L \leqslant 10^6 L_\odot$

一、恒星的距离

如果知道地球到恒星之间的距离,再知道恒星的球面坐标,就能够确定出恒星的空间位置,也就有可能计算出恒星的光度、空间运动的线速度,就能研究恒星的空间分布规律。

在第 6 章已介绍多种关于恒星与地球间的测距方法,其中三角视差法是基础,但只适用于较近的恒星,而对于绝大多数遥远的恒星,天文学家是用造父变星法、分光视差法等来确定距离的。

除太阳外,距离我们最近的恒星是半人马座比邻星,约为 4.3 光年,即 $4\times10^{13}\mathrm{km}$。距离地球比较近的亮恒星见表 10.2。

表 10.2　某些恒星的距离

序号	国际星名	中国星名	距离/光年
1	半人马α	南门二	4.35
2	大犬α	天狼星	8.65
3	小犬α	南河三	11.4
4	天鹰α	河鼓二	16.0
5	南鱼α	北落师门	22.0
6	天琴α	织女星	26.3

二、恒星的亮度和光度

人们用肉眼观测星的光亮是有差异的,有些星如天狼、织女,特别明亮,而有些星却暗到难以辨认(有关天体的亮度和光度以及星等概念在第 6 章介绍)。

1. 恒星的亮度

恒星的亮度是指恒星在观测点和视线垂直的平面上所产生的照度。它的数量级常以视星等来表示。如果取零等星的亮度为单位,则视星等 m 和亮度 E 的关系为 $m=-2.5\lg E$,也就是普森公式。说明视星等 m 越小,亮度 E 越大。

2. 恒星的光度

恒星的光度是指恒星每秒钟向四面八方发出的辐射总能量，一般用 L 表示，我们也曾讨论过关系式

$$L = 4\pi R^2 \sigma T^4$$

式中 $E = \sigma T^4$，E 为斯特藩-玻尔兹曼定律。

通过测定，人们已知道，不同的恒星，它们的发光本领差别很大。例如，有大到太阳光度的几十万倍，也有小到太阳光度的几万分之一的。为了便于比较，常用**绝对星等**(M)表示。例如：太阳的 M 为 4.75 等，天狼星的 M 为 1.4 等。我们把光度较小的星叫矮星，光度较大的星叫巨星。一般矮星的 M 为 9 等左右，巨星的 M 为–2 等左右，超巨星的 M 为–4 等以上。

三、恒星的温度、颜色和光谱型

1. 恒星的温度

确定恒星的温度是天体物理学最重要的课题之一。但是人们现在只能实测到恒星大气层的温度，对恒星表面以及内部的温度只能通过理论分析来估算。

关于"恒星的温度"定义常见的有以下几种。

(1) 色温度 T_c　是指一定波段内的连续谱形状与恒星相同的绝对黑体的温度。

(2) 辐射温度 T_r　是在一定波段和单位时间、单位面积内的辐射流量与恒星相同的绝对黑体的温度。

(3) 梯度温度或特征温度 T_g　利用给定波长λ处的绝对梯度与恒星在同一波长处的绝对梯度相等的绝对黑体的温度。

(4) 有效温度 T_e　与恒星具有同样总辐射流和同样半径的绝对黑体的温度。

估算色温度和梯度温度，要测定恒星的光谱。温度越高，光谱最明亮(辐射强度最大)部分越接近蓝色一端，因此，只要人们能在恒星谱线中，找出最明亮部分所对应的波长，就可推算出恒星的表面温度。

2. 恒星的颜色

恒星的颜色是多样的，恒星的颜色与恒星表面温度是相关的。一般红色的星表面温度低，约为 3000K，如天蝎座α星(心宿二)；黄色星温度约为 6000K，如太阳；白色星温度约为 10 000～20 000K，如天琴座的织女星；带蓝色的星，表面温度最高，可达 100 000～300 000K，如猎户座蓝色的δ星(参宿三)表面温度很高。

3. 恒星的光谱及光谱型

太阳的光谱是于 1666 年发现的，而恒星的光谱拍摄和研究直到 1870 年才开始，现在人们已经认识光谱与恒星颜色也是相关的。通常地，颜色相同的恒星，光谱大致相同。

多数恒星的光谱是在它的连续光谱的背景上有许多暗的吸收线，只有少数恒星的光谱中出现发射线，有的恒星光谱中只出现少数几条谱线，有的则有很多条谱线，也有一些恒星光谱呈现有分子带谱线。人们通过光谱可以研究恒星的很多特性。

根据恒星的光谱特征，可把恒星分为若干种光谱型，最常见的有哈佛分类法。

哈佛分类法是美国哈佛天文台根据恒星光谱线的相对强度和形状所定出的分类法。在这种分类系统中，每种光谱型用拉丁字母表示，分为 O、B、A、F、G、K、M 七个光谱型，各个光谱型又分为若干个次型，如 B_0，B_1，…，B_9。

从 O 到 M 的光谱型系列，是恒星表面温度从高到低的系列，也是恒星颜色从蓝到红的系列(图 10.1 和表 10.3)。O、B 和 A 型的恒星温度较高，称为早型星，而 K 和 M 型的恒星温度较低，称为晚型星。R、N 与 K、M 型星的光谱类似，只是 R、N 型星的光谱中有较强的 C 和 CN 分子吸收带，而在 K 型、M 型星的光谱

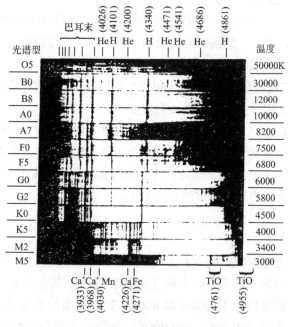

图 10.1　恒星光谱型

中则具有强的金属氧化物的吸收带。这表明 R 型、N 型星的碳元素含量较 K 型、M 型星丰富，所以又被称为碳星。S 型的光谱与 M 型的相似，但金属氧化物的分子带较强，且其上常有氢的发射线。

表 10.3　恒星的光谱型、颜色、表面温度表

光谱型	光谱主要特征	颜色	有效温度/K	例子
O	一次电离氦线(发射或吸收)，强紫外连续谱	蓝	25000～40000	参宿一，参宿三
B	中性氢的吸收线	蓝白	12000～25000	参宿五，参宿七，角宿一
A	A_0 型的氢强度极强，其他次型依次递减	白	7700～11500	牛郎星，织女星
F	金属线开始显现	黄白	6100～7600	南河三，老人星
G	太阳型光谱，中性金属原子和离子	黄	5000～6000	太阳，五车二
K	金属线为主，弱的蓝色连续谱	橙	3700～4900	大角星
M	氧化钛的分子带明显	红	2600～3600	心宿二，参宿四

有人为了帮助记忆，用英文编了如下的话，其各字的第一个字母正好是上面的光谱序列。

Oh, Be A Fine Girl, Kiss Me! (Right Now, Smark)

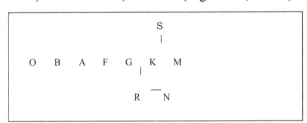

四、赫罗图

恒星的光谱型和光度之间的关系，首先由丹麦天文学家赫兹普龙(E.Hertzsprung)和美国天文学家罗素(H.N.Russell)所发现。这个以绝对星等或光度为纵坐标，以光谱型或表面温度的对数为横坐标作的图，叫做"光谱-光度图"，或叫"赫罗图"(图 10.2)，反映了恒星基本参数的一种分布规律。

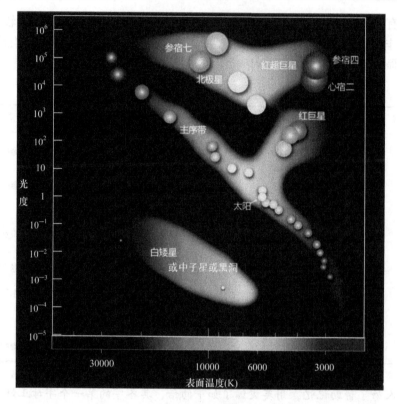

图 10.2　赫罗图

　　由图 10.2 我们可以看出：大部分恒星分布在图中的左上方到右下方的对角线的狭窄带内，这区域称为"主星序"。主星序的右上角，有一个几乎呈水平走向的"巨星序"。图的上部，有一些分散的星，称为"超巨星序"。主星序下面的是"亚矮星"，图的左下方是"白矮星序"。巨星序和主星序不相接，中间的空区称为"赫氏空区"。赫罗图不仅反映了不同类型恒星的分布特征，也反映了恒星的演化，是恒星分类的重要依据。

　　位于主星序上的恒星叫主序星。其分布规律是从亮度大的 O 型星、B 型星延续到图的另一角落的微弱的 M 型星。赫罗图上除主星序外，还可看到由较少恒星组成的一些序列，在右上方 G、K、M 型亮星区域，再上一些可以看到一组巨星，它们的绝对星等差不多一样，都在 0 等左右。巨星以上是超巨星，绝对星等为−2 等或更亮。巨星和主星序之间可称为亚巨星，这些星的光谱型多半在 $G_2 \sim K_2$ 的区域，绝对星等平均为+2.5 等。赫罗图的左下角是白矮星，它们的光谱多半属 A 型，光度很小，绝对星等从+10～+15 等。太阳附近的恒星在赫罗图上的位置，是各种类型恒星的混合体，这些星具有不同的质量，不同的化学组成和不同的年龄。由赫罗图可以容易看出恒星演化的过程。如果观测比太阳更遥远的恒星区域，恒星的种类更多，这些类型的恒星在赫罗图中所占的位置见图 10.3。所以赫罗图是研究恒星演化的重要工具。

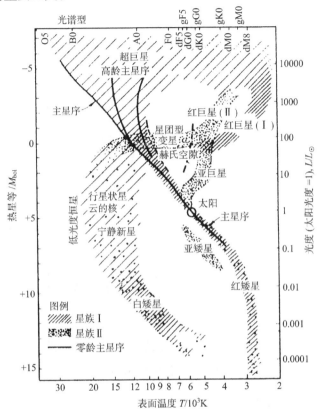

图 10.3　各类恒星在赫罗图上的分布

五、恒星的大小、质量和密度

1. 恒星的大小

恒星大小的测定有直接成图法(测量恒星角直径和距离)和间接测量法。由于恒星角直径非常小，最大的不超过 0″.05，因此直接测定恒星的大小，是比较困难的。间接测量方法的原理是依赖黑体辐射的斯特藩-玻尔兹曼定律，根据恒星的光度和表面温度可以计算恒星的大小(参考第 6 章 "天体大小的测定")。

恒星的大小相差很多(图 10.4)，有直径大到太阳直径的数百倍甚至一二千倍的恒星，如御夫座 ε 双星中较暗的一颗直径为太阳直径的 2000 倍，仙王座 VV 星的直径约为太阳直径的 1600 倍，参宿四的直径是太阳直径的 900 倍。另外，也观测到直径为太阳的几分之一到几十分之一的恒星，例如，白矮星的直径约是太阳直径的百分之一，天狼星的伴星是一个白矮星，直径只有太阳直径的三十分之一。

20世纪60年代发现的中子星直径的理论值小于20千米，只有太阳直径的几万分之一。但绝大部分恒星属于矮星。

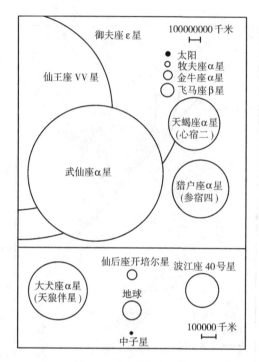

图 10.4 恒星大小比较

2. 恒星的质量和密度

恒星的质量是重要的一个物理量，它是恒星演化和恒星结构的决定性因素。在第6章，我们已经学习了获取天体质量的知识，除太阳外，恒星中只有某些双星，才能从其轨道运动确定其质量的数值。图10.5显示了银河系大部分恒星位于双星和聚星系统中，利用牛顿-开普勒第三定律可以获取近邻恒星质量。对于较远的双星，轨道难测，可以通过测量谱线位置的变化，再构建双星的质量函数求之。其他类型的恒星质量，则用间接方法求得的(如通过质光关系来测定)。

恒星质量方面的差别不像在光度和大小方面的差别那样大，据观测，大致范围从百分之几太阳质量到120太阳质量之间，有的可能更大，但大多数恒星质量在0.1~100太阳质量之间。恒星的质量随着时间而变化，除了热核反应把质量不断转变为辐射能以外，许多恒星还因大气膨胀或抛射物质而不断损失质量。

恒星的密度，是指其平均密度，而平均密度等于恒星总质量和总体积的比值。由于恒星的大小差别很大，所以恒星的密度差别也较大。例如，太阳的平均密度是水的1.409倍，而主序星的平均密度可从太阳的100倍左右到0.1倍

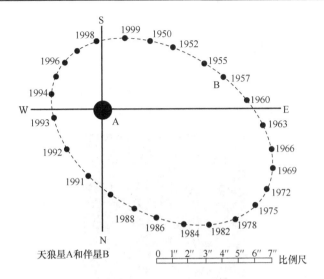

图 10.5 银河系大部分恒星位于双星和聚星系统中

左右;红超巨星密度小,一般平均约为水的一百万分之一,更小的只有一亿分之一;白矮星和中子星的密度则很大,如天狼星伴星的平均密度是 $1.75×10^5$ 克/厘米^3。

六、恒星的运动

1. 恒星的自转

通过对太阳黑子的较长期的观测,发现了太阳的自转运动,通过对恒星光谱的观测,发现恒星也有自转运动。因此,恒星的自转运动是有共性的,只是各个恒星表面的自转速度大小不等(较差自转)。

太阳赤道处的自转速度平均为 2 千米/秒,而有的恒星赤道处的自转速度达 300 千米/秒。对于主序星来说,早型星(B 型、A 型)自转速度较大,晚型星(G 型、K 型、M 型)自转速度较小。

2. 恒星相对于太阳的运动

恒星除了自转运动外,还有相对运动。这种相对运动称为**恒星的空间运动**,其运动的相对速度称为**空间速度**。如果某一恒星的运动速度、方向正好与太阳一样,那么它相对太阳来说就好像是静止不动的,但相对地球上的观测者来说,则不是静止的,因地球公转的同时还自转。如果恒星的运动速度、方向与太阳不一样,那么这颗恒星对太阳就有相对运动。

恒星空间运动的方向是多种多样的,例如,有的向东,有的向西,有的接近太阳,有的远离太阳。为方便说明,我们把恒星空间运动速度分成两个分量,一个沿视线方向，叫做**视向速度**；一个和视线垂直方向，叫做**切向速度**。

视向速度可以利用光谱线的多普勒位移测出，切向运动可由恒星相对于背景恒星的运动测出来，背景恒星由于距离很远，因此觉察不出它们的切向运动。若切向速度用单位时间移动的角度(每年若干角秒)表示，就叫做**恒星的自行**。图 10.6 表示北斗七星 10 万年前、现在以及 10 万年以后的形状是不同的。

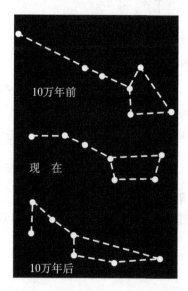

10万年前

现　在

10万年后

图 10.6　北斗七星变化

1870 年人类开始测定恒星的视向速度，已测定视向速度的恒星约有 3 万多颗，大多数介于±20 千米/秒之间，已测出恒星的最大视向速度为 534 千米/秒。

从 18 世纪中叶到今天，已测定 20 颗以上的切向速度(即恒星自行)，其中，角度最大的蛇夫座的巴纳德星，也只有每年 $10''.31$。目前，从肉眼能看到的恒星中来看，它们自行的平均值为 $0''.1$，如此小的角度，人类是难以觉察的，所以，星座的形状在几千年的时间尺度内是难以看出有明显的变化。

3. 恒星绕银河系中心的转动

银河系里的恒星，都绕银河系中心转动，已测定太阳和它附近的恒星以 220 千米/秒的速度在几乎正圆的轨道上绕银河系中心转动。

七、恒星的化学组成及其他

1. 恒星的化学组成

确定恒星的化学组成的方法与确定太阳的化学组成的方法相同，是用光谱分析法。由于恒星到地球的距离比太阳到地球的距离远得多，亮度又小得多，所以精确地定出化学组成是很困难的，恒星越亮，相对而言准确性越大。由光谱分析可求出恒星的表层化学组成，不同类型的恒星其化学组成不同。

但大多数恒星的化学组成与太阳差不多，少数恒星的化学组成比较特殊，例如，在光谱型是 N 型恒星的大气中碳特别多，在 S 型恒星大气里，锆、镱特别多。绝大部分恒星大气的化学组成，都是氢最丰富，按质量计算，氢占 78%，氦占 20%，其余的 2%。O、C、N 这三种元素占其余的一半多，剩下的不足 1%，较丰富的是 Ne、Fe、Se、Me、S 等，恒星内部的化学组成，直接观测不到，需要根据恒星的质量、半径、光度、表面温度等参数推算出其概况。

根据银河系中，存在年龄、化学组成、空间分布和运动特性十分接近的恒星集合，在 1927 年，由布鲁根克特首次提出"星族"的概念。1944 年，巴德把银河系和其他旋涡星系的恒星分为"星族Ⅰ和星族Ⅱ"两类。特征是："星族Ⅰ"最亮的恒星是早型白色超巨星，有相当数量的以气体和尘埃形式存在的星际物质；"星族Ⅱ"最亮的恒星是 K 型红橙色超巨星，星际物质相当少。"星族Ⅰ"的恒星银面聚度大，集中在星系外围旋臂区内，在星系核心部分几乎没有。"星族Ⅱ"主要集中于星系核心部分，外围几乎没有。"星族Ⅰ"恒星绕银轴转动的速度大，空间速度小，"星族Ⅱ"恒星绕银轴转动的速度小，空间速度大。星族Ⅰ表现出比氢还重的多种元素的光谱线的恒星，为富金属恒星。星族Ⅱ表现出比氢还重的相对较少种类的元素的光谱线的恒星，为贫金属恒星。

2. 恒星的磁场

恒星的磁场是由其内部有传导力的等离子运动所产生的。1946 年天文学家巴布科克首次测出室女座 78 星的磁场强度约为 1500 多高斯，20 世纪 90 年代以来，天文工作者对恒星磁场进行了大量观测和研究，发现了 100 多颗磁场强度高达几千乃至几万高斯的恒星。现在知道除脉冲星外，磁场最强的恒星大多数是 A 型特殊星，这种恒星的磁场作周期性的变化，极性也经常改变。2012 年天文学家测量到恒星的磁场强度比太阳的强 2 万倍，也比其他任何迄今(2012 年)已知的大质量恒星磁场强上 10 倍以上。这颗恒星光谱为 O 型，编号为 NGC1624-2，位于金牛座疏散星团 NGC1624 中，其质量约为太阳质量的 35 倍，距离约为 2 万光年。这颗恒星是天文学家全面了解大质量恒星性质的极端案例之一，其在星系演化过程中起着重要作用。

10.2　恒星的多样性

恒星在宇宙中是最主要的天体，存在形式多样。人们分类体系不同，恒星名称也不一样。依据恒星之间的关系分为单星(孤星)、双星、三星、聚星、星团、星协等；依赫罗图上恒星的特点可分为主序星、红巨星、白矮星、超巨星等；依亮度稳定程度以及活动的情况分为稳定恒星(如目前的太阳)和不稳定恒星(如变星、新星、超新星等)；依特殊性质分为普通恒星和致密星(如中子星、脉冲星、黑洞等)。

一、单星、双星、聚星、星团和星协

1. 单星

指孤独存在的恒星，近旁没有因引力作用而与之互相绕转的天体。像太阳就是一颗单星，因它与比邻星——半人马座α星(中名"南门二")相距4.2光年，已缺乏引力联系，不互相绕转。

2. 双星

望远镜观测表明，许多恒星是成双的，即由两颗异常接近的星所组成的一对，它们的颜色和光亮常是不同的。在银河系中约有1/3的恒星是双星。

图 10.7　天狼星及其伴星

组成双星的两颗恒星分别被称为双星的子星，较亮的子星称为主星，亮度较暗的称为伴星。在较亮的恒星中，天狼星、五车二、南河三、角宿一、心宿二、北河三、北斗一、参宿一、参宿三、参宿七等都是双星。图10.7是天狼星及其伴星(可见光波段照片)。

双星可以分为光学双星和物理双星两大类。光学双星仅是恒星投影在天球上很靠近，实际彼此无关，是互为独立的两颗单星，这类双星无研究意义。物理双星的两颗子星在空间彼此靠得很近，相互吸引，并绕公共质心旋转，构成双星系统。人类感兴趣的是**物理双星**。

通过望远镜，人眼可以直接分辨出子星的双星称为**目视双星**；根据视向速度，并由谱线位移的规律而判知的双星，称为**分光双星**；由子星相互掩食而造成亮度规则变化的双星称**有食双星**；由两颗椭球状子星组成，其合成亮度随位相按一定规律变化而被发现的双星，为**椭球双星**。

椭球双星、有食双星可合称为**测光双星**，很多人又把测光双星同分光双星合起来称为**密近双星**。密近双星的特点是两子星相距很近，互相施加影响，经常交换物质，每颗子星的演化都受到另一子星的严重影响。所以密近双星的观测和研究对研究恒星的起源演化有重要意义。

在一些天文学书籍中，还有按照观测波段或所包含的特殊对象而命名的双星，如射电双星、X 射线双星、爆发双星、脉冲双星等。

3. 聚星

三颗以上的恒星聚合在一起，组成一个体系，这样的恒星集团就叫做聚星，聚星的成员往往是三个到十来个。北斗七星中的开阳星，就是一个著名的聚星，用肉眼就可以看到其近旁有一个较暗弱的辅星。用望远镜观测开阳星，容易看出它本身也是一个双星，两颗子星相距离 14″.00，开阳星和辅星相距 11″.00，以 A 和 B 表示开阳星的两颗子星，以 C 表示辅星，且通过光谱分析和光度测量发现，A 和 C 都是密近双星，而 B 是三合星，所以开阳星和辅星一共有七颗星。

图 10.8 是聚星的几种组态，其中 A、B、C、D 分别表示聚星的成员星。左上方的 A 和 B 在一起，C 离 A、B 较远，这种组态比较稳定，因为这时 A 和 B 相互绕转，A、B 的质量中心又和 C 互相绕转，所以共有两个开普勒运动；右上方图 A、B、C 彼此间距离都差不多，则不稳定，容易瓦解；左下图的四颗星有三个开普勒运动，组合较稳定；右下图的四颗星则不稳定。

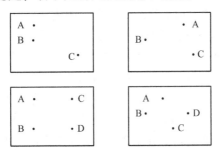

图 10.8　聚星的组态

4. 星团

由成团的恒星组成的、被各成员星的引力束缚在一起的恒星群称为星团。在第 4 章我们曾介绍过梅西叶和德雷耶尔的星云和星团表，实际上 M 天体或 NGC 天体很多本身就是星团，所以，像昴星团、毕星团、鬼星团等这些亮星团除有自己专门名称外，天文界就用这些星表的编号作为星团的名称(见附录 12～14)。一般认为星团成员有相同起源，因此，星团是研究天体演化的重要对象。星团中的恒星具有相同的年龄和化学丰度，可以用来检验不同质量的恒星演化。

　　根据形状和结构，星团可分为两类：一类叫**疏散星团**(又叫不规则星团或银河星图)，如 M67(或 NGC2682)；另一类叫**球状星团**(也叫规则星团)，如 M22(或 NGC6656)，见图 10.9。星团的成员彼此间有相对运动，同时，星团的整体也存在着空间运动。

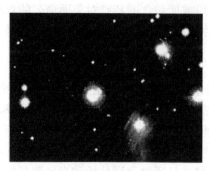

(a) 疏散星团　　　　　　　　　　　　(b) 球状星团

图 10.9　星团图

　　(1) 疏散星团　　它具有不规则的形状，由巨大的尘埃和气体团组成大量的、弱引力联系的年轻恒星而形成。恒星密度较低，成员星间的角距离较大，很容易分清各个单星。已经发现的银河星团并载入表中的约有 1000 多颗星，它们都分布在银道面上，其中恒星的年龄和化学组成相近，适合研究恒星演化。例如，**毕星团**是最早发现的银河星团，成员星约 300 个，距离约 130 光年，它的几颗亮星位于金牛座α星附近，恒星密集区的角直径约 7°，线直径约 5 秒差距，是一个移动星团。**鬼星团**(M44 或 NGC2632)，又名"蜂巢星团"(中国古代称为"积尸气")，位置在巨蟹座，成员星有 200 多颗，距离约 160 秒差距，位于巨蟹座δ、γ、η和θ四星组成的四边形中，在天气晴好时，肉眼可见。**昴星团**(M45)，肉眼可以看见其中的七颗恒星，因此又叫"七姐妹星团"，位于金牛座，成员星约 300 个，距离约为 127 秒差距，恒星密集区的角直径 2°，线直径 4 秒差距。

　　(2) 球状星团　　由引力紧紧束缚，外形呈球形或扁球形，恒星高度向中心集中。恒星比较老，其成员星从几万颗到几百万颗不等，其积累视星等在 5～13 等，角直径最大 1°，最小的约 1′，其累积光谱型平均可取为 F_7，只有个别的球状星团具有 K 型或 M 型的累积光谱型，它们是紧密的恒星集团。目前在银河系内已发现的球状星团有 170 多个，在球状星团中已发现了 2000 多颗变星，大多数为天琴RR 变星，其次是室女 W 型星。著名的**武仙座球状星团**(M13 或 NGC6205)，是在北半球观测到的最亮球状星团，它在望远镜中犹如一朵盛开的菊花。银河系的球状星团对银道面而言，空间分布大致是对称的，在北银半球和南银半球里有差不多数量的球状星团，球状星团向银道面聚集的程度很大。

5. 星协

现在天文学家认为由 O 型星和 B 型星等成员星组成而且具有物理相关的系统叫星协。与星团不同的是：它们主要由光谱型大致相同、物理性质相近的恒星组成，所以星协是一种比较特殊的恒星集团。据观测，有些天区(如猎户座和英仙双星团周围)这类星协比较多，已发现的有 O 星协、B 星协、OB 星协、T 星协，在猎户座天区既有 OB 星协又有 T 星协。

因为 O、B 型恒星和金牛 T 型变星(稍后介绍)都是十分年轻、不稳定的天体，所以星协属于十分年轻的天体。有人认为星协是"恒星形成的发源地"，但目前天文界的观点不一致。不管怎样，星协的发现，说明银河系现在还有恒星诞生，而且可以单个或成群地产生，这对研究天体的起源很有意义。

二、变星、新星和超新星

大多数恒星在很长的时间内，亮度大致是固定的，属于稳定恒星。但也有一些恒星，亮度或电磁波不稳定，经常变化的并伴随着其他物理变化，我们称为**变星**。目前银河系内已发现约有 3 万颗变星，其中约有一半以上的变星，其光度变化的原因是这些星进行着周期性的膨胀和收缩，在天文上称为"脉动变星"，脉动周期有短到一个小时的，也有长到二三年的。另一类变星称"爆发变星"，它们的光度变化很剧烈，有的在几天之内，光度就猛增几万倍。研究恒星的光度及其变化，对了解恒星的内部构造、能量来源以及恒星的演化都很重要。

1. 不规则变星

变化的形式和原因都比较复杂，其亮度变化无规律，典型的是金牛座 T 型变星，这类变星有的在抛射物质和能量，有的在吸积物质和能量，有的可能处在由原始星演化成矮星的阶段，多分布在年轻星团中。

2. 脉动变星

(1) 短周期变星　　亮度呈周期变化(如天琴座 RR 型变星)，它们的光谱型除少数为 F 型外，一般为 A 型，光变周期大致从 0.05 天到 1.5 天，光变幅一般不超过 1～2 个星等，这类变星的绝对星等几乎都是+0.5 等，光度是太阳光度的 98 倍，彼此间光度的差别很小，因此，它们常被用来推测所在恒星系统的距离，这类变星可以当作"量天尺"来使用(详见第 6 章"恒星的距离")。

(2) 长周期变星　　一类叫"经典造父变星"，有时简称"造父变星"。典型的

是仙王座δ星,中名"造父一"。光谱型从 F 型到 K 型都有,光变周期一般从 1
天到 50 天,可见光波段的光变幅为 0.1~2 个星等。这类变星存在周光关系,即
周期越长,光度越大,例如,周期为 1.5 天的,绝对星等为–2.1;周期为 30 天的,
绝对星等为–2.9;可以利用它们的周光关系定出造父变星所在那个天体系统的距
离,造父变星集中于银河系的银道面附近。另一类又叫做"刍藁型变星",典型的
是鲸鱼座 o 星,中名"刍藁增二",是光变周期为几百天到一千天以上的晚型脉动
变星,光变幅为 5~8 个星等。

3. 爆发变星

指因星体爆发而使亮度突然增大的变星。这类变星大致分为三种:耀星、新星和
超新星。

(1) 耀星　　　是母星局部区域爆发,但爆发规模有限,爆发后亮度会突然增
大,但不久就复原。

(2) 新星　　　有时候在天空上某一个地方会出现一颗很亮的星,它的亮度在
很短时间内(几小时到几天)迅速增加,以后就慢慢减弱,在几年或几十年之后才
恢复原来的亮度,这就是新星,符号为"N"。它是已演化到老年阶段的恒星,在
未发亮之前比较暗,不引起人们注意或者肉眼根本看不见,不要误解为"新"诞
生的星。其爆炸规模比耀星大,爆发时母星的外壳抛出,占质量大部分的内核尚
能留下,爆炸释放的能量使它的亮度突然增大好多倍,使以前未曾被人注意的暗
星变成亮星。由于恒星爆发而产生的光度变化现象,有些新星被观测到不止一次
的爆发,称为再发新星。再发新星爆发时的光变幅一般比新星小,而且两次爆发
的间隔时间越短,光变幅也越小。

目前不仅在银河系内发现有新星,而且在较近的河外星系里也发现了许多新
星,例如,仙女座大星云(M31),240 颗以上;大麦哲伦星云,12 颗以上;小麦哲
伦星云,4 颗以上;M81,25 颗以上;M33,12 颗以上;等等。根据理论计算,
像银河系这样的星系,每年可爆发 50~100 颗新星,但由于观测条件的限制,实
际观测到的新星数目不多。

在一些新星周围,会有星云形成。例如,1918 年 6 月,发现天鹰座的新星,
同年 10 月就观测到一角径为 0″.15 的由星云物质形成的圆面,每年增加 2″,到
1926 年增加到 16″,从光谱分析得知气壳物质的膨胀速度大到 1700 千米/秒。同
样地,在 1901 年发现的英仙座新星、1919 年发现的蛇夫座新星、1920 年发现的
天鹅座新星、1925 年发现的绘架座新星、1934 年发现的武仙座新星等,后期都观
测到它们周围有星云形成。

(3) 超新星　　　超新星是宇宙激烈的天体爆发,但从地球观测角度来说它们
是罕见的天文现象。超新星同新星很类似,但超新星的爆发规模更大,爆发时亮

度可猛增 20 个星等或更多，光度增加一千万倍以上，甚至超过一亿倍，达到太阳光度的 10 亿倍以上。超新星，用符号"SN"表示。命名规则：用发现时年份随后用大写英文字母表明发现的次序(若超过 26 个，再用小写字母 a 代表 27，b 代表 28……依次类推)。例如 SN1987A，指 1987 年发生在大麦哲伦云上的超新星。很多超新星爆发后完全瓦解为碎片、气团，不再是恒星了，只有少数的超新星留下残骸，成为质量比原来小得多的恒星和它周围向外膨胀着的星云。金牛座蟹状星云就是一个例子，在星云的中心有一颗不太亮的恒星，它就是超新星爆发后的残骸，星云目前以 1300 千米/秒的速度在膨胀着。据资料，目前超新星大多数是在河外星系观测到的，在我们银河系记录下来的超新星不多，其中最有名的是 1054 年 7 月在金牛座里观测到超新星，就是形成蟹状星云的超新星。我国史书《宋会要》有关于这个超新星出现描述的世界公认的最早记载："至和元年五月，晨出东方，守天关，昼见如太白，芒角四出，凡见二十三日。"此外还有 1572 年爆发的第谷超新星，1604 年爆发的开普勒超新星等。

变星的形成有单星演化后期坍缩爆发所致；有双星系统演化成一种爆发性的恒星(即激变变星)，物质吸积，当氢氦在表面达到一定极限，就会产生失控热核反应导致突然发光发热，主要产生紫外和 X 射线，形成 Ia 型超新星，见图 10.10。

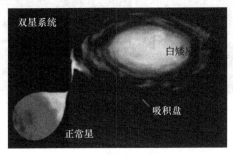

图 10.10　双星系统演化成激变变星

有着"中国天眼"之称的 500 米口径球面射电望远镜(Five-hundred-meter Aperture Spherical radio Telescope，FAST)，2017 年先后发现了 9 颗脉冲星，堪称战果辉煌。脉冲星，作为重要的致密天体物理研究对象，有着"天体物理实验室"的美称，它由恒星演化和超新星爆发产生，磁场超强，密度极高，可以用其周期来探测引力波，也可用于研究黑洞。

三、主序星、巨星、白矮星、中子星、黑洞

1. 主序星

在赫罗图中，沿左上方到右下方的对角线区域上的主星序的恒星，称为主序星(图 10.2)。它们亮度、大小和温度间存在稳定关系，一般温度高的星，光度强；

随温度降低，光度也减弱，化学组成均匀和核心氢燃烧成为氦。大质量星耗费能量比小质量星要快，而且，恒星质量越大，半径也越大，发光本领也越强，表面温度也越高。恒星在主星序上宁静地、稳定地发光，并度过它一生中大部分时间，随后它们离开主星序，就进入晚年阶段。在主序阶段，恒星的体积最小，例如，太阳在主序星时的直径约 0.01AU(图 10.11)。因此，主序星有人也称为"矮星"。

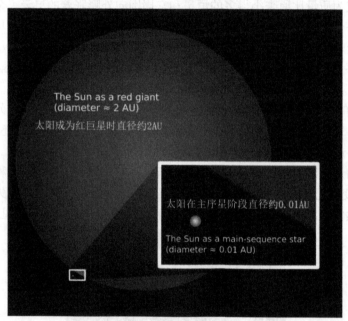

The Sun as a red giant
(diameter ≈ 2 AU)
太阳成为红巨星时直径约2AU

太阳在主序星阶段直径约0.01AU

The Sun as a main-sequence star
(diameter ≈ 0.01 AU)

图 10.11　太阳在主序星阶段和红巨星阶段的直径

2. 巨星

赫罗图上体积大、温度低、光度大的一组星叫"巨星"；在赫罗图巨星上方是"超巨星"。恒星演化到巨星阶段，内部氢已所剩不多，且额外的热能使它膨胀时发展成为巨大恒星，因外层温度较低的，为红色的称为"红巨星"。如金牛座的毕宿五、猎户座的参宿四等就是红巨星。

3. 白矮星

白矮星内部不再有物质进行核聚变反应，不再有能量产生，是由简并电子构成的致密星，在赫罗图左下角的一群星与矮星不同，它们已不是正常的单星了，而是光度低、表面温度高、小而白热化的高密度天体。大多数光谱为 A 型，当白矮星停止发光时就变成黑矮星，成为宇宙中的暗物质。

双星中的白矮星在吸积过程中会在表面或内部产生热核反应，分别产生新星和 Ia 型超新星，见图 10.12。

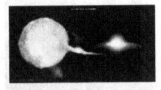 

伴星向白矮星传输物质　　　　　　白矮星发生Ia型超新星爆发

图 10.12　新星和 Ia 型超新星

Ia 型超新星的形成需要一个双星系统，一个是巨星，一个是白矮星。质量极大的白矮星吸取巨星的物质，当达到 1.44 个太阳质量时，会发生碳爆轰，核爆炸后没有遗留产物。目前科学家们认为，年轻 Ia 型超新星的存在可能对现有的星系化学演化模型产生冲击，因为在超新星爆炸后它们会更早地产生大量的铁，并将这些铁反馈回它的寄主星系。

天狼星的伴星是最早发现的白矮星之一。早在 19 世纪 30 年代，根据天文观测，天狼星在天球上的视运动路径不是直线，而是呈波浪式的，所以，当时天文学家就断定，天狼星一定有一颗看不见的伴星。但是天狼伴星太暗，而天狼星又太亮，给当时观测造成很大困难，19 世纪 60 年代，天文学家才在高倍望远镜里找到了天狼伴星。它的视星等为 8.4 等，光谱型为 A 型，绝对星等 11.3，质量是太阳质量的 0.96 倍（根据求双星质量的方法求出），半径与地球相差不多（根据测算），但平均密度为 1.75×10^5 克/厘米^3（依质量和大小求算），是太阳平均密度的 125 000 倍。

目前白矮星的发现，超过 9000 颗，而绝大多数都是新发现的。近期天文学家发现 Ia 型超新星是重要的标准烛光源，这对于测量宇宙遥远天体距离又多了一个手段。

4. 中子星和脉冲星

中子星主要是由简并中子构成的超流的致密星。它们密度大，体积小，被强引力束缚，物质被挤压在很小的球体内(半径只有十几公里)，而且质量越大，半径越小；磁场强度高达 10 000 高斯以上；自转快，且自转能可转化为辐射能。

白矮星是在天文学家不知道它是什么样的星和它为什么辐射的情况下，凭经验发现的，而中子星的发现过程则完全不同，它与太阳系的海王星发现类似，也是在"笔尖"上先发现，是人类对恒星演化终态认识后提出的。中子星往往具有强磁场，而且高速自转。高速运动的带电粒子产生的辐射束是锥形的，主要沿着磁力线方向，见图 10.13(a)。如果磁轴与自转轴不同向，辐射束就随自转扫过星际空间(灯塔效应)如果辐射束刚好扫过地球上的望远镜，就会观测到周期性的脉冲信号，尤其在射电波段。这类中子星称为脉冲星，见图 10.13(b)。

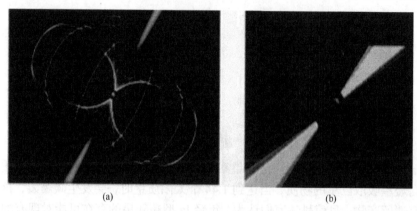

(a)　　　　　　　　　　　　　　　　(b)

图 10.13　中子星(脉冲星)

脉冲星是 20 世纪 60 年代发现的一类新异天体, 现在普遍认为它是强磁场的快速自转着的中子星。自从 1967 年英国女天文学家贝尔在她的导师休伊什(Hewish)的指导下发现首例脉冲星, 现在人类又探测发现了不少脉冲星, 其中绝大多数是射电脉冲星, 脉冲周期有的只有几十分之一秒, 甚至更短; 长的也只有三四秒, 一般符号为 "PSR" (也有一些是特殊的), 后面数字指它在天球上的赤道坐标 "赤经和赤纬"。例如, PSR1919+21, 指的是脉冲星位于赤经 19^h19^m, 赤纬+21°。

脉冲星刚发现还没有证实时, 人们还以为是外星人发来的信号, "小绿人" 的故事由此引发。天文学家通过继续观察并证实他们发现了新的天体, 则是快速自转的中子星的特例——脉冲星。脉冲星的发现与研究取决于射电天文技术。据统计, 截至 21 世纪初, 全球共发现 2000 多颗脉冲星, 其中, 60 多颗脉冲星在双星系统。各具特色的脉冲星举例见表 10.4。

表 10.4　脉冲星例子

名字	特性
PSR0531+21	在金牛座蟹状星云中发现, 其自转周期为 0.033 秒, 它是目前能提供全波段资料的一颗重要天体, 即除射电脉冲外, 在光学、X 射线和γ射线等波段都接收到了它来的脉冲
PSR1937+214	1982 年在狐狸座中发现, 其自转周期为 1.56 毫秒, 是现在已知周期较短的脉冲星。毫秒脉冲星的发现是 20 世纪 80 年代以来天体物理学中的重要事件
PSR1913+16	1974 年 10 月发现的第一例射电脉冲双星, 对其轨道周期变率的测定与爱因斯坦广义相对论的预言符合得相当好。这是第一次用天体力学观测给引力波的存在提供证据
PSR1257+12	位于室女座距离我们 1600 光年的脉冲星, 有三颗行星围绕着它运转, 有趣的是这三颗行星与主星的距离和我们太阳系的诸行星一样, 也符合提丢斯-波得定则
PSR1820−11	1989 年我国科学家发现的, 主要是γ射线, 脉冲周期为 0.279824 秒
GRO1744−28	1995 年 12 月, 康普顿γ射线空间天台在银心附近发现的, 它不但发出有规则的 X 射线和γ射线脉冲, 还发生每小时达到 18 次的奇怪的爆发。天文学家称此天体为爆发的脉冲星

5. 黑洞

黑洞是 20 世纪两大物理理论, 即"广义相对论"和"量子力学"联合应用恒星演化终局问题所做出的预言。根据爱因斯坦的广义相对论, 引力场强弱表现为时空弯曲程度, 引力越强, 时空越弯曲。在黑洞处的时空弯曲程度达到无限(奇点)。黑洞的大小用视界表示, 它的半径为引力半径的球面, 视界将时空分成两个部分, 物质和辐射由视界以外进入其内, 但不能反过来。黑洞内部的辐射虽然发射不出来, 但黑洞还有质量、电荷、角动量, 它还能够对外界施加万有引力作用和电磁作用, 物质被黑洞吸积而向黑洞下落时会发出 X 辐射等。黑洞是一种特殊的天体, 现在已被证实。根据它的特点, 天文学家将黑洞分为巨黑洞、恒星级黑洞和微型黑洞。在 2009 年发现的迄今最大质量黑洞引起了天文学家的关注。天文学家通过计算机模型和望远镜观测, 得到了这个黑洞的最新测量结果。这一黑洞的质量大约是太阳质量的 64 亿倍, 比天文学家以前认为的要大 2 到 3 倍。这个庞然大物位于巨型星系 M87 星系的中心, 而且与银河系中心的大质量黑洞有很大区别。因此, 天文学家对一些大型星系附近的其他黑洞有了新的认识。不排除将来还有更大质量黑洞的出现。2019 年全球 200 多个天文学家参与, 8 台射电望远镜联合成一个地球那么大的望远镜拍摄出黑洞照片被公布, 从此人类看到了神秘的黑洞(图 10.14)。人类捕获首张黑洞照片后又有了新的进展, 在 2021 年公布了偏振光下 M87 超大质量黑洞图像。

图 10.14　2019 年人类首次直接拍摄到的黑洞

寻找恒星级黑洞的途径可由双星提供。如果一个黑洞和一颗普通恒星相互绕转, 则组成一个双星系统。证实黑洞的第一判据——强的 X 射线: 如果有黑洞存在, 恒星的表层物质就可能被黑洞吸积; 丰富的吸积物质在下落过程中释放的引力能不断转化为热能, 温度会变得越来越高; 在靠近黑洞的地方, 就会发出强的 X 射线。证实黑洞的第二判据——质量: 科学家早期认为大于 $3M_\odot$, 目前研究显示巨大黑洞可能比之前预想的更小。这项研究将有利于解决关于黑洞如何成长的问题。因为双星中的中子星也可以是强 X 射线源,若能确定探测的对象的质量,就可以证认是恒星级黑洞。理论虽简单,但实测较难。2019 年位于中国西藏的羊八井高能粒子探测器与位于中国河北兴隆的郭守敬望远镜分别探测到破纪录的恒星级黑洞。总之,黑洞的证实目前主要在恒星和星系两层次展开。

天文学界把白矮星、中子星和黑洞统称致密星,是正常恒星走向死亡时"诞生"的,也就是说当它们的大部分核燃料已耗尽时的归宿。致密星的一些特性见表 10.5。三种致密星与正常星的差别有明显的两点。

① 致密星不再燃烧核燃料,它们不能靠产生热压力来支持自身的引力塌缩。

② 它们尺度非常小,若与相同质量的正常星相比,其半径很小,但表面引力场很强。

表 10.5　致密星特性

	白矮星	中子星	黑洞
质量	$<1.44M_\odot$	$1.44\sim2\ M_\odot$	$>2\ M_\odot$
半径	$300\sim1200$km	<10km	几个 km
平均密度	$10^5\sim10^9$g/cm^3	$10^{14}\sim10^{15}$ g/cm^3	10^{16} g/cm^3
发出辐射	光谱 A	强的 X 射线	强的 X 射线

有人根据物质世界的对称性,由理论引申出"白洞"概念,认为白洞也有一个视界,与黑洞相反,所有物资和能量都不能进入视界,而只能从视界内部逃逸出来,白洞是宇宙中的喷射源。大爆炸宇宙论(将在第 12 章介绍)描述了我们现在所观测到的宇宙中的所有行星、恒星、星系,甚至原子核和夸克,都是源于 137 亿年前的一个物质的奇点(在广义相对论中,奇点是时空的一个区域,是著名科学家霍金提出来的),这个奇点就很符合白洞所描述的概念,但该理论目前还不成熟。

10.3　恒星的能源和演化机制

一、恒星的结构和能源

1. 恒星的结构

恒星的内部结构的理论是指恒星内部温度、密度、压力由中心至表面的分布情况;恒星内部输出的能量,维持温度梯度的物理机制;恒星的能量来源;恒星内部的化学成分和元素分布;恒星的演化和元素的合成,等。恒星内部结构主要由它的质量、化学成分、演化阶段(年龄)所决定。

人类目前只能观测恒星的外部,恒星的内部不能直接观测到,但内部情况可能通过辐射的信息被人们间接地获取。以太阳为例,在太阳中心部分,温度很高,所产生的辐射主要是波长很短的 X 辐射和 γ 辐射,这种辐射在从里向外转移的过程中经历了无数次的吸收和发射,到了表层,变成了波长较长的辐射,也就是我们在地球上所接受的太阳辐射。

通过天文观测,人们得到了恒星的光度、表面温度、质量、半径、磁场强度、自转情况等的资料后,运用物理规律和数学方法可以推算出恒星内部各种物理量的分布情况。

不同质量的恒星,它们能量释放的效率、物质密度、压强等不同,能量传输方式不同,内部结构也不同(图 10.15)。反映大质量恒星、小质量恒星(类似太阳质量的恒星)以及极小质量恒星的内部结构见图 10.15。

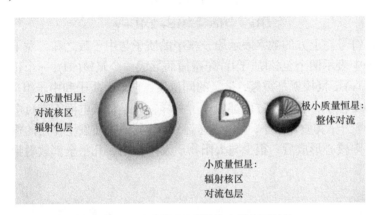

大质量恒星:
对流核区
辐射包层

小质量恒星:
辐射核区
对流包层

极小质量恒星:
整体对流

图 10.15　不同恒星质量的内部主要结构

总之,恒星的核心是核反应发生的区域,是核反应产生的能量通过辐射和对流的方式向外传输。

2. 恒星的能源

恒星的结构与恒星的能源密不可分。人们在恒星能源问题的探讨中,经历了漫长的路程,直到 20 世纪 30 年代末,才确定了太阳和恒星的主要能源是它们内部进行的热核反应。

我们知道要使两个原子核发生反应,必须使它们靠近到一定距离范围内,才能发生核反应。原子核都是带正电的,要使它们接近,就必须克服静电斥力而做功,因此,为了使原子核反应能够发生,必须使原子核具有很高的速度,也就是说,必须要求恒星内部有很高的温度。

在高温条件下,两个原子核以足够克服彼此间静电斥力的能量而互相碰撞,并在原子核的尺度上足够近,近得可以发生相互作用时就会发生核聚变。碰撞后粒子的总质量小于碰撞前的总质量，这种质量亏损表现为物质存在的另一种形式即能量的形式，包括碰撞后粒子的功能以及所发射的γ射线的能量。原子核的电荷数越高，粒子必须具有越高的能量才能发生反应。除上述情况外，恒星内部密度越高，热核反应率就会越大。下面以太阳为例来说明恒星内部热核反应的基本情况。

太阳内部的氢燃烧是以质子-质子链(称为P-P链)反应为主，碳氮氧循环(CNO)为辅，反应过程如下。

(1) 质子-质子链反应　　这种反应直接将氢转变为氦，其反应式为

$$2(_1^1H + _1^1H) \rightarrow 2(_1^2H + e^+ + \nu) \tag{10.1}$$

$$2(_1^2H + _1^1H) \rightarrow 2(_2^3He + \gamma) \tag{10.2}$$

$$_2^3He + _2^3He \rightarrow _2^4He + 2_1^1H + \gamma \tag{10.3}$$

在元素符号左上方的数字表示原子核中的质子与中子数之和，左下方为电荷数。式(10.1)中表示两个氢核(质子)首先碰撞而形成一个氘核(^{2}H)，一个正电子(e^+)，一个中微子(ν)。氘核就是重氢，是氢的同位素，它是由质子和中子组成的。正电子是电子的反粒子，它在各方面都像电子一样，只是带正电而不带负电。中微子是不带电的粒子，其质量很小，它以光速运动，与其他物质发生作用的概率很小，中微子在太阳核心形成后，很少与太阳物质发生作用，几乎全部放射到太阳外面去了。

探索太阳中微子的主要目的是直接检验太阳(和主序星)的热核产能(作为能源)和恒星演化理论。1968 年 Davis 等人公布了他们对太阳中微子流量的首次测定结果：实测流量仅有理论预言值的 1/3，这就是举世瞩目的"太阳中微子失踪事件"。然而，2004 年此谜已揭晓(详见第 5 章"中微子")。

式(10.2)中，氘核与一质子结合形成 ^{3}He，并放出光子 γ。

式(10.3)中，两个 ^{3}He 粒子形成一个氦(^{4}He)和两个质子 ^{1}H，一个光子 γ。

式(10.3)中，由于需要两个 ^{3}He 粒子物质反应，所以式(10.1)和式(10.2)反应进行的次数是式(10.3)的两倍，因此头两步的反应左右两边都乘以 2。

质子-质子链反应的净结果是 4 个氢核聚为一个氦核，放出两个电子、两个中微子和三个光子。

(2) 碳氮循环　　又叫做碳氮氧循环，它把氢间接转变成氦，在反应中以碳和氮作为催化剂，这种循环分下列步骤：

$$_6^{12}C + _1^1H \rightarrow _7^{13}N + \gamma \tag{10.4}$$

$$_7^{13}N \rightarrow _6^{13}C + e^+ + \nu \tag{10.5}$$

$$^{13}_{6}C + ^{1}_{1}H \rightarrow ^{14}_{7}N + \gamma \tag{10.6}$$

$$^{14}_{7}N + ^{1}_{1}H \rightarrow ^{15}_{8}O + \gamma \tag{10.7}$$

$$^{15}_{8}O \rightarrow ^{15}_{7}N + e^{+} + \nu \tag{10.8}$$

$$^{15}_{7}N + ^{1}_{1}H \rightarrow ^{12}_{6}C + ^{4}_{2}He + \gamma \tag{10.9}$$

式(10.4)至式(10.9)反应纯效果与前面的反应相同，由于一个质子克服 ^{14}N 的势垒比克服一个质子的势垒需要多得多的能量，所以碳循环需要更高的温度才能进行。

在主星序中恒星的中心温度随质量而增加。质子-质子链反应在质量较小的恒星中占优势，在质量约大于 1.5 太阳质量($1.5M_\odot$)的较热的恒星中，核心的能量主要来源于碳氮循环。

除了上述两种反应外，恒星内部还可能进行其他的核反应，例如，质子与锂、铍、硼等轻元素之间的核反应经常出现，但是这些反应并不是单纯的循环，在反应过程中锂、铍、硼等元素逐渐消耗掉。

二、恒星演化的过程

恒星演化是一个恒星在其生命期内(发光与发热的期间)的连续变化。生命期则依照星体大小而有所不同。单一恒星的演化并没有办法完整观察(如观测到大质量恒星；观测到年轻恒星周围的红外辐射等)，因为这些过程可能过于缓慢以致于难以察觉。早期，多用赫罗图来揭示恒星演化的秘密；现代天文学家利用观察许多处于不同生命阶段的恒星，并以计算机模拟恒星的演变。恒星形成于银河系旋臂上的致密分子云核。

能量是热核反应产生的，核反应将星核中较轻的成分转化为较重的物质。在重力作用下恒星形成气体和尘埃状的星云。星云物质经过压缩后，温度会升高，当中心达到一定温度($\geq$1000 万℃)的时候，热核反应释放出能量，这时恒星就形成了。热核反应释放出的能量能够平衡压缩恒星的引力，使恒星处于稳定的状态。一般恒星的质量范围在 0.1 太阳质量～60 太阳质量之间。要是质量太低(若小于 0.08 太阳质量的天体)，靠自身引力不能压缩它的中心区达到热核反应并自身发可见光，例如，太阳系的木星有红外辐射源，就不能称恒星。要是恒星质量太大(大于 60 太阳质量的天体)，由自身引力压缩，中心很快达到高温，辐射压大大超过物质压，很不稳定，目前还未发现这类恒星。

通过光谱分析，可以获悉恒星的主要化学组成。现已知道，大部分恒星以氢氦为主，其他为重元素，而重元素的多少比例可反映出恒星的演化阶段。若把富重元素的星称为"星族 I"，贫重元素的星称为"星族 II"，有人认为星族 I 是晚期形成的，星族 II 是早期形成的。

所以，决定恒星特性的两个主要因素是恒星的初始质量和化学组成。

同自然界一切事物一样，恒星也有生老病死，恒星也经历着从发生、发展到衰亡的过程。恒星演化问题的基本认识是 20 世纪后半叶天文学的最大成就之一。概括地说，恒星的一生大体上是这样度过的：**星云→分子云→球状体→原恒星→年轻的恒星→中年恒星→老年恒星→衰老和死亡**。

总的来说，恒星的一生一般要经历诞生、演化，最后死亡(有时是爆炸地死亡)。核聚变给恒星提供能源，这种核聚变会产生氦、碳、氧，甚至一直到铁元素，这是人类 20 世纪解开的巨大谜团。恒星在引力作用下"诞生"，也在引力作用下"死亡"。恒星起源于致密云核的坍缩，行星系统是恒星形成的副产品。

1. 引力收缩

大多数天文学家认为恒星是由弥漫物质凝聚而形成的，弥漫物质的分布不均匀，形成一块块的星际云，星际云在一定的条件下，由于自身引力的作用而开始收缩，质量小的恒星可能形成单个恒星，质量大的则形成各种恒星集团。收缩过程中，引力能的一部分转化为热能，使温度升高，另一部分则转化为辐射能，散布到周围空间。引力收缩的过程大体可分为两个阶段。

(1) 快收缩阶段　　快收缩阶段是从星际云向恒星过渡的阶段。开始收缩时，星际云的温度很低，密度也低，引力占压倒性优势，收缩很快，物质几乎是向中心部分自由降落，在几万年到上百万年时间内，密度就增加十几个数量级，直到内部温度逐渐升高，使得大气微粒热运动所产生的气体压力、辐射压力、湍流压力、自转所产生的惯性离心力等与引力不可相比。在快收缩阶段，恒星的能源是收缩时释放的引力势能，不存在平衡结构。

(2) 慢收缩阶段　　在快收缩过程中，星云内部的温度逐渐增高，压力不断增大，当压力增到近似与引力相等时，开始建立平衡结构，这时星云由快收缩过程转化为慢收缩过程。

在慢收缩阶段，主要能源仍然是收缩是释放的引力势能，在慢收缩的末期，当中心温度升到 80 万摄氏度以上时，内部开始出现热核反应，这种热核反应成为这一阶段除了引力收缩以外的另一种能源，最先出现的是下列反应：

$$^3\text{H} + {}^1\text{H} \rightarrow {}^3\text{He} + \gamma \tag{10.10}$$

温度升高到 300 万摄氏度左右，又出现了下列核反应：

$$^7\text{Li} + {}^1\text{H} \rightarrow 2\,{}^4\text{He} + \gamma \tag{10.11}$$

当温度再增至 350 万摄氏度时，就出现

$$^9\text{Be} + {}^1\text{H} \rightarrow {}^6\text{Li} + \text{He} + \gamma \tag{10.12}$$

除了式(10.10)至式(10.12)外，还有其他一些涉及 H、Li、Be、B 等轻元素的

核反应。由于这些元素含量低，而且反应不是循环式的，因此，在反应过程中轻元素的核很快就消耗完了，所以这类核反应只能在短时期内供应能量。

不同质量的恒星，收缩的时间不同。质量等于太阳的恒星，慢收缩阶段长约7500 万年；$15M_\odot$ 的恒星，约 6 万年；$0.2M_\odot$ 的恒星，则长达 17 亿年。

引力收缩阶段为主序前阶段。星际云收缩成为**原恒星**，见图 10.16。

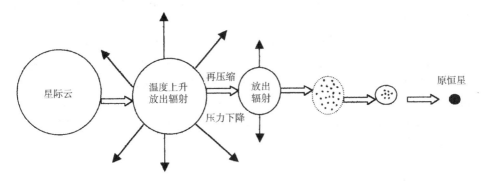

图 10.16　星际云收缩为恒星的示意图

2. 主星序阶段

当恒星中心温度继续增高时，氢聚变为氦的核反应开始，并放出大量的能量，使压力增高到与引力完全平衡，这时恒星停止收缩，处于严格的流体力学平衡状态。恒星演化进入以内部氢核聚变为氦核作为主要能源的那个阶段称为主星序阶段，或称为主序阶段，主序星和主序后星的结构是不同的，见图 10.17。

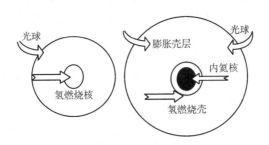

图 10.17　主序星和主序后星的结构

恒星演化到主序阶段，不同质量的恒星，进入主星序的不同位置，质量越大，位置越高，即光越大，表面温度越高。通常把刚好到达主星序的恒星年龄定为零。所以年龄为零的恒星组成的序列称为**零龄主序**。

对于主序星，就是属于主星序的恒星，主要的核反应是质子-质子链反应和碳氮循环。一般质量约小于 $1.5M_\odot$ 的恒星，内部核反应以质子-质子链反应为主；

而质量约大于 $1.5M_\odot$ 的恒星，内部核反应以碳氮循环为主。对太阳而言，目前质子-质子链反应约占内部热核反应的 96%，碳氮循环约占 4%。由于恒星里氢极为丰富，而且氢聚变为氦的核反应相对进行得比较平缓，恒星在主星序上可以停留很长时间。事实上，主星序阶段是恒星一生中最长的一个阶段，但质量不同的恒星在主星序停留的时间不同，质量越大，停留的时间越短。太阳在主星序可以停留 100 亿年(从现在算起至少 50 亿年内太阳还是稳定的)；$15M_\odot$ 的恒星只能停 1000万年，$0.2M_\odot$ 的恒星则停留 1 万亿年。恒星在主星序阶段是比较稳定的，虽然也有不稳定现象，如太阳的耀斑爆发等，但一般说来，是局部性质的，对整体影响不大。

根据恒星起源演化的理论，主序星有一质量的极限，即约为 $0.08\,M_\odot$，如果恒星的质量小于这个数字，其中心温度和密度不可能高到足以产生氢聚变为氦的核反应，它们只能靠引力收缩发光。因此，这些小质量的星不经过主星序，直接由红矮星转化为黑矮星，耀星就是处于慢收缩阶段、质量小于 $0.08\,M_\odot$ 的恒星，是目前还在引力收缩的红矮星。

3. 红巨星阶段

恒星内部越靠近中心，温度越高，所以主序星内部的氢核聚变反应是在中心部分进行的，越靠近中心，氢会过早地被消耗殆尽，被合成氦，这样，在中心部分便出现了一个由氦组成的核心。由于温度还不够高，氦核反应不能进行，氦核不产能，因此是等温的。等温氦核的周围是氢燃烧的壳层，随着时间的推移，等温氦核越来越大，因氦核不产能，所以维持平衡越来越困难，当氦的质量达到某一极限时(对于质量大于 $1.5M_\odot$ 的恒星，氦核的质量达到总质量的 10% 时)，恒星的结构将发生很大变化，此时氦核开始收缩，收缩释放的引力能中一部分使氦核温度升高，另一部分则转移到外部，使外部膨胀，体积急剧增大，表面温度降低，恒星便脱离主星序，开始向红巨星演化，质量特别大的恒星，则向超巨星演化。

恒星从主星序向红巨星演化过程中，等温氦核的氢燃烧壳层是主要的能源，核心的收缩，使温度升高，密度变大，当温度达到一亿度时，密度达到 10^5 克/厘米^3，氦开始"点火"，氦核开始聚变为铍核，铍核又很快和另一氦核反应，结合成碳核，这两种反应都产生光子

$$^4\text{He}+^4\text{He} \;\rightarrow\; ^8\text{Be}+\gamma \tag{10.13}$$

$$^8\text{Be}+^4\text{He} \;\rightarrow\; ^{12}\text{C}+\gamma \tag{10.14}$$

在氦核聚变阶段里，恒星内部的物理状况会发生变化，导致外层收缩，使恒星表面积减小，表面温度升高。

总的来说，恒星脱离主星序以后，向红巨星演化，但演化途径非常复杂，有的恒星甚至不止一次地成为红巨星。低质量星由主序上升到巨星支，核闪和降到水平支，再升到渐近巨星支(简称 AGB 星)，最后演变为行星状星云和白矮星(或

中子星或黑洞)。不同质量的恒星演化途径是不同的(图 10.18)。

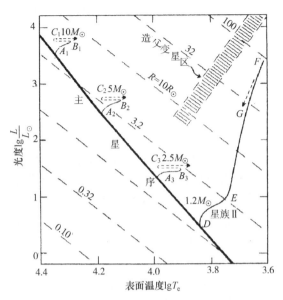

图 10.18 不同恒星在赫罗图上的演化过程

说明：纵坐标为恒星光度 L(以太阳 $L_\odot$ 为单位)的对数，

横坐标为恒星表面温度 T 的对数。

在图 10.17 中除标出恒星的光度和温度外，还有等半径线即虚斜线，一颗星在这图上自左向右演化，表示它的表面温度在降低，半径在增大。质量大的恒星(如图 10.17 中 $5M_\odot$、$10M_\odot$)演化进程从右方(即红巨星)向左移，在离主星序不同距离处，又沿不同演化程回到右方，这样可以来回几次，但并不是重复上次。它们来回移动时跨过的赫罗图上有一狭窄带称为不稳定区(如造父变星的区域)。质量小于 $1.5M_\odot$ 的恒星，如图 10.17 中的 $1.2M_\odot$ 演化程 DEFG 所描绘那样。值得一提的是，大质量的原恒星演化的速度非常快，这一阶段只需要数千年；而最小质量的原恒星完成这一演化阶段则需要数亿年之久。

4. 恒星的脉动

恒星的脉动，是恒星离开红巨星阶段后，可能演化的过程之一。在赫罗图上部有一个脉动不稳定区，恒星在演化中离开红巨星区域后，就来到这个不稳定区(图 10.18)，因为在这个区域内，还发现有不脉动的恒星，所以只能说来到该区的恒星有一部分脉动起来，周期性地膨胀和收缩。

在红巨星阶段，氦的燃烧是十分猛烈的，这样，恒星的温度很快升高，致使核心膨胀，外层则收缩，恒星在赫罗图上从红巨星向左方演化，温度和密度增高到一定的程度，碳氢进一步聚变为氧，以后再变为氖、铁，以及其他更重的元素。中心部分温度高，氦首先耗完，这样，恒星内部结构可能是：最中心部分可能是一个等温的碳和氧的核心，其外部为氦燃烧壳层，再外是氦未燃烧的壳层，再外层是氢燃烧的壳层，最外面是不产能的包层。再往后演化，合成重元素的种类越来越多，恒星的结构越来越复杂。

在未燃烧的氦壳层中，氦处于电离状态，此区域的温度分布使一次电离氦原子处于部分的二次电离状态，在此区域的外边界处，温度不够高，氦原子不能二次电离，靠此区域下面，由于温度较高，氦原子有一小部分处于二次电离，越靠下面，温度越高，被二次电的氦原子越多，至此，区内边界，全部氦原子都被二次电离，这个区起着维持脉动的作用。恒星收缩时，热能增加到比抗吸引所需要的能量多，多余的部分就转分为电离能而储存起来，二次电离的氦原子增多。由于电离吸收的能量多，使温度不能升高。当恒星膨胀时，热能减小，储存的能量便自动起来补充，二次电离氦原子(即氦核)和自由电子复合，回到一次电离的氦原子，复合时放出所需要的能量，使温度不降低，脉动得以继续下去。氦二次电离的区域太深，维持脉动区的不是它，而是它上面的氢电离区。脉动变星须受到小的扰动才能脉动起来，在脉动不稳定区里的那些不脉动的星可能就是未受到扰动的星。

以上谈的恒星的脉动机制，只是近来的一些研究成果，还有许多具体问题未解决，还需进一步研究。

三、恒星的晚期演化

1. 恒星的爆发

恒星经过脉动阶段后，还要经历一个大量抛射物质的爆发阶段，恒星抛失质量在演化中起着不可忽视的作用。

爆发的方式多种多样，例如，行星状星云就是恒星爆发方式之一的产物，云物质是恒星抛射出来的。恒星在几万年内，大致连续地抛射大量的物质。到20世纪60年代，天文学家才肯定，行星状星云的核心是演化到晚期的恒星，其核心是由碳核组成的，中层有氦，外层有氢。关于爆发原因，目前尚无定论。有一种可能，是中外层的氦和氢落入核心部分，迅速聚变，释放大量能量，引起大量物质的抛射。另一种可能，是恒星内氦聚变区域已延伸到外层，当接近恒星表面时，光度迅速增大，辐射压力也随着增大，导致大量物质的流出和星云的形成。

还有的爆发方式是超新星、新星、再发新星和矮新星的爆发。它们都比行星状星云核心星的爆发猛烈，它们彼此间的差别也主要是爆发的猛烈程度不同。对爆发不猛烈的再发新星和矮新星，人们已经观测到多次爆发。它们隔一段时间爆发一次，但时间间隔很长，超新星爆发最猛烈，有的爆发后就全部瓦解成许多碎块和大量的弥漫物质,有的则留下一部分物质,成为一个质量比原来小的多的高密恒星。

恒星爆发大量抛射物质的阶段,流体力学平稳已不再成立。理论计算很困难,所以到现在还没有得出令人满意的定量结果。

2. 恒星的晚期演化

依据现代恒星的起源和演化研究表明,白矮星、中子星、黑洞,是恒星演化的最后阶段,具体演化成这三种形态的哪一类,要取决于恒星的质量(图 10.19)。关于质量的极限认定,观点不一致。

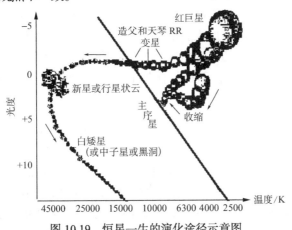

图 10.19　恒星一生的演化途径示意图

(1) 根据钱德拉塞卡极限和奥本海默极限,恒星在核能耗尽后,如果它的质量小于 $1.44M_\odot$(钱德拉塞卡极限),就将成为白矮星,如果它的质量为 $1.44M_\odot \sim 2M_\odot$,就会成为中子星,如果质量超过 $2M_\odot$(奥本海默极限),就会演化成黑洞。

(2) 根据主流观点,认为恒星演化终态的质量低于太阳的 1/10 的星体会形成白矮星,是太阳质量 10~25 倍的星体会形成中子星,而那些超过太阳质量 25 倍的星体会变成黑洞。

(3) 根据对恒星演化终局(态)情况划分,总结成表 10.6。表 10.6 显示了恒星演化终态和质量的关系。

表 10.6　恒星演化终态和质量的关系

质量范围	恒星的结局
$<M_\odot$	长寿命的黑矮星
$1<M/M_\odot<3\sim6$	白矮星+行星状星云,质量损失
$3\sim6<M/M_\odot<5\sim8$	① $^{12}C+^{12}C$ 简并碳点火,爆燃或爆轰;② 脉动促进质量损失演化为白矮星
$5\sim8<M/M_\odot\leqslant60\sim100$	核心坍缩+超新星 → 中子星某些成为黑洞

中子星、白矮星都是靠冷却而发光，不再燃烧。中子星的温度比白矮星高，能量消耗较快，寿命只有几亿年，而白矮星的寿命可达十几亿年，当热能消耗完后，白矮星、中子星都将演化成不发光的黑矮星，黑矮星已不再是正常的恒星，而只是恒星的残骸。恒星的一生到了黑矮星就结束了。但黑矮星仍是一个天体，这种天体将进一步演化，有的转化为弥漫物质，以后弥漫物又集为恒星；有的相互结合成较大的天体，重新活动起来；还有可能，黑矮星吸积周围的星际弥漫物质，发出 X 辐射和引力辐射，当吸积的物质足够多时，出现使内部发生重核裂变的条件，使熄灭了的天体重新唤醒，重新发光。以上的可能性究竟如何，还有待于进一步研究。

恒星的诞生和消亡是一个循环的过程，在这个过程中，前一代恒星残留的气体和尘埃转化成新一代恒星形成的物质。由于问题复杂、资料不够完备以及模型过于简单化，人类对恒星的了解还不全面，尤其对恒星的极早期和最终期了解得还不充分。这门学科的前沿在不断向前推进，相信在 21 世纪人类对恒星的研究一定会有新的突破。

据报道，2011 年 8 月天文学家发现一颗拥有超强磁场的中子星，这颗磁星位于距地球 1.6 万光年的天坛星座里的 Westerlund 1 星团。该星团是 1961 年瑞典天文学家发现的，它是银河系里拥有质量超级庞大恒星最多的星团之一，达数百颗，有些恒星的亮度几乎是太阳的 100 万倍，有些的直径是太阳的 2000 多倍。对于宇宙的年龄而言，这个星团非常年轻，大概只有 350 万到 500 万年。

Westerlund 1 星团里有一些银河系里为数不多的磁星，这些磁星是由超新星爆炸后形成的特殊的中子星，其磁场比地球的磁场强百万甚至是 10 亿倍(称为磁星)。它们的质量必须至少达到太阳的 40 倍。如果这种说法成立，那就产生新的问题了。这颗巨型磁星的出现，让人们对恒星演化与黑洞形成的传统理论产生了新的质疑。也对恒星演化和黑洞理论(对恒星演化的终局主流观点)形成挑战。

思考与练习

1. 什么叫恒星？如何理解恒星的"恒"？
2. 根据赫罗图如何说明恒星的温度与绝对星等的关系？
3. 恒星的光谱给人类带来哪些信息？
4. 恒星是怎样运动的？它相对太阳的运动有何特点？
5. 什么叫恒星的自行？
6. 恒星的化学组成有何特点和规律？
7. 恒星的多样性表现在哪里？
8. 恒星的内部结构理论是什么？如何测出恒星的结构？

9. 恒星的能量是怎样产生的?

10. 恒星的演化经历哪些阶段?

11. 恒星的晚期演化有何特点? 结果如何?

第10章思考
与练习答案

 进一步讨论或实践

1. 依据恒星演化的基本理论, 太阳的一生是怎样度过的? 人类如何正确看待地球的命运?

2. 根据最新天文资料, 讨论致密星的研究进展。

第 11 章　星系与宇宙

【本章简介】

　　本章首先介绍人们对星系认识过程，其次介绍银河系结构、运动等特征，还介绍星系的一般特点和形成演化规律，特别对类星体和活动星系核、星系和星云、星系团和总星系等问题作了探讨；最后介绍宇宙学，包括从地心说到日心学再到无心说的认识过程、宇宙论研究简史，宇宙学原理和现代宇宙学观测基础以及现代宇宙学建立和发展情况。

【本章目标】

➢　了解星系概念。

➢　熟悉银河系，了解太阳系在银河系中的位置。

➢　学习河外星系和星云，了解星系团和总星系。

➢　了解宇宙学发展简史。

➢　了解宇宙说原理和现代宇宙学特征。

➢　了解著名的宇宙模型——大爆炸宇宙学以及暴涨宇宙学。

11.1　星　系　概　况

一、对星系的认识

　　从历史来看，人类认识银河系经历了曲折的阶段。1610 年，伽利略首先用望远镜发现银河由无数恒星组成,但银河有多大？形状如何？伽利略时代没有答案。17 世纪，继伽利略之后，不少天文学家除发现银河里有大量的恒星外，还发现在遥远的星空里有不少云雾状的天体，最初称为**星云**，旋涡星云成为最早的研究对象。从 18 世纪 20 年代开始，瑞典的斯维登堡、英国的赖特、德国的康德和朗伯等人认为我们肉眼所见的恒星和用望远镜观察到的银河里的恒星可能一起组成了一个庞大的天体系统，并指出那些遥远的旋涡星云可能是与银河系一样的天体系统，德国的洪堡则把那些天体系统形象地称为"**宇宙岛**"。1784 年，法国天文学家梅西叶把他自己观测到的 103 个星云和星团编制成表，后人称此为梅西叶星表，以 M1，M2，…表示梅西叶天体。在此期间，威廉·赫歇尔采样 683 个天区，选择了 117 600 颗恒星，经过 1083 次观测，获得了它们的位置和距离数据，然后进行综合分析，并于 1785 年提出了一个形状扁平、外缘参差、太阳位于中心附近的银河系模型(图 11.1)。1896~1921 年，开普坦利用照相法测量恒星距离，估计银河系直径为 15 千秒差距，厚度为 3 千秒差距，太阳在中心附近，见图 11.2。

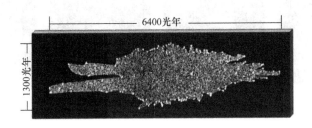

图 11.1　赫歇尔的银河系模型

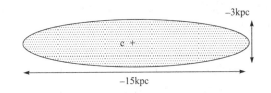

图 11.2　开普坦的银河系模型

自 20 世纪初以来，天文学家通过观测星系星云已有不少发现，例如，1917 年，美国的里奇在 NGC6946 中发现一颗新星，之后又在仙女座大星云(M31)中找到两颗新星，但这几颗新星都较暗。随后其他天文学家亦在别的星云中找到了新星，这些新星亮度也不大。美国的柯蒂斯认为，所有的新星光度应该是差不多的，那些新星之所以暗，就是因为距离遥远，推测它们已在银河系之外了。1918 年，美国的沙普利利用威尔逊山天文台的 2.5 米反射望远镜对已知的 100 多个球状星团作为银河系边界标志，对银河系结构和尺度做了研究。因他假设没有明显星际消光的前提下得出的银河系尺度被夸大，但他的贡献是肯定的(到 1930 年，特朗普勒证实星际物质存在后，这一偏差已得到纠正)。他对威廉·赫歇尔的模型作了改进，并提出银河系呈透镜的旋涡结构模型。沙普利认为银河系直径为 100 千秒差距，太阳到银心的距离为 16 千秒差距，银河系中心在人马座附近。他反对"宇宙岛"的见解，认为观测到的旋涡星云应是银河系的气体星云，就是宇宙。然而以柯蒂斯为代表的一些天文学家不同意沙普利星云的看法，他们认为旋涡星云的名称不恰当，因在此类星云中观测到新星，证明它们已是恒星系统而不是星云，并证实某些认为是星云的，已超出银河系的范围。这就是天文学史上有名的**沙普利-柯蒂斯大争论**。

实际上，沙普利-柯蒂斯大争论是关于宇宙尺度问题的探讨，是关于银河系大小、结构的争论，辩论焦点在于星云的本质，即天文学家对"旋涡星云"的本质(是星云？还是星系？)存在分歧。有关旋涡星云见图 11.3。

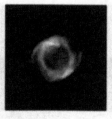

图 11.3　旋涡星云

二、星系的定义

1923 年美国的天文学家哈勃又用威尔逊山天文台的 2.5 米反射望远镜拍摄了仙女座大星云(M31)的照片，其边缘已分解出恒星，其中还有一颗造父变星。之后不久，哈勃又在三角座星云(M33)和人马座星云(NGC6822)中发现了一些造父变星。由造父变星的视亮度和周光关系可归算得出仙女座大星云(M31)的距离。1944 年，德国天文学家巴德用 2.5 米的反射望远镜所拍摄的仙女座大星云的照片，其核部居然也分解出恒星。至此，星系的概念完全确立。**所谓星系，就是由众多恒星组成的庞大天体系统，是构成可观测宇宙的基本成员。**M31 距离的现代值是 236 万光年，它显然是远在银河系之外，是一个独立的恒星系统，在结构上它与银河系很相似。原来被梅西叶和德雷耶尔等人称为星云的那些天体系统，其实它们大部分是星系，但由于历史的原因至今还保留着"星云"这样的名称，如仙女座大星云，大、小麦哲伦星云等。在宇宙空间，星系是数不胜数的，目前已观测到约 10^{10} 个星系，除我们太阳系所在银河系之外，其余的则统称为**河外星系**。星系大小悬殊明显，我们的银河系在宇宙中是个中等尺度的星系。宇宙中类似银河系的星系很多。目前宇宙中已知发现最大的星系名叫 IC1101，它位于艾伯尔 2029 星系团中，最早由天文学家威廉·赫歇尔于 1790 年发现，一开始天文学家认为 IC1101 只是一个明亮的星云，直到埃德温·哈勃证实银河系之外还存在星系之后，才确定 IC1101 是一个独立的大星系。

11.2 银 河 系

银河系是一个天体引力束缚的系统，由恒星、行星、致密天体、星际物质、暗物质等组成。银河系是太阳系所在的恒星系统。夜晚，在远离城市灯光影响的地方仰望天空，可以看到天穹上有一条相当宽的白茫茫的光带，从地平某一处向上延伸，到达最高点后，再延伸到另一方向的地平。实际上，这条光带在地平下仍在延伸，形成一个环绕整个天空的光带，人们称为**银河**。银河也就是银河系在天球上的投影，这条光环带就是我们置身其内而侧视银河系时在可见光波段所看到的、布满星星的圆面——银盘投影。我国古人称它为天河、银河、星河等；在欧洲则称它为乳白色的道路(milk way)。图 11.4 是星野摄影的银河图像。

图 11.4 银河落九天和拱桥银河(图片源自网络)

人们若用一架小望远镜来观测银河，就可以看出它是由许许多多的恒星所组成的。银河经过的星座有仙后、英仙、御夫、麒麟、南船、南十字、人马、天鹰、天鹅、天琴等，银河宽窄不一，有地方宽度只有 4°～5°，有地方可达 30°，从天鹅到人马座的这一段，约为银河全长的三分之一，银河分为两叉。银河最亮的部分位于人马座，恒星高度集中在银河带内，把望远镜朝着垂直于银河的方向看去，星数便少得多，在天空上与人马座相对的银河位于御夫、英仙和猎户座，这部分银河并不壮观。银河系在不同波段有不同的特征，观测图像见图 11.5。可见光波段观测的恒星有限，也就是说不能反映银河系全貌。射电波段显示出具有盘状结构的特点；在红外波段，可以明显分辨出银河系的银盘和核球。在 X 射线波段观测银河系内容更丰富。

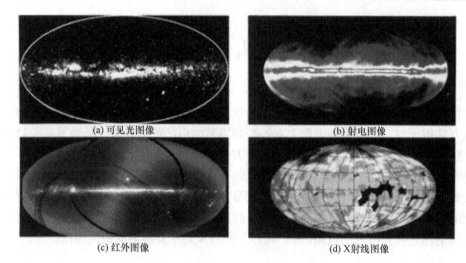

(a) 可见光图像　　　　　　　　　　(b) 射电图像

(c) 红外图像　　　　　　　　　　(d) X射线图像

图 11.5　银河系的四个波段的图像

一、银河系的结构

100 多年以来，人类通过对银河系多波段空间观测表明，银河系是一个包含 $4×10^{11}$ 颗恒星的、具有旋涡结构的盘状星系或棒旋星系，见图 11.6，主要包括四个部分，即银盘(恒星、可见物质主体)、银晕(大量的暗物质)、银核和旋臂。再根据近期多波段综合观测结果，进一步表明，银河系的旋臂密集了大量的 O 型和 B 型恒星以及与它们成星协的 HII 复合体、分子云、超新星遗迹和γ射线源等，它们是银河系旋臂的示踪物。

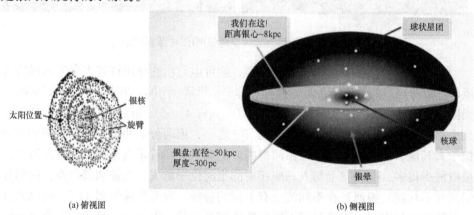

(a) 俯视图　　　　　　　　　　(b) 侧视图

图 11.6　银河系结构示意图

1. 银盘

银河系的物质主要是恒星，密集部分组成一个圆盘，形状如运动场上的铁饼，称为银盘。银盘的中心平面投影到天球上叫银道面，银盘中心隆起的部分叫银河系核球。银道面与天赤道相交成约 63°.5。

中国国家天文台利用郭守敬望远镜(LAMOST)观测发现银河系范围比以往更广，据最新研究资料(2019 年)银盘直径约 19 千秒差距(曾经值有 8.5 万光年和 10 万光年)，银盘中间厚、外边薄，太阳在银盘中位于距银心大约 8.3 千秒差距的地方。

2. 银晕

银盘外面是一个范围广大，近似球状分布的系统叫银晕，密度比银盘小，存在暗物质。近年来，根据观测可见物质的运动推断，在恒星分布区之处，还存在一个巨大的大致呈球形的射电辐射区，称为"银冕"。

3. 银核

银河系核球的中心部分是一个不大的致密区叫银核。银核为扁球形，赤道半径约 30 光年，极半径 20 光年。银核中心处又有一更小的核中之核，称为内核心，也叫银心，半径只有 1 光年左右。银核能发出强射电辐射、红外辐射、X 射线和γ射线。

4. 旋臂

银盘中有旋臂，这是盘内气体尘埃和年轻恒星集中的地方。观测发现，大量的恒星和星际弥漫物质都高度集中在旋臂上。据研究：太阳附近有一条旋臂称**猎户臂**，离银心为 1.04 万秒差距，太阳离它的内边缘只有几千秒差距，在猎户臂之外，还有一条旋臂叫**英仙臂**，包括著名的英仙座双星团。离银心约 1.23 万秒差距，在银心方向有一条**人马臂**，离银心约 8700 秒差距，离银心三千秒差距处还有一条旋臂，大约以 45 千米/秒的速度向外膨胀，旋臂之间的气体密度小得多，见图 11.7。

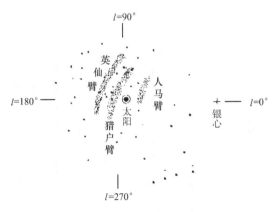

图 11.7　银河系旋臂示意图

二、银河系的自转

19 世纪后半叶，已有一些天文学家在研究银河系的自转了。如：斯特鲁维于 1887 年利用自行数据首次确定银河系的自转速度，奥尔特根据大量恒星的视向速度的研究，证明了银河系天体绕中心的速度是不同的：距银心较太阳近的恒星绕银心运转的速度比太阳快，距银心较太阳远的恒星运转速度比太阳慢。现在认识到银河系既有开普勒转动，又有刚体转动。

1. 开普勒转动

绕转体围绕中心的旋转运动的线速度如果与它到中心的距离的平方根成反比，这样的转动称开普勒转动，太阳系里的各行星绕太阳的公转运动，就是近似开普勒转动的实例。

2. 刚体转动

绕转体围绕中心的旋转运动的线速度如果与它到中心的距离成正比，我们称这种转动为刚体转动。这时各处的角速度相同。如果银河系里的物质是均匀分布，那么，银河系的自转运动应该是刚体转动。

3. 较差自转

上面所说的开普勒转动和刚体转动，都不符合银河系转动的实际情况，银河系的自转是介于两种极端情况之间。粗略来说，银河系中心部分恒星密度大，接近于刚体转动，外围部分恒星较少，接近于开普勒转动，中间部分则比较复杂。像银河系这样的复杂的转动称为较差自转，见图 11.8。

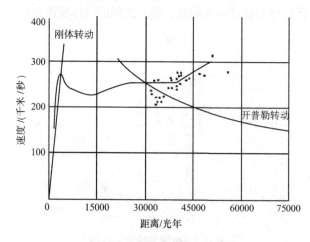

图 11.8　银河系较差自转

银河系自转的数据可以从恒星的运动资料推算出来，太阳所在的地方转动速度近年研究是 220 千米/秒(早期是 250 千米/秒)，太阳在大致圆的轨道上绕银心转一周需要 2.5 亿年(也称宇宙年)。位于银盘内的其他恒星以不同的周期、近圆形轨道绕银心转动。

三、银河系的质量和光度

1. 银河系的质量

银河系内的物质分布是不均匀的，既有年轻的恒星，又有年老的恒星。年龄较轻的，金属含量较高，反之年龄较老的，金属含量较低。银河系除恒星外，还有以分子云形式存在的星际物质等，根据银河系转动的资料，可以求得银河系内物质的密度和银河系的总质量。

依万有引力定律，可以估算出太阳轨道以内的银河系的质量为 10^{11} 太阳质量，如果一颗恒星的平均质量是太阳质量，那么，银河系近似有 1000 亿颗星，这与恒星计数的值相一致。现在已知的最大旋涡星系质量是银河系的 10 倍。

太阳轨道以外的银河系还有天体，加上隐藏的大量暗物质，银河系的总质量肯定大于 10^{11} 太阳质量(见第 6 章"天体质量"部分)。

2. 银河系的光度

银河系的光度是指把银河系视面上各部分的光加起来，得到的累积亮度或累积星等的量，用积累亮度或累积星等的大小来表示银河系的亮暗程度。

银河系的累积亮度很难测定，天文学家估计它的累积光度是太阳光度的 $2.4×10^{10}$ 倍，它的累积绝对星等为–20.5 等。

四、银河系核心的活动

20 世纪以来，人类对银河系核心活动情况更加关注。研究银核主要的手段是通过射电、红外、X 射线和γ射线波段的观测。

近年来，由射电和空间探测，在距离银河系中心约 1～2 光年的范围内，发现有两个射电辐射很强的射电源(人马座 A 和人马座 B)。这与红外天文卫星(IRAS)发现的一个红外源(IRS16)的两个射电源位置完全重合，因此，现在很多天文学家认为银河系中心可能有黑洞。由γ射线天文卫星探测发现银河系的高银纬处存在着弥散的γ射线辐射，据专家分析认为可能来自中子星，也可能与暗物质有关，因为暗物质与正物质相遇会发生湮没，可产生γ射线。利用爱因斯坦天文台卫星观测发现距离银心小于几光年内有一个低能 X 射电源和高能 X 射电源，且有强磁场和喷流现象。这些研究结果都表明银河系核心很活跃。

五、银河系旋臂的旋开与旋闭

对旋涡星系来说，旋臂有旋开与旋闭之分。如果星系的自转是沿着旋臂从核心部分相连接处到外端的方向就称之为旋臂的旋开；如果自转是沿相反的方向，则叫做旋臂的旋闭，见图 11.9。目前认为银河系具有旋涡结构，但银河系是旋开还是旋闭，至今还无定论。

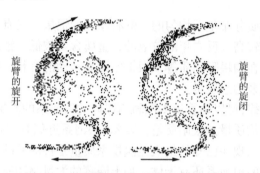

图 11.9　旋臂的旋开与旋臂的旋闭示意图

银河系的旋臂是怎样产生的？又是怎样长期得以维持的？这些问题，近年来有不少人进行研究，且提出了一些看法，例如天文学家林德布拉德、林家翘和徐遐生就提出了**密度波理论**，尤其是林家翘和徐遐生认为：星系的旋臂是作较差自转的，扁的盘状星系里引力的相互作用会所产生的密度波型。在理论上可以证明密度较大的角速度转动着，而且角速度的数值同离星系中心的距离有关。这样，波型和星系物质就有了相对速度，波型经过处，物质密度增大 5%左右，使得气体集聚，形成新的恒星，或者凝聚为固体质点。这就说明了为什么在星系的旋臂里观测到很多年轻的恒星、星协、星团和较多的气体、尘埃。尽管这个理论引起了人们的重视，但也有许多问题尚待解决，这个理论只证明了密度波可能存在，并不会被较差自转所破坏。因而能说明旋臂形态的持久性，但它没有回答密度波是怎样产生的，也未能说明与旋臂有关的一些观测事实。

在介绍第 7 章“太阳系”的时候曾叙述，太阳是以它自己的椭圆轨道绕银心运行的，其速度约是 220 千米/秒。过去一般认为太阳的轨道接近正圆，但太阳离银心有2.4 万光年，离银缘却只有 1.6 万～6.4 万光年，且银河系是一个旋涡形态，所以我们认为太阳的椭圆轨道有一定的扁率。可以想象，当太阳运行到轨道上的近银心点附近时，将沉入银河系的深部，那里的天体比较密集，由于互相挤压，整个太阳系就会收缩，日、地距离就会减少，地球上所得太阳辐射热能就会增加，地球上就会升温，出现温暖期；当太阳运行到轨道上的远银心点附近时，太阳系又浮到银河系的浅层，那里天体比较稀疏，整个太阳系就会因周围挤压力减少而扩张，日、地距离就会加大，地球上所得太阳辐射热能就会减少，地球上就会降温，形成寒冷期，这也就是大冰期。

在第 9 章"地球及其运动"部分曾提到，地球上至少曾出现过三次大冰期，过去，人们对大冰期的成因曾提出过 100 多种假说，但每种假说都不能完全解释冰期的各种现象。有一种观点把冰期归因于地球轨道的扩张。地球轨道的扩张是太阳系在运行到离银心较远的部位所造成的。太阳绕银心公转的周期是 2.5 亿～3 亿年，在一个周期中，太阳系远离银心一次，可形成一次大冰期，而地球上已经发生的三次大冰期——震旦纪大冰期、晚古生代大冰期和第四纪大冰期的间隔也正好是 2.5 亿～3 亿年，两者吻合。

历史上，每次大冰期中都有若干次亚冰期和间冰期的间隔，这又如何解释？若考虑天文因素，太阳无论运行在哪个部位，都会碰到旋臂，旋臂是天体密集区，太阳走进旋臂时，由于密集天体的互相挤压，太阳系又会收缩，日、地距离又会缩短，这就形成大冰期中的间冰期；当太阳走出旋臂时，进入天体稀疏区，周围的挤压力减少，整个太阳系就会扩张，日、地距离增大，从而形成大冰期中的亚冰期。现在天文界推测银河系有四条大旋臂，每条大旋臂中又有不少分支，所以，在一次大冰期里有若干次走出走进天体密集区，从而形成若干次亚冰期和间冰期，这也是可以理解的。

当地球上发生第四纪大冰期时，可以推测，太阳系正处在远离银心的那段路程上，即从整体来看地球轨道正处在扩张的时期。或是说，太阳离银心约 3 万光年的距离差不多是离银心最远的距离。再过几千万年，太阳至银心的距离就不会这么远。我们现在又处在第四纪大冰期的间冰期，这次间冰期大概是 1 万年前开始的，这 1 万年称为冰后期，人类文明就是在这冰后期诞生的，由此推测，我们的太阳系正处在远离银心的天体密集区，事实正是如此，太阳系正处在猎户臂的边缘。由此推测，这次间冰期还要经历十几万至几十万年的时间，等太阳系走出猎户臂时，新的亚冰期又降临了。

太阳绕银心运行一周需 2.5 亿～3 亿年，在远离银心的那段路程上大致要走几百万年至上千万年，这与一次大冰期所经历的时间也是吻合的。

总之，用太阳系在银河系中运行造成地球轨道扩张来解释冰期的成因还是比较圆满的，当然这也仅是一种假说。

11.3　河　外　星　系

　　银河系以外的星系统称"河外星系"，或简称星系。在众多的星系中，只有极少数很亮的才有专门的名称。有的以发现者的名字来命名，如大、小麦哲伦星云；有的以所在的星座的名称来命名，如仙女座大星云(M31)等。绝大多数河外星系则用某个星云星团表里的号数来命名，如 M104、M82、NGC6822 等，见图 11.10 和图 11.11。尽管河外星云之类的称呼应改为星系，但由于历史原因，人们至今还沿用着。

图 11.10　大麦哲伦星云(左)和小麦哲伦星云(右)

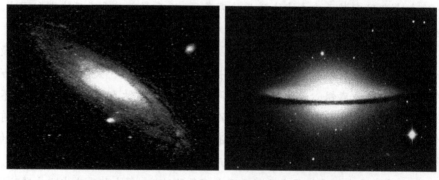

图 11.11　仙女星云或 M31(左)和 M104 或 NGC4594

一、河外星系的分类

　　河外星系与银河系属于同一层次的天体系统。按星系形态特征大致分为五类，即椭圆星系、旋涡星系、棒旋星系、透镜状星系、不规则星系；按星系质量大小，又可分为矮星系、巨星系、超巨星系。河外星系的质量依次约为太阳的一百万到十亿倍、几百亿倍和万亿倍以上。

1. 星系的形态分类法

1926 年哈勃首先提出，依形态特征划分星系，所以也叫做"哈勃分类法"或称为"哈勃序列"。按照形态先把星系分为三大类：椭圆星系、旋涡星系(包括棒旋星系)、不规则星系。后细分为椭圆星系、旋涡星系、棒旋星系、透镜状星系和不规则星系五大类，现将五种类型简介如下。

(1) 椭圆星系 符号为 E，它的形状是圆形或各种扁度的椭圆形。E 后面常附有表示扁度的数字，E_0 星系是正圆形的，E_5 星系表示半长径等于半短径的两倍。目前已发现最扁的椭圆星系是 E_7 星系。在 E 后所标注的旋涡结构的数字表示的是视扁度而不是真扁度。从观测资料看，椭圆星系是具有轴对称和面对称的特点，但短轴在空间的取向是多种多样的，它和视线的交角可以取 0°～180°之间的各种数值。因此，一般说来，视扁度不等于真扁度，真扁度总是大于或等于视扁度，只有当短轴与视线的交角为 90°时，视扁度才等于真扁度，如果短轴与视线重合，那么无论怎样扁的星系看起来都是圆的，都是 E_0 星系。

(2) 旋涡星系 符号为 S，它具有旋涡结构的中心，为球状或相当球状的核球，核球外面是一个薄薄的圆盘，从核球外缘附近有两条或更多条旋臂向外延伸出去，极少发现有一条臂的。核球部分有的比较圆，有的比较扁，也可以用 E_0～E_7 表示核球的形状。依据旋臂的开展程度和核球的相对大小，S 还可以分为 Sa、Sb、Sc 等次型，Sa 型的核球相对最大，旋臂缠得最紧，Sc 型的核球相对最小，旋臂最开展，Sb 介于中间。

(3) 棒旋星系 符号为 SB，实际上它是一种特殊的旋涡星系，呈一个棒状物，棒的中心部分仍有核球，其核球像有一根轴串着，再从轴的两端伸出旋臂，亦按旋臂的松紧程度，分 SBa、SBb、SBc 三次型。SBa 型的旋臂最不开展，核球最大，看起来像希腊字母θ；SBb、SBc 型的旋臂展开较大，核球小，像一个大写的英文字母 S。

(4) 透镜状星系 符号为 SO 或 SBO，这类星系的核球及其外面部分很像 S 或 SB 星系，一般没有旋臂结构，也没有吸收物质的气体或尘埃等。通常认为，透镜状星系是椭圆星系和旋涡星系(包括棒星系)之间的过渡型，近年来由于观测技术的改进，发现有的透镜状星系仍可看出有旋涡结构，实际上应该是 Sa 或 Sba。

(5) 不规则星系 符号为 Ir 或 Irr，这类星系具有不规则的形状，没有可辨认的核，也没有旋涡结构，它又可分为两个次型 Ir I 和 Ir II。Ir I 型不规则星系的中心没有核，看不出有旋转对称性，它的组成类似 Sc，偶尔隐约可以看见旋涡结构。Ir II 型则为完全不规则。

星系的一些重要物理性质，往往与形态有关，所以认识星系形状很有必要。把五种分类归结为图 11.12，称为星系的哈勃分类，也有人称为星系"音叉图"

分类。

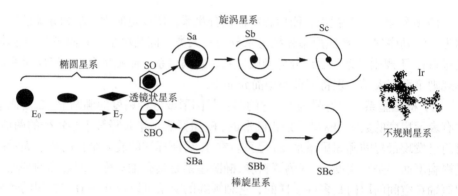

图 11.12　星系的哈勃分类

2. 哈勃形态分类的改进

从根本上说，哈勃系统是一种形态分类法。它是直接以观测为依据的，因此被广泛采用。哈勃分类第一判据可能同星系前身的角动量分布有关，也同最早期恒星的形成时标有关；第二、第三判据则可能同星系目前的恒星生成率有关。一些特殊星系(如 M82、NGC 3077、NGC 520、NGC 2685、NGC 3718)，虽不能纳入哈勃分类系统，但这数量不多。

对哈勃形态分类补充的一些类型，这里介绍两种。

(1) 沃库勒(De Vaucouleurs)系统分类　　沃库勒认为星系的哈勃分类过于简单，他发现了棒、环和旋涡结构连续渐变的序列，并多次对哈勃系统提出修订方案。方案的要点是划分四大类、两族、两种和五级。说明如下，①四大类：椭圆星系(E)、透镜状星系(L)、旋涡星系(S)、不规则星系(Irr)。其中，透镜状星系等同于哈勃系统中的 SO 类。②两族：L 类和 S 类；同时又各分为 A、B 两族。A 族表示正常形态；B 族表示棒状；AB 表示过渡(混合)形态。③两种：r 和 s。r 种代表旋臂绕成弧状，环成圆形 SA(r)或椭圆形 SB(r)；s 种表示旋臂从星系核心或棒端出发，形成"s"状。过渡形态记为 rs 或 sr。④五级：a、b、c、d 和 m(麦哲伦云类型)。过渡形态记为 ab、bc、cd 和 dm。

沃库勒采用非常类似的符号 SA 和 SB 来表示哈勃类 S 和 SB。他扩展了哈勃分类框架中的标志 a、b 和 c，加进子类型 d 和 m 来表示从明显旋臂到非常无序结构之间的过程星系类。他还附加了标志 r 和 s，表示环和旋涡特征突出的星系。例如车轮星系就属于特殊分类。Sd 和 SBd 型星系核很小，旋臂断断续续，一块一块的，Sd 位于 Sc 之后，SBd 位于 SBc 之后。麦哲伦云型的星系属于 Sm 型。

(2) 摩根(W.W.Morgan)系统分类　　摩根对哈勃形态分类增加了包含星系

的恒星化学组成的内容。他指出，旋涡星系中央核球光的复合光谱型，可能晚于盘星和旋臂上恒星的光谱型，因而，用聚集度来标志星系的中央核球的光度比整个星系盘的光度强弱的不同程度等。系统要点：用 E、S、B(SB) 和 I 表示形态；另加 L、N 和 D 三个字母，其中 L 表示表面亮度小，N 表示在微弱背景上有小而亮的核，D 表示没有尘埃；再用前标 af、f、fg、g、gk 和 k 表示聚集度，用后标表示倾角指数(如 1——圆，…，7——纺锤形)，另以 p 表示特殊。例如：

　　NGC 5273——哈勃系统 SO/Sa，摩根系统 gkD2。

　　NGC 488——哈勃系统 Sb，摩根系统 kS2。

　　NGC 628——哈勃系统 Sc，摩根系统 fgS1。

　　NGC 5204——哈勃系统 Sc/Ir，沃库勒系统 Sam，摩根系统 f I-f S4。

　　NGC 4449——哈勃系统 Ir，沃库勒系统 IBm，摩根系统 aI。

　　3. 星系数按类型的分布

　　星系可以分类，但它们的类型并非完全客观地描述，往往带有人为的因素，虽不同的研究者用同样方法可得出不同类型的星系数，但研究结果趋势相似。表 11.1 列出了范登堡的统计结果，由表 11.1 中可以看出，旋涡星系(包括棒旋星系)，比例最大，可能要占 60% 以上，不规则星系最少。

表 11.1　星系按类型的分布

类型	E+SO	Sa+SBa	Sb+SBb	Sc+SBc	Irr	其他*
百分比	22.9%	7.7%	27.5%	27.3%	2.1%	12.5%

*表中的其他栏是指非哈勃类型的星系。

二、星系的光度和光谱

　　星系发出的光来自它的所有恒星。通过光学观测，我们可以了解星系的一些特征。由星系的颜色推论出它的恒星成分；根据星系类型和它的颜色之间的关系，我们可以推断，一般椭圆星系比旋涡星系更红，旋涡星系比不规则星系红，不规则星系偏蓝。旋涡星系的最外部分与核球区的颜色不同，当核球变大和旋臂缩紧，它的颜色变红。

　　天体的距离测定在第 6 章中讨论过。星系的距离主要由"变父造星"这把"量天尺"确定。星系的大小要先确定"等光强线"定出半径，目前天文学家用 CCD 确定"等光强线"，再用计算机来计算星系半径。

　　星系的光度估算，关键是星系边缘的确定必须用一个"等光强线"限定星系半径，而后再通过尘埃消光、星系内在消光等修正就会得到星系的绝对星等。

　　星系的光谱测定早期主要使用光谱仪，现代则用 CCD 进行星系的光谱观测，而且更注重星系核区。星系的光谱分类非常类似于恒星的光谱分类，一般椭圆星系的光谱型为 K 型，旋涡星系中形态 Sa 型的光谱型为 K 型，形态 Sb 型的光谱型为 F～K 型，形态 Sc 型的光谱型为 A～F。根据星系的光谱，人类能获得星系的总体运动以及核球的光谱型的信息，星系的光谱是由千亿颗恒星的累积光而形成的。

　　星系辐射的能源，除可见光波段外，还有射电、红外线、紫外线、X 射线、γ 线等。例如，银河系内恒星上发生的各种变化过程对应着不同的能量形式，每种过程都只发射出一些特定波段内的电磁辐射。天文学家正是通过对不同波段的电磁辐射的研究，来探讨银河系的结构和演化，以及在银河系内发生的各种现象。

三、星系的结构

　　目前所有星系，其结构研究最清楚的，就数我们的银河系了，河外星系结构则主要基于哈勃分类来研究。

　　E 星系一般由核和晕组成，核又分为核球和核心，有些矮 E 星系则没有核。S 星系包括 SB 星系是最复杂的，有核心、核球、盘和晕，盘内又有旋臂。S0 星系和 E 星系的主要差别是 S0 星系有盘；S0 星系和 S 星系的主要差别是 S0 星系一般没有旋臂。星系的代表结构见图 11.13。

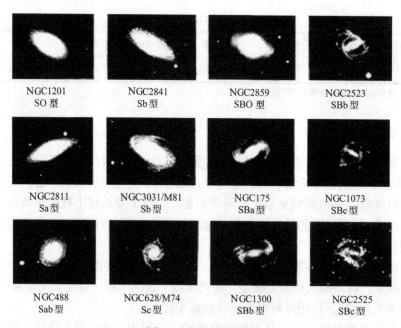

图 11.13　星系的结构

　　一般把椭圆星系、旋涡星系、棒旋星系、透镜状星系看成**正常星系**。还有一些形状类似椭圆，但缺少亮核区，尺度大小悬殊。尺度超巨大的、有些弥漫并有延伸的色层称为超巨弥漫星系或 cD 星系(c 表示超巨，D 表示弥漫)；尺度比较小的叫矮星系或 dD 星系。

四、河外星系的自转和空间运动

1. 河外星系的自转

银河系有较差自转运动，其他星系也应该有相关自转运动。确定河外星系自转方法之一是测定星系视面上不同点的视向速度，如果星系正在自转，那么它的一边应当离开我们，另一边却靠近我们。因此，人们只要获取星系的光谱，测量谱线的位移，再扣除掉整个星系共有的位移，就可以确定星系自转的状况。方法之二是根据射电天文方法来确定星系的自转运动。

目前已经定出自转速度的河外星系在星系世界里，只占极少数(约一百多个星系定出了自转速度)。例如，属于本星系群的一些星系，它们的外部自转速度：仙女座大星云 M31 为 280 千米/秒；在人马座的不规则星系 NGC6822 为 110 千米/秒；在鲸鱼座的不规则星系 IC1613 为 60 千米/秒；大麦哲伦星云为 95 千米/秒；三角星系 M33 为 104 千米/秒。本星系群以外的星系的自转速度有的小到 60 千米/秒，也有的大到 300 千米/秒。

2. 河外星系的空间运动

从本星系群中的较亮星系对太阳的视向速度的分析中，可以得出，星系除了自转运动以外，星系彼此之间也有相对运动。例如，大麦哲伦星云为+270 千米/秒，小麦哲伦星云为+168 千米/秒，三角星系 M33 为–190 千米/秒……

星系的空间运动是星系之间彼此引力作用而产生的？还是在形成过程中获得的？或者是既与引力作用有关又与形成过程有关？这些问题目前人类还没有确定的答案，还需进一步探讨。

五、河外射电源和射电星系

1. 河外射电源

利用射电方法观测宇宙，发现天空有些区域会发出很强的射电辐射，我们把这些区域称为"**射电源**"。射电源中有极少数已被证明为银河系内的天体，如蟹状星云。但多数射电源位于银河系以外，称为河外射电源，河外射电源被认为有的是射电星系，有的是类星体射电源，还有一些河外射电源至今没有找到它们对应的光学天体。

(1) 河外射电源的强度　　射电源的强度常用单位时间辐射量的大小即射电辐射功率来度量。河外射电源射电功率一般都在 10^{10} 尔格/秒以上,高的达到 $10^{33}\sim$

10^{45}尔格/秒，有的甚至更高，比银河系射电辐射功率高几个数量级。

(2) 河外射电源的射电结构　　多数河外射电源是双源结构，见图11.14。通常两个射电子源对称地位于光学星系的两侧，两子源间的线距离一般很大，有的可以达几百万秒差距；还有一些射电双源中一个子源与光学星系重合，另一个子源远离光学星系；除了双源结构外，还有单源结构、多源结构、喷流结构等。

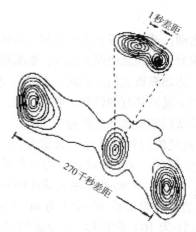

图 11.14　射电星系 3C111 双源结构

2. 射电星系

有强射电辐射的星系称为"**射电星系**"，射电星系的射电辐射功率一般在$10^{40}\sim10^{45}$尔格/秒，射电星系大多数为椭圆星系和巨椭圆星系。

人类发现的第一个射电源是天鹅座 A，它是目前人类探测到的全天最强的河外射电源，但辐射功率并不算高，约为 10^{43} 尔格/秒，射电源结构为双源型。1954 年天文学家已把它证认为星系(3C111)，两个射电子源对称地位于星系的两侧，见图11.15。

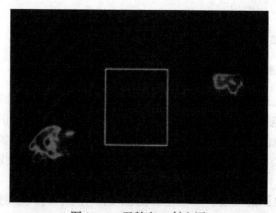

图 11.15　天鹅座 A 射电图

半人马座 A 是南天最强的射电源，光学证认为星系(NGC5128)，这个星系几乎是正圆形，中间有一条暗带，这个星系是离我们最近的射电星系，约 1.3 亿光年，射电辐射功率为 10^{41} 尔格/秒，有活动星系核，见图 11.16。

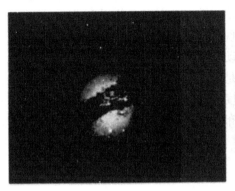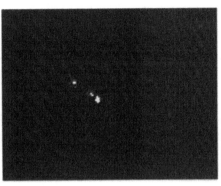

图 11.16　半人马座 A 星系光学波段(左)和 X 射线波段(右)

3. 河外射电源的空间分布

随着射电天文学的发展，目前发现了越来越多的射电源，射电源的计数则成为研究总星系物质分布的重要手段。

所谓**射电源的计数**，就是计算总星系中有多少个河外射电源。这种计数虽是很繁重的工作，但也是很有意义的工作。其意义就是计数结构能反映宇宙中物质分布的状况。1977 年，美国俄亥俄大学编的射电源总表所列射电源总数已达三万个。

对于计数结构，目前有两种解释。一种解释认为宇宙射电源分布不均匀，远处多，近处少；另一种解释认为宇宙射电源分布是均匀的。现代多数天文学家赞同后一种解释。

六、活动星系

与恒星一样，星系也在不断地演化。在其一生中，既有比较平静的正常期，又有剧烈的活动期。通常把具有明显的剧烈活动，而且存在期大大短于正常星系的星系称为**活动星系或激扰星系**。活动星系一般都有极亮的星系核，很多变化都来自这神秘的核区。常见的活动星系除上述部分射电星系外，还有爆发星系、塞佛特星系、致密星系、马卡良星系、N 型星系、光变星系、蝎虎座 BL 星系、互扰星系等。下面介绍几种。

1. 爆发星系

在天文望远镜里可以看到有光变现象。有些星系正在爆发，或爆发后不久，仍在喷射物质和能量。例如，大熊座中的 M82，其核中抛射的物质以 1000 千米/秒的速度向外飞驰；室女座中的 M87，其核旁喷出的蓝色物质形成了一条将近 5 光年的物质流。美国天文学家塞佛特发现某些星系有一个小而亮的核，其外围的电离气体以每秒几千公里的速度向外运动，天文界称之为**塞佛特星系**，其实也是爆发星系。有的星系既是爆发星系，又是射电星系。例如，**N 型星系**。它的特征是中心有一个亮的恒星核，周围被低亮度的延伸的星云包围，中心亮核的颜色和类星体相似，而延伸云的颜色和亮度分布类似一个巨椭圆星系，由于它的活动星系核周围有星云，所以称 N 型星系。

2. 强红外辐射星系

1983 年，美国、荷兰和英国三国联合研制发射了红外卫星 IRAS。该卫星探测结果发现了数以千计的星系具有强烈的红外辐射，即这些星系正在发射比一般星系强出几十倍以上的红外光，天文学家据此推测这些星系中正在孕育一批新恒星(因原始恒星的温度较低，只能发出红外光)，这类星系又称为**星暴星系**，意为爆发式形成新恒星的星系。在红外波段亮而在光学波段暗的星系，称为强红外辐射星系，即 **IRAS 星系**。

3. 强紫外辐射星系

具有反常紫外连续谱的星系，一般都有一个蓝色的核，这就是紫外辐射源。如苏联天文学家马卡良在物端棱镜光谱底片上就发现了这类星系，他前后共观测到 800 多个，并编制成星表，故名"**马卡良星系**"。

4. 光变星系

有的星系光变变化大，有几十分钟至数天的不规则光变现象，如**蝎虎座 BL 型天体**等就属于光变星系。

5. 互扰星系

如果两个星系靠得很近，由于引力作用，会产生物质交流，形成物质流或物质桥，甚至两个星系会碰撞，直至于兼并，这也是星系活动的表现形式。

图 11.17 是一著名的宇宙深空中的天线星系，它们形成很可能是由于两个星系经过强烈的碰撞后产生的。外国学者埃勒和托姆尔用计算机模拟了该过程，见图 11.18。

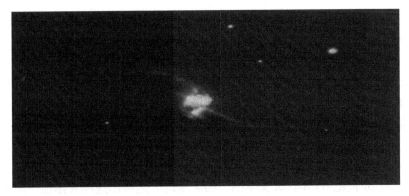

图 11.17　天线星系

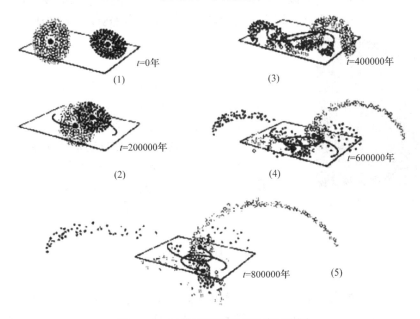

图 11.18　计算机模拟星系碰撞过程图

七、星系核的活动

多数星系都有密集的中心部分，称为**星系核**，星系核的质量约为 10^8 太阳质量，星系核中包含恒星以及电离气体、磁场和高能粒子。正常星系的核，通常是"宁静"的。对宁静核的观测表明，核中包含有各种光谱型的恒星，常有射电辐射。星系核 90% 的光度是在很窄的红外区域产生的。

具有激烈的和活动性物理过程的星系，激烈活动过程主要集中在星系的核心，称为"**活动星系核**"(active galactic nucleus, AGN)。星系核活动的形式较多，其中一种形式可抛出很大一块或几块物质，另一种形式是沿短轴方向抛射物质，除此，还有巨大的非热辐射，在红外区达到极大，还有很强的光度变化的特征。第一个注意到星系核活动现象的是美国天文学家塞佛特。

自 1963 年震动天文界的类星体发现至今，天文学家现已证实它就是典型的活动星系核。如 1982 年欧洲南天天文台首次观测证实类星体就是活动星系核。

活动星系核，在近来是很流行和非常活跃的天文研究领域。大量观测事实表明类星体是活动性很强的活动星系核。根据理论研究认为，核心很可能是一个黑洞，而黑洞的周围被一层一层气体包围着。我们所能观测到的来自类星体的各种辐射可能是从这些气体发出的。

类星体是 20 世纪 60 年代天文学的"四大发现"之一。这种天体在一般光学观测中只是一个光点，类似恒星(图 11.19)。但在分光观测中它的谱线具有很大的红移，又不像恒星，因此，称它为**类星体**，英文缩写为 **QSO**。到 2019 年底，已确认类星体达 8000 多个。

图 11.19　类星体 3c48

类星体特点如下：

① 距离地球都非常遥远，多在百亿光年以上。

② 具有高速向外膨胀运动，有很大的红移。

③ 辐射光度较高，并有强的非热辐射。

④ 一般都是强射电源，部分还是强 X 射线源。

⑤ 都有光变现象，光变周期从几小时至几年不等。

⑥ 部分有恒星状外貌，有的还有喷流。

⑦ 体积不大，温度极高。

11.4　星　　云

这里所说的**星云**，是指真正的云雾状天体，位于银河系内太阳系以外一切非恒星状的气体尘埃云。一些较近的星系，其外观像星云，几个世纪以来也称为星云，但在 1924 年底解决了"宇宙岛"之争以后，已区分出银河星云和河外星系。银河星云，简称"星云"，无论用多大望远镜观测，也无法把它们分解成恒星，它们的组成成分主要是气体和尘埃，也称星际介质(ISM)。人们可用肉眼观察到的星云仅猎户座大星云一个，其余都要用望远镜才能观测到。这是因为大多数星云很暗。还有一个原因是，现代宇宙学认为我们的总星系是在 150 亿～200 亿年前的一次大爆炸中诞生的，那么，经过这大约 150 亿年的演化，第一代星云绝大部分都应演化成星体了，所以，现存的星云主要是星球和星系爆炸和抛射形成的第二代星云，有的甚至是第三代星云了，当然也有少数残留的第一代星云和由星际物质吸积而成的星云。

一、星云的密度

星云的密度自然很小，它是介于星际物质与原始恒星之间，一般是每立方厘米几十至几千个质点(原子或离子)。这样的密度，比星际物质要大，大到已具有一定的形体，可以反射星光或激发生光，从而被人们观察到。

二、星云的质量

星云的质量有大有小，小的不过是行星级或恒星级，大的则为星系级。像金牛座蟹状星云，它本是一颗恒星爆炸的产物，中间还残留一颗中子星，显然，蟹状星云的质量比原恒星要小。由星系爆炸形成的星云无疑比恒星的质量要大。

三、星云的成分

星云的成分与恒星差不多，以氢和氮为主，其次是碳、氧、氟、镁、钾、钠、钙、铁等。现在还发现有的星云中有 OH、CO 和 CH_4 等有机分子。

四、星云的种类

依据不同，分类情况不同。

1. 按形状分类

星云按其形状，可分为弥漫星云和行星状星云。

(1) 弥漫星云　　弥漫星云是形状不规则的星云，如蟹状星云(M1)和猎户座内的马头星云(NGC2024)等都是弥漫星云，见图 11.20(a)和图 11.20(b)。

(a) 蟹状星云(M1)　　　(b) 猎户座内的马头星云(NGC2024)　　　(c) 天琴座环状星云(M57)

图 11.20　星云

(2) 行星状星云　　行星状星云是核心有一颗亮星，周围是星云，整体呈球形或扁球形的星云。之所以称为行星状星云，是因为核心的亮星像行星的固体部分，星云则如行星的大气圈。在望远镜里，这种星云往往呈环状，因星云的中间部分较稀薄，一般看不到，而外缘部分较浓密，可以看得到，或者还有一个原因，是中间部分被那颗亮星照得较亮而变得透明，但外缘不甚亮，故不透明，如天琴座环状星云(M57)就是典型的行星状星云，见图 11.20(c)。其实，这类星云称"环状星云"更合适，因既然是星云，就不能包括其核心的那颗亮星——它是恒星，而不是星云；再者，行星的大气是底层浓密，高层稀薄，环状星云情况与此相反，所以没有必要称行星状星云。环状星云无疑是中间那颗亮星喷射出来的物质形成的，也许还在扩张；一旦扩张停止，又会收缩，最后可能又会被那颗恒星吸聚。

2. 按发光的性质分类

按发光的性质，又可把星云分为发光星云、反射星云和暗星云。

(1) 发光星云　　被中心或附近的恒星激发后能够自行发光的星云，如御夫座的 IC410，见图 11.21。

(2) 反射星云　　因中心或附近的恒星温度较低，被激发的强度不够，因而只能反射和散射星光的星云。如猎户座大星云(M42 或 NGC1976)，见图 11.22。

图 11.21　御夫座的 IC410　　　　　　　图 11.22　猎户座大星云 M42

(3) 暗星云　　无光或光度不足以肉眼(包括使用望远镜)可见的星云，一般是因为其中心和近旁均无亮星的缘故，不过，只要其背景是恒星，该星云就可显现出来，如猎户座马头星云(NGC2024)就是典型的暗星云。

人们在地面上拍摄的深空天体大多是星云和遥远的星系。

11.5　星系团和总星系

宇宙中孤立星系只占少数，多数星系成群聚集。由两个星系组成的称为**双重**

星系，由三个到十个称为**多重星系**，由十个至几十个星系组成的成为**星系群**。比星系群更大的系统叫**星系团**，它由几百个或几千星系组成，平均直径为几兆秒差距。超星系团是现在已知的最大的星系集团，**总星系**是指观测所及的星系以及星系际物质的总体。

一、双重星系和多重星系

1. 双重星系

观测到的双重星系可分为三类：第一类称为**远距双重星系**，这类双重星系分得较开，除了因引力作用互相绕转之外，没有明显的相互作用；第二类称为**相互作用星系**，这类双重星系中，两个星系靠得很近，除了互相绕转外还有明显的相互作用，两个星系间的平均距离为 7500 秒差距，如 M51 和它的伴星系就是著名的相互作用星系(图 11.23)；第三类称为碰撞星系，这类双重星系几乎靠在一起，相互作用非常强烈。

图 11.23　M51 和它的伴星系

2. 多重星系

多重星系的相互作用特别多，且相互作用主要在某两个星系间发生。相互作用的形式多种多样。有的是两个星系间由亮的物质桥连接起来；有的是一个星系是质量很大的旋涡星系，而另一个星系则很小，正好位于大星系旋臂的最外端；有的是一个星系可看到一块突出物，好像是另一个星系的残骸，一般说来，这种突出物比亮桥更亮。

我们的银河系和大麦哲伦云、小麦哲伦云构成一个三重星系，大、小麦哲伦云位于南天，是 16 世纪葡萄牙探险家麦哲伦乘船到南美洲时发现的，探险船队回到欧洲作了报道，所以叫做麦哲伦云，大、小麦哲伦云都是不规则星系，大麦哲伦云的距离是 16.9 万光年，小麦哲伦云的距离是 19.5 万光年，1955 年以后观测发现，这两个星系间有气体把它们连接起来，大麦哲伦云与银河系之间还可能有弥漫物质联系。观测发现：在大、小麦哲伦云里发现了大量的变星，除经典造父变星外，还有天琴座 RR 型变星、长周期变星、不规则变星、新星、食变星等。此外也发现了不少的特殊星，如佛尔夫-拉叶星、天鹅座 P 型星等，以及疏散星团、球状星团、行星状星云、弥漫星云。因此，这两个星系是研究各种类型的恒星和星团的良好场所。在大麦云里还有两个天体值得一提，一个是剑鱼座 S 星，绝对星等为–9 等，是观测到的光度最大的恒星之一；另一个是蜘蛛状星云(剑鱼座 30 星云)，它的直径比猎户座大星云大得多，是观测到的光度最大的亮星云。

1975 年又发现了比大、小麦哲伦云更近的比邻星系。因此，银河系，大、小麦哲伦云，比邻星系实际上是一个四重星系。

二、星系群、星系团

1. 本星系群

银河系和它周围的三十多个星系组成的星系群称为本星系群。本星系群中各种类型的星系都有，其中主要的两个星系是仙女座大星云(M31)和银河系。20 世纪 50 年代，除上述两个星系外，确定为本星系群成员的还有 M33，大、小麦哲伦云，NGC6822，IC1631 以及其他几个较小的椭圆星系。1968 年在仙后座发现两个星系，分别命名为梅菲 I 星系和梅菲 II 星系，这两个星系也被确定为本星系群成员。1975 年发现了比邻星系，1978 年又发现了两个星系，它们也都被确定为本星系群的成员，由此看出，随着探测宇宙工具的改进，观测到的本星系群的成员逐渐增多。

2. 星系团

比多重星系更大的天体系统称为"星系团"，星系团中星系的数目一般在一百到几千之间，观测表明，大多数星系是星系团的成员。星系团的分类方案也有多种，常见的有：①依形态可分为规则型和不规则型星系团；②按星系团的成员则可分为 CD 型星系团、富旋涡星系型星系团和贫旋涡星系型星系团。

(1) CD 型星系团　　　CD 型星系是指一些星系团中心发现的超大星系，属椭圆星系。这种星系可能是星系团中心，其恒星包层可以延伸达 100 千秒差距。只有在致密型星系团中，才能发现 CD 型星系。而且，部分 CD 型星系，还表现出具有多重星系核。在 CD 型星系团中，各种类型星系的比例大约是 E：SO：S=3：4：2。也就是说，旋涡星系占的比例只有 22%左右。

(2) 富旋涡星系型星系团　　　这种星系团中，星系成员的比例为 E：SO：

S=1：2：3。旋涡星系成员达到了 50%。

(3) 贫旋涡星系型星系团　　除上述外，其余的星系团可以统称为贫旋涡星系型星系团。其成员比例为 E：SO：S=1：2：1。

对于 CD 型或规则型星系团，星系的空间密度明显地向中心增加，而对于富旋涡星系型或不规则型星系团，向中心密集度很小，分布几乎是均匀的。贫旋涡星系型则介于两者之间。

星系成员分布也有明显的不同，对于 CD 型和贫旋涡星系型星系团，旋涡星系大多分布在外围，中心部分主要是椭圆星系(E)和透镜状星系(SO)，而对于富旋涡星系型，各种类型星系的分布基本上是一致的。

如果用星系的视星等作为星系质量的量度，则发现对于 CD 型和贫旋涡星系型，亮星系大质量的星系向中心聚集，小质量的星系均匀分布。这种现象称为质量分离，对于富旋涡星系型，就没有这种现象。

上述形态分类和星系的分布对于研究星系团的动力学特征和演化过程是非常重要的。

3. 著名的星系团

(1) 室女星系团　　这是离我们地球最近的星系团，因位于室女座中而得名，角直径约 12°，距离约 16 兆秒差距，包含约 2500 个星系，其中约有 200 个亮星系，68% 为旋涡星系(S)，19%为椭圆星系(E)，其余为不规则星系。但最亮的四个星系却是椭圆星系，著名的 M87(NGC4486)便是其中之一。M87 绝对星等约−22 等，质量约 4×10^{12} 太阳质量，这个星系是个强射电源和 X 射线源，可能经历过猛烈的爆发，留下了好几个喷射物。

(2) 后发星系团　　这是离我们地球第二近的星系团，属于富星系团类型。它的角直径约 4°，分布呈球对称性，距离 138 兆秒差距，包含约数千个星系。由于它位于后发座中，离北银极只有 2°，故十分容易观测。该星系团大部分成员为椭圆星系(E)或透镜状星系(SO)。其中心附近有两个超巨星系也是 E 星系 NGC4889 和 SO 星系 NGC4874。

三、总星系

通过各种观测手段，目前人类的视野已扩展到 150 亿～200 亿光年的宇宙"深处"，这就是"观测到的宇宙"。20 世纪 30 年代曾出现了"总星系"这个名词，现代定义：总星系就是我们观测所及的星系和星系际物质的总体，总星系就是"我们的宇宙"。从人类的认识史来看，在某一特定的阶段，我们对宇宙的认识无论在深度上，还是在广度上都是有限的，但随着科学技术水平的提高，人类对宇宙时空的认识也将越来越深入。因此，我们的宇宙是有其具体的物质、运动、时间和空间等，而不是抽象的。

根据有关总星系的观测结果(参见第12章"宇宙学")，我们的宇宙可简单概括为以下几方面：

① 星系团的空间分布是均匀的、各向同性的。

② 射电源的分布是均匀的。

③ 河外星系都有红移。

④ 宇宙微波背景辐射约2.7K。

⑤ 因大量暗物质存在，现阶段对宇宙物质总质量、总密度的估计不准。

⑥ 总星系中最丰富的元素是氢和氦。

⑦ 最老天体的年龄为 $10^9 \sim 10^{10}$ 年。

⑧ 目前人类观测所及的宇宙范围大致是150亿～200亿光年。

人类目前只能通过引力产生的效应得知宇宙中有大量暗物质的存在。暗物质存在的最早证据来源于对球状星系旋转速度的观测。现代天文学通过引力透镜、宇宙中大尺度结构形成、微波背景辐射等研究表明：我们目前所认知的部分大约只占宇宙的4%，暗物质占了宇宙的23%，还有73%是一种导致宇宙加速膨胀的暗能量。对于暗物质和暗能量的研究，人类还在继续探索。

11.6 星系的形成与演化

星系的形成与演化是个十分复杂的过程，理论框架和具体的细节人类还不是很清楚。既有内在因素，如涉及气体的含量、恒星形成的过程、反馈的作用等；又有外在因素，如星系间的相互作用，可能会改变它们演化的状态等。

星系的形成与宇宙中的物质状况有关。暗物质是宇宙中物质主要成分，暗物质的密度涨落应该在宇宙大尺度结构中起主要作用，暗物质只有弱作用和引力作用，由于暗物质与辐射场之间没有耦合现象，因此暗物质的密度涨落可以在辐射与正常物质脱耦前发生，也不会影响微波背景辐射的各向同性。星系形成和演化简述如下。

一、星系形成

目前认为星系形成与暗物质有关。根据观测事实和理论推测：①宇宙开始包含均匀分布的暗物质和正常物质；②大爆炸数千年后暗物质开始成团；③暗物质确定宇宙中物质的总体分布和大尺度结构；④正常物质在引力作用下向高密度区域聚集，形成星系和星系团。见图11.24。

我们宇宙的暗物质可分为热暗物质和冷暗物质。暗物质的成分或性质决定宇宙大尺度结构。关于暗物质成分及性质见表 11.2。

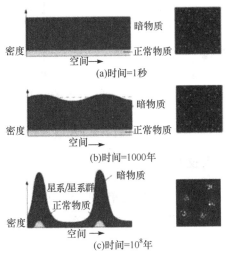

图 11.24　星系形成

表 11.2　暗物质成分及性质

暗物质成分类型	性质	图片
热暗物质	粒子质量小，温度高，速度快(接近光速，如中微子)，宇宙大尺度结构(自上而下)	
冷暗物质	粒子质量较大，速度较慢，宇宙小尺度结构(自下而上)	

据天文学家研究，宇宙大/小尺度结构模型有自上而下和自下而上。

1. 自上而下模型

假设先有一个原始气体云，原始气体云塌缩首先产生巨大的($10^{14}M_\odot$)、薄饼状的云块(超星系团)，然后，云块分裂成星系团和星系，见图 11.25。

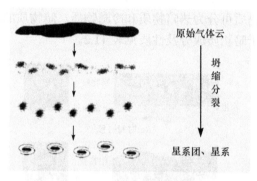

图 11.25　自上而下模型

2. 自下而上或等级式模型

较小的冷暗物质($10^6 M_{\odot}$)，不规则的星系首先形成，星系合并形成较大的星系($10^9 \sim 10^{11} M_{\odot}$)，然后在引力的作用下聚集成星系团和超星系团，产生星系团之间的巨洞，见图 11.26。

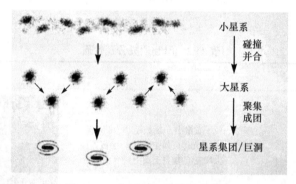

图 11.26　自下而上或等级式模型

按目前情况来看，自下而上的模型与我们观测的事实吻合的较好，也说明宇宙中以冷暗物质形成星系为主。哈勃太空望远镜对不同红移星系的观测，见图 11.27。从左到右，红移大小逐渐增加。我们看到的是越来越远的星系。距离越远，星系的形态越不规则，反映出星系初始的状态及相互作用所导致的后果。

二、星系演化

星系形成于气体云的塌缩，因此，星系的形态与星系中的恒星形成有关。如果恒星形成较快，星系内的气体很快被用光，没有星系盘形成，星系形态以椭圆星系为主；如果恒星形成较慢，大量的气体形成星系盘，盘内的恒星形成，旋涡星系形成。当然，星系间的合并、碰撞也是星系演化的重要因素。如小星系的碰撞，导致恒星快速形成，可演化成大椭圆星系，见图 11.28。

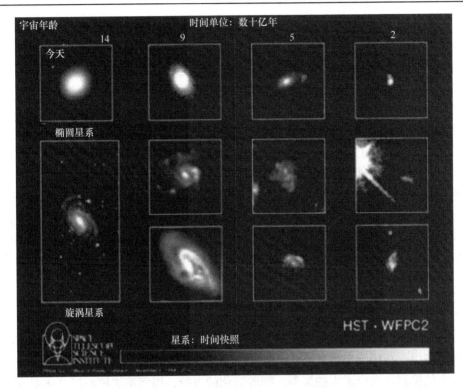

图 11.27 哈勃太空望远镜对不同红移星系的观测

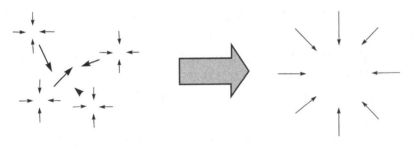

图 11.28 星系演化

三、银河系的形成与演化

根据迄今为止的有关银河系的观测资料，从弥漫说出发，可以粗略地描绘出银河系可能的起源演化史。

在 100 多亿年前，有一个很大的星系际云，在自引力作用下收缩，在收缩中分成几个云，其中一个大云，形成银河系；三个小云分别形成大、小麦哲伦云和比邻星系。

大云收缩中成为球状，开始时内部密度比较均匀。由于湍流和其他原因，逐渐出现了一些密度较高的区域，这些区域就形成球状星团。收缩中，云的中心密度增加最快，逐渐形成一个中心密集区，受到这中心密集区的吸引，球状星团向它降落，围绕着中心密集部分，也就是围绕着银心，在偏心率很大而且对银道面倾角也很大的椭圆轨道上转动起来。随着大云的收缩，内部运动渐趋一致，有一个转动方向占了上风，而且由于角动量守恒，转动加快，尚未形成恒星的小云互相碰撞，损失能量，扁化为银盘，盘内逐渐形成了大量的恒星，它们都在大致圆形的轨道上绕着银心转动。在此之前，球状星团中那些较大质量的成员星已经演化到了晚期，它们通过爆发曾把自己内部的重元素抛到星际空间，这样，新形成的恒星是由加进了不少重元素的星际物质形成的，所以它们都含有较多的重元素。有一部分球状星团会瓦解，它们的成员星就成为单独存在的一类恒星，我们今天观测到的球状星团的成员星也都是这类恒星。这类恒星的质量都比较小，和太阳质量相差不多，这是因为，那些质量较大的恒星由于演化较快，抛射出大量物质后已经变成了中子星或黑洞，剩下的就只有质量小的恒星了。随着银河系中心部分物质密集程度的增强，对这类恒星的吸引增强，使之轨道变小，今天观测到的这类恒星的运动轨道比原来的轨道小了不少，在银河系的核心部分，恒星高度密集，恒星之间常常会彼此碰撞，甚至会有两个恒星合成一个，这就加快了演化的速度。所以，在银河系的核心，常常会出现超新星爆发，形成大大小小的黑洞，而且小的黑洞还会合成大的黑洞。随着演化的进行，银河系的核心部分还形成了一个大小约 20 光年×30 光年的银核，它发出很强的射电辐射。在这个区域内部，恒星更加密集，而且其中心有一个大小约两光年的核心，这可能是一团磁场很强、转动很快、密度比较大的等离子体。银核发出很强的辐射，银核已发生过不止一次活动，在银核周围观测到许多射电源，就是银核活动时抛出的电离气体云，它们不断发出热辐射。今天观测到的高银纬星云，则可能是在一千三百万年前一次较为厉害的活动中抛射出来的；形成旋臂的物质，也很可能至少有一部分是从银核抛射出来的。

总之，银河系从形成以来，在运动中演化，正在不断地成长和发展。

四、河外星系的形成与演化

河外星系的形成与演化是个较复杂的问题，目前虽然流派较多(如引力不稳定说、宇宙湍流说、正反物质湮没说、超密说、延迟核假说、连续创造说等)，但都只是假说。

1. 河外星系的形成

下面介绍在观测事实支持下的有引力不稳定假说和宇宙湍流假说。

(1) 引力不稳定假说　　宇宙早期由原子核、电子、光子和中微子等组成，在温度降到 4000K 以前，处于辐射占优势的辐射时期，此时在各种相互作用中，引力不居主要地位，当温度降到 4000K 左右，复合时期开始，宇宙等离子中性化，宇宙从辐射占优势时期开始转入实体占优势时期。在复合时期前后的 30 亿年期间，星系团规模的引力不均匀性开始出现并逐渐增长，这时宇宙物质就因引力不稳定而聚成原星系。计算表明，如果天体形成于复合前或复合初期，则先形成星系团或超星系团，再碎裂而成星系或恒星，如果天体形成于复合晚期，则先形成 10^5 太阳质量的结构，一部分保留至今成为球状星团，大部分则聚合成星系、星系团。

(2) 宇宙湍流假说　　在宇宙等离子物质复合以前，强辐射压可能引起湍动涡流。物质中性化以后，辐射不再影响物质运动，涡流的碰撞、混合、相互作用产生巨大的冲击波，并形成团块群，再演变为星系。这一学说较自然地说明了星系和星系团的自转起因。计算表明，实体占优势时期形成的结构物质为 10^5 太阳质量；复合时期形成的结构物质为 10^{12} 太阳质量。

2. 河外星系的演化

对星系的演化也有不同的见解，早在 20 世纪 30 年代，人们曾把哈勃序列看成演化序列。但是星系演化途径究竟是从椭圆星系到旋涡星系再到不规则星系，还是相反，即从不规则星系到旋涡星系再到椭圆星系，或是其他变化方式，仍有争议。归纳起来有以下几种看法。

① 认为星系形成之初是形态最简单的球状气团，由于自转逐渐变扁，同时发生收缩，密度增大，气体凝聚为恒星，扁平部分形成旋涡，旋涡逐渐松卷以至消失。也就是强调星系是从椭圆星系，经过旋涡星系，最后演化成不规则星系的。有人根据这个把椭圆星系称为"早型"星系，把旋涡和不规则星系合称为"晚型"星系。

② 认为哈勃形态序列就是演化序列，但方向相反：从不规则星系，经过旋涡星系到椭圆星系，即从不规则开始，因自转而获得轴对称，最后演化成球状星系。

③ 认为演化取决于星系的质量和角动量。

④ 认为星系的形态结构的不同，取决于形成时的初始条件(密集、速度弥散度、角动量分布、温度、湍流、磁场等)及其差别，以及星系间的合并和碰撞等。

除了由动力学原因造成星系形态的变化外，星系中恒星的形成和演化过程是决定星系化学成分、星气比例、光度、颜色等物理量随时间演化的主要因素。一般来说，大质量恒星比小质量恒星演化快得多。大质量恒星在演化过程中合成碳、氧、铁这类重元素，通过爆炸形式把它们送回星际介质。小质量恒星则合成较轻的氢等轻元素，以较平稳的形式返回小量物质，因此，不同质量恒星的比例是控制星系化学演化的最重要因素之一，另外，处在不同距离的星系也将反映出宇宙中星系的演化史。除太空中的哈勃空间望远镜曾为人类了解遥远的星系提供了大量信息外，令人兴奋的是在詹姆斯·韦布空间空间望远镜则继续为人类提空更多的信息。

11.7　宇　宙　学

一、宇宙论研究简史

宇宙(universe)是由空间、时间、物质和能量构成的统一体，是一切空间和时间的综合。一般理解的宇宙指我们所存在的一个时空连续系统，包括其间的所有物质、能量和事件。天文学上对宇宙的定义是指**迄今为止观测所及的星系及星系际物质的总体**。时间上有起源，空间上有边界。从哲学上来说，宇宙是指普遍的、永恒的物质世界，在时间上是无始无终的，在空间上是无边无际的。当代宇宙学的丰硕成果大大丰富了人类的宇宙观。现代宇宙学所研究的课题就是现今直接或间接观测所及的整个天区的大尺度特征，即大尺度时空的性质、物质运动的形态和规律，以及它们的起源和演化。

1. 20 世纪以前的宇宙说

西方的宇宙论，可分为四个发展时期。第一个时期是启蒙时期，主要是远古时代关于宇宙的神话传说。第二个时期是从公元前 6 世纪到公元 1 世纪，一直到中世纪(15 世纪)为止，古希腊、古罗马在宇宙的本源和结构上曾出现过唯物论、唯心论两派的激烈斗争，此后西方进入中世纪，宇宙学坠入神学深渊，地心学主宰宇宙学。第三个时期是从 16 世纪到 17 世纪，16 世纪哥白尼倡导日心说，开始把宇宙学从神学中解放出来，到 17 世纪，牛顿开辟了以力学方法研究宇宙学的新生途径，形成了经典宇宙学。第四个时期是 18 世纪到 19 世纪，自康德拉普拉斯的星云说问世以后，确立了天体演化学科，赫歇尔父子对恒星进行了大量的观测，把以前只局限于太阳系的研究扩大到银河系和河外星系，在此期间，已经有分光方法应用于天文学，这一时期的成果给近代宇宙的发展奠定了基础(具体可参看第 1 章绪论部分)。

中国是世界上古老文明的发源地之一，在天文学方面有着灿烂的历史，在天象记载、天文仪器制作和宇宙理论方面都留下了珍贵的记录。中国古代有三种比较系统的宇宙学说，即盖天说、浑天说和宣夜说。

(1) 盖天说　主张"天圆如张盖，地方如棋局"的天圆地方说。它认为大地是一个正方形，天如一个圆盖罩着大地，但圆盖型的天与方形大地无法衔接，于是又设想有 8 根大柱支撑着。"共工怒触不周山"和"女娲氏炼石补天"的神话便是从盖天说的图像编造的。这种天圆地方的主张明显存在着不能自圆其说的地方，当时也有人对此质疑。后来，盖天说又进一步发展，出现第二次盖天说。新的盖天说不仅认为天是拱形的，而且地也是拱形的。天地如同心球穹，两个球穹的间距是八万里，日月星辰的出没是由于远近所致。太阳则绕一个所谓"七衡六间图"运行，七衡指七个同心圆，春夏秋冬太阳在不同的衡上运动，冬至在最外的一个圆——"外衡"上运动，夏至则在最内的一个圆——"内衡"上运动，其他季节则在"中衡"上运动。

(2) 浑天说　　　主张天如球形，地球位于其中心，浑天说大约始于战国时期。到了汉代，浑天说影响很大，有人指出浑天说优于盖天说，它与近代天球概念的视运动相当接近，且在解释天体运动方面渐渐占了优势。据说当时的落下闳就是根据浑天说的概念制造了浑仪，并用以测量天体。

(3) 宣夜说　　　认为天是没有形质的，不存在固体的"天穹"，没有一个硬壳式的天，宇宙是无限的，空间到处有气存在，日月星辰所有天体都飘浮在气中，运动也受气制约。它否认了神的存在，认为宇宙的一切都是自然的。宣夜说产生之后，也有人提出质疑，"杞人忧天"的故事便是其一，但在古代所有宇宙论中能提倡无限宇宙和无神思想是难能可贵的。作为一种宇宙说，它的确具有许多先进的思想，但对于测量天体的视运动要借助于浑天说。因此，宣夜说的推广和发展受到一定程度的限制。

从明末到鸦片战争(1600～1840 年)是我国天文学发展史上的低潮时期，这一时期在宇宙论方面没能取得什么进展。鸦片战争以后，因我国逐渐沦为半封建半殖民地社会，在宇宙论上也没能取得什么有效的成果。

总之，中国古代对于天体的起源、地球的运动和宇宙的无限性诸方面都有过许多先进的思想。但是中国古代宇宙观局限于哲学思辨的成分较浓，较少从科学的角度来解释和论述。1949 年新中国成立以后，我国对宇宙学研究开始重视。

2. 近代宇宙学

近代宇宙学是从爱因斯坦 1917 年发表的论文《根据广义相对论对宇宙学所做的考察》开始的，1922～1927 年间，苏联数学家弗里德曼、比利时科学家勒梅特提出并发展了宇宙膨胀模型。1948 年，邦迪、戈尔德、霍伊尔提出完善的宇宙学原理与稳恒态宇宙模型，还有一些宇宙论研究者，把总星系的膨胀同万有引力常量 G 联系起来，1975 年美国范弗兰登认为 G 正以每年百亿分之一的速度减小。有人提出了引力常量 G 的减小是总星系膨胀的原因。

3. 现代宇宙学

哈勃膨胀、微波背景辐射、轻元素的合成以及宇宙年龄的测定被认为是现代宇宙学的四大基石。现代宇宙学包括观测宇宙学和物理宇宙学，它们既互相联系，又有所侧重。前者主要研究发现大尺度的观测特征，后者主要研究宇宙的运动、动力学和物理学以及建立宇宙模型。

从地心说、日心说到无心说是人类认识宇宙的三个里程碑。但宇宙的命运究竟如何？人类目前还没有把握。现代宇宙学的基本理论还无法解释某些观测到的现象。研究暗物质、暗能量这些新的问题需要将描述微观世界的粒子物理与描述宇观世界的宇宙学结合起来。探索暗物质和暗能量是 21 世纪人类面临的最大挑战。

二、宇宙说原理和现代宇宙学观测基础

1. 宇宙说原理

近代宇宙论的各主要派别中，有一个基本的出发点，即认为宇宙是均匀的、各向同性的，这个宇宙均匀性与各向同性的假说称为**宇宙学原理**。

宇宙学原理就是宇宙学家研究宇宙学的前提条件，或称之为假设。这个假设有如下的观测事实与其相符：

① **星系团的空间分布基本上是均匀的、各向同性的；**

② **射电源的空间分布也是均匀各向同性的；**

③ **宇宙背景辐射几乎严格各向同性。**

宇宙均匀性和各向同性的基本结论是，不存在任何形式的宇宙中心，这就是说，不同位置的天体在总星系中的地位是一样的，银河系并不是一个特殊的天体系统。因此，当我们从其他天体上观测到的宇宙发展史也应与地球上看到的一样。也就是说，我们可以规定一个统一的坐标时间，在同一时刻，宇宙间的各点(星系团)看到的宇宙图像是一样的，这个时间叫做**宇宙时**，当讨论宇宙发展史时，就是讨论在各个宇宙时的一幅幅图像。

2. 现代宇宙学观测基础

目前，有关宇宙学的观测特征有以下几方面。

(1) 星系的谱线红移　　大约在 1917 年，美国天文学家斯莱弗发现河外星系谱线有系统地向红端移动，这种红移随星系距离的增加而变大。观测表明除了少数近距离星系外，其他河外天体谱线都有红移，而且用射电方法测定的红移与可见光波段是一致的。

星系的红移主要是由于离开观测者引起的多普勒速度红移，即

$$V = cZ = c\Delta\lambda/\lambda_0 \tag{11.1}$$

式中，c 为光速。1929 年，美国天文学家哈勃发现河外星系的视向退行速度 V 与距离 D 成正比，距离越大，视向退行速度也越大，即

$$V = H_0 D \tag{11.2}$$

式中，H_0 为一常数，即"**哈勃常数**"。式(12.2)中的速度与距离的线性关系称为"**哈**

勃定律"(图 11.29)。

图 11.29 哈勃定律

欧洲航天局于 2013 年 3 月 21 日宣布，根据普朗克卫星的测量结果得出新的哈勃常数值为 67.80±0.77(km/s)/Mpc(Mpc 表示百分秒差距，大约为 300 万光年)，即在每增加 300 万光年的距离上(或每过 300 万年)，星系远离地球的速度增大 67.08±0.77km/s。哈勃定律揭示宇宙是在不断膨胀的，从任何一个星系出发，一切星系都以它为中心向四面散开，越远的星系退行越快。膨胀宇宙示意见图 11.30。

图 11.30 宇宙膨胀示意图

(2) 微波背景辐射 天空中有各种波长的电磁波背景辐射，它们给出了极其丰富的宇宙学信息。来自越远的辐射，其分布越均匀，其中最为重要的是微波背景辐射，其他各种波段辐射能量之和仅为微波背景辐射的百分之一。

1948 年，宇宙大爆炸论的先驱伽莫夫(Gamow)就预言，宇宙大爆炸之后应有热辐射背景存在，这在 1965 年由美国贝尔电话实验室的彭齐亚斯(A. Penzias)和威尔逊(R.W.Wilson)得到证实。

彭齐亚斯和威尔逊从 1964 年开始对来自银河平面射电波的强度进行一系列测量。为了完成这项任务，他们使用了一个 20 英尺的低噪声喇叭形接收天线。在测量过程中，他们发现一种总是消不掉的背景噪声，认为这些来自宇宙的波长为

7.35 厘米的微波噪声相当于一种 3.5K 温度，1965 年此值又纠正为 3K，并公布于世。后来其他人又从厘米波到亚毫米波作了广泛测量，得出最佳拟合黑体温度为 2.7K。所以习惯称"3K 背景辐射"或"2.7K 背景辐射"。微波背景辐射的发现对研究宇宙学产生了深远的影响。

　　微波背景辐射最重要的特性是黑体辐射谱，这表明，它是极大时空范围内的事件，因为黑体谱的形成必须通过辐射与物质间的相互作用。由于现在宇宙空间物质密度极低，辐射与物质的相互作用极小，所以今天观测到的黑体谱必定起源于很久以前，即微波辐射必定来自遥远天区。因此，微波背景辐射的理想黑体谱型的温度的空间均匀性，是宇宙均匀和各向同性的最好证据。美国宇航局(NASA)1989 年发射的宇宙背景探测器(COBE)卫星，就是为了获得这最完美的黑体辐射谱(图 11.31)，图 11.31 中的小方块代表实测值及其误差，曲线代表对黑体的拟合。它非常引人注目地确认了宇宙过去曾比今天要热得多，因为只有在如此极端的条件下，宇宙中的辐射才有可能呈黑体形式而达到如此高的精度，微波背景场的存在被证实到了几乎无可置疑的程度。

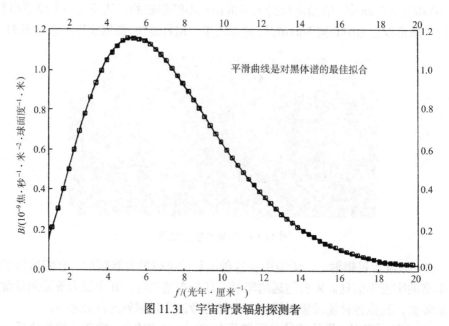

图 11.31　宇宙背景辐射探测者

　　1978 年，彭齐亚斯和威尔逊因发现宇宙微波背景辐射而获得了诺贝尔物理奖，2006 年天文学家马瑟和斯穆特又因深入研究宇宙微波背景辐射再次获得诺贝尔物理奖。

　　微波背景辐射的实测研究的主要成就，支持了大爆炸宇宙学的基本思想，它是宇宙大尺度结构的种子。它表明早期宇宙是高温高密的均匀气体，其温度至少曾在 4000K 以上。这无疑是现代宇宙学突破性的进展，同时也定量地检验了宇宙学原理。

(3) 轻元素的合成 科学家对宇宙各类天体(包括太阳)的化学丰度研究表明：不论什么天体，其氦元素的丰度占化学成分的 24% 左右。这一数值远远超过恒星内部热核反应所提供的氦丰度。由光谱分析得出，所有星系的化学组成十分相似，各种化学元素比例基本相同。在宇宙中，氢和氦是最丰富的元素，二者之和约占 99%，其他元素仅占 1%，这显然不是偶然的，是与宇宙早期的物质有关。虽然恒星一生中绝大部分时间在将氢转变为氦，但是这只限于在恒星的内部进行，只有核心部分少量的氢被转化为氦，即使将宇宙中全部氢都结合为恒星并经历一个完整的演化历程，也不足以将氦含量提高到如此高的程度。可见氦和氢一样，应是宇宙早期的产物，这一事实也证实了大爆炸宇宙学 **"核合成的理论"**。

太初核合成 定性并定量描述宇宙早期形成的轻元素的丰度的理论被称作太初核合成。太初核合成(BBN)是物理宇宙学的一个概念，指宇宙在早期阶段产生 H-1(最常见，也是最轻的氢同位素，只有单独的一个质子)之外原子核的过程。太初核合成在大爆炸之后只经历了几分钟，相信与一些较重的同位素的形成，如氘(H-2 或 D)、氦的同位素(He-3 和 He-4)、锂的同位素(Li-6 和 Li-7)的形成有密切的关系。除了这些稳定的原子核之外，还有一些不稳定的放射性同位素在太初核合成之际也形成了，如氚(H-3)、铍(Be-7 和 Be-8)。这些不稳定的同位素不是蜕变就是融合成前述其他的稳定同位素。所有这些原子核通常表示为 NX，此处 X= 这些元素的标准名称，N= 原子量的数值，但是这里将简单的标示为 X-N。

太初核合成有以下两项重要的特征：

① 它仅持续了大约 17 分钟(从空间扩张开始的第 3 分钟至第 20 分钟)，之后，宇宙的温度和密度下跌至核聚变所需要的。太初核合成期间的短促是很重要的，因为它防止了比铍重的原子核生成，同时也允许未燃烧的氘存在。

② 它是普遍的，充斥在整个宇宙。

进行计算太初核合成作用的关键参数是光子与重子的比率。这个参数与宇宙早期的温度和密度相关，能够让我们确定核聚变发生的条件，并由此导出元素的丰度。虽然光子对重子的比率在确定元素的丰度上非常重要，但数值精确与否对整个宇宙图型产生的变化很小。无须变动大爆炸理论本身的主要架构，太初核合成的结果以质量表示的丰度为大约 75% 的 H-1、25% 的 He-4、0.01% 的氘，和总量仅可供辨识的微量锂，并且没有其他的重元素。宇宙被观测到的元素丰度与理论数值的一致性，被认为是大爆炸理论最有力的证据。

在这个领域习惯上是使用质量的百分比，因此 25% 的 He-4 意味着氦占有 25% 的质量，但是 He-4 的原子数目仅有总数的 8%。

(4) 宇宙大尺度结构　　天文学上通常采用总光度及质光比分析方法，对天体及大尺度天体系统的质量进行研究，并可以定出宇宙中发光物质对宇宙总物质质量的贡献很小，由发光物质提供的质量仅占宇宙密度的 1%或更少。可见，宇宙中的暗物质决定了宇宙大尺度结构。利用来自中性氢气的 21 厘米发射线，观测确定星系附近物质旋转速度曲线，发现旋转运动速度几乎不随半径变化而保持常量。这与根据星系动力学理论研究认为星系存在较差自转，满足速度椭球分布理论(较适合于研究旋涡星系)的结论不一致。新的研究成果表明，被研究的星系的外围存在着 10 倍以上发光物质的量子晕物质，这些暗物质不单质量上占有大比例，而且包含着更多的重物质，诸如黑洞、褐矮星、白矮星、中子星等都是不发光的重子物质。

由天文学上对中微子静物质非零的可能性推测，以及粒子物理学中关于弱相互作用中重粒子存在的可能性判断，可以表明各种不同性质的非重子暗物质也同时存在，并对宇宙中星系及大尺度结构的形成具有重要意义。

目前，较普遍的认为，宇宙物质组成中暗物质的比例占很大。如 1983 年天文学家利用 IRAS 红外天文卫星巡天获取几十万个红外源天体，绘出了宇宙物质的比较全面的分布图。2009 年普朗克巡天者升空已收集数千个宇宙天体数据，目前，由星系巡天观测的数据，已经编成不同的星表，且制作成光盘或大型数据库，人们可以从网上获得海量天文数据以便建模模拟宇宙演化。

在 1933 年兹威基曾发现后发星系团中的星系运动有异常，并提出星系团中应该存在大量看不见的暗物质。21 世纪，在银河系附近，半径约 5 亿光年的范围内的三维空间的物质分布，可揭示出银河系被 10 多个星系团所牵引，由此分析可得出宇宙的物质量比单一星系得出的要高得多。目前天文学家倾向于通过对暗物质的研究来确定宇宙中物质分布及成分的总体特征。通过天文观测证实暗物质的大量存在又是暴胀宇宙模型得以验证的一种途径。

暗物质是不发光的，但是它有显著的引力效应。比如，对于一个星系考虑距其中心远处的天体的旋转速度，如果物质存在的区域和光存在的区域是一样的话，由牛顿引力定律可知，距离中心越远，速度应该越小。可是天文观测事实不是这样的，这就说明当中有看不见的暗物质。目前各种天文观测和结构形成理论强有力地表明宇宙中有大约三分之一是暗物质。中微子是一种暗物质粒子，但 WMAP 探测器所获结果说明，它的质量应当非常小，在暗物质中只能占微小的比例，绝大部分应是所谓的中性的弱作用重粒子。它们究竟是什么目前还不清楚。理论物理学家猜测，它们可能是超对称理论中的最轻的超对称粒子，是稳定的，在宇宙演化过程中像微波背景光子一样被遗留下来。目前世界各国科学家团队(例如，中意科学家合作组 DAMA 实验、丁肇中先生领导的 AMS 实验等)，正在进行着各种加速器和非加速器实验，试图找到这种暗物质粒子。

暗能量也是近来宇宙学研究的一个重大成果。支持暗能量的主要证据有两个。一是对遥远的超新星所进行的大量观测表明，宇宙在加速膨胀，星系膨胀的速度不像哈勃定律描述的那样是恒定的，而是在不断加速。按照爱因斯坦引力场方程，加速膨胀的现象推论出宇宙中存在着压强为负的"暗能量"。另一个证据来自近年对微波背景辐射的研究精确地测量出宇宙中物质的总密度。但是，我们知道所有的普通物质与暗物质加起来大约只占其 1/3 左右，所以仍有约 2/3 的短缺。这一短缺的物质称为暗能量，其基本特征是具有负压，在宇宙空间中几乎均匀分布或完全不结团。最近 WMAP 探测器数据显示，暗能量在宇宙中占总物质的 73%。值得注意的是，对于通常的能量(辐射)、重子和冷暗物质，压强都是非负的，所以必定存在着一种未知的负压物质主导今天的宇宙。

现代科学家认为暗物质决定了宇宙大尺度结构、星系团以及星系的形成、演化和命运。天文学中最直观的暗物质存在证据来自旋涡星系的旋转曲线的测定，最有力的证据是来自引力透镜效应的研究。虽然人类大量的地面和空间实验已经开展多年，但得到的信息并不多。宇宙中的暗物质是现代天体物理学与理论学中的核心问题之一，人类要寻找主宰宇宙的暗物质和暗能量是什么还是很艰巨的。

引力透镜效应：按照广义相对论，光线在强引力场中发生弯曲。如果在类星体与地球之间有一个大质量的星系，它对光线的引力弯曲像"透镜"作用，在类星体真实位置两边可以形成两个像，这个现象叫做"引力透镜效应"。如果居间天体的物质分布是延展的，成像就很复杂，有多重的类星体像、弧、射电环。引力透镜效应的发现有三个重要意义：①提供广义相对论的又一种验证；②证明类星体比星系遥远，红移是宇宙学红移；③类星体光谱吸收线是星系周围的气体产生的。引力透镜效应的更精确测量有助于发现致密天体(中子星、黑洞)以及探测星系的暗物质分布。

三、宇宙模型

1. 一般宇宙模型

现代宇宙学就是建立在大尺度观测特征基础上的各种宇宙模型。一般宇宙模型就是根据观测宇宙的主要特征，对宇宙结构及其过去的历史做出简化的数学描述。虽然我们不指望一个"宇宙模型"能体现出宇宙结构的每一细节，但我们希望它能告诉我们宇宙的过去、现在和将来的图景。任何一个宇宙模型都有一个重要的特征，那就是它们必须支持目前已观测到的宇宙的各种特征或性质。往往一个模型只容许许多这样的物理量之观测值以某种特定的方式互相配合。于是，模型和真实宇宙之间的相容性就可以对照观测事实而予以检验。

2. 主要宇宙模型

对宇宙的理解，近代、现代天文学家曾提出不少模型，其中重要的有牛顿无限宇宙模型、静止宇宙模型、爱因斯坦静态宇宙模型、弗里德曼宇宙模型、稳恒态宇宙模型和大爆炸宇宙模型等。其中，现代最有影响的是弗里德曼宇宙模型和大爆炸宇宙模型。

(1) 弗里德曼宇宙模型　　1922 年，苏联天文学家弗里德曼在前人研究的基础上建立了宇宙动力学方程，也称为标准宇宙学模型。该模型中，当宇宙常数 $\Lambda = 0$ 时，根据所选择的 K 值的不同，可分出三种宇宙类型：$K = +1$ 为封闭宇宙，$K = 0$ 或 $K = -1$ 为开放式宇宙。在目前时刻，三种模型都得到膨胀的宇宙(图11.32)。从弗里德曼宇宙模型，人们可以得出几个结论：①宇宙不是膨胀，就是收缩。若是膨胀，则越来越慢；若是收缩，则越来越快。②宇宙膨胀到最大程度后，又会开始收缩。③宇宙永远膨胀或平直模式。

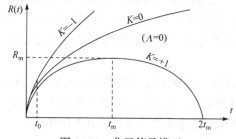

图 11.32　弗里德曼模型

若宇宙常数 $\Lambda \neq 0$，天文学家计算的宇宙也是膨胀的，而且 Λ 的加入大大延长了宇宙年龄，也使宇宙的膨胀加快了。

天文学家只知道目前宇宙在膨胀，但不知道是一直膨胀下去呢？还是膨胀速率减小到足够慢后，在有朝一日转为收缩？换句话说，人类很难分辨宇宙是属于哪一种类型，因而也不知道宇宙将来的命运。根据弗里德曼宇宙模型，如果宇宙平均物质密度小于临界密度，物质的引力不够大，膨胀减速小，宇宙将无限膨胀下去，最后星系以稳恒的速度相互离开；若平均物质密度等于临界密度，宇宙的膨胀快到足以刚好避免坍缩，宇宙虽然也是无限膨胀，但星系分开的速度越来越慢，趋向于零，而永远不为零；一旦宇宙平均物质密度大于临界密度，物质的引力能够阻止宇宙继续膨胀，最后转为收缩。但目前，从观测和理论的研究总体来看，一般有利于宇宙的开放模式与平直模式。

弗里德曼所建立的宇宙动力学方程，为大爆炸学说的建立打下了理论基础。

(2) 大爆炸宇宙模型　　1927 年以后，比利时天文学家勒梅特提出了一个大胆而明确的概念，认为"空间要随时间而膨胀"，这正是爱因斯坦方程的动态意义。

弗里德曼的解提供了始于一个"奇点"、一种密度无限大的状态的可能性，并因膨胀而转化为各种密度较低的状态。由于空间是按照宇宙间物质的量而弯曲的，这导致两种不同的结果，即如果物质的量少于某个临界数值，则膨胀将会永远继续下去，星系团就会彼此越离越远，这时，宇宙是"开放的"；如果物质的量大于这个临界数值，那么引力就会十分强大，足以使空间弯曲到这样的地步：先是使膨胀停止下来，继而又使之转变为坍缩，于是宇宙又重新回复到超密状态，这样的宇宙称为"闭合的"。

　　星系红移现象的发现，以及哈勃定律的确立，表明爱因斯坦、弗里德曼等人关于"宇宙膨胀"的预言是很有道理的，因为大部分星系谱线红移的观测事实意味着宇宙确实在膨胀。

　　宇宙膨胀理论的提出，大大改变了传统的大宇宙静态观，星系退行可看作大尺度天区上具有的特征。因此，谱线红移的发现在认识大宇宙中起了一个促进作用，也可以说它促进了新宇宙学的诞生。在宇宙膨胀论的基础上，结合一些其他观测资料，科学工作者提出了各种各样的现代宇宙学，其中最有影响的就是大爆炸宇宙学，与其他宇宙模型相比，它能说明较多的观测事实。大爆炸宇宙学的主要观点认为：我们的宇宙有一段从热到冷的演化史，从热到冷、从密到稀的演化过程，如同一次规模巨大的爆炸。

　　勒梅特宇宙膨胀学说认为：宇宙全部物质最初聚集于一个原始原子里。原始原子的密度很大，于一百亿年前发生大爆炸，物质向四面八方爆裂飞奔，因此，由这些物质形成的恒星、星系到今天还在向外运动，因而宇宙在膨胀着。20 世纪 40 年代伽莫夫又提出：宇宙起始于高温高密状态的"原始火球"。在原始火球里，物质以基本粒子状态出现，在基本粒子的相互作用下，原始火球发生了爆炸，并向四面八方均匀的膨胀。"原始火球"理论阐述了宇宙膨胀运动，探讨了化学元素的形成和含量问题，并且预言宇宙中存在某种剩余的背景辐射。

　　1965 年发现了宇宙背景辐射，许多人认为，这种 2.7K 的宇宙背景辐射，就是"原始火球"理论预言的背景辐射。从那以后，这个大爆炸宇宙理论得到越来越多人的支持，具体内容上也得到进一步的充实和发展，由于宇宙的初始状态是热的，上述理论也称为**热大爆炸宇宙论**。

　　按照大爆炸宇宙论，宇宙的演化大致描述如下。

　　宇宙开始于一次爆炸。在初期，温度极高，密度极高，整个范围达到热平衡，物质成分即由平衡条件而定，由于不断膨胀，辐射温度及密度都按比例地降低，物质成分也随之变化。温度降到 10 亿 K 左右时，中子失去自由存在的条件，与质子结合成重氢、氦等元素。当温度低于 100 万 K 之后，形成元素的过程也结束了，这时的物质状态是质子、电子以及一些轻原子核构成的等离子体，并与辐射之间有较强的耦合，从而达到平衡。以后继续冷却，到 4000K 左右，等离子体复合而变成通常的气体，与辐射的耦合大大减弱。从此，热辐射便很少受到物质的吸收或散射，自由地在空间传播。进一步地膨胀使辐射温度再度下降，气态物质开始形成星系或星系团，最后形成恒星，演化成为我们今天所看到的宇宙，图 11.33 表示形成大爆炸至今的宇宙进程。

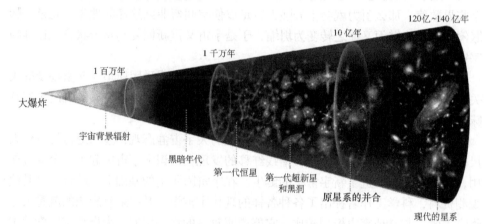

图 11.33　宇宙的演化

　　按照上述的变化分析，从气体的出现，到演化成各种天体，这段时间约一百亿年，我们今天就生活在这个时期里。

　　大爆炸宇宙论除以谱线红移、星系退行为依据外，还有一些观测上的科学依据，如恒星、球状星团以及星系的年龄差不多都是百亿年左右。宇宙间氦的丰富度约占 30%，这是恒星演化内部核聚变过程不能说明的，可能是在大爆炸高温下形成的。这个假说只是根据几个观测事实推理而成的。至于大爆炸前的情况、产生爆炸的原因，以及末期演化等许多问题尚未能解决。因此，这个假说还有待更多的观测事实来加以检验和修订。

　　目前，大爆炸宇宙学已被大多数天文学家所肯定，但是宇宙的命运或宇宙今后的演化如何，还是争论的焦点。爆炸后是否又重新收缩成为一个闭合的宇宙(这就要探讨宇宙的质量是否足够大，并产生足够大的引力，使膨胀的宇宙重新收缩，从而形成为闭合的宇宙)？或者是否一直膨胀下去成为开放的宇宙？

　　人类在探索宇宙的实践中不断地认识，实践与认识每一循环的内容，都使得人类对于宇宙的认识进入比较高一级的程度。宇宙是无限的，人类认识必然也是无限的。

四、宇宙演化简史

　　从宇宙膨胀理论的计算和实际观测可以推断出宇宙过去的某一时刻应该有一

个膨胀的起点(也叫奇点),然后发生一次突发事件(大爆炸),于是宇宙物质就向各个方向膨胀开去,形成今天观测宇宙。宇宙的年龄(指宇宙从某个特定时刻到现在的时间间隔。对于某些宇宙模型,如牛顿宇宙模型、等级模型、稳恒态模型等,宇宙年龄没有意义)则是我们今天很关心的问题之一。

1. 宇宙演化的几个时期

建立在广义相对论和宇宙学原理(即在宇宙大尺度上,物质的分布是高度均匀各向同性的)之上的大爆炸宇宙模型告诉我们大约 137 亿年前,大爆炸发生的那一刻,宇宙处于一个极致密、极高温的状态,形成了空间和时间,宇宙随之诞生,并经过膨胀、冷却演化至今。在这个过程中,宇宙经历了原初轻元素合成、光子退耦和中性原子形成、第一代恒星形成等几个重要的时期,星系、恒星、行星、空气、水和生命便在这个不断膨胀的时空里逐渐形成。

天文学家利用背景辐射温度、宇宙年龄和红移规律建立"温度-时间-红移"关系式。并以时间来追溯宇宙简史。

实际上,宇宙演化史是非常复杂的,不同的研究者对时期的划分也是不一样的。下面介绍其中一种关于宇宙演化时期的描述,其中"s"为秒。

① 10^{-45}s:现在还未真正理解在此时间之前的物理,也许引力是量子化的。

② 10^{-43}s:发生在宇宙大爆炸后四种强度相当的一段短暂的时间间隔,称普郎克时间。

③ 10^{-35}s:该时间标志着大统一理论的终结,强核力和弱电力分离,因此是最初的暴胀。在此之前,夸克(反夸克)的数目与光子数目是相等的,光子数与重子数之比为 $10^9 \sim 10^{10}$。

④ 10^{-32}s:暴胀结束,宇宙从 10^{-25} 米迅速膨胀为 0.1 米,以后逐渐膨胀为现在我们所看到的宇宙 10^{26} 米。宇宙的主要组分是光子、夸克和反夸克,以及有色胶子。应指出,质子是不稳定的。因此这一阶段还无元素,甚至没有氢。

⑤ 10^{-12}s:弱核力和电磁力分离,宇宙在此时期很少有活动,常称为"荒芜"时期。

⑥ $10^2 \sim 10^3$s:这是宇宙原初元素合成时期(大爆炸核合成,即 BBN)。

⑦ 10^{11}s:在此时间光子核重子退耦。在此之前是辐射能密度高于物质能密度,在此之后宇宙以物质为主,因为退耦伴有自由电子与核结合形成原子——这是我们最熟悉的物质形式。

⑧ 10^{16}s:星系、恒星和行星开始形成。

⑨ 10^{18}s:现在。从这个阶段起随着时间流逝,星系继续退离,哈勃常数也

在减小，宇宙温度将继续下降。

图 11.34 中，标明主要阶段的宇宙简史并分别标出红移、年龄、密度、能量和温度。

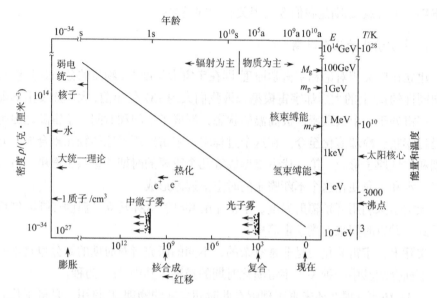

图 11.34　标有主要阶段的宇宙简史图示

2. 宇宙演化的几个阶段

还有人把宇宙的时间演化大体分为三个阶段：

① 宇宙大爆炸后 10^{-43}s 时期的宇宙，也称普朗克时代。

② 大爆炸后 30 万年。暴涨到膨胀的宇宙(这个时期发出宇宙微波背景辐射)。

③ 宇宙大爆炸后 15 万年。宇宙不断膨胀，恒星、星系、星系团逐渐形成阶段。图 11.35 是这三个阶段宇宙的时间演化示意图。

至今为止，我们对宇宙的认识也只是掀开冰山一角。但人类探索宇宙的脚步将永无停息，而我们对宇宙的了解也就在不断地纠正偏差中逐渐深入。对于宇宙大尺度空间进行更多更精确更系统的观测，进一步研究宇宙加速膨胀的规律，由于不同的暗能量形式将导致非常不同的宇宙膨胀的规律。解决这一问题需要新的理论，这样的理论一旦被找到，人类认识又要飞跃，这将是一场重大的物理学、天文学的革命。

21 世纪，科学家正在计划发射新的探测卫星，除了"开普勒"飞船以外，欧洲的"赫歇尔"空间天文台、"普朗克"空间天文台，以及美国宇航局广域红外探测器(WISE)望远镜等都已发射升空，并开始宇宙探索任务。"赫歇尔"空间天文台是迄今发射进入太空的最强大的红外太空望远镜，而"普朗克"空间天文台则用于探寻宇宙的"第一束光"，即宇宙大爆炸刚刚结束后产生的第一束光。WISE 望远镜的目标是在其寿命期限内利用红外光完成对一半太空的扫描。这些新一代太空望远镜将和老一代的望远镜(如美国钱德拉 X 射线天文台和欧洲 XMM 牛顿 X 射线天文台等)，一起为人类探索宇宙做贡献。

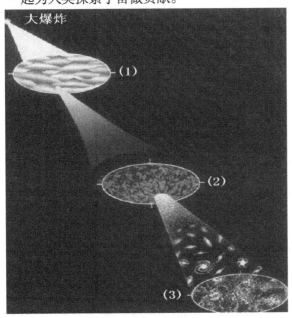

图 11.35 宇宙的时间演化

 思考与练习

1. 银河和银河系有何区别？
2. 太阳在银河系中的位置是如何确定的？
3. 银河系的结构如何？它是怎样旋转的？
4. 银河系的核心是如何活动的？旋臂是怎样运动的？
5. 星云、河外星系是如何分类的？
6. 河外星系是如何运动的？
7. 何谓总星系？它与宇宙有何区别和联系？
8. 银河系是怎样起源和演化的？
9. 河外星系是怎样起源和演化的？
10. 什么叫引力不稳定假说？什么叫宇宙湍流假说？
11. 什么叫宇宙？天文学的宇宙与哲学的宇宙有何区别？

12. 西方宇宙论的研究经历哪些时期?

13. 我国的宇宙论研究的发展过程怎样?

14. 近代宇宙学理论是如何发展的?

15. 阐述几种主要的宇宙学理论。

16. 简述宇宙演化简史。

第11章思考
与练习答案

 进一步讨论或实践

1. 从光学的宇宙到全波段看到的宇宙所获得的信息,阐述人类对星系的认识过程。

2. 对星系的形成和演化你有哪些看法?

3. 宇宙大爆炸现象与大爆炸宇宙学。

4. 树立正确宇宙观的重要性。

第 12 章　地外生命与地外文明

【本章简介】

　　本章首先讨论了生命及生命起源问题，其次介绍人类探索地外生命的和地外文明的状况，接着探讨了人类寻找地外文明的艰巨性和必要性，最后展望人类的空间探索计划。

【本章目标】

➤　了解生命的含义及主要特征。
➤　了解地外文明产生的条件及人类探索地外文明的艰巨性。
➤　了解人类的空间探索计划和已取的成就。

12.1　生命的含义及主要特征

　　如果没有望远镜，地球上的人类只能看到太阳、月亮和天上最亮的星星。400多年前，伽利略用望远镜看到月亮环形山和木星卫星，看到银河是由无数密密麻麻的恒星组成的。于是 100 多年前，人类还以为银河系就是整个宇宙，今天我们都知道宇宙是由数千亿个像银河系这样的星系组成的，它们源自大约 137 亿年前的宇宙大爆炸。100 多年前，我们完全不知道太阳系以外还会有别的行星系统，今天我们已经知道数以百计这样的"太阳系"，并开始去了解最初的生命是如何诞生的，探索生命的常态……为适应宇宙环境，为太空旅行安全，人类渴望了解宇宙。

一、生命的含义

　　人类在探索宇宙奥秘中，莫过于对地外生命和地外文明的寻求最令人神往了。什么是生命？一般理解为，人、动物、树木、庄稼都是生命，而岩石、泥土、江河、湖泊都不是生命。通常，人们能够很容易地识别自然界什么是有生命的，什么是没有生命的。但是要给生命下一个定义却比较困难。

　　生命的任何定义都是在人们对于有生命或无生命的实体的观察与理解的基础上做出的，由于生命的复杂性以及生命体与非生命体边界的模糊性，尽管人类对于生命的探索与研究已经走过了漫长的道路，也积累了丰富的资料，但目前依然难以给出一个统一的、公认的、确切的定义。因为对于这样的定义，总会有例外或反例。例如，通常人们认为生命的最基本定义应当包含吸收营养、排出废物、生长以及繁殖的能力，但是能生长的都是生命吗？在地质时间尺度上，山脉会长高，单个的矿物晶体也会长大，而它们都不是生命。火在某些方面符合生命的简单定义，火能够吸收营养(氧和燃料)并排出废物(热、二氧化碳和烟)，它也能生长，即通过向新的、不曾被燎过的地方扩散，扩大其地理覆盖面。再如动物骡，它是马和驴结合产生的后代，是不能繁殖的不育动物。我们能说骡没有繁殖能力，它就不是生命吗？

尽管非常艰难，但从某个特定的角度，或局限于某个特定的范围，人们还是能够给生命做出一般性的陈述。下面是不同专业的学者，对生命给出的不同定义。

① **生物学家认为**生命是物质运动的最高形式，生命的物质基础是以蛋白质和核酸为主要成分的原生质，生命运动的本质特征是自我更新和自我复制，生命是一个开放系统。

② **生物化学家定义**生命是包含有储存与传递遗传信息的核酶和调节代谢的酶与蛋白质的系统。

③ **生物热力学家认为**生命是个开放系统，它通过能量流动和物质循环而不断增加其内部的有序性。

④ **生理学家定义**生命是具有进食、代谢、排泄、呼吸、运动、生长、生殖和应急性等功能的系统。

⑤ **遗传学家们认为**生命是通过基因复制、突变和自然选择而进化的系统。

二、生命的主要特征

生命是自然界最富魅力的现象，人类对生命的了解，源于对生物"个体"的观察与研究，最终也都要在生物个体这一层次的生命活动中进行检验。而生物个体是一个完整的、统一的整体，是一个可以单独存活的物体，具有最直观的生命特征，这些特征一般表现在以下几个方面。

1. 新陈代谢

生命有机体与它生活的环境之间不断地进行着物质、能量与信息的交换。生物体从食物中摄取养料转换成自身的组成物质，与此同时，生物体又将自身的组成物质进行分解，把储藏在这些物质中的能量释放出来，供生命活动的需要，并将这过程中产生的废物排出体外。这种合成和分解的过程就是生物体的新陈代谢。

2. 生殖

生物生殖的本质是生物特有的自我控制复制。当有机体从环境中获得的物质多于返回的物质，并用于组成自己身体的结构时便出现生殖，我们称这种生殖活动为生长。生长也包含着生产、繁殖，生物经常复制能独立于它而生活的有机体。所有生物有朝一日总是要死亡的，如果要使该物种得以延续，它们必须复制它们自己的子代。我们看见生物体的后代与自己的父母非常相似，这是因为生殖细胞中的遗传因子 DNA 要进行自我复制，正是由于 DNA 分子的这个复制过程，把父母的遗传信息传给了子女。

3. 应答

所有生物都能对它们环境中的某些变化(刺激)做出反应。周围环境中的光、热、引力、声、机械接触以及化学物质的变化，是引起生物反应的普遍刺激。如能对这些刺激做出反应，有机体必须具有探测刺激的手段，传递信息的途径与方式。高等动物的眼、耳、口、鼻、舌、皮肤等都是有效的刺激探测器，而它们对信息的传递、分析、整合等则依靠它们复杂的神经系统。植物没有神经系统，它们对刺激的反应是依靠植物激素来协调的。

4. 遗传与信息

当生物繁殖时，它们的复制模式是惊人的精确。生物的性状是由基因和环境的相互作用而形成的，基因通过对蛋白质的控制而影响性状的表现，而基因是由核苷酸的线性组合而构成的核酸序列。核酸特有的碱基互补配对的复制方式使基因在传递给下一代时被忠实地控制和传递。因此，生物的后代总是带有其祖先的性状。

尽管核酸复制是高度忠实和高度保守的，但并不是绝对忠实和完全保守的，其中，有可能由于碱基替换、碱基修饰等原因而出现基因突变。基因突变和由于有性生殖而引起的基因融合，有可能导致新的性状、新的基因产生。如果这些新的性状、新的基因处于有利的环境条件下，那么就很可能被保留下来。新基因、新性状的不断产生和积累，使新物种的产生就成为可能，由此导致了生物的进化。

1996 年，人类利用体细胞成功培养克隆羊"多莉"；1999 年人类首次成功制造出人工 DNA 分子；2000 年，美、日、法、德、英、中联合公布了人类基因图谱，人类对生命科学的研究已有重大的突破。

综上所述，生物体或称生命体最概括的特征就是一个"活"字，生命体是一个活的、客观存在的物体。除了原始的生物外，地球上所有存在过或现存的生命体，都具有机能结构的一致性，即都由"细胞"构成。细胞是生命的结构基础，也是生命最小的机能单位。生命体的一切生命活动都是细胞活动的结果，生命活动源于细胞的受精与分化、生长与增殖、信息传递、化学反应、物理应变、物质传输及能量转换等生命过程。

12.2　生命的起源

生命是怎样起源的？从古至今，人类对这个问题从没有停止过探索，各式各样的思想、信仰和神话都折射出人们希望对此得到一个明确的答案。实际上，人类对生命起源的认识是随着对生命本质认识的发展而发展的，但在历史上，曾经有过许多关于生命起源的假说，本书将介绍主要的几种。

一、自生论

从古代到 17 世纪初，无论在东方和西方都盛行着一种"自生论"，也称生命的"自然发生论"。这一观点根据简单的观察，认为生物是从非生命物质中迅速而直接地产生出来的。例如，从腐肉中产生出蛆，中国古代也有"肉腐出虫，鱼枯生蠹"的说法。自生论虽然注意到了生命与非生命物质之间在发生上的联系，但它却错误地认为这一过程是在极短的时间内完成的。

二、生源论

到了 17 世纪中叶，人们开始运用实验的方法探讨生命的起源。1669 年，意大利医生 F. 雷迪首先做了实验证明腐肉不能自然生蛆，只有当蝇卵落到肉上才会长出蛆来，否定了"腐肉生蛆"的观点。19 世纪法国学者 L. 巴斯德用他著名的实验证明：不但结构复杂的生物不能自然发生，就是结构简单的微生物也不可能自然发生而只能由亲代或其孢子产生。由此，形成了"生源论"(又称"生生论")的假说，认为生物不能自然发生，只能由其亲代产生，也就是说生命只能起源于以前的生命，而以前的生命是从更早的生命而来。但是，这一观点并未解答最初的生命是怎样形成的。

三、太空起源说

还有一种假说可统称为"太空起源说"，认为生命并不是起源于地球，而是起源于地球之外的太空，地球上的生命是从天外飞来的。19 世纪末到 20 世纪初，此种观点被称为"宇宙胚种论"，当时颇为流行，认为宇宙中存在着生命的胚种，它们以孢子的形式，靠恒星光辐射推动向前移动，不断在新的行星上定居下来，直到它落到地球上，便在地球上发育出活跃的生命。然而在星际空间，存在着极强的紫外线和宇宙射线辐射，如此恶劣的环境，宇宙胚种能存活下来的可能性似乎不大。由于缺乏直接的观测证据，到 20 世纪 50 年代，这一观点逐渐被人淡忘。但是，20 世纪 60 年代以后，随着科学的发展，特别是宇宙化学一系列新的研究成果的取得，使得被人遗忘的太空起源说重新获得了生机。

从地球条件看，组成生命的元素 C、N、O、H、Ca 等都是极为普通的元素，它们在宇宙中广泛存在着。只要有适当的条件就会合成有机分子—氨基酸—蛋白质。星际分子的发现、彗星有机物研究、陨石中有机物的发现都证实了这点。

20 世纪 60 年代天文学的四大发现之一就是在射电天文学和分子波谱学的基础上于 1968 年发现了星际分子。星际分子中大多数是有机分子，占了 80%。对星际有机分子的研究表明，结构复杂程度不同的分子有着大致相同的丰度，因此说明它们很可能是由更复杂的分子解体而成。只要原始太阳星云中的部分有机分子在太阳系形成时未受破坏而存留下来，并在地球冷却后从星际降落到地面，那么它们就会在地球环境中发展成为最初的生命。

然而是什么原因使得原始太阳星云中的有机分子能够保存下来？它们又是通过何种方式被带到地球上来的呢？科学家们认为最有可能的是彗星。由于长周期彗星一生中的绝大部分时间都在远离太阳的寒冷宇宙空间中度过，可以长期保存原始太阳星云物质。一旦它们在运动中与地球相遇，所携带的有机分子就有可能降落到地球表面上来。1986 年哈雷彗星回归期间空间飞行器的近距离观测表明，彗核表面的尘埃中有大量的碳，而碳是构成有机物质最主要的一种分子。在观测哈雷彗星成果基础上综合星际尘埃研究，实验室模拟实验结果，以荷兰莱顿大学的格林贝格为首的包括我国学者在内的太空来源说支持者提出了彗星尘埃模型。认为彗星是由约 1 微米颗粒构成，其中心是硅酸盐等难溶物质，外围是有机分子包层，再外面裹有水冰、自由基、各种粒子的慢层。正是彗星物质进入地球，为地球表面带来水、有机物等，为地球生命起源准备了物质基础。

另外，在与彗星密切相关的陨星中也发现了有机分子。例如，1969 年降落在澳大利亚默奇森地区的碳粒陨石和 1976 年我国的吉林陨石中都发现了许多碳氢化合物和多种氨基酸，以及如卟啉、色素等有机物。这些研究成果也支持了陨星将生命起源物质带入地球的观点。

四、化学进化论

目前，为绝大多数科学家所接受的关于生命起源的假说是化学进化论，该假说主张从物质的运动变化规律来研究生命的起源。主要观点认为：在原始地球的条件下，无机物可以转变为有机物，有机物可以发展为生物大分子和多分子体系，直到最后出现原始的生命体。也就是说，地球上的生命是由非生命物质经过长期演化而来的，这一过程被称为化学进化，以区别于生物体出现以后的生物进化。1924年苏联学者奥巴林首先提出了这种看法，他于1936年出版的《地球上生命的起源》一书，是世界上第一部全面论述生命起源问题的专著。在原始的早期地球，从非生命物质逐步发展到具有生命过程的原始细胞，经历了漫长的过程。地球的年龄约为46亿年，从南非发现的32亿年前的古老的微生物化石表明，生命起源的化学进化过程应该在此之前的十几亿年间，这一过程大致可以分成如下几个主要阶段。

1. 由无机物生成有机小分子

这阶段以原始大气为演化舞台，可利用的能源主要是热能，生成物为甲烷、乙炔等。地球形成初期，地壳较薄，内部温度很高，火山活动频繁，大量地核物质不断喷出地面，这些物质成分主要有金属氮化物、金属碳化物、金属硫化物、氮、氢和过热水蒸气等。它们由于地球引力的作用，而逐渐增加密度。于是，这些无机小分子相互作用，形成了简单的有机物(气相)，从而构成原始大气的一部分。一般认为原始大气包括 CH_4、NH_3、H_2、HCN、H_2S、CO、CO_2 和水蒸气等，是无游离氧的还原性大气。

2. 由有机小分子形成生物大分子

从这个阶段开始，原始海洋成了前生命演化的中心，主要能源除太阳能和放电以外，还依赖于一些高能化合物的作用，这一阶段是由氨基酸和核苷酸等合成蛋白质与核酸的时期。1953年，美国芝加哥大学研究生米勒，在其导师尤里指导下，设计了模拟原始地球的实验仪器装置，见图12.1。在这个封闭的玻璃装置中，有一个500毫升的烧瓶内注入了适量的水(模拟原始海洋)，将仪器中的空气抽去，泵入甲烷、氨气和氢的混合气体(模拟原始大气)。将烧瓶内的水煮沸，使水蒸气与混合气体同在密闭的玻璃管道中循环，并在另一容量为5升的大烧瓶中装有两个电极，气体通过时连续不断地产生闪电的火花。一个星期后，取出仪器底部的液体进行分析，得到了一些意想不到的结果，人们从液体中发现了几种氨基酸和其他一些化合物。后来的其他的许多试验也表明，原始大气中的成分在原始地球上的能源作用下，可以形成氨基酸和核苷酸等有机小分子。氨基酸、核苷酸等有机物的出现为生物大分子——蛋白质、核酸的产生奠定了基础。现在知道，蛋白质与核酸都是由许多单体结合而成的长链，它们的合成是一个脱水缩合的过程。很多实验也证实，被雨水冲淋到原始海洋中的生物小分子(单体)，经过彼此的相互作用，必然会发生聚合作用——连接成长分子链，从而形成蛋白质、核酸等生物大分子(聚合体)。

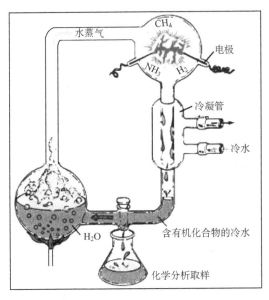

图 12.1　米勒实验仪器示意图

3. 由生物大分子组成多分子体系

生物大分子必须组成体系、形成界膜才能与周围环境明确分开，才可能进一步演变。有关资料表明，在原始海洋里，水中的盐分较少，和现在的淡水差不多，而且温度比较适合于生物大分子的存在。因此，在这一阶段中，蛋白质、核酸、多糖、类脂等生物大分子，有可能在原始海洋中不断积累，浓度不断增加。那么，生物大分子是怎样组成多分子体系的呢？一般认为，这是一个浓缩的过程。目前，研究多分子体系的实验模型主要有两种：①团聚体模型，奥巴林将白明胶和阿拉伯胶的水溶液混合在一起后，发现原来均匀透明的液体变得混浊，而且在显微镜下观察，混浊的溶液中有许多小滴，它们与四周有明显的界线，奥巴林称之为"团聚体"。由于这种小滴具有"生长""生殖"等某些类似生命的现象，有机物可以被吸附于胶体颗料表面而浓缩出来，因此奥巴林将团聚体作用作为多分子体系形成的一种机制，并认为团聚体是原始生命形成的一个必要阶段。②微球体模型，美国科学家福克斯等人在 20 世纪 60 年代将多种氨基酸的混合物，在无水状态下加热至 170℃左右几小时，就会形成一类分子量几千到上万的高分子聚合物，这类聚合物后来被称为类蛋白。研究发现，类蛋白与现代蛋白质在结构上有一定的差异，但它已含有现代生物中常见的全部 20 种氨基酸。类蛋白还表现出氨基酸排列顺序的非随意性、氨基酸组成的特异性、与蛋白质相似的染色反应特性、类似酶的催化特性、类似激素的活性,还具有选择性地和其他大分子相互作用的性质。把类蛋白与沸水或者沸的氯化钠稀溶液混合，倒出上清液让其静置到冷却，可以观察到大量形成的微球体。微球体是由很多类蛋白分子自组成的一种稳定的结构，有时还可以连接成长链。这种微球体在形状、大小和连接方式上与一些球菌非常相似，它还具有类似细胞的性质，可以由一个分裂为两个和"生长"变大。就是说热氨基酸在原始地球海洋中能自身装配成简单的蛋白质，某些热蛋白质含有氨基酸序列，在微球体内的反应导致真正的蛋白质的合成及 DNA、RNA 的形成。这些微球体被称为变形原始细胞，它们构成了生命进化历程中的第一个细微迹象。

生物大分子在单独的情况下不能表现出生命现象，只有当它们在水溶液中互相作用，聚合成多分子体系时，才能初步显示出某些生命现象，这种多分子体系就是原始生命的萌芽。

4. 由多分子体系发展为原始生命

这是生命起源最为关键的一步，生命作为一个独立的体系存在，必须形成生物膜，还要具有遗传器。"团聚体"和"微球体"都有一层界限分明的界膜，只有当界膜变成了生物膜，多分子体系才有可能演变为原始细胞。而生物膜的基本结构就是磷脂分子双层上镶嵌着动态的功能蛋白质分子，一般认为，脂质体可能是原始生物膜的模型。脂质体是一种人工制造的细胞样结构，由脂质分子双层包围着一个含水的小室构成，通过将磷脂放在水中进行超声处理就能得到脂质体。一般认为原始海洋中肯定有磷脂形成，有了磷脂就容易形成脂质体。脂质体嵌入糖蛋白等功能蛋白质，经过长期演变就可能发展为原始的生物膜。

遗传器的起源目前尚无实验模型，仅凭一些间接资料进行推测。有不少的科学家认为，最初比较稳定的生命体，可能是类似于奥巴林在实验室内做出的、主要由蛋白质和核酸组成的团聚体。可以设想，起先存在着各种成分的多分子体系，后来，不适于生存的破灭了，适于生存的被保留下来。经过这样的"自然选择"终于使以蛋白质和核酸为基础的多分子体系存留下来并得到发展，其中核酸能自行复制并起模板作用，蛋白质则起结构和催化作用。由此推断，既非先有蛋白质亦非先有核酸，而是它们从一开始就在多分子体系内一同进化，共同推动着生命的发展。

12.3　太阳系内的地外生命问题

人们对生命起源的了解目前还仅仅是基于对地球上发生的生命过程的研究，像这样通过单一样本得到的知识也许是片面的。如果能够探测到地球之外的生命，并把它与地球作对照，从中人们将会更全面而深刻地理解生命。20 世纪 60 年代天文学四大发现之一是在射电望远镜的观测中发现了遥远星际物质中存在有机分子谱线。近几十年来，人类开始认真地、系统地寻找地球之外生命的踪迹，尽管至今还没有在地球之外找到过活的有机体，但探索仍在继续。组成生命的元素广布于宇宙空间，甚至连简单的氨基酸之类的生命先驱物质都能在太空中找到，同样的生命原料，在地球上孕育出了生命，在别的星球上也可能发生同样的过程，也就是说宇宙生命的萌生和发展也许会循着一条类似于地球生命发展的道路。所以了解宇宙生命的最好办法恐怕还是通过地球本身，将富有生命的地球性质，尝试推广到其他星球，应当是搜寻地外生命一条可行的途径。搜寻地外生命就是寻找生命必需的条件，根据对地球的研究，这些条件包括存在液态水、有合适的大气、行星距离恒星位置适中且恒星大小适宜、具有生命在新陈代谢或复制中必需的元素、生命体可利用的能源、生命体能够持续生存的稳定的环境。

没有液态水，就很难设想存在生命。因此，液态水的存在是地球生命存在的、最关键的必需条件，是生命不可缺少的物质。很多太空生物学家相信，搜寻宇宙生命几乎等价于搜寻液态水。除了水之外，生命还需要有各种参与有关生物化学反应的元素存在。宇宙中天然产生的 92 种元素里，仅有 21 种在地球生命中起主要作用。衍生生命的主要元素是碳(C)、氢(H)、氧(O)、氮(N)、硫(S)、磷(P)。以碳所能形成的化合物的多样性和复杂性来说，再没有哪一种化学元素可以与之相比，而液态水则为有机分子得以溶解和相互作用提供了最好的介质。所以，人们目前知道的或者能够想象得到的仍然只有以碳和液态水为基础的生命形式。有机体内生物化学反应的进行必须有适当形式的能量来驱动。在地球上，这些能量包括太阳光、闪电或放电、热液系统的加热、化学能。最后，生命的延续还必须保持环境的稳定性，这里是指地质上和气候上的稳定性。如果遭受大的陨星撞击，将会造成温度、水的稳定性、太阳光的可利用性的剧烈变化，从而给生命带来灾难性的后果。

最适于着手探索生命的地方其实就是地球所在的太阳系。根据生命必需的条件，地球的近邻火星和金星是人们首选的目标，它们同为类地行星，有着和地球相似的性质。另外土卫六、木星及其卫星系统也是在太阳系中寻找生命的候选天体。

一、对火星生命的探测

火星是我们的近邻，它的许多特征与地球相似，有大气层、两极冰帽、四季变化，自转一周为 24 小时 37 分 23 秒。因此，火星可能是最适合于地球外生命生存的星球，历史上曾有过关于火星运河及火星人的大争论。20 世纪 60 年代以后，美国先后发射了"水手号"和"海盗号"宇宙探测器，对火星进行了近距离的观测和着陆实地考察。在 21 世纪初，火星探测在各国再次掀起高潮。了解火星对研究地球早期历史和生命起源有着重要价值，也对人类拓展生存空间具有重要意义。因此它也成为目前除地球以外人类研究程度最高的行星。

　　1976 年 7 月 20 日和 9 月 3 日，美国分别发射了"海盗 1 号"和"海盗 2 号"探测器在火星表面软着陆，其任务之一就是进行生物探测实验。"海盗 1 号"在火星北部克里斯盆地着陆(22°27′N，48°W)，"海盗 2 号"降落在火星北部乌托皮亚平原(45°N，250°W)，二者正好在火星北部极冠附近，遥遥相对的位置是科学家们精心选择的最有可能存在生命的地方。在生物探测方面，做了三个生物学实验和一个质谱测量。生物学实验内容包括：①碳成分的代谢实验，用于检验有机体的光合作用，化合作用或其他可能涉及一氧化碳或二氧化碳的过程；②标识释放实验，用于检测生命体的新陈代谢活动；③气体交换实验，用于检测生命体的呼吸活动。另一个实验是气体的色谱/质谱实验，它被用于测量表土中有机分子的丰度。三个生物学实验起初看起来都得到了肯定的结果：CO_2 被整合进了土壤，有机物被氧化了，气体被交换了。这显示了在表土样品中含有活性生物体时所应当出现的预料的结果。但是，第四个实验表明土壤样品中完全不存在有机分子。按照通常的理解，火星上的任何生命就像地球上的一样，理应是以碳为基础的分子化学方式的表达，然而却根本没有找到这类分子。这说明在火星的着陆点上不存在生命。

　　没有发现生命并不等于没有生命，"海盗号"的生命实验远不是最后的结论，人类探测火星的脚步仍在向前迈进。1996 年 12 月美国发射的"火星探路者号"经过 7 个月的飞行，于 1997 年 7 月 4 日顺利降落在火星阿瑞斯平原上，并放出一个机器人，对火星表面进行考察，收集岩石和土壤样品。1996 年 11 月美国发射"火星全球勘察者"，它于 1997 年 9 月 11 日进入预定的环绕火星的轨道，在距离火星表面 380 千米的高度环绕火星两极地区飞行，形成为研究火星地质、气象和演化史的人造卫星。1998 年 12 月 11 日和 1999 年 1 月 4 日，美国又发射了"火星气候探测器"和"火星极地着陆器"，它们共同的任务是到火星上找水。一些科学家认为，火星上一度水源充足，甚至闹过洪水，但谁都不知道这些水现在"躲"到哪里去了。这次考察就是要探查清楚，如果能在火星上找到水，将来人类移居火星即可成为可能，除供饮用外，还可从水中提取氢、氧作为火箭燃料，为人类更遥远的太空旅行提供动力。然而，令人遗憾的是这两次飞行均告失败，"火星气候探测器"偏离了轨道，"火星极地着陆器"到达火星后，在下降时与人类失去联系，导致失踪。令人振奋的是 2004 年 1 月 4 日和 25 日，美国漫游者机器人"勇气号"和"机遇号"又登上了火星，在火星上找到了水的证据。探测发现：火星曾经温暖和湿润，有可能在数十亿年前曾支持生命的进程。继 2011 年"好奇号"后又一个无人着陆的火星探测器——美国国家航空航天局的"洞察号"探测器，于 2018 年 11 月 26 日成功着陆在火星表面，开启了火星内部探秘之旅。研究火星的内部构造可以帮助科学家们更好的了解火星的演化以及内太阳系的类地行星在 40 多亿年前的形成过程。

火星上所储存的水量有多少？火星是如何演化的？对这些科研项目NASA将计划发射一系列的火星探测器进行进一步研究。2020年7月中国发射"天问1号"探测器，已于2021年5月15日成功着陆火星，将一次性地完成"绕、落、巡"三大任务，即对火星开展全面、综合地探测，又对火星表面重点地区精细巡视勘查。

载人去火星考察将是人类航天史上空前的壮举，到时从火星上取回样品，人类一定会进一步证实火星有无生命的痕迹，相信这一愿望在21世纪将会得到实现。

火星之所以成为人类太空移民的首选地，首先是因为它是与地球相对距离比较近的邻居之一，与地球同处于太阳系的"宜居带"中。另外，很多学者认为火星曾经具备非常宜居的行星环境，也是太阳系内跟地球环境最相似的行星。火星实际上拥有支持生命所需的所有资源，未来人类有可能通过开发、改造与利用，形成新科技文明，让人类实现在另一个星球的繁衍，成为多星球、跨星际的物种。当然这一切的实现都依赖于人类未来能大规模登陆火星，以及必要物资运输往返于地球与火星。我们需要学会如何有效的利用太阳能，将火星本地的物质转化为可以利用的资源，在火星建立越来越多适合居住的城市，并最终将它改造成一个更适合居住的星球——人类的第二家园。今天人类走出的就是通向这个激动人心的未来的第一步。

二、金星生命的讨论

金星是离地球最近的行星，其大小、质量和平均密度都与地球相近，内部结构也相似。因此，人们常把金星与地球称为一对"孪生姐妹"。金星总是被一层厚厚的大气层包裹着，使人们看不清它的真面目。直到20世纪60年代之后，苏联和美国先后向金星发射了30多个行星探测器，从而使人们对金星有了较为深入的了解。对金星的探测结果表明，金星上覆盖有很厚的稠密大气层，其密度很大，是地球大气的100倍，大气压也高出地球90倍，相当于地球海底900米深处的压力。金星大气主要由二氧化碳组成，占95%以上，其次是氮占3%，其余的则为少量的其他气体，有一氧化碳、氧和少量水蒸气、氩气和酸类(包括浓硫酸和微量盐酸等)，金星大气中几乎没有游离氧，氧含量不到大气总量的0.1%。金星上水的丰度比地球的水丰度小得多，金星的全部水都在大气中，因为它的表面太热，不允许存在液态水或含水矿物。金星大气中现在的水总量约为3.8×10^{18}克，假设将其均匀地铺在金星表面，厚度约为1厘米。而我们地球海洋中的全部海水，如果也把它均匀地覆盖在地球表面的话，其厚度可以达到2千米。由于金星上浓密大气中的二氧化碳所造成的"温室效应"，探测器测到的金星表面温度高达480℃，且不分昼夜，不论纬度，全球终年炎热干燥，昼夜温差仅1℃。在这样的高温、高压、缺氧、无水的严酷环境中，还有生命存在的可能性吗？答案自然是否定的。虽然金星表面是个"闷热的地狱"，但在地面以上约60千米处，有几层很厚的云层，从云底到云顶约20多千米，这些云中的温度和气压恰好与地球表面的温度和气压相似，在这个范围内，可能适合生命存在。有人还模拟金星大气成分，用米勒实验的方法，得到了甘氨酸、丙氨酸和其他有机物。据此认为金星大气也可能经历化学演化。

根据太阳系演化理论，金星和地球是由同一过程形成的两颗相邻的行星。在它们形成之初，两颗行星上的含水量应该是大体相当的，也就是说金星上也应像地球一样有着浩瀚的大海。只是到后来，金星上的水长时间地逐渐散失到太空中，大海消失了。金星古海消失的原因有以下四种。

① 离解逃逸机制：太阳光将水蒸气离解为氢和氧，氢气由于重量轻而大量逃离金星。

② 还原机制：在金星演化的早期，其内部曾散发出大量的还原气体(如一氧化碳)，这些气体能与水相互作用，消耗了水分。

③ 岩浆作用机制：从金星内部喷出炽热的岩浆，水和岩浆中的铁以及其化合物相互作用。

④ 循环机制：金星海洋的水和地球一样，原来也是来自星球内部，后来这些海水又重新循环回到金星地表以下。

另外，还有的科学家提出了"**强温室效应**"的假说。他们认为，在太阳系早期，太阳并不像今天这样亮和热，它每秒辐射的热量约为现在的30%。自然金星的气候比现在也就凉快得多，也许生命当时已开始在大海这个"摇篮"中孕育、成长。后来太阳辐射产生变化，发出更强的光和热，加上金星的自转又异常地慢，那里的一天等于地球上117天，骄阳长时间连续烤晒，使得金星古海的洋面温度升高，大量水蒸气升到空中。水汽是一种温室气体，吸收 CO_2 所不吸收的那些波长的热能。因而，金星表面附近的热量越积越多，温度不断上升，后来就是存在于碳酸盐岩石中的 CO_2 也被释放出来。随着越来越多的二氧化碳和水蒸气上升到大气层中，金星的温度越来越高，温室效应循环反复地增强，直到海洋被全部蒸发到大气中。

随着温度上升到上千摄氏度时，金星大地开始熔化，无论是平原、还是山谷，到处都是一片翻腾的"火海"，大气中的水汽受太阳照射离解为氢和氧，氢逃逸到太空，而氧则使表面矿物氧化。金星终于变成一个充满二氧化碳气体的星球，成为干旱和高温的世界。

金星在过去某个时期也许曾有过古海和较为温和的气候，当然也就有存在生命的可能性。只是如今的金星表面，温度太高了，使得生命经历的任何物理证据都不能在其表面保留下来。人们无法了解生命是否在金星上存在过，或者过去的气候是否比现在温和。

　　然而，研究金星的现实意义，不仅在于搜寻金星上有无生命，重要的还在于可为地球上的生命提供借鉴。其一，二氧化碳的温室效应所带来的灾难性后果，将是地球的前车之鉴。其二，由于太阳的演化，如果地球所接受的太阳辐射比现在更多时，地球上会发生怎样的变化？目前的金星便是一个例子。

三、木星系统中的生命线索

　　木星及其卫星作为一个整体即木星系统就如同一个小型太阳系。木星位于中心，它是成分与太阳相似的气体巨行星。木星辐射出来的能量比它接受的太阳能多，这意味着它像太阳一样有能源输出。然而，与太阳不同，木星不是由核反应产生能量，而是由于冷却在引力收缩期间释放出热能。木星又像太阳那样，周围环绕着许多像行星般大小的天体，它们是木星的卫星。伽利略卫星是其中最大的四颗。

　　在寻找生命线索的时候，人们之所以特别关注木星系统，是因为在这些天体上确实有些特殊的地方值得留意。木卫一有额外的热源，这是木卫一与其他的木星卫星、木星之间的相互作用所造成的潮汐加热的结果，木卫一有丰富的火山活动和营造生命的热源，虽然木卫一可能没有留下任何水。木卫二有较小程度的潮汐加热，其表面没有可见的火山活动，但它有大量的水，水以冰的形式存在于它的表面，但在表面以下较浅的地方可能存在大量液态水。可与木卫一、木卫二进行有意义的比较的是木卫三和木卫四，后两者的潮汐加热很小，尽管它们有大量的水冰，但没有存在液态水的迹象。木星大气外层是较冷的，但其内部深处的温度则高得多。木星大气中存在有机分子，在其云中可能存在液态水。

　　木卫一在环绕木星的轨道上运动时会产生潮汐，它类似于月球对地球的潮汐作用。木卫一的轨道不是正圆形，当它环绕木星运动时，受到的引力作用略有变化，因而使木卫一的形状也随之产生周期性的微小改变。正如快速地前后弯曲纸夹造成的摩擦会使纸夹变热一样，木卫一形状在每个轨道周期中的改变会耗散能量，使得木卫一升温。这种潮汐能量的摩擦耗散使足够的热量存储在木卫一内部，将木卫一内部大部分或全部加热到熔点，并在表面产生火山活动。木卫一的整个表面基本上被火山物质覆盖，从飞船上和地球望远镜中都能观测到活火山活动。火山活动与生命的形成有密切联系，就如同在地球上曾发生过的那样，大量存在的与火山共生的热液系统在生命的形成和进化中可以起特殊的作用。来自火山活动的热量提供了可被活性生物捕获的能源，但不是直接使用，而是通过它的化学活动被使用的。

　　虽然木卫一有活火山活动，但没有任何存在水的证据。历史上是否有过大量的水，目前尚不清楚。依照木卫一的环境，即使曾一度有过水，也不能保存下来。火山喷发前后，活火山作用会使木卫一表面变暖。较高的温度会使得表面的水被蒸发到大气中，由于木卫一的引力场较弱，水汽很容易逃逸到太空。表面虽然无水，但在深处是否有隐藏着水呢？活火山地区可能局部含有刚从火山内部深处释放出来的少量水，那样的话，也可能存在生命活动。然而，木卫一环境中一个致命的地方是它超强的辐射，被木星磁场捕获的高能粒子会严重危害活的有机体。因此，对木卫一来说，目前最合理的看法应当是：尽管有活火山作用，却没有水，也没有生命。

木卫二与木卫一很不相同，根据其密度估计，它含有约 15%或更多的水。一种情况是，假如水均匀地分布于木卫二内，水就可能以含水硅酸盐矿物的形式(水被束缚在矿物结构中)存在，就像在地球上常见的如蛇纹石和黏土这类的矿物一样。另一种情况是，假如木卫二分异成层，水就会从这些矿物中释放出来而上升到表面，有可能形成厚达 300 千米的水圈。虽然没有直接证据表明木卫二的水是否集中在表面而形成了水圈，但木卫二表面有丰富的水冰却是无疑的。因为从它的表面对太阳光的吸收特征，人们获得了水冰的证据。那么，冰盖表面之下会有液态水形成的海洋吗？一种可能的情况是木卫二表面下某一深度存在液态水。而且，即使没有全球性的隐埋海洋，潮汐加热也会产生局部的小规模液态水"包"，也许是隐埋的湖泊。木卫二的表面图像就显示出了突出的证据，暗示至少有间歇的液态水。在生命必需的条件中，除了水，还有能够驱动生物活动的能源和衍生生物的元素。这两者都可能存在于木卫二的海洋底部，在那里，水可能跟其下面的硅酸盐矿物接触。在温度接近熔点的液态水中，存在的能量本身不能驱动生物活动，形成有机分子或驱动生物化学反应的能量来自化学不平衡。太阳的紫外线、闪电都能触发不平衡，由此产生的化学反应可形成有机物，然后可能出现生命。但对木卫二冰盖下的海洋深处来说，这两种作用都不会产生什么影响。木卫二的硅酸盐部分在地质活动水平上跟月球相似，在海底可能存在类似于地球海底的热液系统。当水环流经过热的火山岩时，水温变化造成化学不平衡，驱动有机分子的产生，或许还有生命产生。类似地被水风化的原始火山岩也会释放能量，为活性有机体利用。既然生命必需的条件在木卫二上似乎都已具备，那么合乎逻辑的推理就是木卫二上存在着或者曾经有过生命，是否如此，有待于实地探测予以证实。因此，继地球和火星之后，木卫二似乎是在太阳系中寻找生命的最佳地点。

在生命必需的三个条件中，木星具备两条，即能源和液态水(出现在大气内一定高度之中)。然而木星是一颗液态的氢球，假如木星上有任何生命的话，必然存在于大气中。木星的大气层厚达 1000 千米，如此广阔的范围内，应当有一些温度、压力都比较适宜的区域，由于大气成分所具有的还原特性，加之来自内外能源的作用，因此，有可能出现生命的化学进化过程。

木星大气分为显著的上涌气体区和下沉气体区，这些区域分别称为"亮带"和"暗带"，形成一定纬度环绕木星的一些云带。亮带含有在大气中上升而变冷的气体，有一些气体凝结为云，它们可能由凝结的 H_2O(水)、NH_3(氨)、NH_4SH(硫氢化氨)组成。在木星大气中探测到了简单的有机分子,包括甲烷(CH_4)、乙烷(C_2H_6)、乙炔(C_2H_2)、氢化氰(HCN)。在闪电和太阳光的作用下, 就如同在早期地球上曾经出现过的一样, 木星大气中也可能存在着形成更复杂的有机分子的过程。通过实验室中模拟木星条件下的这些过程, 已产生了复杂的有机分子。在著名的米勒-尤里放电实验中产生的同类分子, 基本上都可能在木星大气中产生。因此, 有人认为木星则是生物有机化学的一个广阔的行星实验室。假如在木星上诞生了生命的话, 那么它所面临的最大的生存危机, 就是如何一直保持在大气中生活。因为任何大的宏观生物体必然趋于向下沉降到大气深处, 而任何小的微观细菌会被携带到大气的下沉区。当有机物被带到深层时, 它们会遇到较高的温度, 有机分子会被破坏。任何可能存在的生命只可能幸存于木星大气较冷的高层。木星生物能够生存下去的一种可能情况是:它们会在母体被破坏之前很快繁殖大量后代, 虽然很多后代会被拖入深层大气而被"杀死", 但有些后代会升到更大高度而幸存下来。或者, 它们可以制造充气的囊来提供在木星大气中的浮力, 这就使它们生活在适当高度, 而不至于下沉到大气深处。

四、土卫六——地外生物学的实验室

1982 年"旅行者号"飞船飞越土卫六时, 已给地球人提供了它的大小和质量、大气成分和结构等方面的信息。土卫六是太阳系唯一拥有较厚大气层的卫星, 其上可能含有水冰的冻结海洋, 可能存在某种形态的生命。

土卫六有浓密的大气和浓厚的云, 科学家推测表面可能温室效应显著, 导致表面温度比没有大气的卫星高得多。从已知的质量和平均半径可以推算平均密度,据资料约是 $1.9g/cm^3$。比较类地行星, 可以推知土卫六以较轻物质组成为主。由"旅行者号"飞船测量得到的土卫六大气温度的垂直分布大致是, 从地面往上, 先是温度随高度增加而降低, 但随后又开始升高, 有点类似地球大气。从光谱看,土卫六大气主要成分是氮, 但也含有少量甲烷。科学家推测它的表面可能存在甲烷海洋或湖泊, 但温度低(约 94K), 无液态水, 可能有冰。探测器还显示在土卫六上有相当多的有机化学反应, 这些化学反应大多类似于可能发生在早期地球和可能导致生命形成的有机化学反应。假如像米勒和尤里提出的那样, 地球的前生命有机分子由大气过程产生, 这种相似性就特别有趣了。不管怎样, 了解土卫六上的化学反应及其有机副产品, 对于了解早期地球是相当有益的。而且, 结合在火星上搜寻有机分子和可能的前生物化学或生物活动, 土卫六会帮助人类了解在地球上发生的导致生命形成的过程。1997 年人类又发射了一艘卡西尼号探测器飞往土星和土卫六, 对土卫六做进一步的探索。希望它能给人类提供地球早期大气的信息, 使人类弄懂大气的更新换代的规律。

总而言之, 到目前为止, 所有的太阳系探索结果表明, 还未发现和证实哪里有像地球这样适于智慧生命栖息的星球。

尽管人类还在努力探索，但也在认真思考，地球上的生命形态和特征，以及地球上的生命演化规律对其他天体具有普适性吗？

12.4　地外文明探索的几个问题

天文学发展到今日，人类已经知道这个宇宙有千亿个类似银河系的星系，每个星系有千亿颗恒星，平均每 3 颗恒星周围有一颗行星，每 2.5～30 颗类太阳恒星周围有一颗宜居带类地行星，或许还有更多的卫星。例如，太阳系有 8 颗行星、几百颗卫星，其中与地球尺寸类似、在过去或现在或将来可能拥有生命的行星和卫星不止 5 颗。因此，宇宙中类似地球能够孕育生命的星球可能数不胜数！当然，能够孕育生命不代表一定会孕育和发展生命，更不能代表在某时刻有生命和文明存在。

一、地外文明及其产生的条件

人类在茫茫宇宙中是孤独的吗？在太阳系内，生命现象也许会发生在诸多行星及它们的卫星上，但只有地球上唯一地存在着文明社会，即**地球型文明**。太阳系之外的宇宙间，是否还存在着别的文明，即**地外文明**，目前还不得而知。我们能做的事情就是根据地球文明这个唯一的样本去科学探讨地外文明可能有的形式或类型。

现代天文学的发展，使人类直接通过观测证明了宇宙学的基本原理。宇宙就整体而言是均匀和各向同性的，也就是说宇宙中没有任何特殊点，宇宙中各点是平权的。茫茫太空有数以亿计的星系，每个星系中又包含数以亿计的类太阳系，当然绝不可能只有我们的地球得天独厚的出现了人类及其文明社会。可以相信，整个宇宙中必定也有不计其数的星球上存在着智慧生物和文明社会，他们也在观测天体、认识宇宙、改造自己的生态环境并力图与其他星球上居住的同类进行交流。

地外文明和地外生命是两个不同的概念，从生命到文明还需经历非常漫长的过程。人类文明的创造经历了几万年，而最近三四百年科学技术的发展才得以突飞猛进，特别是最近几十年航天技术才迅速发展起来。对于人类文明的发展，苏联天体物理学家卡尔达谢夫从能量、物资的消耗及信息处理等方面作了粗略的估计。据他估算，目前，整个人类的能量消耗约 10^{13} 瓦，近 60 年来，每年还以百分之几的速率增加。如果将其年增长率限定为 1%，那么 3200 年之后，人类所消耗的能量将达到太阳的总辐射能，5800 年之后将达到银河系的总辐射能。将现有的全社会信息处理量的数量，按年均 10%的增长率计算，只需要经过 2000 年，其总量就要乘上因子 10^{80}。如果用二进位数字表达的话，所用数字将远远超过可观测到的整个宇宙的原子数目。这样庞大的信息量,不可能存储在任何物质存储器中。以现在的全球人口为基础,按每人每年用 10 吨物资、年增长率为 4%进行计算,则经过 2000 年后,人类需要的物资总量将达到一千万个银河系的质量。这个令人震惊的结果表明,按照人类尺度进行的人类活动,竟然能够达到宇宙尺度的数量。因此,人类文明呈指数增长的趋势不可能无终止地延续下去。卡尔达谢夫将宇宙中的文明分为三种类型:Ⅰ型文明,以能掌握本行星的全部资源作为标志,它所需的能量就是能够截取到的中央恒星的能量,即它能调集与目前地球整个输出功率相当的能量进行宇宙通信,这个能量约为 10^{16} 瓦;Ⅱ型文明,以掌握自己的中央恒星和行星系统的物质和能量资源为其标志,其能量约为 10^{26} 瓦;Ⅲ型文明,则能掌握自己的恒星系统的一切资源,其能量约为 10^{36} 瓦。

　　地球上生命的诞生和文明社会的形成是按照一定的物理过程自然演化的结果。只要条件适合,在宇宙中的某个地方,也会出现同样的结果,即孕育出生命并逐步发展到高级阶段,直到产生文明社会。因此,探讨文明产生的条件是寻找地外文明的基本前提。由于样本的唯一性,我们只能以地球型文明得以形成的条件为基础,首先在地球所处的恒星系统即银河系范围内来讨论这个问题,地球型文明产生的条件包括两个方面:一是对恒星的要求,二是对行星的要求。

　　在地球上,智慧生物的进化用了 46 亿年的时间,尽管人们不知道这一时间长度是否具有典型性,但保险的假设是这一过程需要数十亿年,这就要求其中心恒星能提供至少这样长的稳定期。只有主序星是恒星一生中的稳定期,其他星都将被排除。主序星要在主星序上停留足够长的时间,必须有合适的光谱型。在恒星周围还要有一个能维持生命演化的适宜区域即“生命圈”。因此,只有质量是 1.3~0.33 太阳质量的光谱型从 F_2 到 M_2 型的主序星符合这样的条件。不过在这些太阳型恒星中至少有一半以上是双星和聚星,还必须把那些存在着威胁生命的不稳定条件的双星去掉。对于这样筛选出来的稳定的长寿命恒星,还需要有一个年龄上的要求。如果年龄太小,它经历过的时间不够长,仍然不会有文明的出现。例如,太阳在 10 亿年前也未能对银河系智慧生物的繁衍做出什么贡献。最后一个对恒星的限制条件就是其金属性。在恒星周围要形成固态的行星系统,必须有足够的金属元素,况且生命本身也需要重元素。银河系演化过程中诞生的第一代恒星,当它们死亡时通过抛射物质把形成的重元素抛到宇宙空间,这些重元素参与了第二代恒星的形成,即星族Ⅰ。因此,才产生了像我们地球那样的有水、岩石和金属的行星,以供生命栖息。

　　具备上述条件的恒星可以说是一颗够格的好的恒星,对于文明产生来说,这还只是具备了全部条件的一半,作为生命栖息地的行星也必须具有非常优越的条件。首先,行星一定要落在中心恒星的生命圈之内,生命圈的半径由中心恒星的光度和质量所决定。距离太近,由于过热,液态水和生命都无法存留;距离太远,水都冻成了冰,生命也不能忍受。生命圈的宽度越宽,行星落在其中的机会就越大。对于太阳系来说,生命圈的宽度究竟有多大,科学家们也不完全清楚,估计是很窄的,仅仅从 0.95 天文单位伸展到 1.01 天文单位,地球能够位于其中真是幸运无比。其次,行星的大小和质量必须适当,才能留住形成生命所必需的大气层,保住液态水,使它不至于很快被蒸发掉。地球有足够的质量和引力维系住厚厚的大气。同处在生命圈中的月球,由于太小则完全没有大气;大小为地球一半的火星如果再大些,内部冷却的速度就会较慢,火山活动也会持续到今天,从而具备温暖的气候能够支持生命的存在;火星之外的巨行星,质量太大,引力过强,连氢和氧都原封不动地保留下,也不利于高级生命的形成。有科学家做过计算,认为可居住行星的半径在几千至 2 万千米之间。另外,还有许多其他的条件,如行星轨道的偏心率、自转轴与公转轨道的交角、自转速度、行星壳层的稳定性等都会影响到生命的形成与否,甚至连周围其他行星的存在也是文明社会得以形成的限制因素。有科学家通过研究发现,如果太阳系没有木星和土星,地球上也许永远不会出现智慧生物。因为在太阳系形成的过程中,大量彗星曾经一度肆虐行星际空间,但木星和土星这两个质量最大的行星的引力把彗星赶出了太阳系,只留下很少一些现在与地球相遇的彗星。如果没有它们,彗星与地球相撞的频率会高出 1000 倍,大约每过 10 万年就会有大彗星与地球碰撞,这就使智慧生物没有时间完成其进化过程。据历史记载资料,在 6500 万年以前(中生代末期),就有大彗星与地球发生碰撞,造成恐龙灾难性的灭绝事件,从此以后,智慧生物才得以出现(当然这只是一种多数人认可的推论)。所以,人类能有今日的成就,实在是一个奇迹。

　　对文明产生的条件有所了解之后,人们会问,宇宙中符合这些条件的星球会有多少呢? 著名的德雷克方程可以使我们估算一下银河系内文明星球的数目,其方程式为

$$N = R_S \times f_p \times n \times f_1 \times f_i \times f_c \times L$$

式中, N:银河系内可以联络的文明星球数。

　　R_S:银河系中的恒星形成率,即每年形成的恒星数目。

　　f_p:有行星系的恒星所占比例。

　　n:恒星的行星系中生命可居行星的平均数目。

　　f_1:可居行星中出现生命的行星的比例。

　　f_i:有生命的行星中出现智慧生命的比例。

　　f_c:有智慧生命的行星中,具有星际通信能力的行星的比例。

　　L:文明存在的寿命。

方程式中，只有 R_S 和 f_p 可以被确立，其他的因子只能靠估计。因此，可能的答案的范围就很广。

悲观的观点是

$$N=10 \times 0.01 \times 0.01 \times 10^{-6} \times 10^{-6} \times 1 \times 100=10^{-13}$$

在这种情况下，就需要搜寻 10^{13} 个星系，方能发现另一个智慧文明，或者说我们地球是宇宙中唯一的文明星球。

乐观的观点是

$$N=10\times0.3\times3\times1\times0.5\times1\times10^9=4.5\times10^9$$

在这种情况下，大多数恒星有行星，行星中大部分有生命，有生命的行星中大都进化出智慧生命并形成文明社会。

上述两种观点都比较极端，但不管怎样，人类探索的努力是不断的。据统计，21 世纪初，天文学家已探索到有行星系统的恒星达到数百。

二、寻找地外行星的方法

要寻找地外文明,第一步就是要找到像地球那样的绕着恒星旋转的行星系统。目前，天文学家搜寻邻近恒星中行星的办法主要四种。

① 根据大部分外行星是通过行星对恒星的引力摄动引起光谱变化发现的。我们知道一个行星绕恒星运动，实际上它们各自围绕着公共质心在运动。小质量的行星运动得快，大质量的恒星运动得慢。另外，我们知道任何一个发出波动的物体，当远离我们时其频率变低，靠近我们时频率变高，这是多普勒效应的缘故，根据恒星光谱的周期变化，我们可以测出行星存在。目前利用这种方法已获得近 60 颗恒星且周围有类似于行星的小天体在绕它旋转。

② 与上述方法相似，只是假定该行星的轨道面与我们的视线垂直。那么它在旋转时，中心星速度就不变了，但它的位置会变，用光学干涉的方法可以探测太阳系外的行星系统。

③ 引力透镜法。我们知道爱因斯坦提出广义相对论后的第一个直接证据是 1919 年爱丁顿利用日全食的机会，观测到了太阳附近恒星光线由于太阳引力的作用发生了偏转，偏转的大小与爱因斯坦预言的完全一致。同样的，银河系内的恒星也都在运动，当一颗离我们比较近的星正好"走"过背后一颗星的位置处时，背后一颗星的光线也会发生弯曲，犹如一个透镜将背后一颗星会聚起来，使它变亮。若前面一颗星有行星存在时它的光度变化就会出现"毛刺"。从而检测出行星，该方法很巧妙，但目前还没有报告的结果。

④ "凌星"方法。我们已经熟知太阳系中的水星和金星的凌日现象(详见第

7章)，只是太阳离我们近，我们看到：凌日现象的同时，觉察不出太阳辐射的变化，但若有一个木星大小的行星经过像太阳一样的恒星圆面时，在非常远处观测这颗星，它的光度会有变化。目前天文学家测量的技术完成能达到这一精度，也用这一方法测到了地外行星。例如，1999年美国天文学家T.Brown和D.Chabonneau观测到了HD209458这颗星被一颗围绕着它的行星所"凌"。

2017年，科学家们利用包括欧南台的甚大望远镜在内的地面和太空望远镜发现，距离我们仅仅40光年远的超冷矮星TRAPPIST-1拥有七颗地球大小的行星。这其中的三颗行星位于宜居带，并且其表面很可能拥有液态水，这就大大增加了其孕育生命的可能性。

外星生命到底需不需要水这个问题，科学家们并未否定其他生命形式(如硅基生命)的存在，但是就目前我们对生命的了解来说，探测碳基水生命是成本最低也最有效，毕竟我们还不知道其他类型的生命。但是，每一次重大的发现，都会让我们的认识更进一步。

三、地外文明探索的艰巨性

地外文明的存在，从理论上讲应该不成问题。但是，要寻找到他们，以至于同外星人进行接触(不论是直接的还是间接的)却是异常困难的。相对于在河外星系中去寻找，倒不如在银河系中去探索更容易一些，银河系内的文明星球数量越多，发现它们的概率也会越大。所以，我们可以从德雷克方程中采用一个较为乐观的数字来进行讨论，从中去体会地外文明探索的艰巨性。

银河系有上千亿颗恒星，有人对德雷克方程的各项参数作了稍微乐观的假设之后，经过计算得出银河系内有2.2亿颗文明星球，大约每500颗恒星中可能有一颗。即使在这种发现地外文明概率较大的情况下，要寻找到外星人也是非常不易的。为了发现他们，首先必须克服巨大的时空屏障。平均来说，在我们太阳周围的500颗恒星中就没有其他文明星球，而离我们最近的文明星球可能在第501颗星那里，根据太阳附近的恒星密度很容易算出周围500颗星所占据的空间半径约为35光年，所以最近的一个文明星球可能在35光年之外。即使是建立无线电接触，发一个信号给他们，也要在70年后才能收到回音。

使用无线电通信与地外文明进行联络应当是目前最快捷而有效的方式，然而，由于距离之遥，就是采用这种方式也需耗费很长的时间，除此之外还存在着频率选择与信号认证的巨大困难。电磁波谱极宽，如果联络双方的频率选择不一致，即使有信号发送，也不会得到理睬。如何知道外星人的工作频率呢？只能靠推测。宇宙中氢是最丰富的元素，羟基(OH)气体也大量存在于恒星际空间，人们都知道，氢和羟基一起组成水，这是哺育生命所必需的。因此，一个合理的推测就是，外星人也会认识到这一点,因而他们会在氢和羟基发射能量的波长中发射自己的信号或对别的文明进行搜寻。所以,氢的 21 厘米波和羟基的 18 厘米波就可能是我们搜寻地外文明的一个可供选择的频率。即使频率选择正确的话,要从接收的信号中确认出哪些是来自地外智慧生命的信息而不是任何可能的自然现象,也是非常困难的。人们通常认为:外星人发送的信号可能按某种规律重复自身,以证明它是真实信号。然而,由于行星环绕恒星的运动,信号会因多普勒效应而产生漂移;假如外星人在不同日子里将无线电指向不同的恒星,信号可能自身不重复;或者信号可能依据一种我们不了解的逻辑,以至于根本不能识别出外星人的信号。用无线电探测尚且存在如此巨大的困难,采用别的手段面临的问题会更多。直接观测几乎是行不通的,若采用间接观测,如观测恒星的摄动特性或用光谱学、光度学的方法发现行星等,也都存在着很多难以克服的困难。

　　不单是距离的阻隔,而且时间的问题也是一道难以逾越的屏障。宇宙中各文明星球不可能同时达到相同的发展阶段,当某一个星球上文明刚刚萌芽的时候,也许另一个星球上已经形成高度发展的文明社会,文明发展程度不同的星球要进行相互间的联络沟通是非常困难的。例如,已经掌握了星际航行技术、高度发展的文明人与还处在茹毛饮血阶段的原始人进行联络是不会有结果的。而当某个星球上的原始人逐渐进化到高度发达阶段的时候,也许另一个星球上的超级文明会随着恒星生命的终结或遭遇灭顶之灾而消亡,终其“一生”也未能觅到宇宙知音。文明发展的时间屏障也许会让每个文明星球各自孤独的过完一生。

　　除了难以逾越的时空屏障,可能还有许多其他因素也会阻碍人类对地外文明的搜寻。例如,地球上生命产生的基础是碳和水,即所谓的碳水化合物,可称为“碳型生物”。如果地外生命不是碳型的,而是别的什么类型的(如硅型等),那么基于对地球上生命的认识而形成的诸多研究方法都将是无用的。另外,人类认识的地球是由生物学规律和物理学规律支配着,地球上的生命形式仅在于“分子水平”,地球形成与生命演化的理论是否适合于其他星球,如果别的星球上的生命形式是“基本粒子”水平,或其他什么水平的话,它们服从的又是什么规律,我们就不得而知了。所以,寻找地外文明是很艰巨的。

四、关于 UFO

　　从 19 世纪以来,世界各国不断地出现目击不明飞行物(简称 UFO)的报道和传闻,特别是 20 世纪 50 年代开始步入空间科学时代以来,“UFO”“飞碟”“外星人”的目击事件报道与日俱增。随着宇宙、宇航空间科学的发展,人们越来越关注,在茫茫的宇宙空间中,是否存在地外智慧生命? 科学家经过对目击报告分析后得出:UFO 可能是一种自然现象,也可能是一种幻觉、骗局。例如,1948 年的著名 UFO 事件:“1948 年 7 月 24 日的凌晨 3 时 40 分,一位驾驶员和一位副驾驶员在驾驶 DC-3 型飞机时，迎面看见一个物体从他们的右上方掠过，急速上升，消失在云中，时间大约有 10 秒钟……这个飞行物似乎有火箭或喷气之类的动力装置，在它的尾部放射出大约 15 米长的火焰。该物体没有翅膀或其他突起物。但有两排明亮的窗子。"事实上，那天夜间正好有流星雨，所以天文学家认为这个奇怪的物体实际上是远处的一颗流星。

大家知道，人的眼睛有时会把一些小圆点视为一条线，或者将某些不规则形状的物体看成一种熟悉的东西，甚至在某个观测角度和一定的天气条件下，即使一些视力良好、有理智的人也会把一颗星或一架飞机看成一种其他天体。天文学家门泽尔就遇到过这样的情况：1955 年 3 月 3 日，他在靠近白令海峡的北极地带飞行时，突然看到一处明亮的 UFO 闪烁着红绿两色的光芒从地平线的西南方向射向飞机。在离飞机大约 100 米的地方，它突然停止了。飞行物的直径约相当于满月的 1/3。它忽而消失在地平线，忽而又返回。这时，门泽尔突然意识到这是天狼星的模糊形象，天狼星似隐似现是由于远处的群山挡住了星光的缘故。

有些 UFO 事件至今还不能得到令人满意的解释，那么，是否可以肯定它们是外星人的交通工具呢？回答是：不能肯定。依照现代天文学的观测结果，银河系的直径约为 8 万光年，在如此广泛的宇宙空间里，为数不多的文明世界相会采访简直像大海捞针一样。有科学家计算过，假如银河系有 100 万个文明世界，每个世界每年必须发射 10000 艘飞船，才可能有一艘来到地球上。要知道，恒星的距离都以光年计，而我们今天飞出太阳系的宇宙飞船的速度(30 千米/秒)尚不及光速的万分之一。若到其他恒星上去旅行，除非乘坐速度接近光速的所谓光子火箭，但这还是科幻家们的方案。

尽管如此，人们还是怀着极大的好奇心，希望在太阳系以外找到生命或寻找可能存在的各种生命迹象，更盼望能觅到自己的知音，即高级智慧生命。人类正在努力探索宇宙，可以说，只要有机会，人类就会不惜耗费巨资，积极地探索地外文明。

12.5　人类的搜寻行动

搜寻地外文明计划(SETI)则是致力于用射电望远镜等先进设备接收从宇宙中传来的电磁波，从中分析有规律的信号(程序工作界面见图 12.2)，并希望借此发现外星文明。尽管受科研经费的困扰，但科学家还是在不断地探索。

一、搜寻地外文明计划(SETI)

1959 年，美国康奈尔大学的科可尼和莫里森在英国《自然》杂志上发表了题为

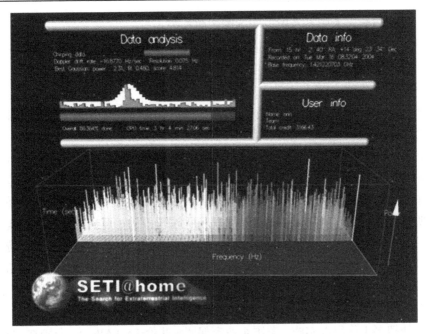

图 12.2　SETI@home 程序运行时的影像

"探索星际通信"的论文，分析了利用无线电波，与地外文明星球进行星际通信的可能性。从此，开创了人类搜寻地外文明的时代。两位科学家提出，实现星际无线电通信优先使用的频率应当是氢的 21 厘米射电线频率，因为氢是宇宙中最为丰富的元素，每一个文明社会都能在宇宙的射电辐射谱中发现这条谱线，这是大自然本身给出的频率，对于所有智慧生命来说都应当是能够理解和掌握的。

1960 年康奈尔大学的年轻天文学家法兰克·德雷克就完成首次 SETI 实验，也是这是人类为了主动搜寻地外文明发送出的信号所进行的首次星际通信实验。德雷克称自己的计划为奥兹玛计划，他选择了与太阳类似的两颗最近的恒星，鲸鱼座τ和波江座ε，对它们进行了 200 多个小时的观测，结果并没有发现真正的来自天外的人工信号。1972 年至 1975 年进行的奥兹玛二期计划又对太阳附近的 650 多颗恒星进行了观测，仍然没有接收到外星人发送的信号。

1974 年 11 月 16 日，为庆祝阿雷西博射电望远镜完成改建，透过该望远镜向距离地球 25 000 光年的球状星团 M13 发射一个称为"阿雷西博信息"的信息，希望可以和外星人联系。除了在地球上接收可能来自外星人的无线信号之外，人类也在向宇宙空间发射含有地球文明信息的无线电波。1974 年，在康奈尔大学的阿雷西博天文台，用 305 米射电望远镜向武仙座球状星团 M31 发射了脉冲信号，信号表示的是一幅全部用二进制编码的二维图像。内容包括人类生命的基因，人体、全球人口数、太阳系及射电望远镜的数据等。

1977 年 SETI 使用巨耳无线电望远镜收到了著名的 Wow!信号，这是一个长达 72 秒的非常强的无线电信号。

1984 年，加州柏克莱大学正式发起这个计划。于 1999 年，开始以射电望远镜分析宇宙传来的电磁波。它的经费来源，三分之一由美国国家科学基金会补助，三分之一来自加州政府，剩余的款项则由民间募款。

1992 年，美国宇航局(NASA)开始实施"高分辨率微波巡天"(HRMS)计划，准备用一些世界上最大的射电望远镜巡视 100 光年之内的 1000 颗类太阳恒星并对整个银河系进行巡视。所用的接收机可同时处理 800 万个频道，这是人类第一次监听外星人信号时所用的单频道接收机所无法比拟的。可惜的是，计划实施一年之后，美国国会为削减预算赤字而终止了对该项目的财政支持。官方经费来源被取消之后，在民间资助下，加利福尼亚的"天外智慧搜寻"研究所又开始实施"凤凰"观测计划，它首先将接收设备提高到 1400 万个频道，然后安装到不同地方的射电望远镜上进行巡天观测。

为使搜寻工作得以实施，美国企业家保罗·艾伦(Paul Allen)，分别在 2001 和 2004 向 SETI 计划捐资 4500 万美元，得到资助后，人类的搜寻行动一直在继续。

在人类"探索地外文明"(SETI)50 周年纪念之际，2010 年 11 月来自澳大利亚、日本、韩国、意大利、荷兰、法国、阿根廷和美国的天文学家都参与其中。他们把大大小小的望远镜指向地球周围的一些星球，以期收听"天外来音"。再度兴起新的探索活动被命名为"多萝西计划"，主导"多萝西计划"的科学家、来自日本 Nishi-Harima 观测台的首席研究员鸣泽新指出："波江座的天苑四(Epsilon Eridani)和鲸鱼座的天仑五(Tau Ceti)是北半球距离地球最近的两颗类似太阳的恒星，半个世纪以来它们一直是 SETI 的最佳目标，同时也是'奥兹玛计划'的象征，更是本次'多萝西计划'的主要对象。"

2011 年在我国世界屋脊羊八井亚毫米波天文台上利用789 个点阵式宇宙射线探测器和 5000 平方米的地毯式宇宙射线探测器也在不间断接收宇宙射线，希望通过分析宇宙射线的各种数据，能聆听到来自宇宙深处的秘密。

目前，全球最大、最灵敏的"平方公里级射电望远镜阵列"(SKA)项目已于2016 年开始建设，设计的 SKA 的碟形天线可以捕捉到 50 光年外一架飞机发出的雷达信号(图 12.3)。所有搜寻地外文明计划或项目都将对我们洞悉自己在宇宙中所处的位置、宇宙发展历史和未来的走向产生深远影响。

2018 年 4 月 18 日，美国国家航空航天局的凌日系外行星巡天卫星(TESS)发射升空。这一卫星的任务主要是搜索太阳系以外的恒星系统中是否存在行星，可

图 12.3　SKA 阵列碟形天线效果图

以说这颗卫星是开普勒空间望远镜的"接班人"。它搜索的范围将比开普勒空间望远镜大 400 倍! TESS 卫星将使用一系列的宽视场相机对 85% 的天空进行搜索,预计可以发现超过 2 万颗系外行星,在它发射时,人们已经发现了大约 3800 颗系外行星(包括开普勒望远镜的 2000 多颗)。

二、发射宇宙飞船

不用无线电波,而通过宇宙飞船的星际航行去拜访外星人,是人类搜寻地外文明最直接的方式。无人或载人飞行目前已经实现,如果飞船离开太阳系驶往宇宙深处,一旦被外星人所截获,他们就可以知道地球人的存在了。为此,人类从 20 世纪 70 年代开始就尝试发射无人飞船探索宇宙。例如,1972 年和 1973 年,美国发射了"先驱者" 10 号和 11 号探测器,两艘飞船上都有介绍地球人的"名片",它是采用经过特殊处理的铝板做成的,几亿年也不会变质和变形。上面绘有太阳系、一对男女地球人的裸体图形、标有用二进制表示的 14 颗脉冲星的脉冲周期和地球与它们的相对位置、"先驱者"飞离地球的时间,图 12.4 是地球人的"名片"。1977 年美国又发射了"旅行者" 1 号、2 号探测器,它们身上都带有可以播放两个小时的关于"地球之音"的镀金铜唱片,可谓地球人的文明信息(图 12.5)。

唱片上的符号是说明书,指明唱片的来源(地球)及播放方法。只要不遇到意外,唱片可以在宇宙空间播放 10 亿年以上。唱片里录入的是地球上具有典型意义的各种音像资料,包括 116 张图片、35 种地球自然音响、27 首世界名曲。图像资料有地球的宇宙环境、自然环境、人体、各国风土人情、科学和文明的成就等,声音资料有自然界发生的各种声响、人类和动物的声音、机器的声响、各种风格

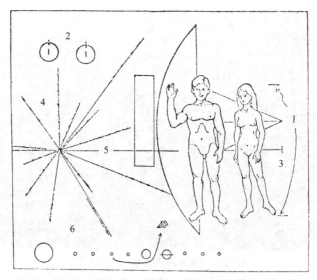

图 12.4　宇宙飞船"先驱者"10 号上的金属信息板图案

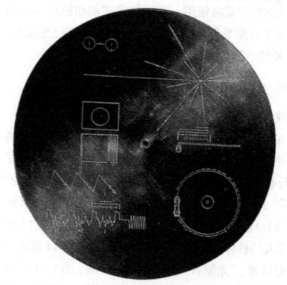

图 12.5　"地球之音"唱片

的音乐以及美国总统签名的电报和一段联合国秘书长的讲话录音。目前"先驱者"和"旅行者"携带着地球文明信息已经飞出了太阳系,正遨游在茫茫的宇宙之中,我们盼望着有朝一日能被外星人所截获。

其实,如果外星人截获了这些探测器,了解的也是我们地球 20 世纪 70 年代末的情况,"地球之音"唱片比起今天的光碟,实为落伍,而且,这些探测器即使瞄准飞到最近的恒星系统,也得花费 4～8 万年,这种"送名片"找知音的做法,现在看来虽"幼稚"，但毕竟是人类的一种愿望。

21 世纪，人类在航天事业取得很大的进展(参见第 5、6、7 章)，所有成就都说明人类探索宇宙是信心百倍的。

2009 年两项最重要的关于系外行星的发现：第一大发现是，太阳系外一颗恒星周围存在一颗岩石成分的行星。这颗行星被命名为"CoRoT-7b"，它也是第一颗与地球密度相似的已知系外行星。不过，这颗行星的表面环境似乎与地球相去甚远，它的表面温度高达 1000 摄氏度。第二颗岩石成分的系外行星被命名为"GJ 1214b"，它不仅仅是一颗多水的行星，而且还是第一个被证实存在大气层的超级地球。在众多相邻恒星周围，天文学家此前已经发现了数百颗像木星这样的气体行星。现在越来越多的超级地球已引起了天文学家更多的注意力。天文学家们相信，这些超级地球最终必将被证明比地球更适宜生命存在。

开普勒太空望远镜于 2009 年 3 月 7 日发射升空，其主要任务就是寻找系外行星。在九年多的"服役期间"，开普勒太空望远镜共计观测到 530 506 颗恒星并发现了 2662 颗系外行星。人类在探寻太阳系外类地行星的征程上已迈出了坚实的一步。

三、人类正在努力探索地外文明

搜寻地外文明实际上是人类不懈的探索精神的一种体现，1960 年以来，各国执行了大大小小 90 多个搜寻计划，国际天文学联合会(IAU)还建立了"搜索外星生命委员会"来统筹安排这些搜索。这项工作将会一直持续下去。值得一提的是，"中国天眼"将建扩展阵，为寻找地外生命做努力。目前，SKA 项目将是人类在太阳系外寻找外星生命的最好工具。所有的搜寻计划不外乎有以下几种方案。

① 全天空巡视，属普查性质。

② 对邻近恒星的搜寻，因为探测较近的恒星发出的信号相对要容易一些。

③ 搜寻重点目标。也就是根据恒星的类型、年龄、有类地行星的可能性等参数所确定的可能会产生地外文明的恒星。

尽管目前所有的搜寻行动中所接收到的信号都没有显示出人类能够理解的、可确认为是由地外文明发出的信号，也还没有可靠证据证明发现任何外星人的踪迹，但地球人仍在坚持不懈地努力。

也许将来有一天，外星人能来到地面与我们地球人直接握手致问和交谈；也许不久的将来，人类能借助高科技的力量飞越太空与外星人交流……

我们的宇宙是一个和谐的整体，它不会专门偏爱地球，类似地球这样充满生机的星球，在宇宙中应该是有的，我们认为生命在宇宙中应该是常态的。

　思考与练习

1. 如何理解生命？目前认识的生命有哪些特征？
2. 简述生命起源的几种假说的主要观点。
3. 简述太阳系内地外生命问题研究概况。
4. 为什么人们对火星和土卫六很感兴趣？
5. 人类搜寻地外文明有哪些行动？

第12章思考
与练习答案

进一步讨论或实践

1. 你如何看待 UFO？
2. 你如何认识地外文明？

附　录

附录

参 考 文 献

艾萨克•阿西莫夫, 1998. 宇宙指南[M].刘长海, 刘明, 译. 南京: 江苏人民出版社.

布鲁斯•捷克斯基, 2000. 行星上的生命[M] . 胡中为, 译. 南京: 江苏人民出版社.

曹盛林, 1995 . 宇宙天体交响曲[M]. 北京: 中国华侨出版社.

冯克嘉, 杜升云, 堵锦生, 1993. 中国业余天文学家手册[M]. 北京: 高等教育出版社.

国家自然科学基金委员会, 2012. 未来 10 年中国学科发展战略•天文学. 北京: 科学出版社.

何香涛, 2002. 观测宇宙学[M]. 北京: 科学出版社.

洪韵芳, 1997. 天文爱好者手册[M]. 成都: 四川辞书出版社.

胡善美, 2002. 少年课外知识小百科(天文瞭望)[M], 福州:福建科学技术出版社.

胡中为, 2003. 普通天文学[M]. 南京: 南京大学出版社.

胡中为, 王尔康, 1998. 行星科学导论[M]. 南京: 南京大学出版社.

蒋志文, 侯先光, 吉学平, 等, 2000. 生命的历程[M]. 昆明:云南科技出版社.

金祖孟, 陈自悟, 2010. 地球概论 [M]. 3 版. 北京: 高等教育出版社.

卡尔·萨根, 1998. 宇宙[M]. 周秋麟, 吴依俤, 等, 译. 长春: 吉林人民出版社.

肯·克罗斯韦尔, 1999. 银河系的起源和演化[M] . 黄磷, 译. 海口: 海南出版社.

李难, 1982. 生物进化论[M]. 北京: 人民教育出版社.

李启斌, 李宗伟, 汲培文, 1996. 90 年代天体物理学[M]. 北京: 高等教育出版社.

李孝辉, 2015. 图解时间[M]. 北京: 科学出版社.

李宗伟, 肖兴华, 2000. 天体物理学[M]. 北京: 高等教育出版社.

力强, 1980. 星座与希腊神话[M]. 北京: 科学普及出版社.

梁思礼, 2000. 二十一世纪太空新景观[M]. 合肥: 安徽科学技术出版社.

刘金沂, 杜新云, 宜焕灿, 1984. 天文学及其历史[M]. 北京: 北京出版社.

刘南, 1987. 地球概论 [M]. 北京: 高等教育出版社.

刘南威, 2000. 自然地理学[M]. 北京: 科学出版社.

刘学富, 2004. 基础天文学[M]. 北京: 高等教育出版社.

马駰, 陈秉乾, 1993. 星系世界[M]. 长沙: 湖南教育出版社.

聂清香, 苏宜, 杭桂生, 1996. 天文学基础[M]. 北京: 中国人事出版社.

让·赫德曼, 2000. 天外智慧[M]. 易照华, 译. 南京: 江苏人民出版社.

宋礼庭, 1994. 从太阳到地球[M]. 长沙: 湖南教育出版社.

唐汉良, 舒英发, 1984. 历法漫谈[M]. 西安: 陕西科学技术出版社.

王绶琯, 1992. 绘图天文辞典[M]. 上海: 上海辞书出版社.

王绶琯, 周又元, 1999. X 射线天体物理学[M]. 北京: 科学出版社.

吴鑫基, 温学诗, 2005. 现代天文学十五讲[M]. 北京: 北京大学出版社.

吴延涪, 肖兴华, 1987. 天文学概论[M]. 北京: 中国人民大学出版社.

宣焕灿, 1992. 天文学史[M]. 北京: 高等教育出版社.

叶叔华, 1986. 简明天文学辞典[M]. 上海: 上海辞书出版社.

伊戈尔·诺维科夫, 2000. 黑洞和宇宙[M]. 黄天衣, 陶金河, 译. 南京: 江苏人民出版社.

余明, 1997. 多媒体计算机技术在《地球概论》教学中的应用研究[J]. 亚热带资源与环境学报, (2): 77-79.

余明, 1997, 漠河追日终难忘[J]. 科学与文化, 5: 37-38.

余明, 1998. 人类为何对"海尔-波普"彗星情有独钟[J]. 科学与文化,(3): 17-18.

余明, 1999. 福州、漠河两地海尔-波普彗星观测比较[J]. 福建师范大学学报(自然科学版), 15(1): 106-111.

余明, 2005. 流星雨观测及其研究意义[J]. 北京师范大学学报(自然科学版), (3):312-314.

余明, 郑云开, 2003. 基于 Dreameaver 环境下的"简明天文学教程"设计及实现[J]. 福建师范大学学报(自然科学版), 19(1): 112-116.

喻传赞等, 1990. 天文学及其应用[M]. 昆明: 云南大学出版社.

约翰·D·巴罗, 1995. 宇宙的起源[M]. 卞毓麟, 译. 上海: 上海科学技术出版社.

张林海, 余明, 2010. 基于课程网络平台的《地球概论/简明天文学》教学探析[J]. 首都师范大学学报(自然科学版), 31(3): 94-98.

郑庆璋, 崔世治, 1998. 相对论与时空[M]. 太原: 山西科技出版社.

中国大百科全书出版社编辑部, 1980. 中国大百科全书·天文学[M]. 北京: 中国大百科全书出版社.

C.弗拉马里翁, 2013. 大众天文学(上、下册)[M]. 李珩, 译. 北京: 北京大学出版社.

Dinah L, Moche, 2004. Astronomy[M]. 6th ed. New Jersey:WILEY.

H. Karttunen et al, 1987. Fundamental Astronomy[M]. Berlin: Springer Verlag.

William J. Kaufmann Ⅲ, 1987. Discovering the Universe[M]. New York: Freeman.